Argomentazioni analitiche di probabilità e statistica

GIACOMO LORENZONI

Riassunto

Sono trattati concetti fondamentali di probabilità e statistica, con la finalità di circostanziare e stabilire procedure di elaborazione numerica. Per questo fine sono usate argomentazioni deduttive, svolte in termini di logica e analisi matematica. È dedicata ampia attenzione alla descrizione preliminare degli strumenti simbolici logici e matematici. Sono mostrate estesamente proprietà fondamentali e definizioni, attinenti i concetti di evento e probabilità. Si perviene alla densità di probabilità di una variabile casuale, per mezzo dell'analisi di proprietà caratteristiche di campione e universo statistici. Sono presentati aspetti importanti della densità di probabilità di un insieme e di una funzione di variabili casuali. Sono dedotte proprietà essenziali, quali la densità di probabilità il valore medio e la varianza, delle più usate variabili casuali. Sono trattati ampiamente e dettagliatamente il test statistico e le inerenti ipotesi, e si perviene a limitazioni inferiori per la probabilità di queste. Sono mostrate le condizioni per determinare limitazioni, inferiore e superiore, per la probabilità che un'incognita si trovi in una data zona dell'asse reale. Infine sono trattate, con molti particolari e nell'aspetto generalmente pluridimensionale, le analisi della varianza e della regressione.

Parole chiave: probabilità, statistica, analisi matematica, logica matematica, elaborazione numerica.

Analytical argumentations of probability and statistics

Summary

Some fundamental concepts of probability and statistics are treated, with the aim to circumstantiate and to establish some procedures of numerical elaboration. For this purpose deductive argumentations are used, performed in terms of logic and mathematical analysis. A wide attention to the preliminary description of the logical and mathematical symbolic tools is dedicated. Are extensively shown fundamental properties and definitions, pertaining to the concepts of event and probability. Is reached the probability density of a random variable, by means of the analysis of properties characteristic of statistical sample and universe. Are presented important aspects of the probability density of a set and of a function of random variables. Essential properties are deduced, whom the probability density the expected value and the variance, of the random variables more used. The statistical test and the inherent hypotheses are treated, widely and in details, and lower bounds for the probability of these are reached. The conditions are shown in order to determine lower and upper bounds for the probability that an unknown quantity is found in one given zone of the real axis. Finally the analysis of variance and the regression analysis are treated, with many particulars and in the generally multidimensional aspect.

Keywords: *probability, statistics, mathematical analysis, mathematical logic, numerical elaboration.*

INDICE

1 INTRODUZIONE

Questo scritto sarà rilasciato ufficialmente dall'autore in data martedì 13 febbraio 2007 e subito dopo sarà disponibile all'indirizzo http://www.giacomo.lorenzoni.name/arganprobstat/.

Il lavoro tratta concetti fondamentali di probabilità e statistica, e ha come sua finalità più essenziale quella di pervenire alla formulazione dei cardini matematici di procedure di elaborazione numerica. Per questo fine sono usate argomentazioni deduttive, svolte in termini di logica e analisi matematica, e fondate su proposizioni ritenute certe.

Nella sez. 2 sono stabiliti la simbologia le definizioni e gli strumenti logici e matematici che sono usati successivamente. Questi contenuti, per lo più ampiamente noti e consolidati in Letteratura, sono esposti sinteticamente ma con procedimenti deduttivi e in forme immediatamente suscettibili di applicazione, e in qualche caso presentano approfondimenti e risultati particolari.

La sez. 3 introduce e circostanzia le proprietà fondamentali e le definizioni attinenti i concetti di evento e probabilità, che sono poi usate abitualmente nel seguito essendo peraltro la loro importanza evidentemente preminente in un contesto di probabilità e statistica.

Nella sez. 4 dapprima sono descritte le definizioni e le caratteristiche distintive di campione e universo statistici, poi per mezzo di queste si perviene ai basilari concetti di variabile casuale e sua densità di probabilità.

Nella sez. 5 sono trattate la densità di probabilità di un insieme e di una funzione di variabili casuali, e sono altresì stabilite ulteriori importanti proprietà di una variabile casuale.

Nella sez. 6 sono dedotte le proprietà essenziali (quali la densità di probabilità, il valore medio e la varianza) delle più usate variabili casuali; in particolare è dimostrato il teorema del limite centrale e, sulla base di questo, è descritto con valenza applicativa il metodo Montecarlo per il calcolo approssimato di un integrale.

La sez. 7 tratta estesamente e dettagliatamente il test statistico e le inerenti ipotesi, e perviene a limitazioni inferiori per la probabilità di queste.

Nella sez. 8 sono esposti un procedimento e le relative condizioni da cui risultano limitazioni (inferiore e superiore) per la probabilità che un'incognita si trovi in una data zona dell'asse reale, e inoltre sono descritti i casi di quattro incognite notevoli.

Le sezioni 9 e 10 trattano con molti particolari e nell'aspetto generalmente pluridimensionale le analisi della varianza e della regressione che hanno la nota importanza applicativa.

2 COGNIZIONI PRELIMINARI

2.1 *Nozioni di logica matematica*

Una proposizione è costituita da uno o più simboli grafici. Un nome di un oggetto è una proposizione che lo riferisce, e che lo contraddistingue in quanto gli attribuisce delle proprietà la cui totalità è posseduta solo da esso. Per esempio il nome "carattere tipografico" individua il noto oggetto che ha un peculiare complesso di proprietà tra le quali è compresa la proprietà "colore".

Una $A \equiv B$ afferma che A e B sono due nomi diversi di uno stesso oggetto. Una $A \not\equiv B$ nega la $A \equiv B$. Il nome di un oggetto inesistente è considerato irrilevante e come tale è trascurato.

Una proprietà può assumere uno o più valori. Per esempio: i valori rosso verde e blu sono tra quelli che possono essere assunti dalla proprietà colore; i valori -1.02 0.3 e 4 sono tra quelli che possono essere assunti dalla proprietà numero. Un valore di una proprietà può essere considerato come un'ulteriore proprietà. Una A=B afferma che la proprietà A ha il valore B o che le proprietà A e B hanno un uguale valore. Una A≠B nega la A=B.

Si distingue, tra le proprietà di un oggetto, una che ne è detta la principale. Il nome di un oggetto è usato anche per riferire la sua proprietà principale e viceversa.

Si dice che un oggetto è espresso da un valore o equivalentemente che esprime (o ha o assume, etc.) un valore, per affermare che tale valore è assunto dalla proprietà principale di tale oggetto. Un'espressione di un oggetto è un suo nome o una proposizione che ne esprime un valore.

La conoscenza di un oggetto riferito da un certo nome, è la conoscenza del valore di ogni proprietà che gli è attribuita dal detto nome. Tuttavia la conoscenza di un valore che esprime un oggetto di nome A, è chiamata brevemente la conoscenza di A.

Si dice che una proposizione è sottintesa, per affermare che essa, quando avrà influenza senza essere stata contraddetta o dubitata, sarà considerata vera anche senza essere menzionata.

Una grandezza è un oggetto che ha la proprietà numero come principale. Una A≡B implica la A=B quando A e B sono due grandezze. Ogni grandezza è sottintesa reale nel senso che i valori che essa può assumere non sono numeri complessi ma reali.

Un insieme è un oggetto costituito da un certo numero di individui, i quali sono a loro volta gli elementi del detto insieme. Si indica $\underline{\varnothing}$ l'insieme vuoto cioè quello che non ha alcun elemento. Un insieme è noto se sono tali tutti i suoi elementi.

Il significato di una proposizione rimane valido fino a quando non è modificato. Un numero tra parentesi tonde, che individua una o più righe in quanto è posto nel loro margine destro, è un nome della proposizione costituita da queste; un tale numero, all'esterno della sua sezione, è riferito anteponendogli la sigla numerica che identifica tale sezione. Le parentesi graffe {} delimitano una proposizione. Questo e ogni altro tipo di parentesi sono omessi quando sono contestualmente superflui. Ogni proposizione è sottintesa vera. Una proposizione può essere costituita da più proposizioni. L'introduzione di una proposizione in un'altra, è una riscrittura della seconda che si avvale di quanto è affermato dalla prima. Le parentesi ⦃ ⦄ delimitano una proposizione che definisce un evento (avendone perciò riferimento in sez. 3.1).

Un B è una specificazione di un A in quanto: B ha tutte le proprietà di A, A ha o non tutte le proprietà di B, una proprietà posseduta sia da A sia da B non ha necessariamente valori uguali nei due casi. Si pone la Æ⟨A /B /C⟩≡{l'essere A una specificazione di B di cui C} dove " /C" può essere assente causando così l'assenza di "di cui C".

2.1.1 *Proposizioni e deduzioni*

Intendendo che $\mathcal{P}$ $\mathcal{P}_A$ e $\mathcal{P}_B$ sono tre proposizioni, si pongono le

∧≡AND≡congiunzione ∨≡OR≡{disgiunzione inclusiva} $\dot{\vee}$≡XOR≡{disgiunzione esclusiva}
⦃ $\mathcal{P}$⦄≡⦃ $\mathcal{P}$ è vera⦄ ¬⦃ $\mathcal{P}$⦄≡⦃ $\mathcal{P}$ è falsa⦄ f⟨$\mathcal{P}$⟩≡⦃ $\mathcal{P}$ è respinta come se fosse falsa⦄
v⟨$\mathcal{P}$⟩≡⦃ $\mathcal{P}$ è accettata come se fosse vera⦄ n⟨$\mathcal{P}$⟩≡⦃¬f⟨$\mathcal{P}$⟩∧¬v⟨$\mathcal{P}$⟩⦄

{$\mathcal{P}_A \Rightarrow \mathcal{P}_B$}≡{$\mathcal{P}_B \Leftarrow \mathcal{P}_A$}≡{$\mathcal{P}_B$ è deducibile da $\mathcal{P}_A$} {$\mathcal{P}_A \Leftrightarrow \mathcal{P}_B$}≡{{$\mathcal{P}_A \Rightarrow \mathcal{P}_B$}∧{$\mathcal{P}_B \Rightarrow \mathcal{P}_A$}}
{$\mathcal{P}_A \underline{\rightarrow} \mathcal{P}_B$}≡{$\mathcal{P}_B \underline{\leftarrow} \mathcal{P}_A$}≡{⦃ $\mathcal{P}_A$⦄$\Rightarrow$⦃ $\mathcal{P}_B$⦄} {$\mathcal{P}_A \underline{\leftrightarrow} \mathcal{P}_B$}≡{⦃ $\mathcal{P}_A$⦄$\Leftrightarrow$⦃ $\mathcal{P}_B$⦄}≡{$\mathcal{P}_A \equiv \mathcal{P}_B$}

$\underline{\mathbf{\mathcal{P}}}$⟨$\mathcal{P}_B$¦$\mathcal{P}_A$⟩≡{un insieme di proposizioni dal quale è deducibile $\mathcal{P}_B$, essendo tali proposizioni tutte vere tranne $\mathcal{P}_A$ che può essere vera o falsa}

$\{\mathcal{P}_A \mid \mathcal{P}_B\} \equiv \{\mathcal{P}_A \mid \{\mathcal{P}_B\}\} \equiv$ {la proposizione ottenibile sottoponendo $\mathcal{P}_A$ alla condizione $\mathcal{P}_B$ e a ogni condizione deducibile da $\mathcal{P}_B$} $\{\mathcal{P} \mid \{\mathcal{P}_A \wedge \mathcal{P}_B\}\} \equiv \{\{\mathcal{P} \mid \mathcal{P}_A\} \mid \mathcal{P}_B\}$

Si pone la $\neg\mathcal{P} \equiv \{A \mid \{A\} \Leftrightarrow \neg\{\mathcal{P}\}\}$ da cui si deducono le $\neg\neg\mathcal{P} \equiv \mathcal{P}$ $\neg\{\mathcal{P}\} \equiv \{\neg\mathcal{P}\}$ $\{\neg\mathcal{P}_A \equiv \neg\mathcal{P}_B\} \underline{\leftrightarrow} \{\mathcal{P}_A \equiv \mathcal{P}_B\}$.

Il significato letterale di $\vee$ (ossia di OR in inglese e di O in italiano) e l'evidente falsità di $\{\mathcal{P}_A \wedge \neg\mathcal{P}_B\} \wedge \{\mathcal{P}_B \wedge \neg\mathcal{P}_A\}$ sono sufficienti a definire univocamente il significato di $\dot{\vee}$ per mezzo della $\{\mathcal{P}_A \dot{\vee} \mathcal{P}_B\} \equiv \{\mathcal{P}_A \wedge \neg\mathcal{P}_B\} \vee \{\mathcal{P}_B \wedge \neg\mathcal{P}_A\}$. La $\dot{\vee}$ ha (come anche la $\wedge$) le proprietà commutativa e associativa, e perciò se ne hanno le rispettive $\{\mathcal{P}_A \dot{\vee} \mathcal{P}_B\} \equiv \{\mathcal{P}_B \dot{\vee} \mathcal{P}_A\}$ e $\{\mathcal{P}_A \dot{\vee} \mathcal{P}_B \dot{\vee} \mathcal{P}\} \equiv \{\{\mathcal{P}_A \dot{\vee} \mathcal{P}_B\} \dot{\vee} \mathcal{P}\}$. La $\vee$ ha la $\{\mathcal{P}_A \vee \mathcal{P}_B\} \equiv \{\mathcal{P}_A \dot{\vee} \mathcal{P}_B \dot{\vee} \{\mathcal{P}_A \wedge \mathcal{P}_B\}\}$, e è sia commutativa sia associativa per cui se ne hanno le rispettive $\{\mathcal{P}_A \vee \mathcal{P}_B\} \equiv \{\mathcal{P}_B \vee \mathcal{P}_A\}$ e $\{\mathcal{P}_A \vee \mathcal{P}_B \vee \mathcal{P}\} \equiv \{\{\mathcal{P}_A \vee \mathcal{P}_B\} \vee \mathcal{P}\}$. La $\wedge$ è distributiva rispetto a $\vee$ e viceversa, e perciò si ha la $A \square \{B \boxdot C\} \equiv \{A \square B\} \boxdot \{A \square C\}$ di cui la $\{\square, \boxdot\} \equiv \{\{\wedge, \vee\} \dot{\vee} \{\vee, \wedge\}\}$. La $\wedge$ è distributiva rispetto a $\dot{\vee}$ per cui si ha la $A \wedge \{B \dot{\vee} C\} \equiv \{A \wedge B\} \dot{\vee} \{A \wedge C\}$.

Si pongono la $\wedge \equiv \{, \dot{\vee} ;\}$ (per cui si ha la $\{A \wedge B\} \equiv \{A,B\} \equiv \{A;B\}$), e le

{da $\mathcal{P}_A$ segue $\mathcal{P}_B$} $\equiv$ {$\mathcal{P}_A$ porta $\mathcal{P}_B$} $\equiv$ {$\mathcal{P}_A$ mostra $\mathcal{P}_B$} $\equiv$ {$\mathcal{P}_A$ dà luogo a $\mathcal{P}_B$} $\equiv$ {$\mathcal{P}_A$ implica $\mathcal{P}_B$} $\equiv$
{$\mathcal{P}_B$ è dovuta a $\mathcal{P}_A$} $\equiv$ {$\mathcal{P}_B$ è ottenibile da $\mathcal{P}_A$} $\equiv \{\mathcal{P}_A \underline{\rightarrow} \mathcal{P}_B\}$ {$\mathcal{P}_A$ di cui $\mathcal{P}_B$} $\equiv$ {$\mathcal{P}_A$ dove $\mathcal{P}_B$} $\equiv \{\mathcal{P}_A \mid \mathcal{P}_B\}$

{da: A_1; A_2;…; A_i; segue $B_0 \square_1 B_1 \square_2 B_2 \ldots \square_i B_i \square_{i+1} B_{i+1} \ldots \square_{i+j} B_{i+j}$} $\equiv$
$\{A_1 \underline{\rightarrow} \{B_0 \square_1 B_1\}; A_2 \underline{\rightarrow} \{B_1 \square_2 B_2\}; \ldots ; A_i \underline{\rightarrow} \{B_{i-1} \square_i B_i\}\}$

dove: ognuno dei $\{\square_1, \square_2, \ldots, \square_{i+j}\}$ è un simbolo relazionale, quale per esempio uno dei $\{\equiv, \not\equiv, =, \neq, \Rightarrow, \Leftrightarrow, \underline{\rightarrow}, \underline{\leftrightarrow}\}$; $\{\square_{i+1} B_{i+1} \ldots \square_{i+j} B_{i+j}\}$ può essere assente e se è presente la validità della sua presenza è ritenuta evidente; e ognuno dei $\{A_1, A_2, \ldots, A_i\}$ è sostituito dal simbolo þ quando è ritenuta evidente la validità del corrispondente tra i $\{\{B_0 \square_1 B_1\}, \{B_1 \square_2 B_2\}, \ldots, \{B_{i-1} \square_i B_i\}\}$.

Il quantificatore universale $\forall$ e il quantificatore esistenziale $\exists$ sono definiti dalle $\forall \equiv$ {per ogni} e $\exists \equiv$ {esiste almeno un}. È sottintesa la $\boxdot\{\mathcal{P}\} \equiv \{\boxdot \mathcal{P}\} \equiv \{\boxdot\{\mathcal{P}\}\}$ di cui la $\boxdot \equiv \{\forall \dot{\vee} \exists\}$.

Conformemente a quanto in [1] si ha la

$\{\mathcal{P}_A \Rightarrow \mathcal{P}_B\} \underline{\rightarrow} \{\mathcal{P}_A \underline{\rightarrow} \mathcal{P}_B\} \underline{\leftrightarrow} \{\{\mathcal{P}_A\}$ è sufficiente per $\{\mathcal{P}_B\}\} \underline{\leftrightarrow} \{\mathcal{P}_B; \forall \mathcal{P}_A\} \underline{\leftrightarrow} \{\neg\mathcal{P}_B \underline{\rightarrow} \neg\mathcal{P}_A\} \underline{\leftrightarrow}$
$\{\{\mathcal{P}_B\}$ è necessaria per $\{\mathcal{P}_A\}\} \underline{\leftrightarrow} \{\mathcal{P}_A \equiv \{\mathcal{P}_A \mid \mathcal{P}_B\}\} \underline{\leftrightarrow} \{\exists \underline{\boldsymbol{\mathcal{P}}}\langle \mathcal{P}_B \mid \mathcal{P}_A \rangle\} \underline{\leftrightarrow} \exists \underline{\boldsymbol{\mathcal{P}}}\langle \neg\mathcal{P}_A \mid \neg\mathcal{P}_B \rangle$ (1)

di cui le

$\{\{\mathcal{P}_A\}$ è sufficiente per $\{\mathcal{P}_B\}\} \equiv \{\{\mathcal{P}_B\} \boxslash \{\mathcal{P}_A\}\}$
$\{\{\mathcal{P}_B\}$ è necessaria per $\{\mathcal{P}_A\}\} \equiv \{\{\mathcal{P}_A\}$ solo $\boxslash \{\mathcal{P}_B\}\}$ $\boxslash \equiv$ {se $\dot{\vee}$ quando}.

La (1) porta $\{\mathcal{P}_A \underline{\leftrightarrow} \mathcal{P}_B\} \underline{\leftrightarrow} \{\neg\mathcal{P}_A \underline{\leftrightarrow} \neg\mathcal{P}_B\} \underline{\leftrightarrow} \exists \{\underline{\boldsymbol{\mathcal{P}}}\langle \mathcal{P}_B \mid \mathcal{P}_A \rangle, \underline{\boldsymbol{\mathcal{P}}}\langle \mathcal{P}_A \mid \mathcal{P}_B \rangle\}$. In base alla (1), una $\mathcal{P}_A \underline{\rightarrow} \mathcal{P}_B$ afferma una relazione di causa-effetto nel senso che $\{\mathcal{P}_A\}$ è una causa sufficiente dell'effetto $\{\mathcal{P}_B\}$.

Si hanno la $\{\mathcal{P}_A \underline{\rightarrow} \mathcal{P} \underline{\rightarrow} \mathcal{P}_B\} \underline{\rightarrow} \{\mathcal{P}_A \underline{\rightarrow} \mathcal{P}_B\}$ e le

$\{\{\mathcal{P}_A \wedge \mathcal{P}_B\} \underline{\rightarrow} \mathcal{P}\} \underline{\leftrightarrow} \{\mathcal{P}_A \underline{\rightarrow} \{\mathcal{P}_B \underline{\rightarrow} \mathcal{P}\}\}$ (2)

$\{\mathcal{P}_A \underline{\rightarrow} \mathcal{P}_B\} \underline{\leftrightarrow} \{\mathcal{P}_A \underline{\rightarrow} \{\mathcal{P}_A \wedge \mathcal{P}_B\}\} \underline{\leftrightarrow} \{\mathcal{P}_A \underline{\leftrightarrow} \{\mathcal{P}_A \wedge \mathcal{P}_B\}\}$ (3)

$\mathcal{P}_A \underline{\rightarrow} \{\{\{\mathcal{P}_A \wedge \mathcal{P}_B\} \underline{\rightarrow} \mathcal{P}\} \underline{\leftrightarrow} \{\mathcal{P}_B \underline{\rightarrow} \mathcal{P}\}\}$ (4)

$\{\mathcal{P}_A \mid \mathcal{P}_B\} \equiv \{\{\mathcal{P}_A \mid \mathcal{P}_B\} \mid \mathcal{P}_B\}$ (5)

La (4) consente di affermarne il secondo membro in quanto la $\mathcal{P}_A$ è stata affermata vera o è sottintesa tale.

Le (5) e Æ$\langle \mathcal{P}_A \mid \mathcal{P}_B / \mathcal{P}_A / (1) \rangle$ portano le $\{\mathcal{P}_A \mid \mathcal{P}_B\} \underline{\rightarrow} \mathcal{P}_B$ e $\neg\mathcal{P}_B \underline{\rightarrow} \neg\{\mathcal{P}_A \mid \mathcal{P}_B\}$. Da ciò segue sia la $\{\{\mathcal{P}_A \mid \mathcal{P}_B\} \wedge \{\mathcal{P}_B \underline{\rightarrow} \mathcal{P}_A\}\} \underline{\rightarrow} \mathcal{P}_A$ sia che la $\{\mathcal{P}_A \mid \mathcal{P}_B\}$ implica il sottintendere la $\{\mathcal{P}_B\}$.

La $\{\mathcal{P}_A \underline{\leftrightarrow} \mathcal{P}_B\} \equiv \{\mathcal{P}_A \equiv \mathcal{P}_B\}$ porta che l'ultimo membro della (3) può essere scritto $\mathcal{P}_A \equiv \{\mathcal{P}_A \wedge \mathcal{P}_B\}$. Da ciò segue la

$\{\mathcal{P}_A \underline{\rightarrow} \mathcal{P}_B\} \underline{\rightarrow} \{\{\{\mathcal{P}_A \wedge \mathcal{P}_B\} \underline{\rightarrow} \mathcal{P}\} \underline{\leftrightarrow} \{\mathcal{P}_A \underline{\rightarrow} \mathcal{P}\}\}$ (6)

Da: þ; (1); segue

$$\mathcal{P}_B\underline{\rightarrow}\{\mathcal{P}_A\underline{\rightarrow}\mathcal{P}_B\}\underline{\leftrightarrow}\{\mathcal{P}_A\equiv\{\mathcal{P}_A\,|\,\mathcal{P}_B\}\} \qquad (7)$$

Da: þ; Æ⟨$\mathcal{P}$ / $\mathcal{P}_A$ /(7)⟩; segue

$$\{\mathcal{P}_A\wedge\mathcal{P}_B\}\underline{\rightarrow}\mathcal{P}_B\underline{\rightarrow}\{\mathcal{P}\equiv\{\mathcal{P}\,|\,\mathcal{P}_B\}\} \qquad (8)$$

Da: (1); (3); Æ⟨$\mathcal{P}_A\wedge\mathcal{P}_B$ / $\mathcal{P}_B$ /(1)⟩; segue

$$\{\mathcal{P}_A\equiv\{\mathcal{P}_A\,|\,\mathcal{P}_B\}\}\underline{\leftrightarrow}\{\mathcal{P}_A\underline{\rightarrow}\mathcal{P}_B\}\underline{\leftrightarrow}\{\mathcal{P}_A\underline{\rightarrow}\{\mathcal{P}_A\wedge\mathcal{P}_B\}\}\underline{\leftrightarrow}\{\mathcal{P}_A\equiv\{\mathcal{P}_A\,|\,\mathcal{P}_A\wedge\mathcal{P}_B\}\} \qquad (9)$$

Le $\mathcal{P}_A\underline{\rightarrow}\mathcal{P}_B$ e $\mathcal{P}_A\underline{\rightarrow}\mathcal{P}$ portano, in base alla (3), le rispettive $\mathcal{P}_A\equiv\{\mathcal{P}_A\wedge\mathcal{P}_B\}$ e $\mathcal{P}_A\equiv\{\mathcal{P}_A\wedge\mathcal{P}\}$, e quindi la $\{\mathcal{P}_A\wedge\mathcal{P}_B\}\equiv\{\mathcal{P}_A\wedge\mathcal{P}\}$. Questa e la $\mathcal{P}\underline{\rightarrow}\mathscr{P}$ portano la $\{\mathcal{P}_A\wedge\mathcal{P}_B\}\underline{\rightarrow}\mathscr{P}$. Questa e la Æ⟨$\mathscr{P}$/$\mathcal{P}$/(2)⟩ portano la $\mathcal{P}_A\underline{\rightarrow}\{\mathcal{P}_B\underline{\rightarrow}\mathscr{P}\}$. Perciò si ha la $\{\mathcal{P}_A\underline{\rightarrow}\mathcal{P}_B,\mathcal{P}_A\underline{\rightarrow}\mathcal{P},\mathcal{P}\underline{\rightarrow}\mathscr{P}\}\underline{\rightarrow}\{\mathcal{P}_A\underline{\rightarrow}\{\mathcal{P}_B\underline{\rightarrow}\mathscr{P}\}\}$. Questa e la Æ⟨$\{\mathcal{P}_A\underline{\rightarrow}\mathcal{P}_B,\mathcal{P}_A\underline{\rightarrow}\mathcal{P},\mathcal{P}\underline{\rightarrow}\mathscr{P}\},\mathcal{P}_A,\{\mathcal{P}_B\underline{\rightarrow}\mathscr{P}\}$ / $\mathcal{P}_A,\mathcal{P}_B,\mathcal{P}$ /(2)⟩ portano la

$$\{\mathcal{P}_A\underline{\rightarrow}\mathcal{P}_B,\mathcal{P}_A\underline{\rightarrow}\mathcal{P},\mathcal{P}\underline{\rightarrow}\mathscr{P},\mathcal{P}_A\}\underline{\rightarrow}\{\mathcal{P}_B\underline{\rightarrow}\mathscr{P}\} \qquad (10)$$

La (1) (ovvero la $\{\neg\mathcal{P}_B\underline{\rightarrow}\neg\mathcal{P}_A\}\underline{\leftrightarrow}\exists\underline{\mathbf{P}}\langle\mathcal{P}_B\,\vdots\,\mathcal{P}_A\rangle$ presente in essa) consente il seguente procedimento, che formalizza la nota "demonstratio per absurdum", per stabilire una $\{\mathcal{P}\}$. Si stabilisce una $\exists\underline{\mathbf{P}}\langle\mathcal{A}\,\vdots\,\neg\mathcal{P}\rangle$ tale che ne sia evidente la $\{\neg\mathcal{A}\}$. Le $\exists\underline{\mathbf{P}}\langle\mathcal{A}\,\vdots\,\neg\mathcal{P}\rangle$ e Æ⟨$\neg\mathcal{P},\mathcal{A}$ / $\mathcal{P}_A,\mathcal{P}_B$ /(1)⟩ portano la $\neg\mathcal{A}\underline{\rightarrow}\mathcal{P}$. Questa e la $\{\neg\mathcal{A}\}$ portano la $\{\mathcal{P}\}$.

Un'ipotesi è una proposizione che non può essere stabilita né vera né falsa: sia una proposizione sia un'ipotesi possono essere vera o falsa, ma mentre di una proposizione può o non essere noto se è vera o falsa, invece di un'ipotesi (finché è tale) non è mai noto se è vera o falsa.

2.1.2 *Altre convenzioni simboliche*

Si pongono le ş⟨a,b,…,c⟩≡$ş_{a,b,\ldots,c}$≡$ş_{ab\ldots c}$ $ş^a{}_b$≡$ş_b{}^a$≡$(ş\langle b\rangle)^a$ IPM≡{il primo membro della}.

Una {i=A,B}, i cui {A,B} sono due interi di cui la A≤B, è la successione dei B−A+1 interi che cresce ordinatamente da A a B; e quindi si ha la {i=A,B}≡{A,A+1,…,B}. Conformemente a ciò si pongono le

{j=A,B}≡{i=A,B} {$ş_i$;i=A,B}≡{$ş_j$;j=A,B}≡{$ş_A,ş_{A+1},\ldots,ş_B$} ¬∃{$ş_i$;i=A,B | $B<A$}
{$ş_i$;i≠i;i=A,B}≡{{$ş_i$;i=A,i−1},{$ş_i$;i=i+1,B}} {K;i=A,B}≡{$ş_i$;i=A,B | $ş_i$≡K;i=A,B} $\underline{0}$⟨ş⟩≡{0;i=1,ş}

La {$ş_i$;i=A,B}≡{$ş_A,ş_{A+1},\ldots,ş_B$} è generalizzata, intendendo la $\underline{i}$≡{i_n;n=ɲ,ɲ̶}, dalla

$$\{ş_{\underline{i}};i_{ɲ}=A_{ɲ},B_{ɲ};i_{ɲ+1}=A_{ɲ+1},B_{ɲ+1};\ldots;i_{ɲ̶}=A_{ɲ̶},B_{ɲ̶}\}\equiv\{\{\ldots\{\{ş_{\underline{i}};i_{ɲ}=A_{ɲ},B_{ɲ}\};i_{ɲ+1}=A_{ɲ+1},B_{ɲ+1}\};\ldots\};i_{ɲ̶}=A_{ɲ̶},B_{ɲ̶}\} \qquad (1)$$

Si pongono le

$$\square_{i=ɨ,ɨ̶}(ş_{a\langle i\rangle})\equiv\{ş_{a\langle ɨ\rangle}\square ş_{a\langle ɨ+1\rangle}\square\ldots\square ş_{a\langle ɨ̶\rangle}\}\equiv ş_{b\langle ɨ\rangle}\square\{ş_{b\langle ɨ+1\rangle}\square\{\ldots\square\{ş_{b\langle ɨ̶-1\rangle}\square ş_{b\langle ɨ̶\rangle}\}\ldots\}\}\equiv ş_{c\langle ɨ\rangle}\square\{\square_{i=ɨ+1,ɨ̶}(ş_{c\langle i\rangle})\} \qquad (2)$$

$$\square_{i=ɨ,ɨ̶;i\neq i}(ş_{a\langle i\rangle})\equiv\square_{i=ɨ,i-1}(ş_{a\langle i\rangle})\square\square_{i=i+1,ɨ̶}(ş_{a\langle i\rangle})\equiv\square_{j=ȷ,ȷ̶}(ş_{a\langle j\rangle})\quad\square_{i=ɨ,ɨ̶}(ş)\equiv\{\square_{i=ɨ,ɨ̶}(ş_{a\langle i\rangle})\,|\,\{ş_i\equiv ş;i=ɨ,ɨ̶\}\} \qquad (3)$$

dove: {□,□}≡{{Σ,+}∨̇{Π,·}∨̇{⋀,∧}∨̇{⩛,∨̇}∨̇{⋁,∨}}; la disposizione e la numerosità delle parentesi nel terzo membro della (2) è modificabile arbitrariamente a meno dell'uguaglianza tra le numerosità delle destre e sinistre; {a_i;i=ɨ,ɨ̶} {b_i;i=ɨ,ɨ̶} e {c_i;i=ɨ,ɨ̶} sono rispettivamente una qualsiasi tra le (ɨ̶−ɨ+1)! permutazioni dei {i=ɨ,ɨ̶}; {a_j;j=ȷ,ȷ̶} è una qualsiasi tra le (ɨ̶−ɨ)! permutazioni dei {i;i≠i;i=ɨ,ɨ̶}.

Un δ⟨a,b⟩ è il simbolo di Kronecker definito dalle {δ_{ab}=0;∀a≠b} {δ_{ab}=1;∀a=b}. Inerentemente una $\Sigma_{i=A,B}(ş_i)$ si ha, essendo j uno dei {i=A,B}, la

$$\Sigma_{i=A,B}(ş_i)=\Sigma_{i=A,B}(ş_i)+\Sigma_{i=A,B}(\delta_{ji}\cdot ş_i)-\Sigma_{i=A,B}(\delta_{ji}\cdot ş_i)=\Sigma_{i=A,B}((1-\delta_{ji})\cdot ş_i)+ş_j \qquad (4)$$

Un |G| è il valore assoluto della grandezza G, è definito dalle

$$\{|G|\equiv G;\forall G\geq 0\}\ \{|G|\equiv -G;\forall G<0\} \qquad (5)$$

e se ne pone la $\omega\langle G\rangle\equiv G/|G|=|G|/G$.

Un'approssimazione di una grandezza A con una grandezza B è indicata A≅B, è definita dalla $\{A\cong B\}\equiv\{A=B+\epsilon \mid \vee\langle\epsilon=0\rangle\}$, ed è migliore quanto è minore $|\epsilon|$.

Si pongono: la $Б\langle N,K\rangle\equiv N!/((N-K)!\cdot K!)$ per cui $Б_{NK}$ (che ha il nome di coefficiente binomiale) è il numero di combinazioni (senza ripetizione come si sottintende nel seguito) di classe K di N oggetti; e la $\mathbf{Б}\langle N\rangle\equiv\Sigma_{k=1,N}(Б\langle N,k\rangle)$.

Un $\underline{n}\langle c,b,a\rangle$ è il a-esimo elemento della b-esima combinazione di classe c dei $\{n=1,N\}$, avendone quindi le $c\in\{n=1,N\}$ $b\in\{b=1,Б\langle N,c\rangle\}$ e $a\in\{a=1,c\}$. L'ordinamento successivo dei $\{\underline{n}_{cba};a=1,c\}$ è coerente con quello dei $\{n=1,N\}$.

Per i $\{n=1,N\}$ si hanno le

$$\mathcal{N}\langle N,c\rangle=Б\langle N-1,c-1\rangle \quad \mathbb{N}\langle N,c\rangle=Б\langle N-c+1,1\rangle=N-c+1 \tag{6}$$

dove: $\mathcal{N}_{Nc}$ è il numero di combinazioni di classe c dei $\{n=1,N\}$ nelle quali compare uno stesso elemento; $\mathbb{N}_{Nc}$ è il numero di combinazioni di classe c dei $\{n=1,N\}$ nelle quali compare una stessa combinazione $\{\underline{n}\langle c-1,b,a\rangle;a=1,c-1\}$.

Da: definizione di $\mathcal{N}_{Nc}$; prima delle (6); segue $\Sigma_{b=1,Б\langle N,c\rangle}(\Sigma_{a=1,c}(G_{\underline{n}\langle c,b,a\rangle}))=\mathcal{N}_{Nc}\cdot\Sigma_{n=1,N}(G_n)=Б_{N-1,c-1}\cdot\Sigma_{n=1,N}(G_n)$.

Si hanno le

$$\{\{-1\le G_n\le 1\}\wedge\{G_n\ge \mathit{G}_n\};n=1,N\}\underline{\rightarrow}$$
$$\{\Sigma_{c=1,N}((-1)^{c+1}\cdot\Sigma_{b=1,Б\langle N,c\rangle}(\Pi_{a=1,c}(G_{\underline{n}\langle c,b,a\rangle})))\ge\Sigma_{c=1,N}((-1)^{c+1}\cdot\Sigma_{b=1,Б\langle N,c\rangle}(\Pi_{a=1,c}(\mathit{G}_{\underline{n}\langle c,b,a\rangle}))))\} \tag{7}$$

$$\{\{0\le G_n\le 1;n=1,N\}\wedge\{\{G_n;n=1,N-1\}\equiv\{\mathit{G}_n;\mathit{n}=1,\mathit{N}\}\}\}\underline{\rightarrow}$$
$$\{\Sigma_{c=1,N}((-1)^{c+1}\cdot\Sigma_{b=1,Б\langle N,c\rangle}(\Pi_{a=1,c}(G_{\underline{n}\langle c,b,a\rangle})))\ge\{\Sigma_{c=1,\mathit{N}}((-1)^{c+1}\cdot\Sigma_{b=1,Б\langle \mathit{N},c\rangle}(\Pi_{a=1,c}(\mathit{G}_{\underline{\mathit{n}}\langle c,b,a\rangle}))))\} \tag{8}$$

2.2 *Nozioni di insiemistica*

Un insieme può essere definito come una successione di elementi (per esempio {1,2,3} indica l'insieme i cui elementi sono i tre numeri 1 2 e 3) oppure come un $\{ş/\mathcal{P}\}$ in quanto questo è l'insieme di ogni diversa modalità di esistere che ha ş quando è sottoposto alla condizione $\mathcal{P}$.

La numerosità di un insieme $\underline{A}$, cioè il numero degli elementi che costituiscono $\underline{A}$, è indicata $\mathfrak{N}\langle\underline{A}\rangle$ (avendo quindi la $\mathfrak{N}\langle\varnothing\rangle=0$). Un insieme è finito o infinito rispettivamente quando la sua numerosità non è o è illimitatamente grande.

Una $\underline{A}=\underline{B}$, i cui $\underline{A}$ e $\underline{B}$ sono due insiemi, afferma che ogni elemento di $\underline{A}$ è anche un elemento di $\underline{B}$ e viceversa (e perciò se ne ha la $\{\underline{A}=\underline{B}\}\underline{\rightarrow}\{\mathfrak{N}_{\underline{A}}=\mathfrak{N}\langle\underline{B}\rangle\}$). Ciò è conforme a quanto in sez. 2.1, giacché si considera che la proprietà principale di un insieme è i suoi elementi e quindi che la conoscenza di un insieme è quella dei suoi elementi.

Una $ş\in\underline{A}$ afferma che ş è elemento dell'insieme $\underline{A}$; e perciò afferma che ş è il generico elemento di $\underline{A}$, se tra gli elementi di $\underline{A}$ non è distinguibile da altri alcun ş. Una $ş\notin\underline{A}$ nega la $ş\in\underline{A}$: $\{ş\notin\underline{A}\}\equiv\neg\{ş\in\underline{A}\}$.

Si pone la $\underline{A}\equiv\{ş_i;i=\underline{i},\bar{i}\}$. Questa definisce $\underline{A}$ come un insieme il cui i-esimo elemento è $ş_i$ e di cui la $\mathfrak{N}_{\underline{A}}=\bar{i}-\underline{i}+1$. Per un tale $\underline{A}$ valgono la $ş_i\in\underline{A}$ in ogni caso e la $\{ş\in\underline{A}\}\equiv\mathbb{V}_{i=\underline{i},\bar{i}}(ş\equiv ş_i)$ solo quando in $\underline{A}$ non è distinguibile alcun ş.

I $\mathsf{min}\langle\underline{A}\rangle$ e $\mathsf{max}\langle\underline{A}\rangle$ sono i numeri minimo e massimo tra tutti quelli espressi dagli elementi di $\underline{A}$. Si pongono le

$$\Sigma\langle\underline{A}\rangle\equiv\Sigma_{i=\underline{i},\bar{i}}(ş_i)\quad \Pi\langle\underline{A}\rangle\equiv\Pi_{i=\underline{i},\bar{i}}(ş_i)\quad \mathsf{m}\langle\underline{A}\rangle\equiv\Sigma_{\underline{A}}/\mathfrak{N}_{\underline{A}}\quad \mathsf{d}^2\langle\underline{A}\rangle\equiv\Sigma_{i=\underline{i},\bar{i}}((ş_i-\mathsf{m}_{\underline{A}})^2)\quad \mathsf{v}^2\langle\underline{A}\rangle\equiv\mathsf{d}^2_{\underline{A}}/\mathfrak{N}_{\underline{A}} \tag{1}$$

dalle quali segue $\mathsf{v}^2_{\underline{A}}=\mathsf{m}\langle(ş_i-\mathsf{m}_{\underline{A}})^2;i=\underline{i},\bar{i}\rangle$.

Da: quarta delle (1); $(a\pm b)^2=a^2\pm 2\cdot a\cdot b+b^2$ (intendendo la $\pm\equiv\{+\mathbb{V}-\}$) e prima delle (1); terza delle (1);

segue $d^2_{\underline{A}}=\Sigma_{i=\hbar,\boldsymbol{\hbar}}((\text{ş}_i-m_{\underline{A}})^2)=\Sigma_{i=\hbar,\boldsymbol{\hbar}}(\text{ş}_i^2)-2\cdot m_{\underline{A}}\cdot\Sigma_{\underline{A}}+\mathfrak{N}_{\underline{A}}\cdot m_{\underline{A}}^2=\Sigma_{i=\hbar,\boldsymbol{\hbar}}(\text{ş}_i^2)-\mathfrak{N}_{\underline{A}}\cdot m_{\underline{A}}^2$ e quindi $m_{\underline{A}}^2=(\Sigma_{i=\hbar,\boldsymbol{\hbar}}(\text{ş}_i^2)-d^2_{\underline{A}})/\mathfrak{N}_{\underline{A}}$.
Da: quarta terza e prima delle (1); $\text{ş}_i=\Sigma_{i=\hbar,\boldsymbol{\hbar}}(\delta_{ii}\cdot\text{ş}_i)$; segue

$$d^2\langle\underline{A}\rangle=\Sigma_{i=\hbar,\boldsymbol{\hbar}}((\text{ş}_i-\Sigma_{i=\hbar,\boldsymbol{\hbar}}(\text{ş}_i/\mathfrak{N}_{\underline{A}}))^2)=\Sigma_{i=\hbar,\boldsymbol{\hbar}}((\Sigma_{i=\hbar,\boldsymbol{\hbar}}(\delta_{ii}-1/\mathfrak{N}_{\underline{A}})\cdot\text{ş}_i)^2) \quad (2)$$

Si pongono le $\underline{A}\equiv\{A_h;h=\hbar,\boldsymbol{\hbar}\}$ $\underline{B}\equiv\{B_k;k=\not{k},\boldsymbol{\not{k}}\}$ $\underline{h}\equiv\{h=\hbar,\boldsymbol{\hbar}\}$ $\underline{k}\equiv\{k=\not{k},\boldsymbol{\not{k}}\}$, e la $\{\underline{A}=\underline{B}\}\equiv\{A_h=B_{h-\hbar+\not{k}};h=\hbar,\boldsymbol{\hbar}\}$. Una $\underline{A}\neq\underline{B}$ nega la $\underline{A}=\underline{B}$: $\{\underline{A}\neq\underline{B}\}\equiv\neg\{\underline{A}=\underline{B}\}$.

Una corrispondenza univoca tra $\underline{A}$ e $\underline{B}$, è un insieme di $\mathfrak{N}\langle\underline{A}\rangle$ coppie indicato $\underline{A}\Rightarrow\underline{B}$ e definito da una

$$\{\underline{A}\Rightarrow\underline{B}\}\equiv\{a\Rightarrow b\}\equiv\{A_h\Rightarrow B_{k\langle h\rangle};h=\hbar,\boldsymbol{\hbar}\}\equiv\{A_h,B_{k\langle h\rangle};h=\hbar,\boldsymbol{\hbar}\} \quad (3)$$

di cui le $\mathfrak{N}_{\underline{A}}\geq\mathfrak{N}\langle\underline{B}\rangle$ $a\in\underline{A}$ $b\in\underline{B}$ $\{A_h\Rightarrow B_{k\langle h\rangle}\}\equiv\{A_h,B_{k\langle h\rangle}\}$ $\{\exists\{k_h=k\,|\,k\in\underline{k}\};h=\hbar,\boldsymbol{\hbar}\}$ $\{\exists\{k=k\,|\,k\in\underline{k}\};k=\not{k},\boldsymbol{\not{k}}\}$ $\underline{k}\equiv\{k_h;h=\hbar,\boldsymbol{\hbar}\}$. Dunque una $\underline{A}\Rightarrow\underline{B}$ fa corrispondere a ogni elemento di $\underline{A}$ un solo elemento di $\underline{B}$.

Il limite di A per B che tende a C (indicandosi un tale tendere con la $B\rightarrow C$) è l'oggetto cui si avvicina sempre più A quando B si avvicina sempre più a C, è indicato $\lim_{B\rightarrow C}(A)$, e è definito in quanto è inerente una $B\Rightarrow A$ che fa corrispondere un solo A a ogni B.

Una corrispondenza biunivoca tra $\underline{A}$ e $\underline{B}$, è un insieme di $\mathfrak{N}_{\underline{A}}$ coppie indicato $\underline{A}\Leftrightarrow\underline{B}$ e definito da una

$$\{\underline{A}\Leftrightarrow\underline{B}\}\equiv\{a\Leftrightarrow b\}\equiv\{A_h\Leftrightarrow B_{k\langle h\rangle};h=\hbar,\boldsymbol{\hbar}\}\equiv\{A_h,B_{k\langle h\rangle};h=\hbar,\boldsymbol{\hbar}\} \quad (4)$$

di cui le $\mathfrak{N}_{\underline{A}}=\mathfrak{N}_{\underline{B}}$ $a\in\underline{A}$ $b\in\underline{B}$ $\{A_h\Leftrightarrow B_{k\langle h\rangle}\}\equiv\{A_h,B_{k\langle h\rangle}\}$ $\{k_h;h=\hbar,\boldsymbol{\hbar}\}=\underline{k}$. Dunque una $\underline{A}\Leftrightarrow\underline{B}$ fa corrispondere a ogni elemento di $\underline{A}$ un solo elemento di $\underline{B}$ e viceversa.

I $\underline{B}\Leftarrow\underline{A}$ e $\underline{B}\Leftrightarrow\underline{A}$ sono i due insiemi che si ottengono dai rispettivi $\underline{A}\Rightarrow\underline{B}$ e $\underline{A}\Leftrightarrow\underline{B}$ scambiando la posizione tra gli elementi di ogni coppia. Si hanno le

$$\{\underline{A}\Leftrightarrow\underline{B}\}=\{\underline{A}\Rightarrow\underline{B}\,|\,\{\underline{A}\Rightarrow\underline{B}\}=\{\underline{A}\Leftarrow\underline{B}\}\}\ \{\underline{A}\Leftrightarrow\underline{B}\}\underline{\leftrightarrow}\{\underline{B}\Leftrightarrow\underline{A}\} \quad (5)$$

Un insieme è detto numerabile o non (ovvero più che numerabile) rispettivamente quando esiste o non una corrispondenza biunivoca tra esso e un insieme di numeri naturali.

L'addizione di $\underline{A}$ e $\underline{B}$ è l'insieme indicato $\underline{A}+\underline{B}$ (o $\{\underline{A},\underline{B}\}$) e costituito da tutti gli elementi di $\underline{A}$ e tutti gli elementi di $\underline{B}$. L'intersezione di $\underline{A}$ e $\underline{B}$ è l'insieme indicato $\underline{A}\cap\underline{B}$ e costituito da ogni elemento che appartiene sia a $\underline{A}$ sia a $\underline{B}$. La differenza tra $\underline{A}$ e $\underline{B}$ è l'insieme indicato $\underline{A}-\underline{B}$ e costituito da ogni elemento di $\underline{A}$ che non appartiene anche a $\underline{B}$, ossia è l'insieme che si ottiene eliminando da $\underline{A}$ ogni elemento di $\underline{A}\cap\underline{B}$. L'unione di $\underline{A}$ e $\underline{B}$ è l'insieme indicato $\underline{A}\cup\underline{B}$ e costituito da ogni elemento che appartiene almeno a uno tra i $\underline{A}$ e $\underline{B}$, ossia che appartiene a $\underline{A}$ ma non a $\underline{A}\cap\underline{B}$ o a $\underline{B}$ ma non a $\underline{A}\cap\underline{B}$ o a $\underline{A}\cap\underline{B}$. Il prodotto cartesiano di $\underline{A}$ e $\underline{B}$ è l'insieme indicato $\underline{A}\cdot\underline{B}$ e costituito da ogni diversa coppia che può essere costituita scegliendone i due componenti come elementi rispettivamente appartenenti ai $\underline{A}$ e $\underline{B}$. Il complemento di $\underline{A}$ è l'insieme indicato $\neg\underline{A}$ e costituito da ogni elemento che non appartiene a $\underline{A}$, perciò $\neg\underline{\varnothing}$ è l'insieme costituito da ogni elemento.

In relazione ai $\underline{A}$ e $\underline{B}$ sono conoscibili come segue i $\{\mathbf{i}_{ABh};h=\hbar,\boldsymbol{\hbar}\}$ e $\{\mathbf{i}_{BAk};k=\not{k},\boldsymbol{\not{k}}\}$.

La conoscenza di $\{\mathbf{i}_{ABh};h=\hbar,\boldsymbol{\hbar}\}$ avviene con il seguente procedimento. Si pongono le $\{\mathbf{i}_{ABh}=0;h=\hbar,\boldsymbol{\hbar}\}$. Si effettuano $\mathfrak{N}_{\underline{B}}$ iterazioni indicate da $\underline{k}$ nell'ordine della loro esecuzione. L'iterazione k-esima consiste nel cercare una $h\in\underline{h}$ che verifichi le $\{\mathbf{i}_{ABh}=0,A_h\equiv B_k\}$ e nel porre $\mathbf{i}_{ABh}=1$ se si trova una tale $\{h\in\underline{h}\,|\,\mathbf{i}_{ABh}=0,A_h\equiv B_k\}$.

La conoscenza di $\{\mathbf{i}_{BAk};k=\not{k},\boldsymbol{\not{k}}\}$ avviene (analogamente alla testé detta di $\{\mathbf{i}_{ABh};h=\hbar,\boldsymbol{\hbar}\}$) con il seguente procedimento. Si pongono le $\{\mathbf{i}_{BAk}=0;k=\not{k},\boldsymbol{\not{k}}\}$. Si effettuano $\mathfrak{N}_{\underline{A}}$ iterazioni indicate da $\underline{h}$ nell'ordine della loro esecuzione. L'iterazione h-esima consiste nel cercare una $k\in\underline{k}$ che verifichi le $\{\mathbf{i}_{BAk}=0,A_h\equiv B_k\}$ e nel porre $\mathbf{i}_{BAk}=1$ se si trova una tale $\{k\in\underline{k}\,|\,\mathbf{i}_{BAk}=0,A_h\equiv B_k\}$.

Le precedenti definizioni dei $\underline{A}=\underline{B}$ $\underline{A}+\underline{B}$ $\underline{A}\cap\underline{B}$ $\underline{A}-\underline{B}$ $\underline{A}\cup\underline{B}$ $\underline{A}\cdot\underline{B}$ e $\neg\underline{A}$, sono precisate dalle seguenti espressioni

$$\{\underline{A}=\underline{B}\}\equiv\{\{\mathbf{i}_{ABh}=1;h=\hbar,\boldsymbol{\hbar}\}\wedge\{\mathbf{i}_{BAk}=1;k=\not{k},\boldsymbol{\not{k}}\}\}\equiv\{\underline{B}=\underline{A}\}$$

$\underline{A}+\underline{B}\equiv\{\{A_h;h=\bar{h},\boldsymbol{\bar{h}}\},\{B_k;k=\bar{k},\boldsymbol{\bar{k}}\}\}=\underline{B}+\underline{A}$ (6)

$\underline{A}\cap\underline{B}\equiv\{\{A_h\,|\,\mathbf{i}_{ABh}=1\};h=\bar{h},\boldsymbol{\bar{h}}\}=\{A_h\,/\,\mathbf{i}_{ABh}=1;h\in\underline{h}\}=\{\{B_k\,|\,\mathbf{i}_{BAk}=1\};k=\bar{k},\boldsymbol{\bar{k}}\}=\{B_k\,/\,\mathbf{i}_{BAk}=1;k\in\underline{k}\}=\underline{B}\cap\underline{A}=\underline{A}-\neg\underline{B}$ (7)

$\underline{A}-\underline{B}\equiv\{\{A_h\,|\,\mathbf{i}_{ABh}=0\};h=\bar{h},\boldsymbol{\bar{h}}\}=\{A_h\,/\,\mathbf{i}_{ABh}=0;h\in\underline{h}\}=\underline{A}\cap\neg\underline{B}$ (8)

$\underline{A}\cup\underline{B}\equiv\{\underline{A}+\underline{B}\}-\{\underline{A}\cap\underline{B}\}=\underline{B}\cup\underline{A}$ (9)

$\underline{A}\cdot\underline{B}\equiv\{\{A_{\bar{h}},B_{\bar{k}}\},\{A_{\bar{h}},B_{\bar{k}+1}\},\ldots,\{A_{\bar{h}},B_{\boldsymbol{\bar{k}}}\},\{A_{\bar{h}+1},B_{\bar{k}}\},\{A_{\bar{h}+1},B_{\bar{k}+1}\},\ldots,\{A_{\bar{h}+1},B_{\boldsymbol{\bar{k}}}\},\ldots,\{A_{\boldsymbol{\bar{h}}},B_{\bar{k}}\},\{A_{\boldsymbol{\bar{h}}},B_{\bar{k}+1}\},\ldots,\{A_{\boldsymbol{\bar{h}}},B_{\boldsymbol{\bar{k}}}\}\}$ (10)

$\neg\neg\underline{A}=\underline{A}\quad \underline{A}\cap\neg\underline{A}=\underline{\varnothing}\quad \underline{A}\cup\neg\underline{A}=\underline{A}+\neg\underline{A}\quad \underline{A}\cdot\underline{\varnothing}=\underline{\varnothing}\cdot\underline{A}=\underline{\varnothing}$ (11)

Si pongono le

$\{\underline{A}\subset\underline{B}\}\equiv\{\underline{B}\supset\underline{A}\}\equiv\{\underline{A}=\underline{A}\cap\underline{B};\mathfrak{N}\langle\underline{A}\rangle<\mathfrak{N}\langle\underline{B}\rangle\}\equiv\{\underline{B}=\underline{A}\cup\underline{B};\mathfrak{N}\langle\underline{A}\rangle<\mathfrak{N}\langle\underline{B}\rangle\}$

$\{\underline{A}\subseteq\underline{B}\}\equiv\{\underline{B}\supseteq\underline{A}\}\equiv\{\{\underline{A}\subset\underline{B}\}.\dot{\vee}.\{\underline{A}=\underline{B}\}\}\equiv\{\underline{A}=\underline{A}\cap\underline{B}\}\equiv\{\underline{B}=\underline{A}\cup\underline{B}\}\quad\{\underline{A}\not\subset\underline{B}\}\equiv\neg\{\underline{A}\subset\underline{B}\}$ (12)

avendo quindi la $\underline{\varnothing}\subseteq\underline{A}$. Nel caso della $\underline{A}\subset\underline{B}$ si dice che $\underline{A}$ è un sottoinsieme proprio di $\underline{B}$ o che $\underline{A}$ è contenuto propriamente in $\underline{B}$ o che $\underline{A}$ appartiene propriamente a $\underline{B}$. Nel caso della $\underline{A}\subseteq\underline{B}$ si dice che $\underline{A}$ è un sottoinsieme di $\underline{B}$ o che $\underline{A}$ è contenuto in $\underline{B}$ o che $\underline{A}$ appartiene a $\underline{B}$. Si ha la $\underline{A}\cap\underline{B}\subseteq\underline{A}\cup\underline{B}\subseteq\underline{A}+\underline{B}$. Un $\underline{A}^{\{i\langle p\rangle;p=1,\boldsymbol{\bar{p}}\}}$ è (essendo $\underline{A}\equiv\{\text{ş}_i;i=\bar{i},\boldsymbol{\bar{i}}\}$ e $\{i_p;p=1,\boldsymbol{\bar{p}}\}\subseteq\{i=\bar{i},\boldsymbol{\bar{i}}\}$) l'insieme definito dalla $\underline{A}^{\{i\langle p\rangle;p=1,\boldsymbol{\bar{p}}\}}=\underline{A}-\{\text{ş}_{i\langle p\rangle};p=1,\boldsymbol{\bar{p}}\}$ e i cui elementi hanno l'ordinamento successivo conforme a quello di $\underline{A}$; per esempio si ha la $\underline{A}^{i}\equiv\{\text{ş}_i;i\neq i;i=\bar{i},\boldsymbol{\bar{i}}\}$.

La (6) porta la

$\mathfrak{N}\langle\underline{A}+\underline{B}\rangle=\mathfrak{N}\langle\underline{A}\rangle+\mathfrak{N}\langle\underline{B}\rangle$ (13)

Le (7) e (8) portano la $\mathfrak{N}_{\underline{A}}=\mathfrak{N}\langle\underline{A}\cap\underline{B}\rangle+\mathfrak{N}\langle\underline{A}-\underline{B}\rangle$. Da: questa; $\underline{B}\subseteq\underline{A}$, in quanto implica la $\underline{B}=\underline{A}\cap\underline{B}$ e quindi la $\mathfrak{N}_{\underline{B}}=\mathfrak{N}\langle\underline{A}\cap\underline{B}\rangle$; segue IPM

$\{\mathfrak{N}\langle\underline{A}-\underline{B}\rangle=\mathfrak{N}\langle\underline{A}\rangle-\mathfrak{N}\langle\underline{A}\cap\underline{B}\rangle=\mathfrak{N}\langle\underline{A}\rangle-\mathfrak{N}\langle\underline{B}\rangle\}\underline{\leftarrow}\{\underline{B}\subseteq\underline{A}\}$ (14)

Da: (9); $\{\underline{A}\cap\underline{B}\}\subset\{\underline{A}+\underline{B}\}$ e Æ$\langle\{\underline{A}+\underline{B}\},\{\underline{A}\cap\underline{B}\}\,/\,\underline{A},\underline{B}\,/(14)\rangle$; (13); segue

$\mathfrak{N}\langle\underline{A}\cup\underline{B}\rangle=\mathfrak{N}\langle\{\underline{A}+\underline{B}\}-\{\underline{A}\cap\underline{B}\}\rangle=\mathfrak{N}\langle\underline{A}+\underline{B}\rangle-\mathfrak{N}\langle\underline{A}\cap\underline{B}\rangle=\mathfrak{N}\langle\underline{A}\rangle+\mathfrak{N}\langle\underline{B}\rangle-\mathfrak{N}\langle\underline{A}\cap\underline{B}\rangle$ (15)

La (10) porta la

$\mathfrak{N}\langle\underline{A}\cdot\underline{B}\rangle=\mathfrak{N}\langle\underline{A}\rangle\cdot\mathfrak{N}\langle\underline{B}\rangle$ (16)

L'addizione l'intersezione e l'unione di insiemi hanno le proprietà commutativa e associativa. Il prodotto di insiemi ha la proprietà associativa. Perciò si hanno (essendo anche $\underline{C}$ un insieme) le

$\underline{A}.\square.\underline{B}=\underline{B}.\square.\underline{A}\quad \underline{A}.\Box.\{\underline{B}.\Box.\underline{C}\}=\{\underline{A}.\Box.\underline{B}\}.\Box.\underline{C}$ (17)

di cui le $.\square.\equiv\{+.\dot{\vee}.\cap.\dot{\vee}.\cup\}\quad .\Box.\equiv\{+.\dot{\vee}.\cap.\dot{\vee}.\cup.\dot{\vee}.\cdot\}$.

L'intersezione ha la proprietà distributiva rispetto all'unione, e viceversa. L'addizione ha la proprietà distributiva sia rispetto all'intersezione sia rispetto all'unione. Perciò si ha la

$\underline{A}.\square.\{\underline{B}.\Box.\underline{C}\}=\{\underline{A}.\square.\underline{B}\}.\Box.\{\underline{A}.\square.\underline{C}\}$ (18)

di cui la $\{.\square.,.\Box.\}\equiv\{\{\cap,\cup\}.\dot{\vee}.\{\cup,\cap\}.\dot{\vee}.\{+,\cap\}.\dot{\vee}.\{+,\cup\}\}$.

Da: Æ$\langle\underline{A},\underline{A},\underline{B}\,/\,\underline{A},\underline{B},\underline{C}\,/(18)\rangle$; $\underline{A}\cup\underline{A}=\underline{A}$; $\underline{A}\subseteq\underline{A}\cup\underline{B}$ e Æ$\langle\underline{A},\underline{A}\cup\underline{B}\,/\,\underline{A},\underline{B}\,/(12)\rangle$; segue $\underline{A}\cup\{\underline{A}\cap\underline{B}\}=\{\underline{A}\cup\underline{A}\}\cap\{\underline{A}\cup\underline{B}\}=\underline{A}\cap\{\underline{A}\cup\underline{B}\}=\underline{A}$.

I $\underline{A}$ e $\underline{B}$ verificano la

$\neg\{\underline{A}.\square.\underline{B}\}=\neg\underline{A}.\Box.\neg\underline{B}$ (19)

di cui la $\{.\square.,.\Box.\}\equiv\{\{\cup,\cap\}.\dot{\vee}.\{\cap,\cup\}\}$, e che per $\{.\square.,.\Box.\}\equiv\{\cup,\cap\}$ e $\{.\square.,.\Box.\}\equiv\{\cap,\cup\}$ è nota rispettivamente come la prima e la seconda legge di De Morgan.

Da: seconda delle (11); Æ$\langle\neg\underline{A}\,/\,\underline{B}\,/(19)\rangle$ e prima delle (11); $\underline{B}\subseteq\neg\underline{\varnothing}$; segue la prima delle

$\neg\underline{\varnothing}=\neg\{\underline{A}\cap\neg\underline{A}\}=\underline{A}\cup\neg\underline{A}\supseteq\underline{B}\quad\neg\{\underline{A}\cup\neg\underline{A}\}=\underline{\varnothing}$ (20)

Da: $\underline{A}=A\cap\underline{A}$ dovuta a $\underline{A}\subseteq\underline{A}$; $Æ\langle \underline{A},\underline{A},B/\underline{A},\underline{B},\underline{C}/(17)\rangle$; $\underline{B}=B\cap\underline{B}$ dovuta a $\underline{B}\subseteq\underline{B}$; $Æ\langle \underline{A},\underline{B},B/\underline{A},\underline{B},\underline{C}/(17)\rangle$; $\underline{A}\cap\underline{B}=\varnothing$; segue IPM

$\{\underline{A}\cap\underline{B}=\{\underline{A}\cap\underline{A}\}\cap\underline{B}=\underline{A}\cap\{\underline{A}\cap\underline{B}\}=\underline{A}\cap\{\underline{A}\cap\{\underline{B}\cap\underline{B}\}\}=\underline{A}\cap\{\{\underline{A}\cap\underline{B}\}\cap\underline{B}\}=\underline{A}\cap\{\varnothing\cap\underline{B}\}=\underline{A}\cap\underline{\varnothing}=\underline{\varnothing}\}\underline{\leftarrow}$
$\{\underline{A}\subseteq\underline{A},\underline{B}\subseteq\underline{B},\underline{A}\cap\underline{B}=\underline{\varnothing}\}$ (21)

Le $Æ\langle \underline{A}\cap\underline{C},\underline{B}\cap\neg\underline{C},\underline{C},\neg\underline{C}/\underline{A},\underline{B},\underline{A},\underline{B}/(21)\rangle$ e $\{\underline{A}\cap\underline{C}\subseteq\underline{C},\underline{B}\cap\neg\underline{C}\subseteq\neg\underline{C},\underline{C}\cap\neg\underline{C}=\underline{\varnothing}\}$ portano la

$\{\underline{A}\cap\underline{C}\}\cap\{\underline{B}\cap\neg\underline{C}\}=\underline{\varnothing}$ (22)

Da: $\underline{A}\subseteq\underline{B}\cup\neg\underline{B}$ dovuta a $Æ\langle \underline{B},\underline{A}/\underline{A},\underline{B}/(20)\rangle$; $Æ\langle\neg\underline{B}/\underline{C}/(18)\rangle$; $\{\underline{A}\cap\underline{B}\}\cap\{\underline{A}\cap\neg\underline{B}\}=\underline{\varnothing}$ dovuta a $Æ\langle \underline{A},\underline{A},\underline{B}/ \underline{A},\underline{B},\underline{C}/(22)\rangle$; segue

$\underline{A}=\underline{A}\cap\{\underline{B}\cup\neg\underline{B}\}=\{\underline{A}\cap\underline{B}\}\cup\{\underline{A}\cap\neg\underline{B}\}=\{\underline{A}\cap\underline{B}\}+\{\underline{A}\cap\neg\underline{B}\}$ (23)

Inerentemente le $\underline{A}\equiv\{K;i=1,\mathfrak{N}\langle\underline{A}\rangle\}$ e $\underline{B}\equiv\{K;j=1,\mathfrak{N}\langle\underline{B}\rangle\}$ si hanno le

$\{\underline{A}\subseteq\underline{B}\}.\dot{\vee}.\{\underline{B}\subseteq\underline{A}\}$ $\{\mathfrak{N}\langle\underline{A}\rangle\leq\mathfrak{N}\langle\underline{B}\rangle\}\underline{\leftrightarrow}\{\underline{A}\subseteq\underline{B}\}$ $\{\mathfrak{N}\langle\underline{B}\rangle<\mathfrak{N}\langle\underline{A}\rangle\}\underline{\leftrightarrow}\{\underline{B}\subset\underline{A}\}$ (24)

$\underline{A}\cap\underline{B}=\{K;n=1,\min\langle\mathfrak{N}_{\underline{A}},\mathfrak{N}_{\underline{B}}\rangle\}=\{\underline{A}.\dot{\vee}.\underline{B}\}$ $\underline{A}\cup\underline{B}=\{K;n=1,\max\langle\mathfrak{N}_{\underline{A}},\mathfrak{N}_{\underline{B}}\rangle\}=\{\underline{A}.\dot{\vee}.\underline{B}\}$ $\{\underline{A}.\Box.\underline{B}=\underline{A}\}\underline{\leftrightarrow}\{\underline{A}.\Box.\underline{B}=\underline{B}\}$ (25)

di cui la $\{.\Box.,.\Box.\}\equiv\{\{\cap,\cup\}.\dot{\vee}.\{\cup,\cap\}\}$.

Si considerano i $\bar{i}-\underline{i}+1$ insiemi $\{\underline{A}_i;i=\underline{i},\bar{i}\}$ di cui le $\mathbf{\underline{A}}\equiv\{\underline{A}_i;i=\underline{i},\bar{i}\}$ $\mathfrak{N}\langle\mathbf{\underline{A}}\rangle=\bar{i}-\underline{i}+1$.

L'addizione dei $\mathbf{\underline{A}}$ è l'insieme indicato $\Sigma_{i=\underline{i},\bar{i}}(\underline{A}_i)$ e costituito da tutti gli elementi di ognuno dei $\mathbf{\underline{A}}$. L'intersezione dei $\mathbf{\underline{A}}$ è l'insieme indicato $\cap_{i=\underline{i},\bar{i}}(\underline{A}_i)$ e costituito da ogni elemento che appartiene congiuntamente a ognuno dei $\mathbf{\underline{A}}$ cioè sia a $\underline{A}_{\underline{i}}$ sia a $\underline{A}_{\underline{i}+1}$...sia a $\underline{A}_{\bar{i}}$. L'unione dei $\mathbf{\underline{A}}$ è l'insieme indicato $\cup_{i=\underline{i},\bar{i}}(\underline{A}_i)$ e costituito da ogni elemento che appartiene almeno a uno dei $\mathbf{\underline{A}}$. Il prodotto cartesiano dei $\mathbf{\underline{A}}$ è l'insieme indicato $\Pi_{i=\underline{i},\bar{i}}(\underline{A}_i)$ e costituito da ogni diversa $\mathfrak{N}_{\mathbf{\underline{A}}}$-pla che può essere costituita scegliendone i $\mathfrak{N}_{\mathbf{\underline{A}}}$ componenti come elementi appartenenti rispettivamente ai $\mathbf{\underline{A}}$, seguendo da ciò la $\Pi_{i=\underline{i},\bar{i}}(\underline{A}_i)\cdot\underline{\varnothing}=\underline{\varnothing}\cdot\Pi_{i=\underline{i},\bar{i}}(\underline{A}_i)=\underline{\varnothing}$.

Tali $\Sigma_{i=\underline{i},\bar{i}}(\underline{A}_i)$ $\cap_{i=\underline{i},\bar{i}}(\underline{A}_i)$ $\cup_{i=\underline{i},\bar{i}}(\underline{A}_i)$ e $\Pi_{i=\underline{i},\bar{i}}(\underline{A}_i)$ sono generalizzazioni dei rispettivi $\underline{A}+\underline{B}$ $\underline{A}\cap\underline{B}$ $\underline{A}\cup\underline{B}$ e $\underline{A}\cdot\underline{B}$, e se ne pone la $\Box_{i=\underline{i},\bar{i}}(\underline{A}_i)\equiv\{\underline{A}_{\underline{i}}.\Box.\underline{A}_{\underline{i}+1}.\Box.\ldots.\Box.\underline{A}_{\bar{i}}\}$ di cui la $\{\Box,.\Box.\}\equiv\{\{\Sigma,+\}.\dot{\vee}.\{\cap,\cap\}.\dot{\vee}.\{\cup,\cup\}.\dot{\vee}.\{\Pi,\cdot\}\}$.

Le commutatività e associatività (affermate dalle (17)) di addizione intersezione e unione di insiemi, portano la $\underline{A}_{a\langle\underline{i}\rangle}.\Box.\{\underline{A}_{a\langle\underline{i}+1\rangle}.\Box.\{\ldots.\Box.\{\underline{A}_{a\langle\bar{i}-1\rangle}.\Box.\underline{A}_{a\langle\bar{i}\rangle}\}\ldots\}\}=\underline{A}_{b\langle\underline{i}\rangle}.\Box.\{\underline{A}_{b\langle\underline{i}+1\rangle}.\Box.\{\ldots.\Box.\{\underline{A}_{b\langle\bar{i}-1\rangle}.\Box.\underline{A}_{b\langle\bar{i}\rangle}\}$ $\ldots\}\}$ di cui le $.\Box.\equiv\{+.\dot{\vee}.\cap.\dot{\vee}.\cup\}$ $\{a_i;i=\underline{i},\bar{i}\}=\{b_i;i=\underline{i},\bar{i}\}=\{i=\underline{i},\bar{i}\}$, e quindi danno luogo alla

$Æ\langle\underline{A},\{\{\Sigma,+\}.\dot{\vee}.\{\cap,\cap\}.\dot{\vee}.\{\cup,\cup\}\}/\text{ş},\{\Box,.\Box.\}/(2.1.2.2),(2.1.2.3)\rangle$ (26)

L'associatività (affermata dalla seconda delle (17)) del prodotto di insiemi, porta la

$Æ\langle\underline{A},\{\Pi,\cdot\}/\text{ş},\{\Box,.\Box.\}/(2.1.2.2),(2.1.2.3)\,|\,\{a_i;i=\underline{i},\bar{i}\}=\{b_i;i=\underline{i},\bar{i}\}=\{c_i;i=\underline{i},\bar{i}\}=\{i=\underline{i},\bar{i}\},\{a_j;j=\underline{j},\bar{j}\}=\{i;i\neq i;i=\underline{i},\bar{i}\}\rangle$ (27)

Le (26) e (18) portano la

$\underline{C}.\Box.\Box_{i=\underline{i},\bar{i}}(\underline{A}_{a\langle i\rangle})=\Box_{i=\underline{i},\bar{i}}(\underline{C}.\Box.\underline{A}_{b\langle i\rangle})$ (28)

di cui le $\{.\Box.,\Box\}\equiv\{\{\cap,\cup\}.\dot{\vee}.\{\cup,\cap\}.\dot{\vee}.\{+,\cap\}.\dot{\vee}.\{+,\cup\}\}$ $\{a_i;i=\underline{i},\bar{i}\}=\{b_i;i=\underline{i},\bar{i}\}=\{i=\underline{i},\bar{i}\}$.

Le (26) e (27) rendono possibile conoscere il $\Box_{i=\underline{i},\bar{i}}(\underline{A}_i)$ con un procedimento iterativo quale il seguente. Si conosce $\mathcal{A}_0$ per mezzo della $\mathcal{A}_0=\underline{A}_{\bar{i}}$. Si effettuano le $\bar{i}-\underline{i}$ iterazioni indicate dal $\{i=1,\bar{i}-\underline{i}\}$. Nella i-esima iterazione si conosce l'inerente $\mathcal{A}_i$ usando la $\mathcal{A}_i=\underline{A}_{\bar{i}-i}.\Box.\mathcal{A}_{i-1}$. Si pone $\Box_{i=\underline{i},\bar{i}}(\underline{A}_i)=\mathcal{A}_{\bar{i}-\underline{i}}$.

Le (26) (27) (13) e (16) portano la

$\mathfrak{N}\langle\Box_{i=\underline{i},\bar{i}}(\underline{A}_i)\rangle=\Box_{i=\underline{i},\bar{i}}(\mathfrak{N}\langle\underline{A}_i\rangle)$ (29)

di cui la $\Box\equiv\{\Sigma.\dot{\vee}.\Pi\}$; e che nel caso $\Box\equiv\Pi$ è conforme al considerare che il i-esimo elemento, di una $\mathfrak{N}_{\mathbf{\underline{A}}}$-pla elemento di $\Pi_{i=\underline{i},\bar{i}}(\underline{A}_i)$, può essere scelto in $\mathfrak{N}\langle\underline{A}_i\rangle$ modi diversi.

Inerentemente i $(\bar{i}-\underline{i}+1)\cdot(\bar{j}-\underline{j}+1)$ insiemi $\{\underline{A}_{ij};i=\underline{i},\bar{i};j=\underline{j},\bar{j}\}$ si hanno le

$\Pi_{j=\underline{j},\bar{j}}(\cap_{i=\underline{i},\bar{i}}(\underline{A}_{ij}))\subseteq\cap_{i=\underline{i},\bar{i}}(\Pi_{j=\underline{j},\bar{j}}(\underline{A}_{ij}))$

$\neg\exists\{\{ş\,/\,ş\equiv ş;ş\in\underline{\triangle}_{ac}\}\neq\{ş\,/\,ş\equiv ş;ş\in\underline{\triangle}_{bc}\};ş\in\underline{\triangle}_{ac};ş\in\underline{\triangle}_{bc};\{a,b\}\subseteq\{i=\text{ɨ},\text{ɨ}\};c\in\{j=\text{ɉ},\text{ɉ}\}\}\underline{\rightarrow}$
$\{\cap_{i=ɨ,ɨ}(\Pi_{j=ɉ,ɉ}(\underline{\triangle}_{ij}))=\Pi_{j=ɉ,ɉ}(\cap_{i=ɨ,ɨ}(\underline{\triangle}_{ij}))\}$ (30)

Inerentemente la Æ$\langle\underline{A}_n;n=1,\bar{n}\,/\,\underline{A}_i;i=ɨ,ɨ\rangle$ si hanno (con riferimento alla simbologia di analisi combinatoria posta in sez. 2.1.2) le

$\cup_{n=1,\bar{n}}(\underline{A}_n)=\underline{D}_{A}-\underline{P}_{A}$ (31)

$\underline{D}_{A}\equiv\Sigma_{c=1,ND\langle\bar{n}\rangle}(\underline{D}_{Ac})\ \underline{D}_{Ac}\equiv\Sigma_{b=1,Б\langle\bar{n},\check{S}\langle c\rangle\rangle}(\cap_{a=1,\check{S}\langle c\rangle}(\underline{A}_{\underline{n}\langle\check{S}\langle c\rangle,b,a\rangle}))$ (32)

$\underline{P}_{A}\equiv\Sigma_{c=1,NP\langle\bar{n}\rangle}(\underline{P}_{Ac})\ \underline{P}_{Ac}\equiv\Sigma_{b=1,Б\langle\bar{n},\hat{S}\langle c\rangle\rangle}(\cap_{a=1,\hat{S}\langle c\rangle}(\underline{A}_{\underline{n}\langle\hat{S}\langle c\rangle,b,a\rangle}))$ (33)

di cui la $\underline{P}_{A}\subset\underline{D}_{A}$, e le cui $\{\check{S}_c;c=1,ND_{\bar{n}}\}$ e $\{\hat{S}_c;c=1,NP_{\bar{n}}\}$ sono rispettivamente la successione dei numeri dispari e pari presenti tra i $\{n=1,\bar{n}\}$.

Da: prima delle (32); Æ$\langle\Sigma_{c=1,ND\langle\bar{n}\rangle}(\underline{D}_{Ac})\,/\,\Sigma_{i=ɨ,ɨ}(\underline{A}_i)\,/\,(29)\rangle$; seconda delle (32); (29); segue

$\mathfrak{N}\langle\underline{D}_{A}\rangle=\mathfrak{N}\langle\Sigma_{c=1,ND\langle\bar{n}\rangle}(\underline{D}_{Ac})\rangle=\Sigma_{c=1,ND\langle\bar{n}\rangle}(\mathfrak{N}\langle\underline{D}_{Ac}\rangle)=\Sigma_{c=1,ND\langle\bar{n}\rangle}(\mathfrak{N}\langle\Sigma_{b=1,Б\langle\bar{n},\check{S}\langle c\rangle\rangle}(\cap_{a=1,\check{S}\langle c\rangle}(\underline{A}_{\underline{n}\langle\check{S}\langle c\rangle,b,a\rangle}))\rangle)=$
$\Sigma_{c=1,ND\langle\bar{n}\rangle}(\Sigma_{b=1,Б\langle\bar{n},\check{S}\langle c\rangle\rangle}(\mathfrak{N}\langle\cap_{a=1,\check{S}\langle c\rangle}(\underline{A}_{\underline{n}\langle\check{S}\langle c\rangle,b,a\rangle})\rangle))$ (34)

Analogamente a come dalle (32) e (29) è stata dedotta la (34), dalle (33) e (29) si deduce la

$\mathfrak{N}\langle\underline{P}_{A}\rangle=\Sigma_{c=1,NP\langle\bar{n}\rangle}(\Sigma_{b=1,Б\langle\bar{n},\hat{S}\langle c\rangle\rangle}(\mathfrak{N}\langle\cap_{a=1,\hat{S}\langle c\rangle}(\underline{A}_{\underline{n}\langle\hat{S}\langle c\rangle,b,a\rangle})\rangle))$ (35)

Da: (31); $\underline{P}_{A}\subset\underline{D}_{A}$ e Æ$\langle\underline{D}_{A},\underline{P}_{A}\,/\,\underline{A},\underline{B}\,/\,(14)\rangle$; (34) e (35); segue

$\mathfrak{N}\langle\cup_{n=1,\bar{n}}(\underline{A}_n)\rangle=\mathfrak{N}\langle\underline{D}_{A}-\underline{P}_{A}\rangle=\mathfrak{N}\langle\underline{D}_{A}\rangle-\mathfrak{N}\langle\underline{P}_{A}\rangle=\Sigma_{c=1,\bar{n}}((-1)^{c+1}\cdot\Sigma_{b=1,Б\langle\bar{n},c\rangle}(\mathfrak{N}\langle\cap_{a=1,c}(\underline{A}_{\underline{n}\langle c,b,a\rangle})\rangle))$ (36)

La $\{\underline{A}_a\cap\underline{A}_b=\varnothing;\forall\{a,b\}\subseteq\{n=1,\bar{n}\}\}$ porta la $\{\cap_{a=1,c}(\underline{A}_{\underline{n}\langle c,b,a\rangle})=\varnothing;b=1,Б\langle\bar{n},c\rangle;c=2,\bar{n}\}$. Questa e le $\{(32),(33)\}$ portano le $\underline{D}_{A}\equiv\Sigma_{n=1,\bar{n}}(\underline{A}_n)$ $\underline{P}_{A}\equiv\varnothing$ che introdotte nella (31) danno luogo a IPM

$\{\cup_{n=1,\bar{n}}(\underline{A}_n)=\Sigma_{n=1,\bar{n}}(\underline{A}_n)\}\underline{\leftarrow}\{\underline{A}_a\cap\underline{A}_b=\varnothing;\forall\{a,b\}\subseteq\{n=1,\bar{n}\}\}$ (37)

Una suddivisione di un insieme $\underline{A}$ è un insieme $\underline{B}$ di cui le $\underline{B}\equiv\{\underline{B}_d;d=1,\bar{d}\}$ $\underline{A}=\cup_{d=1,\bar{d}}(\underline{B}_d)$ $\{\underline{B}_a\cap\underline{B}_b=\varnothing;\forall\{a,b\}\subseteq\{d=1,\bar{d}\}\}$. Queste e la Æ$\langle\cup_{d=1,\bar{d}}(\underline{B}_d)\,/\,\cup_{n=1,\bar{n}}(\underline{A}_n)\,/\,(37)\rangle$ portano la $\underline{B}=\underline{A}$.

Si pongono le

$d^2\langle\underline{A},K\rangle\equiv\mathfrak{N}\langle\underline{A}\rangle\cdot(m\langle\underline{A}\rangle-K)^2\ D^2\langle\underline{A},\underline{B}\rangle\equiv\Sigma_{d=1,\bar{d}}(d^2\langle\underline{B}_d\rangle)\ \mathbb{D}^2\langle\underline{A},\underline{B}\rangle\equiv\Sigma_{d=1,\bar{d}}(d^2\langle\underline{B}_d,m\langle\underline{A}\rangle\rangle)$ (38)

Si pongono le $\underline{x}\equiv\{x_n;n=1,\bar{n}\}$ e $x\equiv\{\underline{x}\,|\,\bar{n}=1\}$. Da: þ; $(a\pm b)^2=a^2\pm2\cdot a\cdot b+b^2$, quarta delle (1), prima delle (38); $\Sigma_{n=1,\bar{n}}(x_n-m\langle\underline{x}\rangle)=\Sigma\langle\underline{x}\rangle-\bar{n}\cdot m_{\underline{x}}=0$ (conforme alla $m_{\underline{x}}\equiv\bar{n}^{-1}\cdot\Sigma_{\underline{x}}$); segue

$\Sigma_{n=1,\bar{n}}((x_n-K)^2)=\Sigma_{n=1,\bar{n}}((x_n-m\langle\underline{x}\rangle+m_{\underline{x}}-K)^2)=d^2\langle\underline{x}\rangle+d^2\langle\underline{x},K\rangle+2\cdot(m_{\underline{x}}-K)\cdot\Sigma_{n=1,\bar{n}}(x_n-m_{\underline{x}})=d^2\langle\underline{x}\rangle+d^2\langle\underline{x},K\rangle$ (39)

Si stabilisce una $\{n_{hk};k=1,\bar{k}_h;h=1,\bar{h}\}=\{n=1,\bar{n}\}$. Questa porta che il $\underline{X}$ (di cui le $\underline{X}\equiv\{\underline{X}_h;h=1,\bar{h}\}$ $\underline{X}_h\equiv\{x_{n\langle h,k\rangle};k=1,\bar{k}_h\}$) è una suddivisione di $\underline{x}$ e quindi la Æ$\langle\underline{x},\underline{X}\,/\,\underline{A},\underline{B}\,/\,\underline{B}=\underline{A}\rangle$ che dà luogo alla $\underline{X}=\underline{x}$.

Da: þ; $\underline{X}=\underline{x}$; segue $m_{\underline{x}}\equiv\bar{n}^{-1}\cdot\Sigma\langle\underline{x}\rangle=\bar{n}^{-1}\cdot\Sigma_{h=1,\bar{h}}(\Sigma_{k=1,\bar{k}\langle h\rangle}(x_{n\langle h,k\rangle}))=\bar{n}^{-1}\cdot\Sigma_{h=1,\bar{h}}(\Sigma\langle\underline{X}_h\rangle)=\bar{n}^{-1}\cdot\Sigma_{h=1,\bar{h}}(\bar{k}_h\cdot m\langle\underline{X}_h\rangle)$.

Da: þ; $\underline{X}=\underline{x}$; Æ$\langle\underline{X}_h,m_{\underline{x}}\,/\,\underline{x},K\,/\,(39)\rangle$; seconda e terza delle (38); segue

$d^2\langle\underline{x}\rangle\equiv\Sigma_{n=1,\bar{n}}((x_n-m_{\underline{x}})^2)=\Sigma_{h=1,\bar{h}}(\Sigma_{k=1,\bar{k}\langle h\rangle}((x_{n\langle h,k\rangle}-m_{\underline{x}})^2)=\Sigma_{h=1,\bar{h}}(d^2\langle\underline{X}_h\rangle)+\Sigma_{h=1,\bar{h}}(d^2\langle\underline{X}_h,m_{\underline{x}}\rangle)=$
$D^2\langle\underline{x},\underline{X}\rangle+\mathbb{D}^2\langle\underline{x},\underline{X}\rangle$ (40)

2.3 *Nozioni di algebra lineare*

I simboli $\{=,+,-,\cdot\}$ della consueta notazione matriciale sono sostituiti dai rispettivi $\{=,+,-,\cdot\}$. Le parentesi ⟦⟧ delimitano una proposizione che definisce una matrice. Una ⟦$ş_{ab};a=1,\bar{a};b=1,\bar{b}$⟧ è la matrice che ha $ş_{ab}$ come elemento della a-esima riga e b-esima colonna.

Si pongono le $\underline{A}\equiv$⟦$A_{mn};m=1,\bar{m};n=1,\bar{n}$⟧ $\{m=1,\bar{m}\}=\{\mu_m;m=1,\bar{m}\}$ e $\{n=1,\bar{n}\}=\{\nu_n;n=1,\bar{n}\}$. La $\underline{A}$ è una matrice quadrata se $\bar{m}=\bar{n}$. La $\underline{A}^T$ è la trasposta di $\underline{A}$, ossia è la matrice che si ottiene da $\underline{A}$ scambiandone le righe con le colonne nel senso della $\underline{A}^T\equiv$⟦$A_{Tnm};n=1,\bar{n};m=1,\bar{m}$⟧ di cui la $A_{Tnm}\equiv A_{mn}$. Il $\det\langle\underline{A}\rangle$ è il determinante di $\underline{A}$, è definito se $\underline{A}$ è quadrata, e se ne ha la $\{\det_{\underline{A}}=A_{11};\forall\bar{m}=1\}$. La $\underline{A}^{-1}$ è la matrice inversa di $\underline{\underline{A}}$ e esiste se $\mathbf{det}_{\underline{\underline{A}}}\neq 0$. La $\underline{\underline{A}}_{mn}$ è la matrice di $\mathfrak{m}-1$ righe e $\mathfrak{n}-1$ colonne che si ottiene eliminando da $\underline{\underline{A}}$ la riga m-esima e la colonna n-esima. Il Я$\langle\underline{\underline{A}}\rangle$ è il rango di $\underline{\underline{A}}$ e è definito dalla Я$_{\underline{\underline{A}}}\equiv\mathbf{max}\langle p\,/\,\mathbf{det}\langle A_{\mu\langle m\rangle,\nu\langle n\rangle};m=1,p;n=1,p\rangle\neq 0\rangle$. Il $\mathbf{agg}\langle A_{mn}\rangle$ è l'aggiunto di A_{mn} e è definito dalla $\mathbf{agg}\langle A_{mn}\rangle\equiv(-1)^{m+n}\cdot\mathbf{det}\langle\underline{\underline{A}}_{mn}\rangle$. La $\underline{\underline{A}}$ è simmetrica se $\underline{\underline{A}}^{T}=\underline{\underline{A}}$.

La $[\underline{\underline{A}}^{-1}]^{T}=[\underline{\underline{A}}^{T}]^{-1}$ (di cui in [12]) e l'essere la $\underline{\underline{A}}$ simmetrica portano IPM

$$\{[\underline{\underline{A}}^{-1}]^{T}=\underline{\underline{A}}^{-1}\}\underline{\leftarrow}\{\underline{\underline{A}}^{T}=\underline{\underline{A}}\} \qquad (1)$$

Inerentemente le $\underline{\underline{A}}$ e $\underline{\underline{A}}^{-1}$ si ha la

$$\{\Sigma_{n=1,\mathfrak{m}}(\mathcal{A}_{an}\cdot A_{nb})=\delta_{ab}\,|\,\underline{\underline{A}}^{-1}\equiv[\mathcal{A}_{mn};m=1,\mathfrak{m};n=1,\mathfrak{m}]\} \qquad (2)$$

Il primo teorema di Laplace (di cui in [17]) porta la

$$\{\mathbf{det}\langle\underline{\underline{A}}\rangle=\Sigma_{n=1,\mathfrak{m}}(A_{mn}\cdot\mathbf{agg}\langle A_{mn}\rangle)=\Sigma_{m=1,\mathfrak{m}}(A_{mn}\cdot\mathbf{agg}\langle A_{mn}\rangle);m=1,\mathfrak{m};n=1,\mathfrak{m}\} \qquad (3)$$

Un sistema lineare di $\mathfrak{m}$ equazioni nelle $\mathfrak{n}$ incognite $\underline{X}$, è indicato $\underline{\underline{A}}\circ\underline{X}=\underline{B}$ essendo: $\underline{\underline{A}}$ la matrice dei coefficienti, $\underline{X}$ la colonna delle incognite, e $\underline{B}$ (di cui la $\underline{B}\equiv\{B_m;m=1,\mathfrak{m}\}$) la colonna dei termini noti.

Un $\underline{\underline{A}}\circ\underline{X}=\underline{B}$ è compatibile se ammette almeno una soluzione $\underline{X}$ ossia se esiste almeno un $\underline{X}$ che lo rende vero. Per un $\underline{\underline{A}}\circ\underline{X}=\underline{B}$ compatibile vale la

$$\{\mathbf{det}\langle A_{\mu\langle m\rangle,\nu\langle n\rangle};m=1,Я_{\underline{\underline{A}}};n=1,Я_{\underline{\underline{A}}}\rangle\neq 0\}\Leftrightarrow$$
$$\{\{X_{\nu\langle n\rangle};n=1,Я_{\underline{\underline{A}}}\}=[A_{\mu\langle m\rangle,\nu\langle n\rangle};m=1,Я_{\underline{\underline{A}}};n=1,Я_{\underline{\underline{A}}}]^{-1}\circ\{B_{\mu\langle m\rangle}-\Sigma_{n=Я\langle\underline{\underline{A}}\rangle+1,\mathfrak{n}}(A_{\mu\langle m\rangle,\nu\langle n\rangle}\cdot X_{\nu\langle n\rangle});m=1,Я_{\underline{\underline{A}}}\}\} \qquad (4)$$

la cui sommatoria è considerata nulla se $Я_{\underline{\underline{A}}}>\mathfrak{n}-1$.

I $\mathbf{det}_{\underline{\underline{A}}}$ $Я_{\underline{\underline{A}}}$ e $\underline{\underline{A}}^{-1}$ sono calcolabili con i noti metodi numerici quali quelli esposti nei [4] e [12].

2.4 *Nozioni di analisi matematica*

2.4.1 *Gli insiemi di numeri reali e lo spazio euclideo multidimensionale*

Il $\mathfrak{R}^1$ è l'insieme costituito da tutti i diversi numeri reali. I $[a,b]$ (a,b) $(a,b]$ e $[a,b)$, di cui le $[a,b]\equiv\{c\,/\,a\leq c\leq b;c\in\mathfrak{R}^1\}$ $(a,b)\equiv\{c\,/\,a<c<b;c\in\mathfrak{R}^1\}$ $(a,b]\equiv\{c\,/\,a<c\leq b;c\in\mathfrak{R}^1\}$ $[a,b)\equiv\{c\,/\,a\leq c<b;c\in\mathfrak{R}^1\}$, sono (sottintendendone la $a\leq b$) gli intervalli di $\mathfrak{R}^1$ rispettivamente chiuso, aperto, aperto a sinistra e chiuso a destra, chiuso a sinistra e aperto a destra; e se ne hanno le $[a,b]=(a,b)+\{a,b\}$ $(a,b)=[a,b]-\{a,b\}$ $(a,b]=(a,b)+\{b\}$ $(a,b)=(a,b]-\{b\}$ (e così via). Il ∞ è un numero positivo illimitatamente grande; per cui si ha la $\mathfrak{R}^1\equiv(-\infty,\infty)$, e un numero x è limitato o illimitato se ne vale la $|x|\neq\infty$ o la $|x|=\infty$.

Si pongono le $\{[a,\,|\,a\equiv-\infty\}\equiv\{(a,\}$ $\{,b]\,|\,b\equiv\infty\}\equiv\{,b)\}$, e le $\mathfrak{R}^{\mathfrak{n}}\equiv\Pi_{n=1,\mathfrak{n}}(\mathfrak{R}^1)$ $\underline{\mathfrak{R}}^{\mathfrak{n}}\equiv\Pi_{n=1,\mathfrak{n}}([0,\infty))$.

Lo spazio percepito dai sensi umani è detto euclideo. Il concetto di spazio euclideo è generalizzato da quello di uno spazio euclideo a $\mathfrak{n}$ dimensioni che si chiama $\mathfrak{S}^{\mathfrak{n}}$: un punto è un $\mathfrak{S}^0$, una retta è un $\mathfrak{S}^1$, un piano è un $\mathfrak{S}^2$, lo spazio euclideo dell'esperienza sensoriale umana è un $\mathfrak{S}^3$, per $\mathfrak{n}>3$ un $\mathfrak{S}^{\mathfrak{n}}$ non può essere immaginato dalla mente umana.

Una consueta rappresentazione cartesiana, ossia una corrispondenza biunivoca tra un insieme di coppie di numeri reali e un insieme di punti di un piano (che è detta piano cartesiano), è generalizzata da una $\mathfrak{R}^{\mathfrak{n}}\Leftrightarrow\mathfrak{S}^{\mathfrak{n}}$ tale che la lunghezza di un qualunque segmento rettilineo, che ha come punti estremi i $\{P_{\underline{a}},P_{\underline{b}}\}$ di cui le $P_{\underline{a}}\in\mathfrak{S}^{\mathfrak{n}}$ e $P_{\underline{b}}\in\mathfrak{S}^{\mathfrak{n}}$, è uguale alla Đ$\langle\underline{a},\underline{b}\rangle$ di cui le $\underline{a}\equiv\{a_n;n=1,\mathfrak{n}\}$ $\underline{b}\equiv\{b_n;n=1,\mathfrak{n}\}$ Đ$\langle\underline{a},\underline{b}\rangle\equiv|(\Sigma_{n=1,\mathfrak{n}}((b_n-a_n)^2))^{0.5}|=$Đ$\langle\underline{b},\underline{a}\rangle$ $\{\underline{a},P_{\underline{a}}\}\in\{\mathfrak{R}^{\mathfrak{n}}\Leftrightarrow\mathfrak{S}^{\mathfrak{n}}\}$ $\{\underline{b},P_{\underline{b}}\}\in\{\mathfrak{R}^{\mathfrak{n}}\Leftrightarrow\mathfrak{S}^{\mathfrak{n}}\}$.

Una $\underline{A}\Leftrightarrow\underline{B}$ può indurre la semplificazione del sottintenderla nell'identificare $\underline{A}$ come $\underline{B}$ e quindi gli elementi di $\underline{A}$ come quelli di $\underline{B}$. Pertanto un $\mathfrak{R}^{\mathfrak{n}}$ è identificato come un $\mathfrak{S}^{\mathfrak{n}}$ e gli elementi di $\mathfrak{R}^{\mathfrak{n}}$ sono identificati come i punti di $\mathfrak{S}^{\mathfrak{n}}$, in quanto è sottintesa la $\mathfrak{R}^{\mathfrak{n}}\Leftrightarrow\mathfrak{S}^{\mathfrak{n}}$.

Uno spazio euclideo $\mathfrak{R}^{\mathfrak{n}}$ è detto multidimensionale (o pluridimensionale) nel senso della $\mathfrak{R}^{\mathfrak{n}}=$

$\Pi_{n=1,\not{n}}(\mathscr{R}_n)$ di cui la $\mathscr{R}_n=\underline{\mathfrak{R}}^1$ e il cui $\mathscr{R}_n$ è detto la n-esima dimensione di $\underline{\mathfrak{R}}^{\not{n}}$. Conformemente con ciò si pongono anche le $\underline{\mathfrak{R}}^{\not{n}}\equiv\Pi_{n=1,\not{n}}(\underline{\mathscr{R}}_n)\ \underline{\mathscr{R}}_n=\underline{\mathfrak{R}}^1)$. Inoltre si pone la $\neg^{\not{n}}\underline{A}\equiv\neg\underline{A}\cap\underline{\mathfrak{R}}^{\not{n}}$.

Si considera un $\underline{\mathfrak{R}}^{\not{n}}$ di cui la $\underline{\mathfrak{R}}^{\not{n}}\subseteq\underline{\mathfrak{R}}^{\not{n}}$. Conformemente alle Æ$\langle\underline{\mathfrak{R}}^{\not{n}},\underline{\mathfrak{R}}^{\not{n}}\ /\underline{A},\underline{B}\ /(2.2.8)\rangle$ {Æ$\langle\underline{\mathfrak{R}}^{\not{n}},\underline{\mathfrak{R}}^{\not{n}}\ /\underline{A},\underline{B}\ /(2.2.12)\rangle$,Æ$\langle\underline{\mathfrak{R}}^{\not{n}},\underline{\mathfrak{R}}^{\not{n}}\ /\underline{A},\underline{B}\ /(2.2.7)\rangle$} Æ$\langle\underline{\mathfrak{R}}^{\not{n}}\ /\underline{A}\ /(2.2.11),(2.2.20)\rangle$ e Æ$\langle\underline{\mathfrak{R}}^{\not{n}},\underline{\mathfrak{R}}^{\not{n}}\ /\underline{A},\underline{B}\ /(2.2.23)\rangle$ si hanno le rispettive

$$\neg^{\not{n}}\underline{\mathfrak{R}}^{\not{n}}=\underline{\mathfrak{R}}^{\not{n}}-\underline{\mathfrak{R}}^{\not{n}}\qquad \underline{\mathfrak{R}}^{\not{n}}=\underline{\mathfrak{R}}^{\not{n}}\cap\underline{\mathfrak{R}}^{\not{n}}=\underline{\mathfrak{R}}^{\not{n}}-\neg\underline{\mathfrak{R}}^{\not{n}}=\underline{\mathfrak{R}}^{\not{n}}-\neg^{\not{n}}\underline{\mathfrak{R}}^{\not{n}}\qquad \underline{\mathfrak{R}}^{\not{n}}\cap\neg\underline{\mathfrak{R}}^{\not{n}}=\underline{\mathfrak{R}}^{\not{n}}\cap\neg^{\not{n}}\underline{\mathfrak{R}}^{\not{n}}=\neg\{\underline{\mathfrak{R}}^{\not{n}}\cup\neg\underline{\mathfrak{R}}^{\not{n}}\}=\underline{\varnothing}$$
$$\underline{\mathfrak{R}}^{\not{n}}=\underline{\mathfrak{R}}^{\not{n}}\cup\neg^{\not{n}}\underline{\mathfrak{R}}^{\not{n}}=\underline{\mathfrak{R}}^{\not{n}}+\neg^{\not{n}}\underline{\mathfrak{R}}^{\not{n}}\tag{1}$$

La $\mathsf{mis}\langle\underline{\mathfrak{R}}^{\not{n}}\rangle$ è la misura di $\underline{\mathfrak{R}}^{\not{n}}$ in $\underline{\mathfrak{R}}^{\not{n}}$. Il $\mathsf{D}\langle\underline{\mathfrak{R}}^{\not{n}}\rangle$, di cui la $\mathsf{D}\langle\underline{\mathfrak{R}}^{\not{n}}\rangle\equiv\mathsf{max}\langle Đ\langle\underline{a},\underline{b}\rangle\ /\{\underline{a}\in\underline{\mathfrak{R}}^{\not{n}}\}\wedge\{\underline{b}\in\underline{\mathfrak{R}}^{\not{n}}\}\rangle$, è il diametro di $\underline{\mathfrak{R}}^{\not{n}}$.

Un $\underline{\mathsf{D}}\langle\underline{C},\rho\rangle$, di cui le $\underline{\mathsf{D}}_{C\rho}\equiv\{\underline{c}\ /Đ\langle\underline{c},\underline{C}\rangle\leq\rho;\underline{c}\in\underline{\mathfrak{R}}^{\not{n}}\}$ e $\underline{C}\equiv\{C_n;n=1,\not{n}\}$, è un dominio circolare di centro $\underline{C}$ e raggio ρ.

Un $\underline{\mathfrak{I}}\langle\underline{a},\underline{b}\rangle$, di cui le $\underline{\mathfrak{I}}_{a,b}\equiv\{\underline{c}\ /\{a_n\leq c_n\leq b_n;n=1,\not{n}\};\underline{c}\in\underline{\mathfrak{R}}^{\not{n}}\}=\Pi_{n=1,\not{n}}([a_n,b_n])\ \underline{c}\equiv\{c_n;n=1,\not{n}\}$ e $\{a_n\leq b_n;n=1,\not{n}\}$, è un intervallo chiuso (o dominio rettangolare) di punti estremi $\underline{a}$ e $\underline{b}$. La $\mathsf{mis}\langle\underline{\mathfrak{I}}_{a,b}\rangle$, di cui la $\mathsf{mis}\langle\underline{\mathfrak{I}}_{a,b}\rangle\equiv\Pi_{n=1,\not{n}}(b_n-a_n)$, è la misura di $\underline{\mathfrak{I}}_{a,b}$ in $\underline{\mathfrak{R}}^{\not{n}}$.

Un punto $\underline{c}$ è, per un $\underline{\mathfrak{R}}^{\not{n}}$, interno o esterno o di frontiera nei rispettivi casi $\exists\underline{\mathsf{D}}\langle\underline{c},\rho\rangle\subseteq\underline{\mathfrak{R}}^{\not{n}}$ o $\exists\underline{\mathsf{D}}\langle\underline{c},\rho\rangle\subseteq\neg^{\not{n}}\underline{\mathfrak{R}}^{\not{n}}$ o $\{\neg\exists\underline{\mathsf{D}}\langle\underline{c},\rho\rangle\subseteq\underline{\mathfrak{R}}^{\not{n}}\}\wedge\{\neg\exists\underline{\mathsf{D}}\langle\underline{c},\rho\rangle\subseteq\neg^{\not{n}}\underline{\mathfrak{R}}^{\not{n}}\}$ dei quali la $\rho>0$. La frontiera di $\underline{\mathfrak{R}}^{\not{n}}$ è l'insieme indicato $\partial\underline{\mathfrak{R}}^{\not{n}}$ e costituito da tutti i punti che sono di frontiera per $\underline{\mathfrak{R}}^{\not{n}}$.

Un $\underline{\mathfrak{R}}^{\not{n}}$ è chiuso o aperto rispettivamente se $\partial\underline{\mathfrak{R}}^{\not{n}}\subseteq\underline{\mathfrak{R}}^{\not{n}}$ o $\underline{\mathfrak{R}}^{\not{n}}\cap\partial\underline{\mathfrak{R}}^{\not{n}}=\underline{\varnothing}$. Un $\underline{\mathfrak{R}}^{\not{n}}$ aperto è un campo. Un $\underline{\mathfrak{R}}^{\not{n}}$ è un dominio se $\exists\underline{\mathfrak{R}}^{\not{n}}=\underline{\wp}^{\not{n}}\cup\partial\underline{\wp}^{\not{n}}$ il cui $\underline{\wp}^{\not{n}}$ è un campo. Un $\underline{\mathfrak{R}}^{\not{n}}$ è limitato o illimitato rispettivamente se vale o non la $\exists\underline{\mathfrak{R}}^{\not{n}}\subset\underline{\mathfrak{I}}\langle\underline{a},\underline{b}\rangle$ di cui la $\{|a_n|\neq\infty\neq|b_n|;n=1,\not{n}\}$.

Un $\underline{c}$ è un punto di accumulazione di un $\underline{\mathfrak{R}}^{\not{n}}$, se $\{\exists\{\underline{x}\in\{\underline{\mathsf{D}}\langle\underline{c},\rho\rangle\cap\underline{\mathfrak{R}}^{\not{n}}\}\ |\ \underline{x}\neq\underline{c}\};\forall\{\underline{\mathsf{D}}\langle\underline{c},\rho\rangle\ |\ \rho>0\}\}$. Un punto di accumulazione è detto anche non isolato (e viceversa). L'insieme di tutti i punti di accumulazione di $\underline{\mathfrak{R}}^{\not{n}}$, è il suo insieme derivato e è indicato $\partial\underline{\mathfrak{R}}^{\not{n}}$.

Una decomposizione di un $\underline{\mathfrak{R}}^{\not{n}}$ è un insieme $\{\underline{\mathfrak{R}}_d;d=1,\not{d}\}$ di cui le $\underline{\mathfrak{R}}^{\not{n}}=\cup_{d=1,\not{d}}(\underline{\mathfrak{R}}_d)$ e $\{\{\underline{\mathfrak{R}}_a-\partial\underline{\mathfrak{R}}_a\}\cap\{\underline{\mathfrak{R}}_b-\partial\underline{\mathfrak{R}}_b\}=\underline{\varnothing};\forall\{a,b\}\subseteq\{d=1,\not{d}\}\}$.

Inerentemente un $\underline{\mathfrak{R}}^{\not{n}}$ limitato, si considera: un intervallo chiuso $\underline{\mathfrak{I}}$ di cui la $\underline{\mathfrak{I}}\supseteq\underline{\mathfrak{R}}^{\not{n}}$; una decomposizione di $\underline{\mathfrak{I}}$ che si chiama $\underline{\mathfrak{D}}$ e è detta coordinata in quanto ogni suo elemento è un intervallo chiuso; le $\{\underline{\mathfrak{I}}_{Ea};a=1,\not{a}\}\equiv\{\underline{\mathfrak{I}}\ /\underline{\mathfrak{I}}\cap\underline{\mathfrak{R}}^{\not{n}}\neq\underline{\varnothing};\underline{\mathfrak{I}}\in\underline{\mathfrak{D}}\}$ $\{\underline{\mathfrak{I}}_{Ib};b=1,\not{b}\}\equiv\{\underline{\mathfrak{I}}\ /\underline{\mathfrak{I}}\subset\underline{\mathfrak{R}}^{\not{n}};\underline{\mathfrak{I}}\in\underline{\mathfrak{D}}\}$; la $Đ_{\mathfrak{D}}\equiv\mathsf{max}\langle\mathsf{D}\langle\underline{\mathfrak{I}}\rangle\ /\underline{\mathfrak{I}}\in\underline{\mathfrak{D}}\rangle$ la cui $Đ_{\mathfrak{D}}$ è la norma di $\underline{\mathfrak{D}}$; le $\mathsf{mis}_E\langle\underline{\mathfrak{R}}^{\not{n}}\rangle\equiv\mathsf{lim}_{Đ\langle\mathfrak{D}\rangle\to0}(\Sigma_{a=1,\not{a}}(\mathsf{mis}\langle\underline{\mathfrak{I}}_{Ea}\rangle))$ e $\mathsf{mis}_I\langle\underline{\mathfrak{R}}^{\not{n}}\rangle\equiv\mathsf{lim}_{Đ\langle\mathfrak{D}\rangle\to0}(\Sigma_{b=1,\not{b}}(\mathsf{mis}\langle\underline{\mathfrak{I}}_{Ib}\rangle))$ le cui $\mathsf{mis}_E\langle\underline{\mathfrak{R}}^{\not{n}}\rangle$ e $\mathsf{mis}_I\langle\underline{\mathfrak{R}}^{\not{n}}\rangle\}$ sono le misure esterna e interna di $\underline{\mathfrak{R}}^{\not{n}}$. Un $\underline{\mathfrak{R}}^{\not{n}}$ è misurabile se ne vale la $\mathsf{mis}_I\langle\underline{\mathfrak{R}}^{\not{n}}\rangle=\mathsf{mis}_E\langle\underline{\mathfrak{R}}^{\not{n}}\rangle$ per cui se ne ha la $\mathsf{mis}\langle\underline{\mathfrak{R}}^{\not{n}}\rangle=\mathsf{mis}_I\langle\underline{\mathfrak{R}}^{\not{n}}\rangle$ con la $\mathsf{mis}\langle\underline{\mathfrak{R}}^{\not{n}}\rangle$ che è la misura di $\underline{\mathfrak{R}}^{\not{n}}$.

Si hanno la $\mathsf{mis}\langle\underline{\mathfrak{R}}^{\not{n}}\rangle=\mathsf{max}\langle\mathsf{mis}\langle\underline{\mathfrak{R}}^{\not{n}}\cap\underline{\mathfrak{I}}_{a,b}\rangle\ /\forall\underline{\mathfrak{I}}_{a,b}\rangle$ per cui anche un $\underline{\mathfrak{R}}^{\not{n}}$ illimitato può essere misurabile con misura limitata o illimitata, e la

$$\{\mathsf{mis}\langle\underline{\mathfrak{R}}^{\not{n}}\rangle=0\}\underline{\leftrightarrow}\exists\{\underline{\mathfrak{R}}^{\not{n}}\Leftrightarrow\underline{\mathfrak{R}}^{\not{n}-k};\underline{\mathfrak{R}}^{\not{n}-k}\subseteq\underline{\mathfrak{R}}^{\not{n}-k};1\leq k\leq\not{n}\}\tag{2}$$

la cui $\underline{\mathfrak{R}}^{\not{n}}\Leftrightarrow\underline{\mathfrak{R}}^{\not{n}-k}$ è intesa a prescindere dal noto paradosso per cui un insieme infinito può essere posto in corrispondenza biunivoca con un suo sottoinsieme proprio.

2.4.2 *Le funzioni analitiche*

Un $\underline{\mathfrak{R}}\langle G\rangle$ è l'insieme dei valori che possono essere assunti dalla grandezza G, avendone le $\underline{\mathfrak{R}}_G\subseteq\underline{\mathfrak{R}}^1$ e $\{G\in\underline{\mathfrak{R}}^1\}\underline{\leftrightarrow}\{G\in\underline{\mathfrak{R}}_G\}$. Una tale G è specificamente una costante o una variabile, rispettivamente se il suo $\underline{\mathfrak{R}}_G$ è costituito da un unico numero o da molteplici numeri. L'essere una G un elemento di un certo insieme, implica in ogni caso anche l'essere un elemento dell'intersezione di tale insieme e il $\mathbb{R}_{\mathrm{G}}$. Una proprietà di una G vale nell'intero $\mathbb{R}_{\mathrm{G}}$ a meno di diversa indicazione specifica. Una variabile G è chiamata occasionalmente parametro analitico quando è considerata come una costante di valore uguale a uno di quelli che ne costituiscono il $\mathbb{R}_{\mathrm{G}}$.

A un insieme di grandezze $\underline{\mathrm{G}}$ (di cui la $\underline{\mathrm{G}}\equiv\{\mathrm{G_a};a=1,\text{ a̶}\}$) è associato il $\mathbb{R}\langle\underline{\mathrm{G}}\rangle$ (di cui la $\mathbb{R}_{\underline{\mathrm{G}}}\subseteq\mathbb{R}^{a}$) come l'insieme di ogni a-pla di valori che può essere assunta dalle $\underline{\mathrm{G}}$, avendone le Æ$\langle\mathbb{R}_{\mathrm{G}},\mathbb{R}^{a}/\mathfrak{R}^{a},\mathbb{R}^{a}/(2.4.1.1)\rangle$ e

$$\{\underline{\mathrm{G}}\in\mathbb{R}^{a}\}\leftrightarrow\{\underline{\mathrm{G}}\in\mathbb{R}_{\underline{\mathrm{G}}}\}\leftrightarrow\bigwedge_{a=1,a}(\mathrm{G_a}\in\mathbb{R}\langle\mathrm{G_a}\rangle) \qquad (1)$$

la cui $\underline{\mathrm{G}}\in\mathbb{R}^{a}$ consiste nel considerare tutte le $\underline{\mathrm{G}}$ in uno stesso $\mathbb{R}^{a}$.

Una G è indipendente dalle $\underline{\mathrm{G}}$ e si indica ciò con la Ï$\langle\mathrm{G}|\underline{\mathrm{G}}\rangle$, se nessuna a-pla di valori delle $\underline{\mathrm{G}}$ pone alcun vincolo ai valori di G. Una G è una costante rispetto le variabili $\underline{\mathrm{G}}$, quando se ne ha la Ï$\langle\mathrm{G}|\underline{\mathrm{G}}\rangle$ e se ne considera un solo valore. Delle $\underline{\mathrm{G}}$ sono tra loro indipendenti (dicendo equivalentemente anche che sono indipendenti) e si indica ciò con la $\mathbb{I}\langle\underline{\mathrm{G}}\rangle$, se ogni $\mathrm{G_a}$ è indipendente dalle rispettive $\underline{\mathrm{G}}^{a}$: $\mathbb{I}_{\underline{\mathrm{G}}}\equiv\{$Ï$\langle\mathrm{G_a}|\underline{\mathrm{G}}^{a}\rangle;a=1,a\}$.

Sono sottintese: prive di significato sia una $\mathbb{I}_{\underline{\mathrm{G}}}$ di cui la $\mathfrak{N}\langle\underline{\mathrm{G}}\rangle=1$ sia una $\{$Ï$\langle\mathrm{G}|\underline{\mathrm{G}}\rangle\mid\mathrm{G}\in\underline{\mathrm{G}}\}$; le $\{$Ï$\langle\mathrm{G}|\underline{\mathrm{G}}\rangle;\forall\{\mathrm{G},\underline{\mathrm{G}}\}\}$ e $\{$Ï$\langle\mathrm{G}|\underline{\mathrm{G}}\rangle;\forall\underline{\mathrm{G}}\}\equiv\{$Ï$\langle\mathrm{G}|\underline{\mathrm{G}}\rangle;\forall\{\underline{\mathrm{G}}\mid\mathrm{G}\notin\underline{\mathrm{G}}\}\}$.

Si hanno le $\{$Ï$\langle\mathrm{G}|\underline{\mathrm{G}}\rangle;\forall\mathfrak{N}\langle\mathbb{R}_{\mathrm{G}}\rangle=1\}$ $\{\mathbb{I}_{\underline{\mathrm{G}}};\forall\{\mathfrak{N}\langle\mathbb{R}\langle\mathrm{G_a}\rangle\rangle=1;a=1,a\}\}$ e, intendendo la $\{a_p;p=1,p\}\subset\{a=1,a\}$, le

$$\mathbb{R}\langle\underline{\mathrm{G}}\rangle\subseteq\Pi_{a=1,a}(\mathbb{R}\langle\mathrm{G_a}\rangle)\subseteq\mathbb{R}^{a} \quad \mathbb{I}\langle\underline{\mathrm{G}}\rangle\leftrightarrow\{\mathbb{R}\langle\underline{\mathrm{G}}\rangle=\Pi_{a=1,a}(\mathbb{R}\langle\mathrm{G_a}\rangle)\} \quad \text{Ï}\langle\mathrm{G_1}|\underline{\mathrm{G}}^{1}\rangle\leftrightarrow\{\mathbb{R}\langle\underline{\mathrm{G}}\rangle=\mathbb{R}\langle\mathrm{G_1}\rangle\cdot\mathbb{R}\langle\underline{\mathrm{G}}^{1}\rangle\}$$
$$\{\underline{\mathrm{G}}\in\mathbb{R}\langle\underline{\mathrm{G}}\rangle\}\rightarrow\{\underline{\mathrm{G}}^{\{a\langle p\rangle;p=1,p\}}\in\mathbb{R}\langle\underline{\mathrm{G}}^{\{a\langle p\rangle;p=1,p\}}\rangle\} \qquad (2)$$

La $\underline{\mathrm{G}}^{a}\in\mathbb{R}^{a-1}$ (dovuta all'ultima delle (2) e a $\underline{\mathrm{G}}\in\mathbb{R}^{a}$) e la Æ$\langle\mathrm{G_a}\in\mathfrak{R}_{\mathrm{G}\langle a\rangle},\underline{\mathrm{G}}^{a}\in\mathbb{R}^{a-1}/\mathcal{P}_{\mathrm{A}},\mathcal{P}_{\mathrm{B}}/(2.1.1.7)\rangle$ portano IPM $\{\{\mathrm{G_a}\in\mathfrak{R}_{\mathrm{G}\langle a\rangle}\}\rightarrow\{\underline{\mathrm{G}}^{a}\in\mathbb{R}^{a-1}\}\}\leftarrow\{\underline{\mathrm{G}}\in\mathbb{R}^{a}\}$. Da: questa, $\{\underline{\mathrm{G}}\in\mathbb{R}^{a}\}$, e Æ$\langle\mathrm{G_a}\in\mathfrak{R}_{\mathrm{G}\langle a\rangle},\underline{\mathrm{G}}^{a}\in\mathbb{R}^{a-1}/\mathcal{P}_{\mathrm{A}},\mathcal{P}_{\mathrm{B}}/(2.1.1.3)\rangle$; Æ$\langle\underline{\mathrm{G}}^{a}/\underline{\mathrm{G}}/(1)\rangle$; segue IPM

$$\{\{\mathrm{G_a}\in\mathfrak{R}_{\mathrm{G}\langle a\rangle}\}\leftrightarrow\{\{\mathrm{G_a}\in\mathfrak{R}_{\mathrm{G}\langle a\rangle}\}\wedge\{\underline{\mathrm{G}}^{a}\in\mathbb{R}^{a-1}\}\}\leftrightarrow\{\{\mathrm{G_a}\in\mathfrak{R}_{\mathrm{G}\langle a\rangle}\}\wedge\{\underline{\mathrm{G}}^{a}\in\mathbb{R}\langle\underline{\mathrm{G}}^{a}\rangle\}\}\}\leftarrow\{\underline{\mathrm{G}}\in\mathbb{R}^{a}\} \qquad (3)$$

Un $f(\underline{\mathrm{x}})$ è il nome di una funzione analitica delle variabili $\underline{\mathrm{x}}$ cioè di un'espressione matematica dove sono presenti tali variabili e dove ogni altra grandezza è una costante rispetto a esse. Una $f(\underline{\mathrm{x}})$ ha come principale la proprietà numero (avendo perciò $f(\underline{\mathrm{x}})$ anche l'identità di grandezza) i cui valori possono essere calcolati come risultato delle operazioni da essa indicate. Il $\mathbb{R}\langle\underline{\mathrm{x}}\rangle$ è l'insieme di definizione di $f(\underline{\mathrm{x}})$ nel senso che il ruolo di $\underline{\mathrm{x}}$ in $f(\underline{\mathrm{x}})$ può essere assunto solo da un elemento di $\mathbb{R}_{\underline{\mathrm{x}}}$, e in conformità a ciò è sottinteso che ogni proprietà di una $f(\underline{\mathrm{x}})$ vale per ogni elemento di $\mathbb{R}_{\underline{\mathrm{x}}}$. Una $f(\underline{\mathrm{x}})$ è monodroma o polidroma rispettivamente se, per ogni n-pla di valori che vi assumono le $\underline{\mathrm{x}}$, esprime un solo valore o più valori. Ogni $f(\underline{\mathrm{x}})$ è sottintesa monodroma. Una $\mathrm{y}=f(\underline{\mathrm{x}})$ definisce y come la grandezza espressa dal valore di $f(\underline{\mathrm{x}})$, e perciò si dice che la y è una funzione delle $\underline{\mathrm{x}}$. In relazione a una $f(\underline{\mathrm{x}})$ si sottintende: le $f=f(\underline{\mathrm{x}})$ e $f^{\$}(\underline{\mathrm{x}})\equiv(f(\underline{\mathrm{x}}))^{\$}$, e che una $f(\underline{\mathrm{X}})$ (di cui la $\underline{\mathrm{X}}\equiv\{\mathrm{X_n};n=1,n\}$) è la $f(\underline{\mathrm{x}})$ dove ognuna delle $\underline{\mathrm{x}}$ è sostituita dalla rispettiva delle $\underline{\mathrm{X}}$. In relazione a una grandezza f è sottintesa una $f=f(\underline{\mathrm{x}})$ quando l'inerente $f(\underline{\mathrm{x}})$ è definita da precedenti posizioni dell'attuale contesto. Conformemente a quanto testé è sottintesa anche la $\{f_{\mathrm{A}}\equiv f_{\mathrm{B}}\}\leftrightarrow\{f_{\mathrm{A}}(\underline{\mathrm{x}})\equiv f_{\mathrm{B}}(\underline{\mathrm{x}})\}$.

Anche f esprime lo stesso valore numerico di $f(\underline{\mathrm{x}})$. Tuttavia, mentre per il $\mathbb{R}\langle f\rangle$ si hanno le $\{\underline{x},f\}\in\{\mathbb{R}_{\underline{\mathrm{x}}}\Rightarrow\mathbb{R}_f\}$ $\underline{x}\in\mathbb{R}_{\underline{\mathrm{x}}}$ $f\in\mathbb{R}_f$ $f=f(\underline{x})$, invece per l'insieme $\underline{\mathrm{F}}_{f(\underline{\mathrm{x}})}$ (costituito da ogni $f(\underline{\mathrm{x}})$ ottenibile specificandone il $\underline{\mathrm{x}}$ con un diverso elemento di $\mathbb{R}_{\underline{\mathrm{x}}}$) si ha la $\mathbb{R}_{\underline{\mathrm{x}}}\Leftrightarrow\underline{\mathrm{F}}_{f(\underline{\mathrm{x}})}$ il cui generico elemento è una coppia costituita da un $\underline{x}$ (di cui la $\underline{x}\in\mathbb{R}_{\underline{\mathrm{x}}}$) e l'inerente espressione $f(\underline{x})$.

Una $\underline{\mathrm{y}}=\underline{f}(\underline{\mathrm{x}})$ (di cui le $\underline{\mathrm{y}}\equiv\{\mathrm{y_m};m=1,m\}$ $\underline{f}(\underline{\mathrm{x}})\equiv\{f_{\mathrm{m}}(\underline{\mathrm{x}});m=1,m\}$) formula una $\mathbb{R}_{\underline{\mathrm{x}}}\Rightarrow\mathbb{R}\langle\underline{\mathrm{y}}\rangle$ di cui le $\{\mathbb{R}_{\underline{\mathrm{x}}}\Rightarrow\mathbb{R}\langle\underline{\mathrm{y}}\rangle\}=\{\underline{x},\underline{y}/\underline{y}=\underline{f}(\underline{x});\underline{x}\in\mathbb{R}_{\underline{\mathrm{x}}}\}$ e Æ$\langle\underline{\mathrm{y}},\mathbb{R}_{\underline{\mathrm{y}}}/\underline{\mathrm{G}},\mathbb{R}_{\underline{\mathrm{G}}}/\mathbb{R}_{\underline{\mathrm{G}}}\subseteq\mathbb{R}^{a}\rangle$, e ciò è indicato con la

$$\{\underline{\mathrm{y}}=\underline{f}(\underline{\mathrm{x}})\}\leftrightarrow\{\mathbb{R}\langle\underline{\mathrm{x}}\rangle\Rightarrow\mathbb{R}\langle\underline{\mathrm{y}}\rangle\} \qquad (4)$$

Per ogni $\mathrm{f}(\underline{x})$ di cui la $\underline{x}\subseteq\underline{\mathrm{x}}$, può essere stabilita una $\mathrm{f}(\underline{x})=f(\underline{\mathrm{x}})$ la cui $f(\underline{\mathrm{x}})$ è arbitraria a meno del dovere verificare tale uguaglianza. Da ciò segue in particolare che, nel caso di una Ï$\langle\mathrm{y}|\underline{\mathrm{x}}\rangle$, è possibile porre una $y=f(\underline{x})$ la cui $f(\underline{x})$ è tale che assume lo stesso valore y in corrispondenza di ogni $\bar{n}$-pla di valori che possono essere assunti dalle $\underline{x}$. Conformemente con ciò si hanno le

$$\ddot{\imath}\langle y|\underline{x}\rangle\underline{\to}\{y=f(\underline{x})\equiv y+F(\underline{x})\,|\,F(\underline{x})=0\}\ \{y=\{f(\underline{\mathcal{I}})\,|\,\underline{\mathcal{I}}\subseteq\underline{x}\}\}\underline{\to}\{y=f(\underline{x})\equiv f(\underline{\mathcal{I}})+F(\underline{x})\,|\,F(\underline{x})=0\} \quad (5)$$

e si intende che un'espressione di una grandezza è una funzione analitica di certe variabili se vi è considerata tale ogni grandezza presente nella detta espressione.

Si pone la $\underline{x}\equiv\{x_n;n=1,\bar{n}\}$. In relazione ai limiti di una $f(\underline{x})$ (e coerentemente con quanto in sez. 2.2 riguardo un $\lim_{B\to C}(A)$), si pone la $f(\pm\infty)\equiv\lim_{x\to\infty}(f(\pm x))$ e si hanno le

$$\{\lim_{\underline{x}\to\underline{\infty}}(f(\underline{x}))=f_l\}\underline{\leftrightarrow}\{\exists\{\sigma_\varepsilon\,|\,\{Đ\langle\underline{x},\underline{0}_{\bar{n}}\rangle>\sigma_\varepsilon\}\underline{\to}\mathcal{L}\langle\underline{x},\varepsilon\rangle\};\forall\varepsilon\}$$
$$\{\lim_{\underline{x}\to\underline{x}}(f(\underline{x}))=f_l\}\underline{\leftrightarrow}\{\exists\{\sigma_\varepsilon\,|\,\{Đ\langle\underline{x},\underline{x}\rangle\le\sigma_\varepsilon\}\underline{\to}\mathcal{L}\langle\underline{x},\varepsilon\rangle\};\forall\varepsilon\}$$
$$\{\lim_{x\to\infty}(f(x))=f_l\}\underline{\leftrightarrow}\{\exists\{\sigma_\varepsilon\,|\,\{x>\sigma_\varepsilon\}\underline{\to}\mathcal{L}\langle x,\varepsilon\rangle\};\forall\varepsilon\}$$
$$\{\lim_{x\to-\infty}(f(x))=f_l\}\underline{\leftrightarrow}\{\exists\{\sigma_\varepsilon\,|\,\{x<\sigma_\varepsilon\}\underline{\to}\mathcal{L}\langle x,\varepsilon\rangle\};\forall\varepsilon\} \quad (6)$$

di cui le $\{f_l,\mathcal{L}\langle ş,\varepsilon\rangle\}\equiv\{\{L,|f(ş)-L|<\varepsilon\}\dot{\vee}\{\infty,f(ş)>\varepsilon\}\dot{\vee}\{-\infty,f(ş)<-\varepsilon\}\}$ $\varepsilon>0$ $|L|\neq\infty$, e l'essere $\underline{x}$ un punto non isolato di $\underline{\mathbb{R}_x}$.

Inoltre si hanno, intendendo le $\{\pi_n;n=1,\bar{n}\}=\{n=1,\bar{n}\}$ e $\underline{\Delta}\equiv\{\Delta_n;n=1,\bar{n}\}$, le

$$\ddot{\mathbb{I}}\langle\underline{x}\rangle\underline{\to}\{\lim_{\underline{x}\to\underline{x}}(f(\underline{x},\underline{t}))=\lim_{x\langle\pi\langle 1\rangle\rangle\to x\langle\pi\langle 1\rangle\rangle}(\lim_{x\langle\pi\langle 2\rangle\rangle\to x\langle\pi\langle 2\rangle\rangle}(\ldots\lim_{x\langle\pi\langle\bar{n}\rangle\rangle\to x\langle\pi\langle\bar{n}\rangle\rangle}(f(\underline{x},\underline{t}))\ldots))\} \quad (7)$$
$$\lim_{\underline{x}\to\underline{x}}(f(\underline{x},\underline{t}))=\lim_{\underline{\Delta}\to\underline{0}\langle\bar{n}\rangle}(f(\underline{x}+\underline{\Delta},\underline{t}))$$

dove $\{\underline{t}=\underline{\varnothing}\}\dot{\vee}\{\underline{t}\neq\underline{\varnothing}\}$, la cui seconda è ottenibile introducendo la $\underline{x}=\underline{x}+\underline{\Delta}$ nel suo primo membro, e dalle quali segue la

$$\ddot{\mathbb{I}}\langle\underline{x}\rangle\underline{\to}\{\lim_{\underline{\Delta}\to\underline{0}\langle\bar{n}\rangle}(f(\underline{x}+\underline{\Delta},\underline{t}))=\lim_{\Delta\langle\pi\langle 1\rangle\rangle\to 0}(\lim_{\Delta\langle\pi\langle 2\rangle\rangle\to 0}(\ldots\lim_{\Delta\langle\pi\langle\bar{n}\rangle\rangle\to 0}(f(\underline{x}+\underline{\Delta},\underline{t}))\ldots))\} \quad (8)$$

Si pone la $L\equiv\lim_{x\to x}(|f(x)/g(x)|)$ di cui la $\{|x|\neq\infty\}\dot{\vee}\{x\equiv\pm\infty\}$. Una $f(x)$ è un infinitesimo o un infinito per $x\to x$, nei rispettivi casi $\lim_{x\to x}(f(x))=0$ e $\lim_{x\to x}(f(x))=\pm\infty$. Se le $f(x)$ e $g(x)$ sono ambedue un infinitesimo per $x\to x$; la $f(x)$ è, per $x\to x$ e rispetto a $g(x)$, un infinitesimo di ordine superiore o uguale o inferiore, rispettivamente nei tre casi $L=0$ o $0<L<\infty$ o $L=\infty$. Se le $f(x)$ e $g(x)$ sono ambedue un infinito per $x\to x$; la $f(x)$ è, per $x\to x$ e rispetto a $g(x)$, un infinito di ordine inferiore o uguale o superiore, rispettivamente nei tre casi $L=0$ o $0<L<\infty$ o $L=\infty$.

Le $f(\underline{x})\in C^0(\underline{x})$ e $f(\underline{x})\in C^0(\underline{\mathfrak{R}_x})$ (di cui la $\underline{\mathfrak{R}_x}\subseteq\underline{\mathbb{R}_x}$) affermano rispettivamente che $f(\underline{x})$ è continua in $\underline{x}$ e $\underline{\mathfrak{R}_x}$, avendo a questo riguardo la $\{f(\underline{x})\in C^0(\underline{x})\}\underline{\leftrightarrow}\{\lim_{\underline{x}\to\underline{x}}(f(\underline{x}))=f(\underline{x})\neq\pm\infty\}$, e la $\{f(\underline{x})\in C^0(\underline{\mathfrak{R}_x})\}\underline{\leftrightarrow}$ $\{f(\underline{x})\in C^0(\underline{x});\forall\underline{x}\}$ dove $\underline{x}$ è un punto di accumulazione di $\underline{\mathfrak{R}_x}$. Inoltre in particolare si ha la

$$\{f(x)\in C^0(x)\}\underline{\leftrightarrow}\{\lim_{x\to x}(f(x))=\lim_{\Delta\to 0}(f(x+\Delta))=f(x)\neq\pm\infty\} \quad (9)$$

di cui la $\{\lim_{x\to x}(f(x))=L\}\underline{\leftrightarrow}\{\lim_{x\to x^-}(f(x))=\lim_{x\to x^+}(f(x))=L\}$ dove le $x\to x^-$ e $x\to x^+$ designano rispettivamente il limite a sinistra (cioè per $x<x$) e a destra (cioè per $x>x$).

Un punto $\underline{x}$ è singolare per una $f(\underline{x})$ nei seguenti due casi: $\underline{x}\in\{\underline{\mathbb{R}_x}\cap\partial\underline{\mathbb{R}_x}\}$ e la $f(\underline{x})$ non è continua in $\underline{x}$; $\underline{x}\in\{\partial\underline{\mathbb{R}_x}-\underline{\mathbb{R}_x}\}$. In entrambi questi casi lo scopo di eliminare la singolarità della $f(\underline{x})$ può essere perseguito utilizzando la

$$\{|\lim_{\underline{x}\to\underline{x}}(f(\underline{x}))|\neq\infty\}\underline{\to}\{f(\underline{x})=\lim_{\underline{x}\to\underline{x}}(f(\underline{x}))\} \quad (10)$$

e la continuità affermata dal suo secondo membro.

Si pone la $\varpi\geq 0$ per cui si ha la $\varpi=\mathrm{int}\langle\varpi\rangle+\mathrm{frz}\langle\varpi\rangle$ i cui $\mathrm{int}\langle\varpi\rangle$ e $\mathrm{frz}\langle\varpi\rangle$ sono rispettivamente la parte intera e frazionaria di ϖ.

Da: $\lim_{x\to 0}(x)=\lim_{x\to\infty}(x^{-1})$; $\lim_{ñ\to\infty}(ñ)=\lim_{x\to\infty}(\mathrm{int}\langle x\rangle)$ dovuta all'essere ñ un intero; segue

$$\lim_{x\to 0}(x)\cdot\lim_{ñ\to\infty}(ñ)=\lim_{x\to\infty}(x^{-1})\cdot\lim_{ñ\to\infty}(ñ)=\lim_{x\to\infty}(x^{-1})\cdot\lim_{x\to\infty}(\mathrm{int}\langle x\rangle)=\lim_{x\to\infty}(\mathrm{int}\langle x\rangle/x) \quad (11)$$

La terza delle (6) afferma che la $\lim_{x\to\infty}(f(x))=L$ è valida se per ogni ε esiste un σ_ε tale che si ha la $|f(x)-L|<\varepsilon$ per ogni x di cui la $x>\sigma_\varepsilon$. Il riferire ciò alle $f(x)\equiv\mathrm{int}\langle x\rangle/x$ e $L\equiv 1$ (per cui la

$|f(x)-L|<\varepsilon$ diviene la $|\mathrm{int}\langle x\rangle/x-1|<\varepsilon)$, la $|\mathrm{int}\langle x\rangle/x-1|=|\mathrm{frz}\langle x\rangle/x|$ dovuta a Æ$\langle x/\varpi/\varpi=\mathrm{int}\langle\varpi\rangle+\mathrm{frz}\langle\varpi\rangle\rangle$, e la $\mathrm{frz}\langle x\rangle<1$, portano la $\lim_{x\to\infty}(\mathrm{int}\langle x\rangle/x)=1$. Questa e la (11) portano la

$\lim_{x\to 0}(x)\cdot\lim_{\tilde{n}\to\infty}(\tilde{n})=1$ (12)

i cui x e ñ sono un reale e un intero.

2.4.3 *L'indipendenza tra variabili*

Si pone la $\mathcal{R}\langle A,B\rangle\equiv\{\{A\in\underline{\mathfrak{R}}_A|\mathfrak{R}_A\subset\mathfrak{R}\langle A\rangle\}\to\{B\in\underline{\mathfrak{R}}_B|\mathfrak{R}_B\subset\mathfrak{R}\langle B\rangle\}\}$. Conformemente al significato della $\ddot{I}\langle G|\underline{G}\rangle$ detto in sez. 2.4.2, si ha la

$\ddot{I}\langle y|\underline{x}\rangle\equiv\neg\exists\mathcal{R}\langle\underline{x},y\rangle$ (1)

Dalla (1) si deducono le

$\ddot{I}\langle y|\underline{x}\rangle\leftrightarrow\neg\exists\{y=f(\underline{x})\}$ $\ddot{I}\langle y|\underline{x}\rangle\leftrightarrow\ddot{I}\langle y|\{\underline{x}|\underline{x}\subseteq\underline{x}\}\rangle$ (2)

la cui $f(\underline{x})$ è una funzione monodroma o polidroma e diversa da quella banale che fa corrispondere a ogni $\underline{x}$ tutti gli elementi di $\mathfrak{R}\langle y\rangle$. La prima delle (2) porta la $\ddot{I}\langle y|x\rangle\leftrightarrow\ddot{I}\langle x|y\rangle$.

Da: Æ$\langle\bar{I}\langle\underline{x}\rangle/\bar{I}_G$/sez.2.4.2$\rangle$; $n\in\{n=1,\mathbf{n}\}$; Æ$\langle x_n,\underline{x}^n/y,\underline{x}$/prima delle (2)$\rangle$; segue

$\bar{I}\langle\underline{x}\rangle\equiv\{\ddot{I}\langle x_n|\underline{x}^n\rangle;n=1,\mathbf{n}\}\leftrightarrow\neg\exists\{\neg\ddot{I}\langle x_n|\underline{x}^n\rangle\}\leftrightarrow\neg\exists\{x_n=f(\underline{x}^n)\}$ (3)

Da: $\ddot{I}\langle y|x\rangle\leftrightarrow\ddot{I}\langle x|y\rangle$ e Æ$\langle\ddot{I}\langle y|x\rangle,\ddot{I}\langle x|y\rangle/\mathcal{P}_A,\mathcal{P}_B$/(2.1.1.3)$\rangle$; Æ$\langle x,y/\underline{x}$/(3)$\rangle$; segue $\ddot{I}\langle y|x\rangle\leftrightarrow\{\ddot{I}\langle x|y\rangle\wedge\ddot{I}\langle y|x\rangle\}\leftrightarrow\bar{I}\langle x,y\rangle$.

Da: i primi due membri della (3), e la Æ$\langle x_n,\underline{x}^n/y,\underline{x}$/seconda delle (2)$\rangle$; segue

$\bar{I}\langle\underline{x}\rangle\leftrightarrow\{\ddot{I}\langle x_n|\{\underline{x}|\underline{x}\subseteq\underline{x}^n\}\rangle;n=1,\mathbf{n}\}\leftrightarrow\{\bar{I}\langle\underline{x}\rangle;\forall\underline{x}\subseteq\underline{x}\}\leftrightarrow\neg\exists\{\neg\bar{I}\langle\underline{x}\rangle|\underline{x}\subseteq\underline{x}\}$ (4)

Si considerano le $\underline{\alpha}\equiv\{\alpha_a;a=1,\mathbf{a}\}$ e $\underline{\beta}\equiv\{\beta_a;a=1,\mathbf{a}\}$ che verificano la $\exists\{a|\mathcal{R}\langle\underline{\alpha}^a,\underline{\beta}^a\rangle,\mathcal{R}\langle\alpha_a,\beta_a\rangle,\mathcal{A}_a\}$ di cui la $\mathcal{A}_a\equiv\{\underline{\alpha}^a\in\mathfrak{R}\langle\underline{\alpha}^a\rangle|\mathfrak{R}\langle\underline{\alpha}^a\rangle\subset\mathfrak{R}\langle\underline{\alpha}^a\rangle\}$. Ciò e la Æ$\langle\mathcal{R}\langle\underline{\alpha}^a,\underline{\beta}^a\rangle,\mathcal{R}\langle\underline{\alpha}^a,\alpha_a\rangle,\mathcal{R}\langle\alpha_a,\beta_a\rangle,\mathcal{A}_a,\mathcal{R}\langle\underline{\beta}^a,\beta_a\rangle/\mathcal{P}_A\to\mathcal{P}_B,\mathcal{P}_A\to\mathcal{P},\mathcal{P}\to\mathcal{P},\mathcal{P}_A,\mathcal{P}_B\to\mathcal{P}\}$/(2.1.1.10)$\rangle$, portano la $\mathcal{R}\langle\underline{\alpha}^a,\alpha_a\rangle\to\mathcal{R}\langle\underline{\beta}^a,\beta_a\rangle$.

Da: Æ$\langle\underline{\alpha},\alpha_a,\underline{\alpha}^a/\underline{x},x_n,\underline{x}^n$/(3)$\rangle$; Æ$\langle\alpha_a,\underline{\alpha}^a/y,\underline{x}$/(1)$\rangle$; $\mathcal{R}\langle\underline{\alpha}^a,\alpha_a\rangle\to\mathcal{R}\langle\underline{\beta}^a,\beta_a\rangle$; Æ$\langle\beta_a,\underline{\beta}^a/y,\underline{x}$/(1)$\rangle$; Æ$\langle\underline{\beta},\beta_a,\underline{\beta}^a/\underline{x},x_n,\underline{x}^n$/(3)$\rangle$; segue $\neg\bar{I}\langle\underline{\alpha}\rangle\leftrightarrow\exists\{\neg\ddot{I}\langle\alpha_a|\underline{\alpha}^a\rangle\}\leftrightarrow\{\exists\mathcal{R}\langle\underline{\alpha}^a,\alpha_a\rangle\}\to\{\exists\mathcal{R}\langle\underline{\beta}^a,\beta_a\rangle\}\leftrightarrow\exists\{\neg\ddot{I}\langle\beta_a|\underline{\beta}^a\rangle\}\leftrightarrow\neg\bar{I}\langle\underline{\beta}\rangle$.
Questa e la Æ$\langle\bar{I}\langle\underline{\beta}\rangle,\bar{I}\langle\underline{\alpha}\rangle/\mathcal{P}_A,\mathcal{P}_B$/(2.1.1.1)$\rangle$ portano la

$\bar{I}\langle\underline{\beta}\rangle\to\bar{I}\langle\underline{\alpha}\rangle$ (5)

Si considerano le $\underline{\alpha}\equiv\{\alpha_a;a=1,\mathbf{a}\}$ e $\underline{\beta}\equiv\{\beta_a;a=1,\mathbf{a}\}$ di cui le Æ$\langle\underline{\alpha},\underline{\beta}/\underline{\alpha},\underline{\beta}$/(5)$\rangle$ e Æ$\langle\underline{\beta},\underline{\alpha}/\underline{\alpha},\underline{\beta}$/(5)$\rangle$. Queste portano le rispettive $\bar{I}\langle\underline{\beta}\rangle\to\bar{I}\langle\underline{\alpha}\rangle$ e $\bar{I}\langle\underline{\alpha}\rangle\to\bar{I}\langle\underline{\beta}\rangle$, e quindi la

$\bar{I}\langle\underline{\alpha}\rangle\leftrightarrow\bar{I}\langle\underline{\beta}\rangle$ (6)

Si pongono le $\underline{\gamma}\equiv\{\gamma_b;b=1,\mathbf{b}\}$ e $\underline{\gamma}_Q\equiv\{\gamma_b^2;b=1,\mathbf{b}\}$. Ciò porta la Æ$\langle\underline{\gamma},\underline{\gamma}_Q/\underline{\alpha},\underline{\beta}$/(6)$\rangle$ che dà luogo alla

$\bar{I}\langle\underline{\gamma}\rangle\leftrightarrow\bar{I}\langle\underline{\gamma}_Q\rangle$ (7)

Si pongono le $\underline{\Gamma}\equiv\{\Sigma\langle\underline{\gamma}_d\rangle;d=1,\mathbf{d}\}$ $\underline{\Gamma}_Q\equiv\{\Sigma\langle\underline{\gamma}_{Qd}\rangle;d=1,\mathbf{d}\}$ $\{\underline{\gamma}_d\equiv\{\gamma_{db};b=1,\mathbf{b}_d\},\underline{\gamma}_{Qd}\equiv\{\gamma_{db}^2;b=1,\mathbf{b}_d\};d=1,\mathbf{d}\}$. Ciò porta la Æ$\langle\underline{\Gamma}_Q,\underline{\Gamma}/\underline{\alpha},\underline{\beta}$/(5)$\rangle$ che dà luogo alla

$\bar{I}\langle\underline{\Gamma}\rangle\to\bar{I}\langle\underline{\Gamma}_Q\rangle$ (8)

Si pongono le $\underline{\Gamma}_K\equiv\{\Sigma\langle\underline{\gamma}_{Kd}\rangle;d=1,\mathbf{d}\}$ $\underline{\gamma}_{Kd}\equiv\{K_{db}\cdot\gamma_{db};b=1,\mathbf{b}_d\}$ dove ogni K_{bd} è una costante di cui la $0<K_{db}=|K_{db}|\neq\infty$. Ciò porta la Æ$\langle\underline{\Gamma},\underline{\Gamma}_K/\underline{\alpha},\underline{\beta}$/(6)$\rangle$ che dà luogo alla

$\bar{I}\langle\underline{\Gamma}\rangle\leftrightarrow\bar{I}\langle\underline{\Gamma}_K\rangle$ (9)

Si considerano le $\underline{E}\equiv\{E_c;c=1,\mathbf{e}\}$ $\underline{\varepsilon}\equiv\{\varepsilon_c;c=1,\mathbf{e}\}$ $\underline{\eta}\equiv\{\eta_c;c=1,\mathbf{e}\}$ di cui le $\underline{E}=\underline{\varepsilon}+\underline{\eta}$ e $\mathcal{I}_{\varepsilon\eta}\equiv\{\ddot{I}\langle\eta_c|\varepsilon_c\rangle;c=1,\mathbf{e};c=1,\mathbf{e}\}$. Da: $\underline{E}=\underline{\varepsilon}+\underline{\eta}$; Æ$\langle\underline{\varepsilon}+\underline{\eta},\varepsilon_c+\eta_c,\underline{\varepsilon}^c+\underline{\eta}^c/\underline{x},x_n,\underline{x}^n$/(3)$\rangle$; $\mathcal{I}_{\varepsilon\eta}$; Æ$\langle\underline{\varepsilon},\varepsilon_c,\underline{\varepsilon}^c/\underline{x},x_n,\underline{x}^n$/(3)$\rangle$; segue $\neg\bar{I}\langle\underline{E}\rangle\leftrightarrow\neg\bar{I}\langle\underline{\varepsilon}+\underline{\eta}\rangle\leftrightarrow\exists\{\varepsilon_c=f_{Ac}(\underline{\varepsilon}^c+\underline{\eta}^c)-\eta_c\}\to\exists\{\varepsilon_c=f_{Bc}(\underline{\varepsilon}^c)\}\leftrightarrow\neg\bar{I}\langle\underline{\varepsilon}\rangle$. Perciò si ha la $\mathcal{I}_{\varepsilon\eta}\to\{\neg\bar{I}_{\underline{E}}\to\neg\bar{I}_{\underline{\varepsilon}}\}$. Questa e la Æ$\langle\neg\bar{I}_{\underline{E}},\neg\bar{I}_{\underline{\varepsilon}}/\mathcal{P}_A,\mathcal{P}_B$/(2.1.1.1)$\rangle$ portano la $\mathcal{I}_{\varepsilon\eta}\to\{\bar{I}_{\underline{\varepsilon}}\to\bar{I}_{\underline{E}}\}$. Questa e la Æ$\langle\mathcal{I}_{\varepsilon\eta},\bar{I}_{\underline{\varepsilon}},\bar{I}_{\underline{E}}/\mathcal{P}_A,\mathcal{P}_B,\mathcal{P}$/(2.1.1.2)$\rangle$ portano la

$\{I_{\varepsilon\eta}\circ\wedge\circ\mathbb{I}\langle\underline{\varepsilon}\rangle\}\underline{\rightarrow}\mathbb{I}\langle\underline{\mathrm{E}}\rangle$ (10)

Si considerano le variabili $\underline{y}$ di cui le $\underline{y}\equiv\{y_m;m=1,\not{\mathbf{m}}\}$ $\underline{y}=\underline{y}(\underline{x})\equiv\{y_m(\underline{x});m=1,\not{\mathbf{m}}\}$. Una $\underline{y}(\underline{x})^m\underline{\rightarrow}y_m(\underline{x})$ consiste in una $y_m(\underline{x})=\varphi_m(\underline{y}(\underline{x})^m)$ che, introducendovi la $\underline{y}=\underline{y}(\underline{x})$, diviene una $y_m=\varphi_m(\underline{y}^m)$. Da: ciò; Æ$\langle\underline{y},y_m,\underline{y}^m\,/\,\underline{x},x_n,\underline{x}^n\,/(3)\rangle$; segue

$\exists\{\underline{y}(\underline{x})^m\underline{\rightarrow}y_m(\underline{x})\}\underline{\rightarrow}\exists\{y_m=\varphi_m(\underline{y}^m)\}\underline{\leftrightarrow}\neg\mathbb{I}\langle\underline{y}\rangle$ (11)

Conformemente alle (1) e (3) si ha la

$\neg\exists\{\underline{\mathfrak{R}}\langle y_m\,|\,\underline{y}(\underline{x})=\underline{y}_m;\underline{\Phi_x}\rangle\subset\underline{\mathfrak{R}}\langle y_m\rangle\}\underline{\leftrightarrow}\mathbb{I}\langle\underline{y}\rangle$ (12)

di cui la $\underline{y}_m\equiv\{\{y_m;m=1,m-1\},y_m,\{y_m;m=m+1,\not{\mathbf{m}}\}\}$ con le $\underline{y}_m{}^m$ che sono $\not{\mathbf{m}}-1$ costanti arbitrarie a meno della $\underline{y}_m{}^m\in\mathfrak{R}\langle\underline{y}^m\rangle$; e il cui $\underline{\Phi_x}$ è l'insieme di ogni vincolo posto sulle $\underline{x}$ contestualmente e ulteriormente alle $\underline{y}=\underline{y}(\underline{x})$, e che perciò se vale la $\mathbb{I}_{\underline{x}}$ può essere trascurato nel senso della $\mathbb{I}_{\underline{x}}\underline{\rightarrow}\{\underline{\Phi_x}=\varnothing\}$.

Si considerano le variabili $\underline{y}$ di cui le $\underline{y}\equiv\{y_m;m=1,\not{\mathbf{m}}\}$ e

$\underline{y}=\underline{y}(\underline{x})\equiv\{\Sigma_{n=1,\not{\mathbf{n}}}(\lambda_{mn}\cdot x_n);m=1,\not{\mathbf{m}}\}$ (13)

per cui se ne ha la Æ$\langle\underline{y}\,/\,\underline{y}\,/(11),(12)\rangle$.

Si pongono le $\underline{\Lambda}\equiv\{\Lambda_n;n=1,\not{\mathbf{n}}\}$ e $\Lambda_n\equiv\Sigma_{m=1,\not{\mathbf{m}}}(\lambda_{mn})$. Da: (13); segue $\Sigma_{m=1,\not{\mathbf{m}}}(y_m)=\Sigma_{m=1,\not{\mathbf{m}}}(\Sigma_{n=1,\not{\mathbf{n}}}(\lambda_{mn}\cdot x_n))=\Sigma_{n=1,\not{\mathbf{n}}}(\Sigma_{m=1,\not{\mathbf{m}}}(\lambda_{mn})\cdot x_n)=\Sigma_{n=1,\not{\mathbf{n}}}(\Lambda_n\cdot x_n)$ che (applicando la (2.1.2.4)) porta la $y_m=\Sigma_{n=1,\not{\mathbf{n}}}(\Lambda_n\cdot x_n)+\Sigma_{m=1,\not{\mathbf{m}}}((\delta_{mm}-1)\cdot y_m)$. Da: questa; þ; Æ$\langle\underline{y},y_m,\underline{y}^m\,/\,\underline{x},x_n,\underline{x}^n\,/(3)\rangle$; segue

$\{\underline{\Lambda}=\underline{0}_{\not{\mathbf{n}}}\}\underline{\leftrightarrow}\{y_m=\psi_m(\underline{y}^m)\equiv\Sigma_{m=1,\not{\mathbf{m}}}((\delta_{mm}-1)\cdot y_m)\}\underline{\rightarrow}\exists\{y_m=\psi_m(\underline{y}^m)\}\underline{\leftrightarrow}\neg\mathbb{I}\langle\underline{y}\rangle$ (14)

i cui ultimi due membri sono coerenti con la Æ$\langle\underline{y}\,/\,\underline{y}\,/(12)\rangle$ nel senso della Æ$\langle y_m\,|\,y_m=\psi_m(\underline{y}^m)\,/\,y_m\,|\,\underline{y}(\underline{x})=\underline{y}_m\,/(12)\rangle$ dove le $\underline{y}^m$ sono $\not{\mathbf{m}}-1$ costanti arbitrarie a meno della $\underline{y}^m\in\mathfrak{R}\langle\underline{y}^m\rangle$.

Quando non vale la $\underline{\Lambda}=\underline{0}_{\not{\mathbf{n}}}$ che (per mezzo della (14)) consente di stabilire la $\neg\mathbb{I}\langle\underline{y}\rangle$, questa o l'alternativa $\mathbb{I}\langle\underline{y}\rangle$ possono essere stabilite come segue.

La (13) può essere considerata come il sistema lineare $\underline{\Delta}\circ\underline{X}=\underline{Y}$ definito dalle

$\underline{\Delta}\equiv[\![\Lambda_{mn};m=1,\not{\mathbf{m}};n=1,\not{\mathbf{n}}+1]\!]$ $\underline{X}\equiv\{X_n;n=1,\not{\mathbf{n}}+1\}$ $\underline{Y}\equiv\{Y_m;m=1,\not{\mathbf{m}}\}$

$\{\Lambda_{mn};m=1,\not{\mathbf{m}};n=1,\not{\mathbf{n}}\}\equiv\{\lambda_{mn};m=1,\not{\mathbf{m}};n=1,\not{\mathbf{n}}\}$ $\{\Lambda_{m,\not{\mathbf{n}}+1};m=1,\not{\mathbf{m}}\}\equiv\{\{0;m=1,m-1\},-1,\{0;m=m+1,\not{\mathbf{m}}\}\}$

$\{X_n;n=1,\not{\mathbf{n}}+1\}\equiv\{\underline{x},y_m\}$ $\{Y_m;m=1,\not{\mathbf{m}}\}\equiv\{\{y_m;m=1,m-1\},0,\{y_m;m=m+1,\not{\mathbf{m}}\}\}$

Ogni soluzione di un sistema lineare è anche soluzione di un sistema che sia ottenuto trasformandolo per mezzo del sommare a una sua equazione un'arbitraria combinazione lineare di altre sue equazioni. Ciò porta che le soluzioni del $\underline{\Delta}\circ\underline{X}=\underline{Y}$ sono le stesse del $\underline{\mathit{\Delta}}\circ\underline{X}=\underline{\mathit{Y}}$ che si ottiene trasformandolo con il seguente algoritmo.

Si pongono le $\underline{\mathit{\Delta}}\equiv[\![\mathit{\Lambda}_{mn};m=1,\not{\mathbf{m}};n=1,\not{\mathbf{n}}+1]\!]=\underline{\Delta}$ $\underline{\mathit{Y}}\equiv\{\mathit{Y}_m;m=1,\not{\mathbf{m}}\}=\underline{Y}$ $\{r_m;m=1,\not{\mathbf{m}}\}=\{\{m=1,m-1\},\not{\mathbf{m}},\{m=m+1,\not{\mathbf{m}}-1\},m\}$ e $\{c_n;n=1,\not{\mathbf{n}}+1\}=\{n=1,\not{\mathbf{n}}+1\}$; si stabilisce una $T_0\geq0$ il cui T_0 sia grande quanto più è possibile compatibilmente con l'accettabilità della $T_0\cong0$ nel dato contesto numerico; e si pone k=1. Si intraprende l'esecuzione successiva dei seguenti passi:

1) Se è $k=\not{\mathbf{m}}$ si esegue il passo 7.

2) Si pone la $P=\max\langle\underline{\mathit{\Delta}}\rangle$ di cui la $\underline{\mathit{\Delta}}\equiv\{\,|\mathit{\Lambda}\langle r_m,c_n\rangle|\,;m=k,\not{\mathbf{m}}-1;n=k,\not{\mathbf{n}}\}$.

3) Se è $P\leq T_0$ si esegue il passo 7.

4) si pone la $\{r,c\}=\{m,n\,|\,P=|\mathit{\Lambda}\langle r_m,c_n\rangle|\,\}$ e si scambiano i valori sia tra i $\{r_k,r_r\}$ sia tra i $\{c_k,c_c\}$.

5) Si pone la $\lambda_m=-\mathit{\Lambda}\langle r_m,c_k\rangle/\mathit{\Lambda}\langle r_k,c_k\rangle$, si sostituiscono i $\{\mathit{\Lambda}\langle r_m,c_n\rangle;m=k+1,\not{\mathbf{m}};n=k+1,\not{\mathbf{n}}\}$ con i rispettivi $\{\mathit{\Lambda}\langle r_m,c_n\rangle+\lambda_m\cdot\mathit{\Lambda}\langle r_k,c_n\rangle;m=k+1,\not{\mathbf{m}};n=k+1,\not{\mathbf{n}}\}$, e si immagina di sostituire i $\{\mathit{Y}\langle r_m\rangle;m=k+1,\not{\mathbf{m}}\}$ con i rispettivi $\{\mathit{Y}\langle r_m\rangle+\lambda_m\cdot\mathit{Y}\langle r_k\rangle;m=k+1,\not{\mathbf{m}}\}$ non potendo attuare effettivamente questa sostituzione giacché i $\underline{\mathit{Y}}$ non sono trattati come noti.

6) si incrementa k dell'unità e si ricomincia con il passo 1.

7) si pone la $\{C_{mn};n=1,\not{N}_m\}\equiv\{c_n / |\Lambda\langle m,c_n\rangle| > T_0, k\leq n\leq \not{n}\}$ (intendendone la $\not{N}_m=0$ se $\{C_{mn};n=1,\not{N}_m\}\equiv \varnothing$) e l'esecuzione termina.

Dopo l'esecuzione di questi passi, dalla m-esima equazione del $\underline{\Delta}\cdot\underline{X}=\underline{Y}$ è deducibile la

$$\{y_m=\Psi_m(\underline{x}_m,\underline{y}^m)\equiv\Sigma_{n=1,\not{N}\langle m\rangle}(\Lambda\langle m,C_{mn}\rangle\cdot x_{C\langle m,n\rangle})-Y_m(\underline{y}^m) \mid \underline{x}_m\equiv\{x_{C\langle m,n\rangle};n=1,\not{N}_m\}\} \quad (15)$$

L'aspetto triangolare del $\underline{\Delta}\cdot\underline{X}=\underline{Y}$ che si ottiene con il detto algoritmo (essendone visibile tale triangolarità se lo si scrive nella forma $[\Lambda\langle r_m,c_n\rangle;m=1,\not{m};n=1,\not{n}+1]\cdot\{X\langle c_n\rangle;n=1,\not{n}+1\}=\{Y\langle r_m\rangle;m=1,\not{m}\}$), mostra che le soluzioni della sua m-esima equazione (cioè della $y_m-\Psi_m(\underline{x}_m,\underline{y}^m)=0$) sono ammesse dall'intero stesso $\underline{\Delta}\cdot\underline{X}=\underline{Y}$. Inoltre le soluzioni del $\underline{\Delta}\cdot\underline{X}=\underline{Y}$ sono (come detto) le stesse del $\underline{\Delta}\cdot\underline{X}=\underline{Y}$, e questo è un modo diverso di scrivere la (13). Ciò dà luogo alla

$$\{y_m \mid y_m=\Psi_m(\underline{x}_m,\underline{y}^m)\}\equiv\{y_m \mid \underline{y}(\underline{x})=\underline{y}_m\} \quad (16)$$

di cui la $\underline{y}_m\equiv\{\{y_m;m=1,m-1\},y_m,\{y_m;m=m+1,\not{m}\}\}$ e le cui le $\underline{y}_m{}^m$ sono $\not{m}-1$ costanti arbitrarie a meno della $\underline{y}_m{}^m\in\Re\langle\underline{y}^m\rangle$.

Da: (15); (16); $Æ\langle\underline{\Phi}_x,\underline{y}=\underline{y}(\underline{x}) / \underline{\Phi}_x,\underline{y}=\underline{y}(\underline{x}) / (12)\rangle$; segue

$$\exists\{\not{N}_m=0\}\underline{\rightarrow}\exists\{\Re\langle y_m \mid y_m=\Psi_m(\underline{x}_m,\underline{y}^m);\underline{\Phi}_x\rangle\subset\Re\langle y_m\rangle\}\equiv\exists\{\Re\langle y_m \mid \underline{y}(\underline{x})=\underline{y}_m;\underline{\Phi}_x\rangle\subset\Re\langle y_m\rangle\}\underline{\leftrightarrow}\neg\mathbb{I}\langle\underline{y}\rangle \quad (17)$$

il cui $\underline{\Phi}_x$ è trascurabile se vale la $\mathbb{I}_{\underline{x}}$.

La (17), la (15), e il poterne conoscere ogni $\{C_{mn};n=1,\not{N}_m\}$ per mezzo dell'anzidetto algoritmo, possono consentire di stabilire la $\mathbb{I}\langle\underline{y}\rangle$ o la $\neg\mathbb{I}\langle\underline{y}\rangle$. La $\not{m}>\not{n}$ porta sempre la $\exists\not{N}_m=0$ e quindi, per la (17), la $\neg\mathbb{I}\langle\underline{y}\rangle$.

Si chiama numerico un errore che è causato soltanto dall'ovvia impossibilità di rappresentare i numeri con un'infinità di cifre. Nel secondo passo dell'anzidetto algoritmo, la $P=\max\langle\underline{\Lambda}\rangle$ può essere sostituita dal porre la $P=\{P \mid P\in\underline{\Lambda},P>T_0\}$ se ciò è possibile o viceversa la $P=T_0$. Tuttavia questa sostituzione generalmente comporta una minore stabilità numerica cioè un maggiore errore numerico. Infatti l'algoritmo in argomento è tipicamente affetto da un errore numerico che può essere tanto grande da renderne falso il risultato essenziale (che è quello di stabilire vera o falsa la $\mathbb{I}\langle\underline{y}\rangle$) pure se i numeri sono rappresentati con un elevato numero di cifre. Questo errore assume una tale entità catastrofica, quando è causato da divisioni con divisore che non è nullo solo a causa di precedenti errori numerici; e pertanto può essere reso trascurabile con la scelta di un T_0 sufficientemente grande da evitare questo tipo di divisioni, essendo a questo scopo favorevole come detto l'uso della $P=\max\langle\underline{\Lambda}\rangle$.

2.4.4 *Le derivate e gli integrali*

Una $df(x)/dx$ è la derivata di $f(x)$. Si hanno: la $df(x)/dx\equiv f^{(1)}(x)\equiv f'(x)$, la $df(x)\equiv f'(x)\cdot dx$ i cui $df(x)$ e dx sono rispettivamente il differenziale di $f(x)$ e x, e la $df(x)\equiv df\equiv dy$ il cui ultimo membro vale nel caso della $y=f(x)$. La definizione di $f'(x)$ come limite di un rapporto incrementale è la

$$f'(x)\equiv\lim_{x\to x}((f(x)-f(x))/(x-x))=\lim_{\Delta\to 0}((f(x+\Delta)-f(x))/\Delta) \quad (1)$$

Una $d^nf(x)/dx^n$ è la derivata n-esima (cioè di ordine n) di $f(x)$. Si hanno: la $d^nf(x)/dx^n\equiv f^{(n)}(x)\equiv f''^{\cdots\prime}(x)$ di cui la $\{''^{\cdots\prime}\}\equiv\{';n=1,n\}$, la $d^nf(x)\equiv f^{(n)}(x)\cdot dx^n$ di cui la $dx^n\equiv\Pi_{n=1,n}(dx)$ e il cui $d^nf(x)$ è il differenziale n-esimo (cioè di ordine n) della $f(x)$, e la $d^nf(x)\equiv d^nf\equiv d^ny$ il cui ultimo membro vale nel caso della $y=f(x)$. La $f^{(n)}(x)$ è definita dalla $f^{(n)}(x)\equiv d(\ldots(d(df(x)/dx)/dx)\ldots)/dx$ il cui secondo membro esprime le evidenti n derivate di ordine 1. Le derivate e i differenziali testé definiti sono detti totali.

Il teorema di De L'Hospital afferma la

$$\lim_{x\to x}(f(x)/g(x))=\lim_{x\to x}(f'(x)/g'(x)) \quad (2)$$

di cui la $\{|x|\neq\infty\}_\circ\vee_\circ\{x\equiv\infty\}$, e le cui $f(x)$ e $g(x)$ sono ambedue un infinitesimo o un infinito per $x\to x$.

Una $\partial f(\underline{x})/\partial x_n$ è la derivata parziale di $f(\underline{x})$ rispetto x_n. La definizione di $\partial f(\underline{x})/\partial x_n$ come limite di un rapporto incrementale è la

$$\partial f(\underline{x})/\partial x_n \equiv \lim_{t\to x\langle n\rangle}((f(\underline{x}_{Sn},t,\underline{x}_{Dn})-f(\underline{x}))/(t-x_n))=\lim_{\Delta\to 0}((f(\underline{x}_{Sn},x_n+\Delta,\underline{x}_{Dn})-f(\underline{x}))/\Delta) \quad (3)$$

di cui le $\underline{x}_{Sn}\equiv\underline{x}^{\{n=n,\mathbf{n}\}}$ $\underline{x}_{Dn}\equiv\underline{x}^{\{n=1,n\}}$, e in base alla quale la $\partial f(\underline{x})/\partial x_n$ non esiste quando è $|\partial f(\underline{x})/\partial x_n|=\infty$ o quando non esiste il limite che la definisce poiché quello per $t\to x_n^-$ è diverso da quello per $t\to x_n^+$. Una $f(\underline{x})$ è parzialmente derivabile in un punto $\underline{x}$ se ne esistono tutte le $\{\partial f(\underline{x})/\partial x_n; n=1,\mathbf{n}\}$. Si ha la Æ⟨x,$f'(x)$ /$\underline{x}$,$\partial f(\underline{x})/\partial x_n$ /(3)⟩.

Da: (3); $\{f(\underline{x})=g(\underline{x},\underline{t});\forall\underline{x}\in\mathbb{R}_{\underline{x}};\forall\underline{t}\in\mathbb{R}\langle\underline{t}\rangle\}$; segue IPM

$$\{\partial f(\underline{x})/\partial x_n\equiv\lim_{t\to x\langle n\rangle}((f(x_1,x_2,\ldots,t,\ldots,x_{\mathbf{n}})-f(\underline{x}))/(t-x_n))= \lim_{t\to x\langle n\rangle}((g(x_1,x_2,\ldots,t,\ldots,x_{\mathbf{n}},\underline{t})-g(\underline{x},\underline{t}))/(t-x_n))\equiv\partial g(\underline{x},\underline{t})/\partial x_n\}\underline{\leftarrow}\{f(\underline{x})=g(\underline{x},\underline{t});\forall\underline{x}\in\mathbb{R}_{\underline{x}};\forall\underline{t}\in\mathbb{R}\langle\underline{t}\rangle\} \quad (4)$$

di cui la $\{\underline{t}=\varnothing\}.\dot\vee.\{\underline{t}\neq\varnothing\}$, e la cui $\partial f(\underline{x})/\partial x_n=\partial g(\underline{x},\underline{t})/\partial x_n$ è la derivata della $f(\underline{x})=g(\underline{x},\underline{t})$ rispetto a x_n.

Una derivata parziale di $f(\underline{x})$, mista di ordine m, rispetto le $\{x_{n\langle i\rangle};i=1,m\}$ il cui $\{n_i;i=1,m\}$ è una combinazione (generalmente con ripetizione) di classe m dei $\{n=1,\mathbf{n}\}$, è indicata con IPM

$$\partial^m f(\underline{x})/\partial x_{n\langle 1\rangle}\partial x_{n\langle 2\rangle}\ldots\partial x_{n\langle m\rangle}\equiv\partial(\ldots(\partial(\partial f(\underline{x})/\partial x_{n\langle 1\rangle})/\partial x_{n\langle 2\rangle})\ldots)/\partial x_{n\langle m\rangle} \quad (5)$$

la quale ne costituisce la definizione. Questa definizione generalizza quella di ogni altra derivata.

Una $f(\underline{x})$ è di classe $\mathbf{m}$ in un $\underline{\mathfrak{r}}_{\underline{x}}$ (di cui la $\underline{\mathfrak{r}}_{\underline{x}}\equiv\{\mathfrak{R}_{\underline{x}}.\dot\vee.\underline{x}\}$) e si indica ciò con la $f(\underline{x})\in C^{\mathbf{m}}(\underline{\mathfrak{r}}_{\underline{x}})$, se in tale $\underline{\mathfrak{r}}_{\underline{x}}$ vi ha continua ogni derivata parziale mista di ordine m di cui la $0\le m\le\mathbf{m}$ (intendendo che per m=0 tale derivata è la stessa $f(\underline{x})$). Per ogni specificazione di $f(\underline{x})$ è sottintesa la corrispondente specificazione della $f(\underline{x})\in C^0(\mathbb{R}_{\underline{x}})$.

Si pone la $\underline{\mathfrak{r}}_x\equiv\{\mathfrak{R}_x.\dot\vee.x\}$. Da: Æ⟨x /$x$ /(2.4.2.9)⟩; þ; (2.4.4.1); Æ⟨$f'(x)$ /$f(x)$ /(2.4.2.9)⟩; segue

$$\{f(x)\in C^0(\underline{\mathfrak{r}}_x)\}\underline{\leftarrow}\{\lim_{\Delta\to 0}(f(x+\Delta))-f(x)=0;\forall x\in\underline{\mathfrak{r}}_x\}\underline{\leftarrow}\{\lim_{\Delta\to 0}(\Delta)\cdot\lim_{\Delta\to 0}((f(x+\Delta)-f(x))/\Delta)=0;\forall x\in\underline{\mathfrak{r}}_x\}\underline{\leftrightarrow} \{\lim_{\Delta\to 0}(\Delta)\cdot f'(x)=0;\forall x\in\underline{\mathfrak{r}}_x\}\underline{\leftarrow}\{f'(x)\in C^0(\underline{\mathfrak{r}}_x)\} \quad (6)$$

Una y rispetto a una x è monotona, crescente, non decrescente, decrescente, non crescente; nei rispettivi casi y§x, y↑x, y↗x, y↓x, y↙x definiti dalla

$$\{y.\square.x\}\equiv\{y=f(x)\,|\,f(b).\square.f(a);\forall b>a\} \quad (7)$$

di cui la $\{.\square.,.\square.\}\equiv\{\{\S,\neq\}.\dot\vee.\{\uparrow,>\}.\dot\vee.\{\nearrow,\ge\}.\dot\vee.\{\downarrow,<\}.\dot\vee.\{\swarrow,\le\}\}$.

Da: Æ⟨§ /.□. /(7)⟩; Æ⟨↑ /.□. /(7)⟩ e Æ⟨↓ /.□. /(7)⟩; segue

$$\{y\S x\}\underline{\leftrightarrow}\{y=f(x)\,|\,\neg\exists\{a\neq b,f(b)=f(a)\}\}\underline{\leftrightarrow}\{\{y\uparrow x\}.\dot\vee.\{y\downarrow x\}\} \quad (8)$$

Un teorema in [17] afferma la

$$\{\{y.\square.x\}\underline{\leftrightarrow}\{\{y'(x).\square.0;\forall x\in\mathbb{R}_x\};\neg\exists\{\underline{\mathfrak{R}}\subseteq\mathbb{R}_x;\mathfrak{N}\langle\underline{\mathfrak{R}}\rangle>1\,|\,y'(x)=0;\forall x\in\underline{\mathfrak{R}}\}\}\}\underline{\leftarrow} \{y(x)\in C^0(\mathbb{R}_x);y'(x)\in C^0(\mathbb{R}_x-\partial\mathbb{R}_x)\} \quad (9)$$

di cui la $\{.\square.,.\square.\}\equiv\{\{\uparrow,\ge\}.\dot\vee.\{\downarrow,\le\}\}$ e il cui $\underline{\mathfrak{R}}$ è un intervallo di $\mathbb{R}^1$.

La (8) e IPM (9) portano la

$$\{y\S x\}\underline{\leftrightarrow}\{\{y'(x).\square.0;\forall x\in\mathbb{R}_x\};\neg\exists\{\underline{\mathfrak{R}}\subseteq\mathbb{R}_x\,|\,y'(x)=0;\forall x\in\underline{\mathfrak{R}}\}\} \quad (10)$$

di cui la $.\square.\equiv\{\ge.\dot\vee.\le\}$ e che ha come condizioni sufficienti di validità le stesse di IPM (9).

La formula di Taylor è IPM

$$\{f(x)=\Sigma_{h=0,N}(f^{(h)}(x_0)\cdot(x-x_0)^h/h!)+R_{Nx\langle 0\rangle}(x)\}\underline{\leftarrow}\{x_0\in\underline{\mathfrak{R}};x\in\underline{\mathfrak{R}};f(x)\in C^{N+1}(\underline{\mathfrak{R}})\} \quad (11)$$

il cui resto $R_{Nx\langle 0\rangle}(x)$ ha (tra le altre) le espressioni

$$R_{Nx\langle 0\rangle}(x)=f^{(N+1)}(x_L)\cdot(x-x_0)^{N+1}/(N+1)! \quad (12)$$

$$R_{Nx\langle 0\rangle}(x)=f^{(N+1)}(x_C)\cdot(x-x_0)\cdot(x-x_C)^N/N!$$

di cui le $x_L\in\underline{\mathfrak{I}}$ $x_C\in\underline{\mathfrak{I}}$ $\{\underline{\mathfrak{I}}\equiv[x_0,x];\forall x_0<x\}$ $\{\underline{\mathfrak{I}}\equiv[x,x_0];\forall x<x_0\}$, e che sono rispettivamente dette di

Lagrange e Cauchy. Nel caso $x_0=0$ la (11) è detta di Mac Laurin.

La e è la costante, detta di Nepero o Eulero, di cui la $\exp\langle s\rangle \equiv e^s$, e che è espressa dalla $e=\lim_{a\to\infty}((1+1/a)^a)$ come caso particolare della

$$e^b=\lim_{a\to\infty}((1+b/a)^a) \qquad (13)$$

Un teorema in [17] afferma, intendendo che n è un intero, la

$$\lim_{n\to\infty}(|x|^n/n!)=0 \qquad (14)$$

Da: $Æ\langle e^x,0\,/f(x),x_0\,/(11),(12)\rangle$ e $e^x\in C^\infty(\mathbb{R}^1)$; $N\equiv N+1$ e conseguente $\lim_{N\to\infty}()=\lim_{N\to\infty}()$; $x^N=\pm|x|^N$ (conforme alla (2.1.2.5)), e $Æ\langle N,x\,/n,x\,/(14)\rangle$; segue

$$e^x=\lim_{N\to\infty}(\Sigma_{h=0,N}(x^h/h!)+e^{x\langle L\rangle}\cdot x^{N+1}/(N+1)!)=\Sigma_{h=0,\infty}(x^h/h!)+e^{x\langle L\rangle}\cdot\lim_{N\to\infty}(x^N/N!)=\Sigma_{h=0,\infty}(x^h/h!) \qquad (15)$$

Una $\underline{R}_n$ è una retta, valendone perciò la $Æ\langle\mathbb{R}^1\Leftrightarrow\underline{R}_n\,/\mathbb{R}^n\Leftrightarrow\mathbb{S}^n\,/$sez.2.4.1$\rangle$, di cui si pone la $\underline{R}_n\subset\mathbb{S}^n$ cioè che ogni punto di $\underline{R}_n$ è anche un punto di $\mathbb{S}^n$.

Una tale $\underline{R}_n$ è individuata in $\mathbb{S}^n$ dalle proprie funzioni parametriche $\underline{Ж}_{\underline{R}\langle n\rangle}(\rho)$, di cui la $\underline{Ж}_{\underline{R}\langle n\rangle}(\rho)\equiv\{Ж_{\underline{R}\langle n\rangle n}(\rho);n=1,n\}$ e che (intendendo la $\underline{Ж}_{\underline{R}\langle n\rangle}\equiv\{Ж_{\underline{R}\langle n\rangle n};n=1,n\}$) ne costituiscono le omonime equazioni $\underline{Ж}_{\underline{R}\langle n\rangle}=\underline{Ж}_{\underline{R}\langle n\rangle}(\rho)$. Queste formulano, conformemente alla $Æ\langle\underline{Ж}_{\underline{R}\langle n\rangle},\underline{Ж}_{\underline{R}\langle n\rangle}(\rho),\rho\,/\underline{y},\underline{f}(\underline{x}),\underline{x}\,/(2.4.2.4)\rangle$, la corrispondenza univoca $\underline{CU}$ di cui la $\underline{CU}\equiv\{\rho,\underline{Ж}_{\underline{R}\langle n\rangle}\,/\{\rho,R_n\}\in\{\mathbb{R}^1\Leftrightarrow\underline{R}_n\};\{\underline{Ж}_{\underline{R}\langle n\rangle},R_n\}\in\{\mathbb{R}^n\Leftrightarrow\mathbb{S}^n\}\}$.

Per una $Ж_{\underline{R}\langle n\rangle n}(\rho)$ si ha la

$$Ж_{\underline{R}\langle n\rangle n}(\rho)\equiv Ж_{0\underline{R}\langle n\rangle n}+\alpha_{\underline{R}\langle n\rangle n}\cdot(\rho-\rho_0) \qquad (16)$$

di cui le $\{\rho_0,\underline{Ж}_{0\underline{R}\langle n\rangle n}\}\in\underline{CU}$ e $\underline{Ж}_{0\underline{R}\langle n\rangle}\equiv\{Ж_{0\underline{R}\langle n\rangle n};n=1,n\}$, e il cui $\alpha_{\underline{R}\langle n\rangle n}$ è il n-esimo coseno direttore di $\underline{R}_n$.

Da: $F_{\underline{R}\langle n\rangle}(\rho)\equiv f(\underline{Ж}_{\underline{R}\langle n\rangle}(\rho))$; le note regole di derivazione di una funzione composta; (16); segue

$$F'_{\underline{R}\langle n\rangle}(\rho)\equiv df(\underline{Ж}_{\underline{R}\langle n\rangle}(\rho))/d\rho=\Sigma_{n=1,n}((\partial f(\underline{Ж}_{\underline{R}\langle n\rangle}(\rho))/\partial Ж_{\underline{R}\langle n\rangle n})\cdot Ж'_{\underline{R}\langle n\rangle n}(\rho))=$$
$$\Sigma_{n=1,n}(\alpha_{\underline{R}\langle n\rangle n}\cdot(\partial f(\underline{Ж}_{\underline{R}\langle n\rangle}(\rho))/\partial Ж_{\underline{R}\langle n\rangle n})) \qquad (17)$$

la cui $F'_{\underline{R}\langle n\rangle}(\rho)$ è la derivata della $f(\underline{x})$ nel punto ρ (ossia nel punto $\underline{Ж}_{\underline{R}\langle n\rangle}$ di cui la $\{\rho,\underline{Ж}_{\underline{R}\langle n\rangle}\}\in\underline{CU}$) e secondo la direzione della retta orientata $\underline{R}_n$.

Un integrale n-plo di una $f(\underline{x})$ (che è detto multiplo o semplice nei rispettivi casi $n>1$ o $n=1$), e esteso a un dominio $\underline{\mathfrak{R}}_x$ limitato e misurabile, è indicato come il $\int_{\mathfrak{R}\langle x\rangle}(f(\underline{x})\cdot d\underline{x})$ di cui le $\underline{\mathfrak{R}}_x\subset\underline{\mathbb{R}}_x$ e $d\underline{x}\equiv\Pi_{n=1,n}(dx_n)$, e la sua definizione come limite di una somma integrale è la

$$\int_{\mathfrak{R}\langle x\rangle}(f(\underline{x})\cdot d\underline{x})\equiv\lim_{D\to 0}(\Sigma_{c=1,e\langle D\rangle}(f(\underline{x}_{Dc})\cdot\mathrm{mis}\langle\underline{\mathfrak{R}}_{xDc}\rangle)) \qquad (18)$$

dove i $\{\underline{\mathfrak{R}}_{xDc};c=1,e_D\}$ sono una decomposizione o una suddivisione di $\underline{\mathfrak{R}}_x$, D (di cui la $D\equiv\max\langle D\langle\underline{\mathfrak{R}}_{xDc}\rangle;c=1,e_D\rangle$ con $D\langle\underline{\mathfrak{R}}_{xDc}\rangle$ che è il diametro di $\underline{\mathfrak{R}}_{xDc}$) è la norma dei $\{\underline{\mathfrak{R}}_{xDc};c=1,e_D\}$, e $\underline{x}_{Dc}\in\underline{\mathfrak{R}}_{xDc}$.

Conformemente alla (18) si hanno la $\int_{\mathfrak{R}\langle x\rangle}(f(\underline{x})\cdot d\underline{x})=\lim_{\mathfrak{R}\to\mathfrak{R}\langle x\rangle}(\int_{\mathfrak{R}}(f(\underline{x})\cdot d\underline{x}))$, e la $\int_{\mathfrak{R}\langle x\rangle}(f(\underline{t})\cdot d\underline{t})\equiv\int_{\mathfrak{R}\langle x\rangle}(f(\underline{x})\cdot d\underline{x})\equiv\int_{\mathfrak{R}\langle x\rangle}(\{f(\underline{x})\,|\,\mathbb{T}\langle\underline{x}\rangle\}\cdot d\underline{x})$ in quanto se ne sottintende la $\underline{t}\equiv\underline{x}$ e che è coerente con il sottintendere la $\mathbb{T}\langle\underline{x}\rangle$. Il teorema della distributività dell'integrale afferma la $\int_{\mathfrak{R}\langle x\rangle}(\Sigma_{i=1,i}(k_i\cdot f_i(\underline{x}))\cdot d\underline{x})=\Sigma_{i=1,i}(k_i\cdot\int_{\mathfrak{R}\langle x\rangle}(f_i(\underline{x})\cdot d\underline{x}))$.

Si pongono le $\underline{t}\equiv\{t_n;n=1,n\}$ e $\underline{\Delta}\equiv\{\Delta_n;n=1,n\}$. Da: (18); $Æ\langle\Pi_{n=1,n}(\Delta_n),\underline{\Delta},\underline{0}_n\,/f(\underline{x},\underline{t}),\underline{x},\underline{x}\,/(2.4.2.7)\rangle$ e $\mathbb{T}\langle\underline{\Delta}\rangle$ (dovuta all'arbitrarietà nella scelta dei $\underline{x}$ e $\underline{x}+\underline{\Delta}$); segue

$$\lim_{\underline{\Delta}\to\underline{0}\langle n\rangle}(\int_{\underline{\mathfrak{I}}\langle x,x+\Delta\rangle}(f(\underline{t})\cdot d\underline{t})=f(\underline{x})\cdot\lim_{\underline{\Delta}\to\underline{0}\langle n\rangle}(\Pi_{n=1,n}(\Delta_n))=f(\underline{x})\cdot(\lim_{\Delta\to 0}(\Delta))^n \qquad (19)$$

Il teorema dell'additività dell'integrale afferma la

$$\{\underline{\mathfrak{R}}_x=\cup_{m=1,m}(\underline{\mathfrak{R}}_m);\{\mathfrak{T}_a\cap\mathfrak{T}_b=\varnothing;\forall\{a,b\}\subseteq\{m=1,m\}\}\}\underline{\to}\{\int_{\mathfrak{R}\langle x\rangle}(f(\underline{x})\cdot d\underline{x})=\Sigma_{m=1,m}(\int_{\mathfrak{R}\langle m\rangle}(f(\underline{x})\cdot d\underline{x}))\} \qquad (20)$$

di cui la $\mathfrak{T}_m\equiv\{\{\underline{\mathfrak{R}}_m-\partial\underline{\mathfrak{R}}_m\}\vee\underline{\mathfrak{R}}_m\}$, avendo perciò il suo secondo membro come condizione sufficiente l'essere i $\{\underline{\mathfrak{R}}_m;m=1,m\}$ una decomposizione o una suddivisione di $\underline{\mathfrak{R}}_x$.

Si considera una $\underline{r}_x\subset\mathbb{R}^n$ di cui la $\mathrm{mis}\langle\underline{r}_x\rangle=0$. La $Æ\langle\underline{\mathfrak{R}}_x,\underline{r}_x\,/\underline{A},\underline{B}\,/(2.2.23)\rangle$ e la $\underline{\mathfrak{R}}_x\cap\neg\underline{r}_x=\underline{\mathfrak{R}}_x-\underline{r}_x$ (dovuta a $Æ\langle \underline{\mathfrak{R}_x},\underline{r_x} / A,B / (2.2.8)\rangle\rangle$ portano le $\underline{\mathfrak{R}_x}=\{\underline{\mathfrak{R}_x}\cap\underline{r_x}\}\cup\{\underline{\mathfrak{R}_x}-\underline{r_x}\}$ e $\{\underline{\mathfrak{R}_x}\cap\underline{r_x}\}\cap\{\underline{\mathfrak{R}_x}-\underline{r_x}\}=\underline{\emptyset}$. Da: queste e la $Æ\langle \underline{\mathfrak{R}_x}\cap\underline{r_x},\underline{\mathfrak{R}_x}-\underline{r_x} / \underline{\mathfrak{R}}_m;m=1,\mathbf{m} / (20)\rangle$; la nullità dell'integrale esteso a $\underline{\mathfrak{R}_x}\cap\underline{r_x}$, dovuta a $\mathsf{mis}\langle \underline{\mathfrak{R}_x}\cap\underline{r_x}\rangle=0$; segue la prima delle

$$\int_{\underline{\mathfrak{R}}\langle\underline{x}\rangle}(f(\underline{x})\cdot d\underline{x})=\int_{\underline{\mathfrak{R}}\langle\underline{x}\rangle\cap\underline{r}\langle\underline{x}\rangle}(f(\underline{x})\cdot d\underline{x})+\int_{\underline{\mathfrak{R}}\langle\underline{x}\rangle-\underline{r}\langle\underline{x}\rangle}(f(\underline{x})\cdot d\underline{x})=\int_{\underline{\mathfrak{R}}\langle\underline{x}\rangle-\underline{r}\langle\underline{x}\rangle}(f(\underline{x})\cdot d\underline{x})$$

$$\{\int_{\underline{\mathfrak{R}}\langle\underline{x}\rangle}(f(\underline{x})\cdot d\underline{x})=\int_{\underline{\mathfrak{R}}\langle\underline{x}\rangle-\underline{\ddot{o}}}(f(\underline{x})\cdot d\underline{x}) \mid \underline{\ddot{o}}\subseteq\underline{r_x}\} \tag{21}$$

di cui la $Æ\langle \partial\underline{\mathfrak{R}_x} / \underline{r_x}\rangle$ dovuta a $\partial\underline{\mathfrak{R}_x}=\underline{\emptyset}$ o (nel caso $\partial\underline{\mathfrak{R}_x}\neq\underline{\emptyset}$) alla $\mathsf{mis}\langle\partial\underline{\mathfrak{R}_x}\rangle=0$ che segue dalle $\exists\{\partial\underline{\mathfrak{R}_x}\Leftrightarrow\underline{\mathfrak{R}}^{\mathbf{n}-k};\underline{\mathfrak{R}}^{\mathbf{n}-k}\subseteq\mathfrak{R}^{\mathbf{n}-k};1\leq k\leq\mathbf{n}\}$ e $Æ\langle\partial\underline{\mathfrak{R}_x} / \underline{\mathfrak{R}}^{\mathbf{n}} / (2.4.1.2)\rangle$.

Il teorema della media afferma che esiste almeno una $\underline{x}\in\underline{\mathfrak{R}_x}$ che verifica la $\int_{\underline{\mathfrak{R}}\langle\underline{x}\rangle}(f(\underline{x})\cdot|g(\underline{x})|\cdot d\underline{x})=f(\underline{x})\cdot\int_{\underline{\mathfrak{R}}\langle\underline{x}\rangle}(|g(\underline{x})|\cdot d\underline{x})$.

Un $\int_{a,b}(f(x)\cdot dx)$ è l'integrale semplice di una $f(x)$ esteso a un $[a,b]$. Si hanno le

$$\int_{a,a}(f(x)\cdot dx)\equiv\mathsf{lim}_{\Delta\to0}(\int_{a,a+\Delta}(f(x)\cdot dx))=f(a)\cdot\mathsf{lim}_{\Delta\to0}(\Delta)=0$$

$$\int_{\underline{\mathfrak{R}}^1}(f(x)\cdot dx)\equiv\mathsf{lim}_{t\to\infty}(\int_{-t,t}(f(x)\cdot dx))\equiv\mathsf{lim}_{[a,b]\to\underline{\mathfrak{R}}^1}(\int_{a,b}(f(x)\cdot dx))\ \int_{-\infty,b}(f(x)\cdot dx)\equiv\mathsf{lim}_{t\to-\infty}(\int_{t,b}(f(x)\cdot dx))$$

$$\int_{a,\infty}(f(x)\cdot dx)\equiv\mathsf{lim}_{t\to\infty}(\int_{a,t}(f(x)\cdot dx))\ \int_{\underline{\mathfrak{R}}^{\mathbf{n}}}(f(\underline{x})\cdot d\underline{x})\equiv\mathsf{lim}_{\underline{\mathfrak{I}}\langle\underline{a},\underline{b}\rangle\to\underline{\mathfrak{R}}^{\mathbf{n}}}(\int_{\underline{\mathfrak{I}}\langle\underline{a},\underline{b}\rangle}(f(\underline{x})\cdot d\underline{x})) \tag{22}$$

$$\int_{a,b}(f(x)\cdot dx)=-\int_{b,a}(f(x)\cdot dx)=\int_{a,c}(f(x)\cdot dx)+\int_{c,b}(f(x)\cdot dx) \tag{23}$$

Inerentemente una $f(x)$ si hanno le

$$F(x)\equiv\int(f(x)\cdot dx)\equiv k+\int_{k,x}(f(t)\cdot dt)\ F'(x)=f(x)\ \int_{a,b}(f(x)\cdot dx)=F(b)-F(a) \tag{24}$$

dove k è una costante arbitraria, e i cui $F(x)$ e $\int(f(x)\cdot dx)$ sono una primitiva e un integrale indefinito della $f(x)$.

Si pone la $Æ\langle G(x),g(x) / F(x),f(x) / (24)\rangle$. Da: $Æ\langle F(x)+G(x),(F(x)+G(x))' / F(x),f(x) / (24)\rangle$; þ; $F'(x)=f(x)$ e $G'(x)=g(x)$; segue

$$F(x)+G(x)=\int((F(x)+G(x))'\cdot dx)=\int((F'(x)+G'(x))\cdot dx)=\int((f(x)+g(x))\cdot dx) \tag{25}$$

Da: $Æ\langle f(x)\cdot g(x),(f(x)\cdot g(x))' / F(x),f(x) / (24)\rangle$; þ; $p(x)\equiv f'(x)\cdot g(x)$ $q(x)\equiv f(x)\cdot g'(x)$; $Æ\langle p(x),q(x),P(x),Q(x) / f(x),g(x),F(x),G(x) / (25)\rangle$; segue $f(x)\cdot g(x)=\int((f(x)\cdot g(x))'\cdot dx)=\int((f'(x)\cdot g(x)+f(x)\cdot g'(x))\cdot dx)=\int((p(x)+q(x))\cdot dx)=P(x)+Q(x)$. Questa e le $P(x)\equiv\int(p(x)\cdot dx)$ $Q(x)\equiv\int(q(x)\cdot dx)$ portano la $\int(q(x)\cdot dx)=f(x)\cdot g(x)-\int(p(x)\cdot dx)$.

Da: $Æ\langle q(x) / f(x) / (24)\rangle$; la precedente espressione di $\int(q(x)\cdot dx)$; $Æ\langle p(x) / f(x) / (24)\rangle$; segue $\int_{a,b}(q(x)\cdot dx)=\int(q(b)\cdot db)-\int(q(a)\cdot da)=f(b)\cdot g(b)-f(a)\cdot g(a)-(\int(p(b)\cdot db)-\int(p(a)\cdot da))=f(b)\cdot g(b)-f(a)\cdot g(a)-\int_{a,b}(p(x)\cdot dx)$. Questa e le $p(x)\equiv f'(x)\cdot g(x)$ $q(x)\equiv f(x)\cdot g'(x)$ portano la

$$\int_{a,b}(f(x)\cdot g'(x)\cdot dx)=f(b)\cdot g(b)-f(a)\cdot g(a)-\int_{a,b}(g(x)\cdot f'(x)\cdot dx) \tag{26}$$

che esprime l'integrazione per parti di un $\int_{a,b}(f(x)\cdot g'(x)\cdot dx)$.

Da: $y=y(x)$; $dy(x)\equiv y'(x)\cdot dx$ e $\{a\leq y(x)\leq b\}\underline{\Leftrightarrow}\{A\leq x\leq B \mid a=y(A);b=y(B)\}$; segue

$$\int_{a,b}(f(y)\cdot dy)=\int_{a,b}(f(y(x))\cdot dy(x))=\int_{A,B}(f(y(x))\cdot y'(x)\cdot dx) \tag{27}$$

di cui la $\{y=y(x),a=y(A);b=y(B)\}\underline{\rightarrow}(27)$ e che esprime l'integrazione per sostituzione di un $\int_{a,b}(f(y)\cdot dy)$ basata su una $y=y(x)$.

Una $f(x)$ è in un $[-a,a]$ simmetrica rispetto allo zero quando ne vale la

$$\{f(-x)=f(x);\forall x\in(0,a]\} \tag{28}$$

Da: integrazione per sostituzione basata sulla $x=x(y)\equiv-y$ (ossia la $Æ\langle x,y,-y / y,x,y(x) / (27)\rangle$); $Æ\langle a,0,f(-y),y / a,b,f(x),x / (23)\rangle$; (28); segue IPM

$$\{\int_{-a,0}(f(x)\cdot dx)=-\int_{a,0}(f(-y)\cdot dy)=\int_{0,a}(f(-x)\cdot dx)=\int_{0,a}(f(x)\cdot dx)\}\underline{\leftarrow}(28) \tag{29}$$

Un $\underline{\mathfrak{R}_x}$ è un dominio normale con base $\underline{\mathfrak{B}}^n$ rispetto $\Pi_{n=1,\mathbf{n};n\neq n}(\mathscr{R}_n)$ (che è lo spazio ottenibile eliminando da $\mathfrak{R}^{\mathbf{n}}$ la n-esima dimensione $\mathscr{R}_n$), in quanto se ne ha (considerando anche la (2.4.2.5)) la

$\mathfrak{R}_{\underline{x}}=\{\underline{x}/\alpha_n\leq x_n\leq\beta_n;\underline{x}^n\in\mathfrak{B}^n;\underline{x}\in\mathbb{R}^{\#}\}$ (30)

di cui le $x_n\in\mathscr{R}_n$ $\{\alpha_n\equiv\alpha_n(\underline{x}^n)\}.\mathbb{V}.\{ï\langle\alpha_n|\underline{x}\rangle\}$ e $\{\beta_n\equiv\beta_n(\underline{x}^n)\}.\mathbb{V}.\{ï\langle\beta_n|\underline{x}\rangle\}$, e dove $\mathfrak{B}^n$ è un dominio limitato e misurabile di $\Pi_{n=1,\#;n\neq n}(\mathscr{R}_n)$. La prima delle

$\int_{\mathfrak{R}\langle\underline{x}\rangle}(f(\underline{x})\cdot d\underline{x})=\int_{\mathfrak{B}^n}(\int_{\alpha\langle n\rangle,\beta\langle n\rangle}(f(\underline{x})\cdot dx_n)\cdot d\underline{x}^n)$ $\{\int_{\mathfrak{R}\langle\underline{x}\rangle}(f(\underline{x})\cdot d\underline{x})=\int_{\alpha\langle n\rangle,\beta\langle n\rangle}(\int_{\mathfrak{B}^n}(f(\underline{x})\cdot d\underline{x}^n)\cdot dx_n);\forall ï\langle\alpha_n|\underline{x}\rangle.\wedge.ï\langle\beta_n|\underline{x}\rangle\}$ (31)

la cui seconda segue dalla prima e di cui la (30)$\underline{\rightarrow}$(31), è una formula di riduzione di un integrale $\#$-plo a un integrale ($\#-1$)-plo di un integrale semplice.

Un'espressione di un $\int_{\mathfrak{R}\langle\underline{x}\rangle}(f(\underline{x})\cdot d\underline{x})$ che lo riduce a $\#$ integrali semplici, è ottenibile se sono possibili le $\#-1$ riduzioni successive ottenibili come rispettive specificazioni della (31). Una tale formula di riduzione di un integrale $\#$-plo a $\#$ integrali semplici, è ottenibile nel caso di un $\int_{\mathfrak{I}\langle\underline{a},\underline{b}\rangle}(f(\underline{x})\cdot d\underline{x})$, giacché se ne deduce la

$\mathcal{P}_{\mathfrak{I}\langle\underline{a},\underline{b}\rangle}\underline{\rightarrow}\{\int_{\mathfrak{I}\langle\underline{a},\underline{b}\rangle}(f(\underline{x})\cdot d\underline{x})=\int_{a\langle\pi\langle1\rangle\rangle,b\langle\pi\langle1\rangle\rangle}(\int_{a\langle\pi\langle2\rangle\rangle,b\langle\pi\langle2\rangle\rangle}(\ldots\int_{a\langle\pi\langle\#\rangle\rangle,b\langle\pi\langle\#\rangle\rangle}(f(\underline{t})\cdot dt_{\pi\langle\#\rangle})\cdot\ldots dt_{\pi\langle2\rangle})\cdot dt_{\pi\langle1\rangle})=$
$\int_{\mathfrak{I}\langle\underline{a}^{\pi\langle\#\rangle},\underline{b}^{\pi\langle\#\rangle}\rangle}(\int_{a\langle\pi\langle\#\rangle\rangle,b\langle\pi\langle\#\rangle\rangle}(f(\underline{t})\cdot dt_{\pi\langle\#\rangle})\cdot d\underline{t}^{\pi\langle\#\rangle})=\int_{a\langle\pi\langle1\rangle\rangle,b\langle\pi\langle1\rangle\rangle}(\int_{\mathfrak{I}\langle\underline{a}^{\pi\langle1\rangle},\underline{b}^{\pi\langle1\rangle}\rangle}(f(\underline{t})\cdot d\underline{t}^{\pi\langle1\rangle})\cdot dt_{\pi\langle1\rangle})\}$ (32)

di cui le $\{\pi_n;n=1,\#\}=\{n=1,\#\}$ e $\mathcal{P}_{\mathfrak{I}\langle\underline{a},\underline{b}\rangle}\equiv\{\{ï\langle a_n|\underline{x}\rangle,\{ï\langle b_n|\underline{x}\rangle.\mathbb{V}.b_n\equiv x_n\}\}.\mathbb{V}.\{\{ï\langle a_n|\underline{x}\rangle.\mathbb{V}.a_n\equiv x_n\},ï\langle b_n|\underline{x}\rangle\};n=1,\#\}$ (intendendo che nel caso $\{a_n\equiv x_n\}.\mathbb{V}.\{b_n\equiv x_n\}$ il $\int_{\mathfrak{I}\langle\underline{a},\underline{b}\rangle}(f(\underline{x})\cdot d\underline{x})$ è scritto come $\int_{\mathfrak{I}\langle\underline{a},\underline{b}\rangle}(f(\underline{t})\cdot d\underline{t})$).

Da: $\underline{A}\equiv\{A_n;n=1,\#\}$ e $\underline{B}\equiv\{B_n;n=1,\#\}$ in quanto portano la Æ$\langle\underline{A},\underline{B}/\underline{a},\underline{b}/(22)\rangle$; (32) e $\{ï\langle A_n|\underline{x}\rangle,ï\langle B_n|\underline{x}\rangle;n=1,\#\}$; $\mathfrak{I}\langle\underline{A},\underline{B}\rangle=\Pi_{n=1,\#}([A_n,B_n])$ $\mathbb{R}^{\#}\equiv\Pi_{n=1,\#}(\mathbb{R}^1)$; $\mathbb{I}\langle\underline{A},\underline{B}\rangle$; seconda delle (22); segue

$\int_{\mathbb{R}^{\#}}(f(\underline{x})\cdot d\underline{x})\equiv\lim_{\mathfrak{I}\langle\underline{A},\underline{B}\rangle\to\mathbb{R}^{\#}}(\int_{\mathfrak{I}\langle\underline{A},\underline{B}\rangle}(f(\underline{x})\cdot d\underline{x}))=\lim_{\mathfrak{I}\langle\underline{A},\underline{B}\rangle\to\mathbb{R}^{\#}}(\int_{A\langle1\rangle,B\langle1\rangle}(\int_{A\langle2\rangle,B\langle2\rangle}(\ldots\int_{A\langle\#\rangle,B\langle\#\rangle}(f(\underline{x})\cdot dx_{\#})\cdot\ldots dx_2)\cdot dx_1))=$
$\lim_{[A\langle1\rangle,B\langle1\rangle]\to\mathbb{R}^1}(\lim_{[A\langle2\rangle,B\langle2\rangle]\to\mathbb{R}^1}(\ldots\lim_{[A\langle\#\rangle,B\langle\#\rangle]\to\mathbb{R}^1}(\int_{A\langle1\rangle,B\langle1\rangle}(\int_{A\langle2\rangle,B\langle2\rangle}(\ldots\int_{A\langle\#\rangle,B\langle\#\rangle}(f(\underline{x})\cdot dx_{\#})\cdot\ldots dx_2)\cdot dx_1))))=$
$\lim_{[A\langle1\rangle,B\langle1\rangle]\to\mathbb{R}^1}(\int_{A\langle1\rangle,B\langle1\rangle}(\lim_{[A\langle2\rangle,B\langle2\rangle]\to\mathbb{R}^1}(\int_{A\langle2\rangle,B\langle2\rangle}(\ldots\lim_{[A\langle\#\rangle,B\langle\#\rangle]\to\mathbb{R}^1}(\int_{A\langle\#\rangle,B\langle\#\rangle}(f(\underline{x})\cdot dx_{\#})\cdot\ldots dx_2)\cdot dx_1))))=$
$\int_{\mathbb{R}^1}(\int_{\mathbb{R}^1}(\ldots\int_{\mathbb{R}^1}(f(\underline{x})\cdot dx_{\#})\cdot\ldots dx_2)\cdot dx_1)$

Analogamente a questa e in conformità alla prima delle (22) si ha la $\int_{\varnothing}(f(\underline{x})\cdot d\underline{x})\equiv\lim_{\mathfrak{I}\langle\underline{a},\underline{b}\rangle\to\varnothing}(\int_{\mathfrak{I}\langle\underline{a},\underline{b}\rangle}(f(\underline{x})\cdot d\underline{x}))=0$.

Si considerano le $\#$ costanti $\underline{k}$ di cui le $\underline{k}\equiv\{k_n;n=1,\#\}$) e $\{k_n\leq x_n;n=1,\#\}$. Si pongono le

$\{\mathfrak{I}\langle f,n\rangle(\{t_n;n=1,n-1\},\underline{x}^{\{n=1,n-1\}})\equiv\int_{k\langle n\rangle,x\langle n\rangle}(\mathfrak{I}\langle f,n+1\rangle(\{t_n;n=1,n\},\underline{x}^{\{n=1,n\}})\cdot dt_n);n=1,\#\}$ $\mathfrak{I}\langle f,\#+1\rangle(\underline{t})\equiv f(\underline{t})$ (33)

Dalle (33) segue la

$\{\partial\mathfrak{I}\langle f,n\rangle(\{t_n;n=1,n-1\},\underline{x}^{\{n=1,n-1\}})/\partial x_n=\mathfrak{I}\langle f,n+1\rangle(\{t_n;n=1,n-1\},\underline{x}^{\{n=1,n-1\}});n=1,\#\}$ (34)

Le Æ$\langle\underline{k},\underline{x},f(\underline{t})/\underline{a},\underline{b},f(\underline{x})/(32)\rangle$ e (33) portano la

$\int_{\mathfrak{I}\langle\underline{k},\underline{x}\rangle}(f(\underline{t})\cdot d\underline{t})=\mathfrak{I}\langle f,1\rangle(\underline{x})$ (35)

Da: (4) e (35); (34) (e (5)); segue

$\partial^{\#}\int_{\mathfrak{I}\langle\underline{k},\underline{x}\rangle}(f(\underline{t})\cdot d\underline{t})/\partial x_1\partial x_2\ldots\partial x_{\#}=\partial^{\#}\mathfrak{I}\langle f,1\rangle(\underline{x})/\partial x_1\partial x_2\ldots\partial x_{\#}=f(\underline{x})$ (36)

Si considera un dominio misurabile $\mathscr{R}_{\underline{x}}$ di cui la $\mathscr{R}_{\underline{x}}\subseteq\mathbb{R}_{\underline{x}}$ e che è limitato o illimitato. Una $f(\underline{x})$ generalmente continua in $\mathscr{R}_{\underline{x}}$, è indicata $\mathscr{f}(\underline{x})$ ed è tale se i punti singolari che essa ha in $\mathscr{R}_{\underline{x}}$ costituiscono un insieme $\underline{ï}_S$ di cui le $\partial\underline{ï}_S\subseteq\underline{ï}_S$ e $\mathsf{mis}\langle\underline{ï}_S\rangle=0$. Perciò una $f(x)$ è generalmente continua in un $[a,b]$ se vi ha un numero limitato di punti singolari. Una $\mathscr{f}(\underline{x})$ è integrabile in $\mathscr{R}_{\underline{x}}$ se $|\int_{\mathscr{R}\langle\underline{x}\rangle}(\mathscr{f}(\underline{x})\cdot d\underline{x})|\neq\infty$ o $|\int_{\mathscr{R}\langle\underline{x}\rangle}(\mathscr{f}(\underline{x})\cdot d\underline{x})|=\infty$, cioè se $\int_{\mathscr{R}\langle\underline{x}\rangle}(\mathscr{f}(\underline{x})\cdot d\underline{x})$ ha un valore determinato. A questo riguardo si ha la

$\{\mathcal{A}.\mathbb{V}.\mathcal{B}\}\underline{\rightarrow}\{\int_{\mathscr{R}\langle\underline{x}\rangle}(\mathscr{f}(\underline{x})\cdot d\underline{x})=\int_{\mathscr{R}\langle\underline{x}\rangle}(\mathscr{f}_1(\underline{x})\cdot d\underline{x})-\int_{\mathscr{R}\langle\underline{x}\rangle}(\mathscr{f}_2(\underline{x})\cdot d\underline{x})=\lim_{\underline{I}\to\mathscr{R}\langle\underline{x}\rangle}(\int_{\underline{I}}(\mathscr{f}(\underline{x})\cdot d\underline{x}))=\int_{\mathscr{R}\langle\underline{x}\rangle-\underline{ï}\langle S\rangle}(\mathscr{f}(\underline{x})\cdot d\underline{x})\}$ (37)

di cui le $\mathcal{A}\equiv\{\mathscr{f}(\underline{x})\geq0;\forall\underline{x}\in\mathscr{R}_{\underline{x}}\}$ $\mathcal{B}\equiv\{\{\int_{\mathscr{R}\langle\underline{x}\rangle}(\mathscr{f}_1(\underline{x})\cdot d\underline{x})\neq\infty\}.\mathbb{V}.\{\int_{\mathscr{R}\langle\underline{x}\rangle}(\mathscr{f}_2(\underline{x})\cdot d\underline{x})\neq\infty\}\}$ $\mathscr{f}_1(\underline{x})\equiv(|\mathscr{f}(\underline{x})|+\mathscr{f}(\underline{x}))/2$ $\mathscr{f}_2(\underline{x})\equiv(|\mathscr{f}(\underline{x})|-\mathscr{f}(\underline{x}))/2$, e il cui $\underline{I}$ verifica le $\underline{I}\subset\mathscr{R}_{\underline{x}}$ e $\underline{I}\cap\underline{ï}_S=\varnothing$. La (37) vale anche sostituendone la $\mathscr{f}(\underline{x})$ con una $f(\underline{x})$ di cui la $f(\underline{x})\in C^0(\mathscr{R}_{\underline{x}})$, in quanto tale sostituzione ne implica le $f(\underline{x})\in C^0(\underline{ï}_S)$ e Æ$\langle\mathscr{R}_{\underline{x}},\underline{ï}_S/\mathfrak{R}_{\underline{x}},\underline{r}_{\underline{x}}/(21)\rangle$.

I $\int_{\mathscr{R}\langle\underline{x}\rangle}(\mathscr{f}_1(\underline{x})\cdot d\underline{x})$ e $\int_{\mathscr{R}\langle\underline{x}\rangle}(\mathscr{f}_2(\underline{x})\cdot d\underline{x})$ della $\mathcal{B}$ sono calcolabili per mezzo delle $\mathscr{f}_1(\underline{x})\geq0$ Æ$\langle\mathscr{f}_1(\underline{x})/\mathscr{f}(\underline{x})/(37)\rangle$ $\mathscr{f}_2(\underline{x})\geq0$ e Æ$\langle\mathscr{f}_2(\underline{x})/\mathscr{f}(\underline{x})/(37)\rangle$. Il ruolo della $\mathcal{A}.\mathbb{V}.\mathcal{B}$ nella (37) consiste nell'essere sufficiente per l'esclusione della $\int_{\mathscr{R}\langle\underline{x}\rangle}(\mathscr{f}(\underline{x})\cdot d\underline{x})=\infty-\infty$ che renderebbe indeterminato l'integrale in argomento. Una $\mathscr{f}(\underline{x})$ è sommabile in $\mathscr{R}_{\underline{x}}$ se ne vale la $\left|\int_{\mathscr{R}\langle\underline{x}\rangle}(\mathscr{f}(\underline{x})\cdot d\underline{x})\right|\neq\infty$. La (20), dove si sostituiscano i $f(\underline{x})$ e $\mathfrak{R}_{\underline{x}}$ con i rispettivi $\mathscr{f}(\underline{x})$ e $\mathscr{R}_{\underline{x}}$, vale se la $\mathscr{f}(\underline{x})$ è sommabile in ognuno dei $\{\mathfrak{T}_m;\ m=1,\mathbf{m}\}$. Per un $\int_{a,b}(\mathscr{f}(x)\cdot dx)$, la cui $\mathscr{f}(x)$ è sommabile nel $[\mathsf{min}\langle a,b,c\rangle,\mathsf{max}\langle a,b,c\rangle]$, vale la (23) dove si sostituisca $f(x)$ con $\mathscr{f}(x)$.

2.4.5 *I valori minimo e massimo di una funzione*

Un $\mathsf{est}\langle f(\underline{x})\,/\,\underline{x}\in\mathbb{R}_{\underline{x}}\rangle$ (di cui la $\mathsf{est}\equiv\{\mathsf{min}_{\circ}\dot{\vee}_{\circ}\mathsf{max}\}$) è uno dei due valori estremi assunti da una $f(\underline{x})$. Si pongono, intendendo la $\underline{x}\equiv\{x_n;n=1,\mathbf{n}\}\in\mathbb{R}_{\underline{x}}$, le

$$\mathcal{A}\equiv\{f(\underline{x})\in C^0(\mathbb{R}_{\underline{x}})\}_{\circ}\wedge_{\circ}\{\mathbb{R}_{\underline{x}}\text{ è un dominio limitato}\}\quad \mathcal{B}\equiv\{f(\underline{x})=\mathsf{est}\langle f(\underline{x})\,/\,\underline{x}\in\mathbb{R}_{\underline{x}}\rangle\}\underline{\leftrightarrow}\exists\mathsf{est}\langle f(\underline{x})\,/\,\underline{x}\in\mathbb{R}_{\underline{x}}\rangle$$
$$\mathcal{C}\equiv\{f(\underline{x})=\mathsf{est}\langle f(\underline{x})\,/\,\underline{x}\in\mathscr{R}_{\underline{x}}\rangle\} \tag{1}$$

dove: $\mathscr{R}_{\underline{x}}=\mathfrak{R}_{\underline{x}ND}\cup\mathfrak{R}_{\underline{x}ES}\cup\mathfrak{R}_{\underline{x}F}$; $\mathfrak{R}_{\underline{x}ND}$ è l'insieme di ogni punto di $\mathbb{R}_{\underline{x}}-\partial\mathbb{R}_{\underline{x}}$ dove la $f(\underline{x})$ non è parzialmente derivabile; $\mathfrak{R}_{\underline{x}ES}$ è l'insieme dei punti estremali che la $f(\underline{x})$ ha in $\mathbb{R}_{\underline{x}}-\partial\mathbb{R}_{\underline{x}}$ ossia quelli che vi hanno ognuno l'identità di soluzione del sistema $\{\partial f(\underline{x})/\partial x_n=0;n=1,\mathbf{n}\}$ (che ha $\mathbf{n}$ equazioni nelle altrettante incognite $\underline{x}$); $\mathfrak{R}_{\underline{x}F}=\mathbb{R}_{\underline{x}}\cap\partial\mathbb{R}_{\underline{x}}$. Si hanno le

$$\mathcal{A}\underline{\rightarrow}\{\mathcal{B}\underline{\leftrightarrow}\mathcal{C}\}\quad \neg\mathcal{A}\underline{\rightarrow}\{\mathcal{B}\underline{\rightarrow}\mathcal{C}\} \tag{2}$$

Le (2) affermano, in base all'ovvia $\mathcal{A}_{\circ}\dot{\vee}_{\circ}\neg\mathcal{A}$ e alla $Æ\langle\mathcal{B},\mathcal{C}\,/\,\mathcal{P}_A,\mathcal{P}_B\,/(2.1.1.1)\rangle$, che la $\mathcal{C}$ è in ogni caso necessaria per la $\mathcal{B}$. Ciò consente in ogni caso di cercare un $\{\underline{x}\,|\,\mathcal{B}\}$ nel solo $\mathscr{R}_{\underline{x}}$ (ossia come un $\{\underline{x}\,|\,\mathcal{C}\}$) invece che nell'intero $\mathbb{R}_{\underline{x}}$.

La prima delle (2) afferma che la $\mathcal{A}$ è sufficiente per conoscere un $\{\underline{x}\,|\,\mathcal{B}\}$ come un $\{\underline{x}\,|\,\mathcal{C}\}$.

Da: seconda delle (1); seconda delle (2), e $\{\neg\mathcal{A}\underline{\rightarrow}\{\mathcal{B}\underline{\rightarrow}\mathcal{C}\}\}\underline{\leftrightarrow}\{\{\neg\mathcal{A}_{\circ}\wedge_{\circ}\mathcal{B}\}\underline{\rightarrow}\mathcal{C}\}$ dovuta a $Æ\langle\neg\mathcal{A},\mathcal{B},\mathcal{C}\,/\,\mathcal{P}_A,\mathcal{P}_B,\mathcal{P}\,/(2.1.1.2)\rangle$; segue

$$\{\neg\mathcal{A}_{\circ}\wedge_{\circ}\exists\mathsf{est}\langle f(\underline{x})\,/\,\underline{x}\in\mathbb{R}_{\underline{x}}\rangle\}\underline{\leftrightarrow}\{\neg\mathcal{A}_{\circ}\wedge_{\circ}\mathcal{B}\}\underline{\rightarrow}\mathcal{C} \tag{3}$$

e quindi (considerando anche la $Æ\langle\neg\mathcal{A}_{\circ}\wedge_{\circ}\mathcal{B},\mathcal{C}\,/\,\mathcal{P}_A,\mathcal{P}_B\,/(2.1.1.3)\rangle$) segue che la validità del suo primo membro è sufficiente per conoscere un $\{\underline{x}\,|\,\mathcal{B}\}$ come un $\{\underline{x}\,|\,\mathcal{C}\}$.

Nel caso che la $\neg\mathcal{A}$ è certa ma non è tale anche la $\exists\mathsf{est}\langle f(\underline{x})\,/\,\underline{x}\in\mathbb{R}_{\underline{x}}\rangle$, la (3) non è utilizzabile e si dispone (conformemente alla seconda delle (2)) del solo anzidetto essere la $\mathcal{C}$ in ogni caso necessaria per la $\mathcal{B}$. Perciò in questo caso sono necessarie ulteriori argomentazioni per dimostrare che un $\{\underline{x}\,|\,\mathcal{B}\}$ è conoscibile come un $\{\underline{x}\,|\,\mathcal{C}\}$: dopo avere conosciuto un $\{\underline{x}\,|\,\mathcal{C}\}$, è possibile stabilire che questo è anche un $\{\underline{x}\,|\,\mathcal{B}\}$, se è possibile ammettere la $\{f(\underline{x}\,|\,\mathcal{C})_{\circ}\square_{\circ}f(\underline{x});\forall\underline{x}\in\mathbb{R}_{\underline{x}}\}$ di cui la $_{\circ}\square_{\circ}\equiv\leq$ per $\mathsf{est}\equiv\mathsf{min}$ e la $_{\circ}\square_{\circ}\equiv\geq$ per $\mathsf{est}\equiv\mathsf{max}$.

Per quanto riguarda la conoscenza di un $\{\underline{x}\,|\,\mathcal{C}\}$, dalla $\mathscr{R}_{\underline{x}}=\mathfrak{R}_{\underline{x}ND}\cup\mathfrak{R}_{\underline{x}ES}\cup\mathfrak{R}_{\underline{x}F}$ segue la

$$\mathsf{est}\langle f(\underline{x})\,/\,\underline{x}\in\mathscr{R}_{\underline{x}}\rangle=\mathsf{est}\langle\mathsf{est}\langle f(\underline{x})\,/\,\underline{x}\in\mathfrak{R}_{\underline{x}ND}\rangle,\mathsf{est}\langle f(\underline{x})\,/\,\underline{x}\in\mathfrak{R}_{\underline{x}ES}\rangle,\mathsf{est}\langle f(\underline{x})\,/\,\underline{x}\in\mathfrak{R}_{\underline{x}F}\rangle\rangle \tag{4}$$

dove si intende che ognuno dei $\{\mathsf{est}\langle f(\underline{x})\,/\,\underline{x}\in\mathfrak{R}_{\underline{x}ND}\rangle,\mathsf{est}\langle f(\underline{x})\,/\,\underline{x}\in\mathfrak{R}_{\underline{x}ES}\rangle,\mathsf{est}\langle f(\underline{x})\,/\,\underline{x}\in\mathfrak{R}_{\underline{x}F}\}$ è considerato assente se vale la rispettiva delle $\{\mathfrak{R}_{\underline{x}ND}=\varnothing,\mathfrak{R}_{\underline{x}ES}=\varnothing,\mathfrak{R}_{\underline{x}F}=\varnothing\}$.

La conoscenza di $\mathsf{est}\langle f(\underline{x})\,/\,\underline{x}\in\mathfrak{R}_{\underline{x}ND}\rangle$ richiede quella di $\mathfrak{R}_{\underline{x}ND}$ che può avvenire cercando ogni $\underline{x}$ di cui la $\underline{x}\in\{\mathbb{R}_{\underline{x}}-\partial\mathbb{R}_{\underline{x}}\}$ e di cui non esiste almeno una delle $\{\partial f(\underline{x})/\partial x_n;n=1,\mathbf{n}\}$.

La conoscenza di $\mathsf{est}\langle f(\underline{x})\,/\,\underline{x}\in\mathfrak{R}_{\underline{x}ES}\rangle$ richiede quella di $\mathfrak{R}_{\underline{x}ES}$ ossia di tutte le soluzioni del sistema (generalmente non lineare) costituito dalle $\mathbf{n}$ equazioni $\{\partial f(\underline{x})/\partial x_n=0;n=1,\mathbf{n}\}$ nelle altrettante incognite $\underline{x}$.

La ricerca delle soluzioni approssimate di un sistema di tante equazioni in altrettante incognite, può essere effettuata per mezzo dei noti metodi quali quello di Newton-Raphson (di cui nei [3] e [12]).

L'applicazione di questo metodo per conoscere una soluzione approssimata $\underline{\mathsf{x}}_A$ di un sistema $\underline{\mathsf{f}}(\underline{\mathsf{x}})=\underline{0}_N$; di cui le $\underline{\mathsf{f}}(\underline{\mathsf{x}})\equiv\{\mathsf{f}_r(\underline{\mathsf{x}});r=1,N\}$ $\underline{\mathsf{x}}\equiv\{\mathsf{x}_c;c=1,N\}$, e di cui si ha l'attinente matrice jacobiana $\underline{\mathsf{J}}_{\mathsf{f}}\langle\underline{\mathsf{x}}\rangle$ definita dalle $\underline{\mathsf{J}}_{\underline{\mathsf{f}},\underline{\mathsf{x}}}\equiv[\mathsf{J}_{\mathsf{f}rc}(\underline{\mathsf{x}});r=1,N;c=1,N]$ e $\mathsf{J}_{\mathsf{f}rc}(\underline{\mathsf{x}})\equiv\partial\mathsf{f}_r(\underline{\mathsf{x}})/\partial\mathsf{x}_c$; consiste nelle $\mathbf{i}+1$ iterazioni che (usando la notazione matriciale) si indicano

$\{\underline{x}_{t+1}=\underline{x}_t-\underline{J}_f^{-1}\langle\underline{x}_t\rangle\cdot\underline{f}(\underline{x}_t);t=0,\mathbf{t}\}$ (5)

dove: $\underline{x}_t$ è la $\underline{x}_A$ nota alla t-esima iterazione; $\underline{x}_0$ è una $\underline{x}_A$ iniziale che generalmente è stabilita in modo arbitrario; $\underline{x}_{t+1}$ può anche essere calcolata ponendo la $\underline{x}_{t+1}=\underline{x}_t+\Delta\underline{x}_t$ e calcolando $\Delta\underline{x}_t$ (conformemente alla $\Delta\underline{x}_t=-\underline{J}_f^{-1}\langle\underline{x}_t\rangle\cdot\underline{f}(\underline{x}_t)$ che si ottiene con l'introduzione della $\underline{x}_{t+1}=\underline{x}_t+\Delta\underline{x}_t$ nella (5)) come soluzione del sistema lineare $\underline{J}_f\langle\underline{x}_t\rangle\cdot\Delta\underline{x}_t=-\underline{f}(\underline{x}_t)$.

La $\underline{x}_{t+1}=\underline{x}_t-\underline{J}_f^{-1}\langle\underline{x}_t\rangle\cdot\underline{f}(\underline{x}_t)$ della (5) è definita (o equivalentemente il sistema $\underline{J}_f\langle\underline{x}_t\rangle\cdot\Delta\underline{x}_t=-\underline{f}(\underline{x}_t)$ è risolvibile), se vale la $\det\langle\underline{J}_f\langle\underline{x}_t\rangle\rangle\neq 0$ che consente l'esistenza della $\underline{J}_f^{-1}\langle\underline{x}_t\rangle$. L'applicazione in oggetto è detta convergente quando consegue il suo scopo in quanto il $\max\langle|f_r(\underline{x}_{\mathbf{t}})|;r=1,N\rangle$ è sufficientemente piccolo.

Per la conoscenza di $\mathrm{est}\langle f(\underline{x})/\underline{x}\in\mathfrak{R}_{xF}\rangle$ è possibile stabilire una

$\mathrm{est}\langle f(\underline{x})/\underline{x}\in\mathfrak{R}_{xF}\rangle=\mathrm{est}\langle\mathrm{est}\langle f(\underline{x})/\underline{x}\in\mathfrak{R}_{xFd}\rangle;d=1,\mathbf{d}\rangle=\mathrm{est}\langle\mathrm{est}\langle f_d(\underline{t}_d)/\underline{t}_d\in\mathscr{R}_d\rangle;d=1,\mathbf{d}\rangle$ (6)

dove i $\{\mathfrak{R}_{xFd};d=1,\mathbf{d}\}$ sono una decomposizione di $\mathfrak{R}_{xF}$ e di cui si ha la

$\{f_d(\underline{t}_d)\equiv f(\underline{x}_d(\underline{t}_d));\underline{x}_d(\underline{t}_d)\equiv\{x_{dn}(\underline{t}_d);n=1,\mathbf{n}\};\mathfrak{N}\langle\underline{t}_d\rangle<\mathbf{n};d=1,\mathbf{d}\}$ (7)

le cui $\underline{x}_d(\underline{t}_d)$ sono le funzioni parametriche di $\mathfrak{R}_{xFd}$ in $\mathbb{R}^{\mathbf{n}}$, cioè quelle che costituiscono le equazioni parametriche $\underline{x}_d=\underline{x}_d(\underline{t}_d)$ che esprimono le $\underline{x}_d$ come il generico punto di $\mathfrak{R}_{xFd}$.

Inerentemente la (6) si ha la

$\{Æ\langle\mathrm{est}\langle f_d(\underline{t}_d)/\underline{t}_d\in\mathscr{R}_d\rangle/\mathrm{est}\langle f(\underline{x})/\underline{x}\in\mathbb{R}_x\rangle\rangle;d=1,\mathbf{d}\}$ (8)

Le (6) (7) e (8) (e in particolare la $\{\mathfrak{N}\langle\underline{t}_d\rangle<\mathbf{n};d=1,\mathbf{d}\}$) consentono l'evidente procedimento iterativo con il quali si perviene a conoscere il $\mathrm{est}\langle f(\underline{x})/\underline{x}\in\mathfrak{R}_{xF}\rangle$ come un $\mathrm{est}\langle f(\underline{x}_a);a=1,\mathbf{a}\rangle$ di cui la $\mathbf{a}\neq\infty$ e i cui $\{\underline{x}_a;a=1,\mathbf{a}\}$ sono punti noti di $\mathbb{R}_x$.

2.4.6 *La corrispondenza biunivoca tra variabili*

Si considerano le variabili $\underline{v}$ e $\underline{u}$ di cui le $\underline{v}\equiv\{v_n;n=1,\mathbf{n}\}$ $\underline{u}\equiv\{u_n;n=1,\mathbf{n}\}$. Da: $\underline{v}=\underline{v}(\underline{u})\equiv\{v_n(\underline{u});n=1,\mathbf{n}\}$ $\underline{u}=\underline{u}(\underline{v})\equiv\{u_n(\underline{v});n=1,\mathbf{n}\}$ $Æ\langle\underline{v}=\underline{v}(\underline{u})/\underline{y}=\underline{f}(\underline{x})/(2.4.2.4)\rangle$ e $Æ\langle\underline{u}=\underline{u}(\underline{v})/\underline{y}=\underline{f}(\underline{x})/(2.4.2.4)\rangle$; $Æ\langle\mathbb{R}\langle\underline{u}\rangle,\mathbb{R}\langle\underline{v}\rangle/\underline{A},\underline{B}/(2.2.5)\rangle$; segue $\{\underline{v}=\underline{v}(\underline{u})\wedge\underline{u}=\underline{u}(\underline{v})\}\underline{\leftrightarrow}\{\mathbb{R}\langle\underline{u}\rangle\Rightarrow\mathbb{R}\langle\underline{v}\rangle|\{\mathbb{R}_{\underline{u}}\Rightarrow\mathbb{R}_{\underline{v}}\}=\{\mathbb{R}_{\underline{u}}\Leftarrow\mathbb{R}_{\underline{v}}\}\}\underline{\leftrightarrow}\{\mathbb{R}_{\underline{u}}\Leftrightarrow\mathbb{R}_{\underline{v}}\}$ di cui le $\mathbb{R}_{\underline{u}}=\{\underline{u}/\underline{u}=\underline{u}(\underline{v});\underline{v}\in\mathbb{R}_{\underline{v}}\}$ e $\mathbb{R}_{\underline{v}}=\{\underline{v}/\underline{v}=\underline{v}(\underline{u});\underline{u}\in\mathbb{R}_{\underline{u}}\}$, e che vale anche sostituendo $\mathbb{R}_{\underline{v}}$ con un $\mathfrak{R}\langle\underline{v}\rangle$ (di cui la $\mathfrak{R}_{\underline{v}}\subset\mathbb{R}_{\underline{v}}$) quando $\mathbb{R}_{\underline{u}}$ risulta sostituito da un $\mathfrak{R}\langle\underline{u}\rangle$ di cui la $\mathfrak{R}_{\underline{u}}\subset\mathbb{R}_{\underline{u}}$ (e viceversa).

Si specifica la $\underline{R}_{\mathbf{n}}$ (di cui le (2.4.4.16) e (2.4.4.17)) come la retta che contiene il segmento $\underline{S}_{\mathbf{n}}$ di estremi i $R_{\mathbf{n}\underline{A}}$ e $R_{\mathbf{n}\underline{B}}$ che verificano le $\{\underline{A},R_{\mathbf{n}\underline{A}}\}\in\{\mathbb{R}^{\mathbf{n}}\Leftrightarrow\mathbb{S}^{\mathbf{n}}\}$ e $\{\underline{B},R_{\mathbf{n}\underline{B}}\}\in\{\mathbb{R}^{\mathbf{n}}\Leftrightarrow\mathbb{S}^{\mathbf{n}}\}$ di cui le $\underline{A}\in\mathbb{R}_{\underline{u}}$ e $\underline{B}\in\mathbb{R}_{\underline{u}}$, e si pongono le $\{\rho_{\underline{A}},R_{\mathbf{n}\underline{A}}\}\in\{\mathbb{R}^1\Leftrightarrow\underline{R}_{\mathbf{n}}\}$ $\{\rho_{\underline{B}},R_{\mathbf{n}\underline{B}}\}\in\{\mathbb{R}^1\Leftrightarrow\underline{R}_{\mathbf{n}}\}$ $\underline{Ш}\equiv[\min\langle\rho_{\underline{A}},\rho_{\underline{B}}\rangle,\max\langle\rho_{\underline{A}},\rho_{\underline{B}}\rangle]$ $v_n(\rho)\equiv\{v_n(\underline{Ж}_{\underline{R}\langle\mathbf{n}\rangle}(\rho))|\rho\in\underline{Ш}\}$ di cui la $Æ\langle v_n(\underline{Ж}_{\underline{R}\langle\mathbf{n}\rangle}(\rho))/f(\underline{Ж}_{\underline{R}\langle\mathbf{n}\rangle}(\rho))/(2.4.4.17)\rangle$.

Da: $\mathcal{A}\equiv\{\underline{v}(\underline{A})\neq\underline{v}(\underline{B});\forall\underline{A}\neq\underline{B}\}$; $\mathcal{B}\equiv\exists\{\underline{v}(\underline{A})=\underline{v}(\underline{B})|\underline{A}\neq\underline{B}\}$; il considerare che la $\mathcal{B}$ porta che ognuna delle $\{v_n(\rho);n=1,\mathbf{n}\}$ ha in $\underline{Ш}$ almeno un punto di minimo o di massimo (dove se ne deve annullare la rispettiva $v_n'(\rho)$) o di non derivabilità; segue $\neg\{\mathbb{R}_{\underline{u}}\Leftrightarrow\mathbb{R}_{\underline{v}}\}\underline{\leftrightarrow}\neg\mathcal{A}\underline{\leftrightarrow}\mathcal{B}\underline{\rightarrow}\mathcal{C}$ di cui le $\mathcal{C}\equiv\exists\{\rho_n;n=1,\mathbf{n}|\rho_n\in\underline{Ш},\neg|v_n'(\rho_n)|>0;n=1,\mathbf{n}\}$ $\mathcal{D}\underline{\rightarrow}\neg\mathcal{C}$ $\mathcal{D}\equiv\exists\{v_n(\rho)||v_n'(\rho)|>0;\forall\rho\in\underline{Ш};\forall\{\underline{A},\underline{B}\}\}$.

La $\mathcal{D}\underline{\rightarrow}\neg\mathcal{C}$, la $\neg\mathcal{C}\underline{\rightarrow}\neg\mathcal{B}$ dovuta alle $\mathcal{B}\underline{\rightarrow}\mathcal{C}$ e $Æ\langle\mathcal{B},\mathcal{C}/\mathcal{P}_A,\mathcal{P}_B/(2.1.1.1)\rangle$, e la $\neg\mathcal{B}\underline{\leftrightarrow}\{\mathbb{R}_{\underline{u}}\Leftrightarrow\mathbb{R}_{\underline{v}}\}$ dovuta a $\neg\{\mathbb{R}_{\underline{u}}\Leftrightarrow\mathbb{R}_{\underline{v}}\}\underline{\leftrightarrow}\mathcal{B}$, portano la $\mathcal{D}\underline{\rightarrow}\{\mathbb{R}_{\underline{u}}\Leftrightarrow\mathbb{R}_{\underline{v}}\}$.

Da: $\{v_n=v_n(\underline{u})\}\in\{\underline{v}=\underline{v}(\underline{u})\}$ e $\underline{u}=\underline{u}(\underline{v})$; $\underline{U}(v_n,\underline{v}^n)\equiv\underline{u}(\underline{v})$ e $Æ\langle v_n,\underline{v}^n,v_n,v_n(\underline{U}(v_n,\underline{v}^n))/\underline{x},\underline{t},f(\underline{x}),g(\underline{x},\underline{t})/(2.4.4.4)\rangle$; segue $\{\underline{v}=\underline{v}(\underline{u})\wedge\underline{u}=\underline{u}(\underline{v})\}\underline{\rightarrow}\{v_n=v_n(\underline{u}(\underline{v}));n=1,\mathbf{n}\}\underline{\rightarrow}\{\Sigma_{n=1,\mathbf{n}}((\partial v_n(\underline{u})/\partial u_n)\cdot(\partial u_n(\underline{v})/\partial v_n))=1;n=1,\mathbf{n}\}$ il cui ultimo membro implica l'esistenza di ambedue le $\underline{v}=\underline{v}(\underline{u})$ e $\underline{u}=\underline{u}(\underline{v})$ ossia il primo membro.

Queste relazioni testé dette inerentemente la $\{\mathbb{R}_{\underline{u}}\Leftrightarrow\mathbb{R}_{\underline{v}}\}$, portano la

$\exists\{v_n(\rho)\,|\,|v_n'(\rho)|>0;\forall\rho\in\underline{Ш};\forall\{\underline{A},\underline{B}\}\}\underline{\rightarrow}\{\underline{\mathbb{R}}_u\Leftrightarrow\underline{\mathbb{R}}_v\}\underline{\leftrightarrow}\{\underline{v}(\underline{A})\neq\underline{v}(\underline{B});\forall\underline{A}\neq\underline{B}\}\underline{\leftrightarrow}$
$\{\underline{v}=\underline{v}(\underline{u})_\circ\wedge_\circ\underline{u}=\underline{u}(\underline{v})\}\underline{\leftrightarrow}\{\{\underline{\mathfrak{R}}_u\Leftrightarrow\underline{\mathfrak{R}}_v\,|\,\underline{\mathfrak{R}}_v=\{\underline{v}\,/\,\underline{v}=\underline{v}(\underline{u});\underline{u}\in\underline{\mathfrak{R}}_u\};\underline{\mathfrak{R}}_u=\{\underline{u}\,/\,\underline{u}=\underline{u}(\underline{v});\underline{v}\in\underline{\mathfrak{R}}_v\}\};\forall\underline{\mathfrak{R}}_u\subseteq\underline{\mathbb{R}}_u\}\underline{\leftrightarrow}$
$\{\Sigma_{n=1,\not{n}}((\partial v_n(\underline{u})/\partial u_n)\cdot(\partial u_n(\underline{v})/\partial v_n))=1;n=1,\not{n};\forall\{\underline{u}_\circ\ddot{\forall}_\circ\underline{v}\}\}$ (1)

In relazione alle $\underline{u}$ e $\underline{v}$ di cui la $\underline{\mathbb{R}}_u\Leftrightarrow\underline{\mathbb{R}}_v$, un teorema (in [16]) afferma la

$\exists\{\underline{\wp}_u\supset\underline{\mathfrak{R}}_u;\{\det\langle\underline{J}_{v,u}\rangle(\underline{u})\neq 0;\forall\underline{u}\in\underline{\wp}_u\}\}\underline{\rightarrow}\{\int_{\underline{\mathfrak{R}}\langle\underline{v}\rangle}(f(\underline{v})\cdot d\underline{v})=\int_{\underline{\mathfrak{R}}\langle\underline{u}\rangle}(f(\underline{v}(\underline{u}))\cdot|\det\langle\underline{J}_{v,u}\rangle(\underline{u})|\cdot d\underline{u})\}$ (2)

il cui $\underline{\wp}_u$ è un campo, di cui la $\underline{J}_{v,u}\equiv[\![\partial v_n(\underline{u})/\partial u_n;n=1,\not{n};n=1,\not{n}]\!]$ (che definisce $\underline{J}_{v,u}$ come la matrice jacobiana inerente le $\underline{v}(\underline{u})$), e i cui $\underline{\mathfrak{R}}_v$ e $\underline{\mathfrak{R}}_u$ sono conformi alla (1).

Si considerano le variabili u e v. La $\text{Æ}\langle u,v\,/\,\underline{u},\underline{v}\,/\,(1)\rangle$ porta la

$\{v=v(u)\,|\,|v'(u)|>0;\forall u\in\underline{\mathbb{R}}_u\}\underline{\rightarrow}\{\underline{\mathbb{R}}\langle u\rangle\Leftrightarrow\underline{\mathbb{R}}\langle v\rangle\}\underline{\leftrightarrow}\{v\S u\}\underline{\leftrightarrow}\{v=v(u)_\circ\wedge_\circ u=u(v)\}\underline{\leftrightarrow}$
$\{\{\underline{\mathfrak{R}}\langle u\rangle\Leftrightarrow\underline{\mathfrak{R}}\langle v\rangle\,|\,\underline{\mathfrak{R}}_v=\{v\,/\,v=v(u);u\in\underline{\mathfrak{R}}_u\};\underline{\mathfrak{R}}_u=\{u\,/\,u=u(v);v\in\underline{\mathfrak{R}}_v\}\};\forall\underline{\mathfrak{R}}_u\subseteq\underline{\mathbb{R}}_u\}\underline{\leftrightarrow}$
$\{v'(u)\cdot u'(v)=1;\forall\{u_\circ\ddot{\forall}_\circ v\}\}\underline{\rightarrow}\{\omega\langle v'(u)\rangle=\omega\langle u'(v)\rangle;\forall\{u_\circ\ddot{\forall}_\circ v\}\}$ (3)

di cui la $\omega\langle G\rangle\equiv G/|G|$ posta in occasione della (2.1.2.5).

Introducendo la u=u(v) nella v=v(u) (le cui u(v) e v(u) sono dette l'una l'inversa dell'altra) si ha la v=v(u(v)) da cui segue la $\{v=v(u(v));\forall v\in\underline{\mathbb{R}}_v\}$. Si pone la $\underline{\mathbb{R}}_u\Leftrightarrow\underline{\mathbb{R}}_v$ e quindi si hanno le proprietà che essa implica in base alla (3).

Da: integrazione per sostituzione basata sulla v=v(u) (ossia la $\text{Æ}\langle v,v(u),v(a),v(b),a,b\,/\,y,y(x),a,b,A,B\,/\,(2.4.4.27)\rangle$); segue

$\int_{v(a),v(b)}(f(v)\cdot dv)=\int_{a,b}(f(v(u))\cdot v'(u)\cdot du)$ (4)

L'introduzione nella (4) delle $a\equiv u(a)$ e $b\equiv u(b)$ e quindi delle $a=v(u(a))$ e $b=v(u(b))$ conformi alla $\{v=v(u(v));\forall v\in\underline{\mathbb{R}}_v\}$, dà luogo alla

$\int_{a,b}(f(v)\cdot dv)=\int_{u(a),u(b)}(f(v(u))\cdot v'(u)\cdot du)$ (5)

La $v\S u$ e la $\text{Æ}\langle v,u\,/\,y,x\,/\,(2.4.4.10)\rangle$ consentono di stabilire valida, sia per $v'(u)\neq 0$ sia per $v'(u)=0$, la $\lim_{u\to u}(\omega\langle v'(u)\rangle)=\Omega$ di cui le $\{\Omega\equiv 1;\forall v\uparrow u\}$ $\{\Omega\equiv -1;\forall v\downarrow u\}$. Ciò e la $\text{Æ}\langle\omega\langle v'(u)\rangle\,/\,f(\underline{x})\,/\,(2.4.2.10)\rangle$ consentono di eliminare ogni eventuale singolarità della $\omega\langle v'(u)\rangle$ causata da una $v'(u)=0$, e di stabilire così la $\{\omega\langle v'(u)\rangle=\Omega;\forall u\}$. Questa e la $\{\omega\langle v'(u)\rangle=\omega\langle u'(v)\rangle;\forall\{u_\circ\ddot{\forall}_\circ v\}\}$ portano la $\{\omega\langle u'(v)\rangle=\Omega;\forall v\}$.

Da: (5); $\{\omega\langle v'(u)\rangle=\Omega;\forall u\}$; $\{\omega\langle u'(v)\rangle=\Omega;\forall v\}$, $\{\omega\langle u'(v)\rangle=\omega\langle u(b)-u(a)\rangle;\forall a<b\}$ (conforme alla $\text{Æ}\langle u(v)\,/\,f(x)\,/\,(2.4.4.1)\rangle$), e $\int_{a,b}(f(x)\cdot dx)=-\int_{b,a}(f(x)\cdot dx)$; segue IPM

$\{\int_{a,b}(f(v)\cdot dv)=\int_{u(a),u(b)}(f(v(u))\cdot\omega\langle v'(u)\rangle\cdot|v'(u)|\cdot du)=\Omega\cdot\int_{u(a),u(b)}(f(v(u))\cdot|v'(u)|\cdot du)=$
$\int_{\min\langle u(a),u(b)\rangle,\max\langle u(a),u(b)\rangle}(f(v(u))\cdot|v'(u)|\cdot du)\}\underline{\leftarrow}\{a<b\}$ (6)

potendone dedurre anche dalla $\text{Æ}\langle u,v\,/\,\underline{u},\underline{v}\,/\,(2)\rangle$ l'uguaglianza tra gli integrali dei membri estremi.

Inerentemente delle $\underline{a}\equiv\{a_n;n=1,\not{n}\}$ $\underline{b}\equiv\{b_n;n=1,\not{n}\}$ di cui le $\{\underline{\mathbb{R}}\langle a_n\rangle\Leftrightarrow\underline{\mathbb{R}}\langle b_n\rangle;n=1,\not{n}\}$, si ha la $\text{Æ}\langle\underline{a},\underline{b}\,/\,\underline{\alpha},\underline{\beta}\,/\,(2.4.3.6)\rangle$ che dà luogo alla

$\mathbb{I}\langle\underline{a}\rangle\underline{\leftrightarrow}\mathbb{I}\langle\underline{b}\rangle$ (7)

2.4.7 *La radice quadrata, l'equazione quadratica, la forma quadratica, il valore medio ponderale.*

La radice quadrata di x è indicata $\sqrt{(x)}$ (o $x^{0.5}$), è un numero il cui quadrato ha lo stesso valore di x, e perciò è definita se $x\geq 0$. Ciò e il sottintendere che è reale ogni valore di ogni grandezza, portano la

$\{Q=P^2\}\underline{\leftrightarrow}\{\sqrt{(Q)}=\pm P\}$ (1)

di cui la $\{\sqrt{(Q)}=\pm P\}\equiv\{\sqrt{(Q)}=\pm P\,|\,Q\geq 0\}$ (e di cui è peraltro evidente la $\{\sqrt{(Q)}=\pm P\}\underline{\leftrightarrow}\{\pm\sqrt{(Q)}=P\}$).

Un'equazione quadratica nell'incognita X ha la forma

$A\cdot X^2+B\cdot X+C=0$ (2)

dove le A B e C hanno valori noti e la X ha valore incognito.

Da: $A\neq 0$; il sommare $(2\cdot A\cdot B^{-1})^{-2}$ in entrambi i membri dell'equazione nel secondo membro; la $Æ\langle \Delta, 2\cdot A\cdot X+B\ /Q,P\ /(1)\rangle$; segue

$$(2)\underline{\leftrightarrow}\{X^2+B\cdot X/A=-C/A\}\underline{\leftrightarrow}\{\Delta=(2\cdot A\cdot X+B)^2\}\underline{\leftrightarrow}\{\surd(\Delta)=\pm(2\cdot A\cdot X+B)\}\underline{\leftrightarrow}\{X=(-B\pm\surd(\Delta))/(2\cdot A)\} \qquad (3)$$

di cui le $\Delta\equiv B^2-4\cdot A\cdot C\geq 0$ e $\{A\neq 0\}\underline{\rightarrow}(3)$, e dove: il primo membro consiste nell'esistenza di valori reali di X che verificano la (2), l'ultimo membro stabilisce un vincolo per i valori che può assumere X in quanto ne afferma due se $\Delta>0$ e uno se $\Delta=0$.

Si pone la

$$y=y(x)\equiv a\cdot x^2+b\cdot x+c \qquad (4)$$

di cui la $a\neq 0$ (e la cui $y(x)$ è quadratica in quanto se ne ha la $a\neq 0$). Da: þ; $Æ\langle a,x,b,c-y\ /A,X,B,C\ /(3)\rangle$; segue

$$(4)\underline{\leftrightarrow}\{a\cdot x^2+b\cdot x+c-y=0\}\underline{\leftrightarrow}\{x=(-b\pm\surd(\Delta_y))/(2\cdot a)\} \qquad (5)$$

di cui la $\Delta_y\equiv b^2-4\cdot a\cdot(c-y)\geq 0$.

Una $\surd(Q)$ (di cui la (1)) è principale o secondaria nei rispettivi casi $\surd(Q)=|P|$ o $\surd(Q)=-|P|$. Si sottintende il caso $\surd(Q)=|P|$ conformemente all'arbitrarietà consentita dall'essere la $\surd(Q)=\pm P$ un vincolo imposto sui valori di $\surd(Q)$. Le (2.1.2.5) e il sottintendere la radice quadrata principale, portano la $|G|=(G^2)^{0.5}$.

Si pone la $f=q_f(\underline{x})$ la cui $q_f(\underline{x})$ è una forma quadratica in quanto se ne ha la $q_f(\underline{x})\equiv \Sigma_{n=1,\bar{n}}(\Sigma_{n=1,\bar{n}}(K_{fnn}\cdot x_n\cdot x_n))$.

Da: $f=q_f(\underline{x})$; þ; $\mathcal{K}_{fnn}\equiv 0.5\cdot(K_{fnn}+K_{fnn})$; $Æ\langle \Sigma_{n=1,\bar{n}}(\mathcal{K}_{fnn}\cdot x_n)\ /\Sigma_{i=A,B}(ş_i)\ /(2.1.2.4)\rangle$; þ; $\mathcal{K}_{fnn}=\mathcal{K}_{fnn}$; segue

$$f=0.5\cdot(\Sigma_{n=1,\bar{n}}(\Sigma_{n=1,\bar{n}}(K_{fnn}\cdot x_n\cdot x_n))+\Sigma_{n=1,\bar{n}}(\Sigma_{n=1,\bar{n}}(K_{fnn}\cdot x_n\cdot x_n)))=\Sigma_{n=1,\bar{n}}(\Sigma_{n=1,\bar{n}}(0.5\cdot(K_{fnn}+K_{fnn})\cdot x_n\cdot x_n))=$$
$$\Sigma_{n=1,\bar{n}}(\Sigma_{n=1,\bar{n}}(\mathcal{K}_{fnn}\cdot x_n)\cdot x_n)=\Sigma_{n=1,\bar{n}}((\Sigma_{n=1,\bar{n}}((1-\delta_{nn})\cdot\mathcal{K}_{fnn}\cdot x_n)+\mathcal{K}_{fnn}\cdot x_n)\cdot x_n)=$$
$$\Sigma_{n=1,\bar{n}}(\mathcal{K}_{fnn}\cdot x_n^2)+\Sigma_{n=1,\bar{n}}(\Sigma_{n=1,\bar{n}}((1-\delta_{nn})\cdot\mathcal{K}_{fnn}\cdot x_n\cdot x_n))=\Sigma_{n=1,\bar{n}}(\mathcal{K}_{fnn}\cdot x_n^2)+2\cdot\Sigma_{n=1,\bar{n}}(\Sigma_{n=n,\bar{n}}((1-\delta_{nn})\cdot\mathcal{K}_{fnn}\cdot x_n\cdot x_n))$$

che può consentire un minore onere nel calcolo di f.

Inerentemente una $f=q_f(\underline{x})$ si ha, per $n\in\{n=1,\bar{n}\}$, la

$$f=f_n(x_n,\underline{x}^n)\equiv K_{fnn}\cdot x_n^2+\mathfrak{B}_{fn}(\underline{x}^n)\cdot x_n+\mathfrak{A}_{fn}(\underline{x}^n) \qquad (6)$$

di cui le $\mathfrak{B}_{fn}(\underline{x}^n)\equiv\Sigma_{n=1,\bar{n};n\neq n}((K_{fnn}+K_{fnn})\cdot x_n)$ e $\mathfrak{A}_{fn}(\underline{x}^n)\equiv\Sigma_{n=1,\bar{n};n\neq n}(\Sigma_{n=1,\bar{n};n\neq n}(K_{fnn}\cdot x_n\cdot x_n))$.

In relazione alle grandezze $\{\mathcal{A}_n;n=1,\bar{n}\}$ e $\{\mathcal{B}_n;n=1,\bar{n}\}$ si hanno le

$$\{\mathcal{B}_n\geq 0;n=1,\bar{n}\}\underline{\rightarrow}\{\underline{\mathcal{A}}\cdot\Sigma_{n=1,\bar{n}}(\mathcal{B}_n)\leq\Sigma_{n=1,\bar{n}}(\mathcal{A}_n\cdot\mathcal{B}_n)\leq\overline{\mathcal{A}}\cdot\Sigma_{n=1,\bar{n}}(\mathcal{B}_n)\} \qquad (7)$$
$$\{\mathcal{B}_n\leq 0;n=1,\bar{n}\}\underline{\rightarrow}\{\underline{\mathcal{A}}\cdot\Sigma_{n=1,\bar{n}}(\mathcal{B}_n)\geq\Sigma_{n=1,\bar{n}}(\mathcal{A}_n\cdot\mathcal{B}_n)\geq\overline{\mathcal{A}}\cdot\Sigma_{n=1,\bar{n}}(\mathcal{B}_n)\}$$

di cui le $\underline{\mathcal{A}}=\min\langle\mathcal{A}_n;n=1,\bar{n}\rangle$ e $\overline{\mathcal{A}}=\max\langle\mathcal{A}_n;n=1,\bar{n}\rangle$, e che (considerando la $\Sigma_{n=1,\bar{n}}(\mathcal{B}_n)=\pm|\Sigma_{n=1,\bar{n}}(\mathcal{B}_n)|$) danno luogo alla $\{\{\mathcal{B}_n\geq 0;n=1,\bar{n}\}.\dot{\vee}.\{\mathcal{B}_n\leq 0;n=1,\bar{n}\}\}\underline{\rightarrow}\{\mathcal{M}\in[\underline{\mathcal{A}},\overline{\mathcal{A}}];\forall\Sigma_{n=1,\bar{n}}(\mathcal{B}_n)\neq 0\}$ di cui la $\mathcal{M}=\Sigma_{n=1,\bar{n}}(\mathcal{A}_n\cdot\mathcal{B}_n)/\Sigma_{n=1,\bar{n}}(\mathcal{B}_n)$ e dove $\mathcal{M}$ è il valore medio ponderale dei $\{\mathcal{A}_n;n=1,\bar{n}\}$ con pesi i $\{\mathcal{B}_n;n=1,\bar{n}\}$.

3 GLI EVENTI E LA PROBABILITÀ

3.1 *Gli eventi*

Ogni evento è sottinteso casuale cioè tale che se ne ritengono possibili sia l'accadere sia il non accadere.

Un evento E è associato biunivocamente al proprio insieme di modalità, che è indicato $\mathbb{M}\langle E\rangle$ e è costituito da ogni modalità con cui E può accadere ossia da ogni possibilità che E ha di accadere.

Perciò, inerentemente i due eventi A e B di cui le $\underline{\mathsf{A}}\equiv\mathbb{M}\langle\mathsf{A}\rangle$ e $\underline{\mathsf{B}}\equiv\mathbb{M}\langle\mathsf{B}\rangle$, si ha la

$\{\underline{\mathsf{A}}=\underline{\mathsf{B}}\}\underline{\leftrightarrow}\{\mathsf{A}\equiv\mathsf{B}\}$ (1)

Da: l'essere E un evento, e l'uso delle parentesi $\{\ \}$ per delimitare una proposizione che definisce un evento; la $Æ\langle\mathsf{E}\,/\mathcal{P}/\{\mathcal{P}\}\equiv\{\mathcal{P}$ è vera$\}\rangle$, e lo stabilire coincidenza tra l'accadere e la verità di un evento; segue $\mathsf{E}\equiv\{\mathsf{E}\}\equiv\{$l'accadere di $\mathsf{E}\}\equiv\{$l'accadimento di $\mathsf{E}\}\equiv\{\mathsf{E}$ è certo$\}$.

Si pone la $\underline{\mathsf{E}}\equiv\mathbb{M}\langle\mathsf{E}\rangle$. L'accadere di un E avviene con (ossia come) una sola corrispondente modalità tra quelle che ne costituiscono il $\underline{\mathsf{E}}$. Ciò e la $\mathsf{E}\equiv\{$l'accadere di $\mathsf{E}\}$ portano che un nome di un evento ne indica sempre un solo accadere con una sola stessa modalità. Tuttavia la (1) consente di considerare vari accadimenti (ognuno con un'inerente modalità generalmente diversa) di uno stesso E, per mezzo del sostituirlo con altrettanti eventi che hanno nomi diversi ma lo stesso insieme di modalità $\underline{\mathsf{E}}$.

Da: $\mathsf{E}\equiv\{\mathsf{E}\}$; $Æ\langle\mathsf{A},\mathsf{B}\,/\mathcal{P}_A,\mathcal{P}_B\,/$sez.2.1.1$\rangle$; $Æ\langle\mathsf{A},\mathsf{B}\,/\mathcal{P}_A,\mathcal{P}_B\,/(2.1.1.1)\rangle$; il consistere un $\mathcal{P}\langle\mathsf{B}|\mathsf{A}\rangle$ nell'essere ogni modalità dell'accadere di A anche una modalità dell'accadere di B; segue

$\{\mathsf{A}\twoheadrightarrow\mathsf{B}\}\underline{\leftrightarrow}\{\{\mathsf{A}\}\twoheadrightarrow\{\mathsf{B}\}\}\underline{\leftrightarrow}\{\mathsf{A}\underline{\rightarrow}\mathsf{B}\}\underline{\leftrightarrow}\{\exists\mathcal{P}\langle\mathsf{B}|\mathsf{A}\rangle\}\underline{\rightarrow}\{\underline{\mathsf{A}}\subseteq\underline{\mathsf{B}}\}$ (2)

la cui $\{\mathsf{A}\twoheadrightarrow\mathsf{B}\}\underline{\leftrightarrow}\exists\mathcal{P}\langle\mathsf{B}|\mathsf{A}\rangle$ mostra come la $\mathsf{A}\twoheadrightarrow\mathsf{B}$ affermi che l'accadere di A porta quello di B con una modalità che è la stessa del primo, e dove non è possibile sostituire $\underline{\rightarrow}\{\underline{\mathsf{A}}$ con $\underline{\leftrightarrow}\{\underline{\mathsf{A}}$ giacché la sola $\underline{\mathsf{A}}\subseteq\underline{\mathsf{B}}$ non può affermare che B accade necessariamente con una modalità di A cioè che è in argomento uno degli accadimenti di B i quali avvengono con una modalità di A.

Il $\mathsf{E}_\varnothing$ (di cui la $\underline{\mathsf{E}_\varnothing}\equiv\mathbb{M}\langle\mathsf{E}_\varnothing\rangle$) è l'evento impossibile cioè quello che non accade mai poiché se ne ha la $\underline{\mathsf{E}_\varnothing}=\varnothing$; il $\neg\mathsf{E}$ è l'evento complemento di E, ossia l'evento che accade quando E non accade. Ciò porta le $\neg\neg\mathsf{E}\equiv\mathsf{E}$ e $\mathbb{M}\langle\neg\mathsf{E}\rangle\equiv\neg\underline{\mathsf{E}}$, e che $\neg\mathsf{E}_\varnothing$ è l'evento certo cioè vero cioè che accade sempre.

Da: $Æ\langle\mathsf{E}_\varnothing/\mathsf{E}/\mathbb{M}\langle\neg\mathsf{E}\rangle\equiv\neg\underline{\mathsf{E}}\rangle$; $\underline{\mathsf{E}_\varnothing}=\varnothing$; $Æ\langle\underline{\mathsf{E}}\,/\underline{\mathsf{A}}\,/(2.2.20)\rangle$; segue $\mathbb{M}\langle\neg\mathsf{E}_\varnothing\rangle\equiv\neg\underline{\mathsf{E}_\varnothing}=\neg\varnothing=\neg\{\underline{\mathsf{E}}\cap\neg\underline{\mathsf{E}}\}=\underline{\mathsf{E}}\cup\neg\underline{\mathsf{E}}$ e quindi la $\underline{\mathsf{E}}\cap\neg\underline{\mathsf{E}}=\neg\{\underline{\mathsf{E}}\cup\neg\underline{\mathsf{E}}\}=\varnothing$. Da: $\underline{\mathsf{E}}\subseteq\neg\varnothing$ (e $Æ\langle\underline{\mathsf{E}},\neg\varnothing\,/\underline{\mathsf{A}},\underline{\mathsf{B}}\,/(2.2.12)\rangle$); $Æ\langle\neg\varnothing,\underline{\mathsf{E}}\,/\underline{\mathsf{A}},\underline{\mathsf{B}}\,/(2.2.7)\rangle$; segue $\underline{\mathsf{E}}=\neg\varnothing\cap\underline{\mathsf{E}}=\neg\varnothing-\neg\underline{\mathsf{E}}$.

L'essere $\neg\mathsf{E}_\varnothing$ certo e la $Æ\langle\mathsf{E},\neg\mathsf{E}_\varnothing\,/\mathcal{P}_A,\mathcal{P}_B\,/(2.1.1.7)\rangle$ (e la $\{\mathsf{A}\twoheadrightarrow\mathsf{B}\}\equiv\{\mathsf{A}\underline{\rightarrow}\mathsf{B}\}$ nella (2)) portano la $\mathsf{E}\twoheadrightarrow\neg\mathsf{E}_\varnothing$. La $\neg\underline{\mathsf{E}_\varnothing}=\neg\varnothing$ porta la $\underline{\mathsf{E}}\subseteq\neg\underline{\mathsf{E}_\varnothing}$ e quindi (per la (2.2.12)) la $\underline{\mathsf{E}}=\underline{\mathsf{E}}\cap\neg\underline{\mathsf{E}_\varnothing}$. L'essere $\neg\mathsf{E}_\varnothing$ certo e la $\mathsf{E}\equiv\{\mathsf{E}$ è certo$\}$ portano la $\mathsf{E}\equiv\{\mathsf{E}\equiv\neg\mathsf{E}_\varnothing\}$. Questi tre risultati hanno un nome diverso che però riferisce lo stesso oggetto consistente nell'essere $\neg\mathsf{E}_\varnothing$ l'evento che accade sempre, e perciò si ha la

$\{\mathsf{E}\twoheadrightarrow\neg\mathsf{E}_\varnothing\}\underline{\leftrightarrow}\{\underline{\mathsf{E}}=\underline{\mathsf{E}}\cap\neg\underline{\mathsf{E}_\varnothing}\}\underline{\leftrightarrow}\{\mathsf{E}\equiv\{\mathsf{E}\equiv\neg\mathsf{E}_\varnothing\}\}$ (3)

I $\mathsf{A}\cap\mathsf{B}$ e $\mathsf{A}\cup\mathsf{B}$ sono i due eventi definiti dalle $\mathbb{M}\langle\mathsf{A}\cap\mathsf{B}\rangle=\underline{\mathsf{A}}\cap\underline{\mathsf{B}}$ e $\mathbb{M}\langle\mathsf{A}\cup\mathsf{B}\rangle=\underline{\mathsf{A}}\cup\underline{\mathsf{B}}$.

Da: $Æ\langle\mathsf{A}\,/\mathsf{E}\,/(3)\rangle$; $\mathbb{M}\langle\mathsf{A}\cap\neg\mathsf{E}_\varnothing\rangle=\underline{\mathsf{A}}\cap\neg\underline{\mathsf{E}_\varnothing}$ (dovuta a $Æ\langle\neg\mathsf{E}_\varnothing\,/\mathsf{B}\,/\mathbb{M}\langle\mathsf{A}\cap\mathsf{B}\rangle=\underline{\mathsf{A}}\cap\underline{\mathsf{B}}\rangle$); $Æ\langle\mathsf{A}\cap\neg\mathsf{E}_\varnothing\,/\mathsf{B}\,/(1)\rangle$; segue $\{\mathsf{A}\twoheadrightarrow\neg\mathsf{E}_\varnothing\}\underline{\leftrightarrow}\{\underline{\mathsf{A}}=\underline{\mathsf{A}}\cap\neg\underline{\mathsf{E}_\varnothing}\}\underline{\leftrightarrow}\{\underline{\mathsf{A}}=\mathbb{M}\langle\mathsf{A}\cap\neg\mathsf{E}_\varnothing\rangle\}\underline{\leftrightarrow}\{\mathsf{A}\equiv\mathsf{A}\cap\neg\mathsf{E}_\varnothing\}$. Da: questa e $\mathsf{A}\twoheadrightarrow\neg\mathsf{E}_\varnothing$; $\mathsf{B}\equiv\{\mathsf{B}\equiv\neg\mathsf{E}_\varnothing\}$ dovuta alle $\mathsf{B}\twoheadrightarrow\neg\mathsf{E}_\varnothing$ e $Æ\langle\mathsf{B}\,/\mathsf{E}\,/(3)\rangle$; þ; $\mathbb{M}\langle\mathsf{A}\cap\mathsf{B}\rangle=\underline{\mathsf{A}}\cap\underline{\mathsf{B}}$; segue IPM

$\{\mathbb{M}\langle\mathsf{A}\,|\,\mathsf{B}\rangle=\mathbb{M}\langle\mathsf{A}\cap\neg\mathsf{E}_\varnothing\,|\,\mathsf{B}\rangle=\mathbb{M}\langle\mathsf{A}\cap\neg\mathsf{E}_\varnothing\,|\,\mathsf{B}\equiv\neg\mathsf{E}_\varnothing\rangle=\mathbb{M}\langle\mathsf{A}\cap\mathsf{B}\rangle=\underline{\mathsf{A}}\cap\underline{\mathsf{B}}\}\underline{\leftarrow}S\langle\mathsf{A},\mathsf{B}\rangle$ (4)

di cui la $S\langle\mathsf{A},\mathsf{B}\rangle\equiv\{\mathsf{A}\twoheadrightarrow\neg\mathsf{E}_\varnothing;\mathsf{B}\twoheadrightarrow\neg\mathsf{E}_\varnothing\}$. Questa, il significato della $\mathsf{A}\twoheadrightarrow\mathsf{B}$ (detto in occasione della (2)), e l'indicare $\neg\mathsf{E}_\varnothing$ un solo accadere con una sola stessa modalità, portano che la S_{AB} afferma che i A e B hanno ambedue la possibilità di accadere quando si verifica uno stesso accadimento di $\neg\mathsf{E}_\varnothing$, cioè (in base alle $Æ\langle\mathsf{A},\neg\mathsf{E}_\varnothing\,/\mathcal{P}_A,\mathcal{P}_B\,/(2.1.1.1)\rangle$ e $Æ\langle\mathsf{B},\neg\mathsf{E}_\varnothing\,/\mathcal{P}_A,\mathcal{P}_B\,/(2.1.1.1)\rangle$) che sia l'accadere di A sia l'accadere di B hanno come condizione necessaria uno stesso accadimento di $\neg\mathsf{E}_\varnothing$.

La (4) porta la $S_{AB}\underline{\rightarrow}\{\mathbb{M}\langle\mathsf{A}\,|\,\mathsf{B}\rangle=\mathbb{M}\langle\mathsf{A}\cap\mathsf{B}\rangle\}$. Questa e la $Æ\langle\{\mathsf{A}\,|\,\mathsf{B}\},\mathsf{A}\cap\mathsf{B}\,/\mathsf{A},\mathsf{B}\,/(1)\rangle$ portano la

$S\langle\mathsf{A},\mathsf{B}\rangle\underline{\rightarrow}\{\{\mathsf{A}\,|\,\mathsf{B}\}\equiv\mathsf{A}\cap\mathsf{B}\}$ (5)

Da: $Æ\langle\mathsf{A},\mathsf{B}\,/\mathcal{P}_A,\mathcal{P}_B\,/(2.1.1.1)\rangle$ (e $\mathsf{E}\equiv\{\mathsf{E}\}$); $Æ\langle\mathsf{A}\,|\,\mathsf{B}\,/\mathsf{B}\,/(1)\rangle$; S_{AB} e (4); segue IPM

$\{\{\mathsf{A}\twoheadrightarrow\mathsf{B}\}\underline{\leftrightarrow}\{\mathsf{A}\equiv\{\mathsf{A}\,|\,\mathsf{B}\}\}\underline{\leftrightarrow}\{\underline{\mathsf{A}}=\mathbb{M}\langle\mathsf{A}\,|\,\mathsf{B}\rangle\}\underline{\leftrightarrow}\{\underline{\mathsf{A}}=\underline{\mathsf{A}}\cap\underline{\mathsf{B}}\}\underline{\leftrightarrow}\{\underline{\mathsf{A}}\subseteq\underline{\mathsf{B}}\}\}\underline{\leftarrow}S\langle\mathsf{A},\mathsf{B}\rangle$

$\{\{\mathsf{A}\twoheadleftrightarrow\mathsf{B}\}\underline{\leftrightarrow}\{\underline{\mathsf{A}}=\underline{\mathsf{B}}\}\underline{\leftrightarrow}\{\mathsf{A}\equiv\mathsf{B}\}\}\underline{\leftarrow}S\langle\mathsf{A},\mathsf{B}\rangle$ (6)

la cui seconda segue dalla prima (che è concorde con la (2)).

Da: Æ⟨A,B /𝒫A,𝒫B /(2.1.1.7)⟩ (e E≡{E}); segue B→{A→B}. Da: questa e l'analoga A→{B→A}; (2); þ; (1); segue {A∧B}→{B→A;A→B}→{B⊆A;A⊆B}↔{A=B}↔{A≡B}→{S_{AB}}. Le {A∧B}→{S_{AB}} e Æ⟨A∧B,S_{AB} /𝒫A,𝒫B /(2.1.1.1)⟩ portano la A∧B≡{A∧B|S_{AB}}. Questa e la {A∧B}→{A≡B} portano la

{A∧B|S_{AB}}→{A≡B} (7)

Nel seguito la S_{AB} è sottintesa, e quindi si sottintende che per ogni specificazione dei A e B vale la corrispondente specificazione della S_{AB}.

La A∩B=∅ porta che i A e B sono mutuamente esclusivi poiché afferma che l'accadere dell'uno esclude l'accadere dell'altro e viceversa. Le 𝕄⟨A∩B⟩=A∩B e 𝕄⟨A∪B⟩=A∪B, e la A∩B⊆A∪B, portano la 𝕄⟨A∩B⟩⊆𝕄⟨A∪B⟩. Questa e la Æ⟨A∩B,A∪B /A,B /(6)⟩ portano la A∩B→A∪B. Da: 𝕄⟨A∪B⟩=A∪B; Æ⟨A,B /A,B /(2.2.9)⟩; A∩B=∅; segue IPM {𝕄⟨A∪B⟩=A∪B=A+B−{A∩B}=A+B}← {A∩B=∅}.

La Æ⟨A,B /A,B /(2.2.23)⟩ porta le

A={A∩B}∪{A∩¬B}={A∩B}+{A∩¬B} A≡{A∩B}∪{A∩¬B} (8)

Si considerano i 𝓂 eventi {Ėm;m=1,𝓂} di cui le {Ėm=𝕄⟨Ėm⟩;m=1,𝓂}. I A∩B e A∪B sono generalizzati dai rispettivi ∩m=1,𝓂(Ėm) e ∪m=1,𝓂(Ėm) definiti dalle

𝕄⟨∩m=1,𝓂(Ėm)⟩=∩m=1,𝓂(Ėm) 𝕄⟨∪m=1,𝓂(Ėm)⟩=∪m=1,𝓂(Ėm) (9)

che portano la 𝕄⟨∩m=1,𝓂(Ėm)⟩⊆𝕄⟨∪m=1,𝓂(Ėm)⟩. Questa e la Æ⟨∩m=1,𝓂(Ėm),∪m=1,𝓂(Ėm) /A,B /(6)⟩ (e il sottintendere la specificazione della S_{AB} inerente la Æ⟨∩m=1,𝓂(Ėm),∪m=1,𝓂(Ėm) /A,B⟩) portano la ∩m=1,𝓂(Ėm)→∪m=1,𝓂(Ėm).

Si pone la 𝒫Ė≡{Ė$_a$∩Ė$_b$=∅;∀{a,b}⊆{m=1,𝓂}} e si considera l'evento 𝔼 di cui la 𝔼≡𝕄⟨𝔼⟩. Da: E⊆𝔼; 𝔼=∪m=1,𝓂(Ėm); Æ⟨E,{Ėm;m=1,𝓂} /C,{Ai;i=𝒾,𝒾} /(2.2.28)⟩; {{Ė$_a$∩E}∩{Ė$_b$∩E}=∅;∀{a,b}⊆ {m=1,𝓂}} dovuta a 𝒫Ė, e Æ⟨Ėm∩E;m=1,𝓂 /An;n=1,𝓃 /(2.2.37)⟩; segue la prima delle

E=E∩𝔼=E∩∪m=1,𝓂(Ėm)=∪m=1,𝓂(Ėm∩E)=Σm=1,𝓂(Ėm∩E)=Σm=1,𝓂(𝕄⟨Ėm∩E⟩) E≡∪m=1,𝓂(Ėm∩E) (10)

la cui seconda segue dalla prima, e di cui la {E⊆𝔼;𝔼=∪m=1,𝓂(Ėm);𝒫Ė}→(10) dove le 𝔼=∪m=1,𝓂(Ėm) e 𝒫Ė affermano i {Ėm;m=1,𝓂} come una suddivisione di 𝔼.

Si considerano i due eventi ¬E∅A e ¬E∅B, di cui la 𝕄⟨¬E∅A⟩=𝕄⟨¬E∅B⟩=¬E∅ che (in base alla (1)) mostra la ¬E∅A≡¬E∅B≡¬E∅, e tali che riferiscono (in conformità a quanto detto sulla trattazione di vari accadimenti di uno stesso evento) due rispettivi accadimenti dello stesso ¬E∅, avendo quindi la {A→¬E∅A;B→¬E∅B}↔{S_{AB}∨¬S_{AB}}.

Coerentemente con ciò, i due eventi a∧b e a∨b, di cui le a≡𝕄⟨a⟩ b≡𝕄⟨b⟩ a→¬E∅A e b→¬E∅B, sono definiti dalle a∧b≡{a∧¬E∅B}∩{¬E∅A∧b}→¬E∅AB a∨b≡{a∧¬E∅B}∪ {¬E∅A∧b}→¬E∅AB ¬E∅AB≡{¬E∅A∧¬E∅B} 𝕄⟨¬E∅AB⟩=¬E∅ e 𝕄⟨a∧b⟩⊆a·b (seguendone l'antinomica 𝕄⟨¬E∅A⟩=𝕄⟨¬E∅B⟩=𝕄⟨¬E∅AB⟩=¬E∅ che però è risolta accettando il noto paradosso per cui un insieme infinito può essere posto in corrispondenza biunivoca con un suo sottoinsieme proprio). Ciò e la Æ⟨a∧¬E∅B,¬E∅A∧b /A,B /A∩B→A∪B⟩ portano la a∧b→a∨b. Da: a∧b≡b∧a e Æ⟨a∧b,b∧a /A,B /(1)⟩; Æ⟨b∧a /a∧b /𝕄⟨a∧b⟩⊆a·b⟩ segue 𝕄⟨a∧b⟩= 𝕄⟨b∧a⟩⊆b·a. La validità congiunta di questa e della 𝕄⟨a∧b⟩⊆a·b, è deducibile dalla definizione di A=B posta in sez. 2.2 e dalla {{a,b}∈𝕄⟨a∧b⟩;{a,b}∈𝕄⟨b∧a⟩}→{{{a,b}≡{a,b}}↔{a≡b;b≡a}}.

I a e b sono indipendenti, e si indica ciò con la 𝕀⟨a,b⟩, se l'accadere di a non pone alcun vincolo all'accadere di b e viceversa, avendo perciò le 𝕀⟨a,b⟩≡{𝕄⟨a∧b⟩=a·b} e ¬𝕀⟨a,b⟩≡ {𝕄⟨a∧b⟩⊂a·b}. Nel caso del a∧b di cui la a≡b (il quale, come afferma la (7), si ha se vale la

S_{AB}) si hanno le ¬Ï⟨a,b⟩ e M⟨a∘∧∘b⟩={{a_i,a_i};i=1,ɨ} di cui la a≡{a_i;i=1,ɨ}.

Si considerano i {¬$E_{\varnothing m}$;m=1,m} come m nomi di altrettanti accadimenti dello stesso ¬$E_\varnothing$ (avendone quindi la {M⟨¬$E_{\varnothing m}$⟩=¬$E_\varnothing$;m=1,m}), e i m eventi {$\dot{e}_m$;m=1,m} di cui le {$\underline{\dot{e}}_m$=M⟨$\dot{e}_m$⟩; m=1,m} e {$\dot{e}_m$→¬$E_{\varnothing m}$;m=1,m}. Perciò i a∘∧∘b e a∘∨∘b sono generalizzati dai rispettivi $\wedge_{m=1,m}$($\dot{e}_m$) e $\vee_{m=1,m}$($\dot{e}_m$) definiti dalle

$\wedge_{m=1,m}$($\dot{e}_m$)≡$\cap_{m=1,m}$($\wedge_{m=1,m}$($\ddot{e}_{mm}$))→¬$E_{\varnothing\dot{e}}$ $\vee_{m=1,m}$($\dot{e}_m$)≡$\cup_{m=1,m}$($\wedge_{m=1,m}$($\ddot{e}_{mm}$))→¬$E_{\varnothing\dot{e}}$

M⟨$\wedge_{m=1,m}$($\dot{e}_m$)⟩⊆$\Pi_{m=1,m}$($\underline{\dot{e}}_m$) (11)

di cui le {$\ddot{e}_{mm}$≡¬$E_{\varnothing m}$;∀m≠m} $\ddot{e}_{mm}$≡$\dot{e}_m$ ¬$E_{\varnothing\dot{e}}$≡$\wedge_{m=1,m}$(¬$E_{\varnothing m}$) e M⟨¬$E_{\varnothing\dot{e}}$⟩=¬$\underline{E}_\varnothing$.

Le (11) e Æ⟨$\wedge_{m=1,m}$($\ddot{e}_{mm}$) /$\dot{E}_m$ /(9)⟩ portano le M⟨$\wedge_{m=1,m}$($\dot{e}_m$)⟩=$\cap_{m=1,m}$(M⟨$\wedge_{m=1,m}$($\ddot{e}_{mm}$)⟩ e M⟨$\vee_{m=1,m}$($\dot{e}_m$)⟩= $\cup_{m=1,m}$(M⟨$\wedge_{m=1,m}$($\ddot{e}_{mm}$)⟩. Le (11) e la Æ⟨$\wedge_{m=1,m}$($\ddot{e}_{mm}$) /$\dot{E}_m$ /$\cap_{m=1,m}$($\dot{E}_m$)→$\cup_{m=1,m}$($\dot{E}_m$)⟩ portano la $\wedge_{m=1,m}$($\dot{e}_m$)→$\vee_{m=1,m}$($\dot{e}_m$).

L'essere i {$\dot{e}_m$;m=1,m} indipendenti è indicato con la Ï⟨$\dot{e}_m$;m=1,m⟩ di cui le

Ï⟨$\dot{e}_m$;m=1,m⟩≡{M⟨$\wedge_{m=1,m}$($\dot{e}_m$)⟩=$\Pi_{m=1,m}$($\underline{\dot{e}}_m$)} ¬Ï⟨$\dot{e}_m$;m=1,m⟩≡{M⟨$\wedge_{m=1,m}$($\dot{e}_m$)⟩⊂$\Pi_{m=1,m}$($\underline{\dot{e}}_m$)} (12)

Quanto detto delle M⟨¬$E_{\varnothing A}$⟩=M⟨¬$E_{\varnothing B}$⟩=M⟨¬$E_{\varnothing AB}$ ⟩=¬$\underline{E}_\varnothing$, a∘∧∘b≡b∘∧∘a e M⟨a∘∧∘b⟩⊆a·b, e di un a∘∧∘b di cui la a≡b, è generalizzato senza difficoltà per i {$\dot{e}_m$;m=1,m}.

Si considerano i m eventi {$\bar{e}_m$;m=1,m} di cui le {$\bar{e}_m$→¬$E_{\varnothing m}$;m=1,m}, e si pongono le {$\ddot{e}_{mm}$≡$\bar{e}_m$; ∀m≠m} $\ddot{e}_{mm}$≡$\dot{e}_m$. Da: ciò e le {Æ⟨$\bar{e}_m$→¬$E_{\varnothing m}$ /E→¬$E_\varnothing$ /(3)⟩;m=1,m}; seconda delle (11); Æ⟨$\vee_{m=1,m}$($\dot{e}_m$),$\cup_{m=1,m}$($\wedge_{m=1,m}$($\ddot{e}_{mm}$)) /A,B /(1)⟩; segue

$\wedge_{m=1,m}$($\bar{e}_m$)↔$\wedge_{m=1,m}$($\bar{e}_m$≡¬$E_{\varnothing m}$)→{$\vee_{m=1,m}$($\dot{e}_m$)≡$\cup_{m=1,m}$($\wedge_{m=1,m}$($\ddot{e}_{mm}$))}↔

{M⟨$\vee_{m=1,m}$($\dot{e}_m$)⟩=M⟨$\cup_{m=1,m}$($\wedge_{m=1,m}$($\ddot{e}_{mm}$))⟩} (13)

Inerentemente le a grandezze G (di cui la G≡{G_a;a=1,a}) e le {$\mathfrak{R}^a_m$⊆$\mathfrak{R}^a$;m=1,m}, si ha la

$\square_{m=1,m}$({G∈$\mathfrak{R}^a_m$})↔{G∈$\square_{m=1,m}$($\mathfrak{R}^a_m$)} (14)

di cui la □≡{∩∘∨∘∪} e che è conforme al sottintenderne le $\square_{m=1,m}$({G∈$\mathfrak{R}^a_m$})→¬$E_\varnothing$ e {G∈ $\square_{m=1,m}$($\mathfrak{R}^a_m$)}→¬$E_\varnothing$.

L'accezione □≡∩ della (14) porta le

{$\mathfrak{R}^a_a$∩$\mathfrak{R}^a_b$=∅;∀{a,b}⊆{m=1,m}}→{{G∈$\mathfrak{R}^a_a$}∩{G∈$\mathfrak{R}^a_b$}≡$E_\varnothing$;∀{a,b}⊆{m=1,m}}

∃{$\mathfrak{R}^a_a$∩$\mathfrak{R}^a_b$=∅;a∈{m=1,m};b∈{m=1,m}}↔{$\cap_{m=1,m}$($\mathfrak{R}^a_m$)=∅}→{$\cap_{m=1,m}$({G∈$\mathfrak{R}^a_m$})≡$E_\varnothing$} (15)

Da: G∈$\mathfrak{R}^a$ (dovuta all'essere le G a grandezze), e Æ⟨G∈A,G∈$\mathfrak{R}^a$ /$\mathcal{P}_A$,$\mathcal{P}_B$ /(2.1.1.7)⟩; Æ⟨G∈A,G∈$\mathfrak{R}^a$ / A,B /(5)⟩; Æ⟨A,$\mathfrak{R}^a$ /$\mathfrak{R}^a_m$;m=1,m /(14)⟩; segue

{G∈A}≡{G∈A | G∈$\mathfrak{R}^a$}≡{G∈A}∩{G∈$\mathfrak{R}^a$}↔{G∈A∩$\mathfrak{R}^a$} (16)

Da: Æ⟨G /ş /{ş∉A}≡¬{ş∈A},sez.2.2⟩; G∈{A∪¬A} dovuta a (2.2.20); Æ⟨¬A /A /(16)⟩; Æ⟨a /a / ¬^{a}A≡¬A∩$\mathfrak{R}^a$,sez.2.4.1⟩; segue

{G∉A}≡¬{G∈A}↔{G∈¬A}↔{G∈¬A∩$\mathfrak{R}^a$}≡{G∈¬^{a}A} (17)

Si pone la $\mathfrak{R}^a$⊆$\mathfrak{R}^a$ che porta la Æ⟨a /a /(2.4.1.1)⟩. Da: questa; Æ⟨$\mathfrak{R}^a$,¬$^a\mathfrak{R}^a$ /$\mathfrak{R}^a_m$;m=1,m /(14)⟩; Æ⟨$\mathfrak{R}^a$ /A /(17)⟩; segue

{G∈$\mathfrak{R}^a$}↔{G∈$\mathfrak{R}^a$∪¬$^a\mathfrak{R}^a$}↔{G∈$\mathfrak{R}^a$}∪{G∈¬$^a\mathfrak{R}^a$}↔{G∈$\mathfrak{R}^a$}∪¬{G∈$\mathfrak{R}^a$} (18)

Da: Æ⟨a /a /(2.4.1.1)⟩; Æ⟨$\mathfrak{R}^a$ /A /(17)⟩; segue

{G∈$\mathfrak{R}^a$−$\mathfrak{R}^a$}≡{G∈¬$^a\mathfrak{R}^a$}≡{G∉A}≡¬{G∈$\mathfrak{R}^a$} (19)

Si ha la

$\{s_A=r-\Delta_A,s_B=r+\Delta_B,r_A=s-\Delta_B,r_B=s+\Delta_A\}\to\{\{s_A\leq s\leq s_B\}\leftrightarrow\{r_A\leq r\leq r_B\}\}$ (20)

poiché il suo primo membro consente di dedurre ognuna delle $\{r\geq r_A,r\leq r_B\}$ dalla rispettiva delle {s≤s_B,s≥s_A} e viceversa.

Si considerano la grandezza G e le {𝔑ₘ⊆𝔑¹;m=1,m}. Si pongono la E_G≡{G∈∪_{m=1,m}(𝔑ₘ)}→¬E_∅ė, e le {Ë_mm≡Ë_mm≡¬E_∅m;∀m≠m} Ë_mm≡{G∈𝔑ₘ} Ë_mm≡{G∈𝔑¹} {Ë_mm→¬E_∅m,Ë_mm→¬E_∅m;m=1,m} che portano le Æ⟨{G∈𝔑ₘ},Ë_mm/ė_m,ë_mm/(11)⟩ Æ⟨{G∈𝔑¹},Ë_mm/ė_m,ë_mm/(11)⟩ e quindi la M⟨∨_{m=1,m}(G∈𝔑ₘ)⟩=∪_{m=1,m}(M⟨∧_{m=1,m}(Ë_mm)⟩. In base a ciò si ha la M⟨∨_{m=1,m}(Ë_mm)⟩=A+B i cui A e B sono rispettivamente costituiti da elementi che hanno o non la proprietà di essere elemento di almeno una M⟨∧_{m=1,m}(Ë_am)⟩∩M⟨∧_{m=1,m}(Ë_bm)⟩ di cui la {a,b}⊆{m=1,m}. La definizione di ogni elemento di B fa intervenire un solo valore di G, e perciò esso è anche un elemento di M⟨E_G⟩. Invece la definizione di ogni elemento di A, quando vale la I⟨Ë_mm;m=1,m⟩, generalmente fa intervenire almeno due valori di G e perciò esso non può essere anche un elemento di M⟨E_G⟩. Coerentemente con ciò si ha la M⟨E_G⟩⊆M⟨∨_{m=1,m}(Ë_mm)⟩ che, per la Æ⟨E_G,∨_{m=1,m}(Ë_mm)/A,B/(6)⟩ (e le E_G≡{G∈∪_{m=1,m}(𝔑ₘ)} Ë_mm≡{G∈𝔑ₘ}), porta la

{G∈∪_{m=1,m}(𝔑ₘ)}→∨_{m=1,m}(G∈𝔑ₘ) (21)

di cui le {G∈∪_{m=1,m}(𝔑ₘ)}→¬E_∅ė e ∨_{m=1,m}(G∈𝔑ₘ)→¬E_∅ė, (e rimanendo quanto testé valido anche quando vi si sostituissero le G e {𝔑ₘ;m=1,m} con le rispettive G e {𝔑*ₘ;m=1,m}).

Si pongono le

α⟨E⟩≡{il E è individuato univocamente} β_p⟨E⟩≡{E è accaduto} β_d⟨E⟩≡{E accadrà} β⟨E⟩≡β_Ω⟨E⟩
π_i⟨E⟩≡{la potenzialità che la E_i ha di essere la modalità con cui accade E}
γ⟨E⟩≡{π_a⟨E⟩=π_b⟨E⟩;∀{a,b}⊆{i=1,i}} ℭ⟨E⟩≡ℭ_Ω⟨E⟩≡{α⟨E⟩∧β_Ω⟨E⟩∧γ⟨E⟩} (22)

di cui le E_i∈E≡{E_i;i=1,i} Ω≡{p∨d} {ℭ⟨E⟩}→β⟨E⟩≡E e la P≡{P} se E è sostituito da P.

Da: {ℭ⟨E⟩}→E; A∧B≡{A∧B | S_AB} dovuta al sottintendere la S_AB; (7); segue {ℭ⟨A⟩∧ℭ⟨B⟩}→{A∧B}≡{A∧B | S_AB}→{A≡B} che (per la (2.1.1.1)) porta la {¬{ℭ⟨A⟩∧ℭ⟨B⟩};∀¬{A≡B}} e quindi la

¬∃{ℭ⟨A⟩∧ℭ⟨B⟩;A≢B} (23)

Si hanno le

∧_{m=1,m}(ℭ⟨ė_m⟩)→I⟨ė_m;m=1,m⟩↔{∧_{m=1,m}(ℭ⟨ė_m⟩)≡ℭ⟨∧_{m=1,m}(ė_m)⟩} ∧_{m=1,m}(ℭ⟨ė_m⟩)→ℭ⟨∧_{m=1,m}(ė_m)⟩ (24)

la cui seconda è deducibile dalla prima.

3.2 *La probabilità*

La probabilità di un evento è la potenzialità (cioè la virtualità) del suo accadere. La 𝔓⟨E⟩ è la probabilità dell'evento E, e è una grandezza definita nell'intervallo [0,1] ai cui estremi inferiore e superiore afferma rispettivamente l'impossibilità e la certezza dell'accadere di E. In conformità a ciò si hanno le P↔{𝔓⟨{P}⟩=1}↔{𝔓⟨{¬P}⟩=0} ¬P↔{𝔓⟨{¬P}⟩=1}↔{𝔓⟨{P}⟩=0}. Si sottintende la 𝔓⟨P⟩≡𝔓⟨{P}⟩.

La 𝔓⟨E⟩, quando la β⟨E⟩ è un'ipotesi, è anche la credibilità dell'accadere di E, poiché in questo caso tale credibilità coincide necessariamente con la potenzialità dell'accadere di E. Inerentemente questa accezione di credibilità, il valore dell'informazione fornita dalla 𝔓⟨E⟩ cresce con |𝔓⟨E⟩−0.5|, poiché le 𝔓⟨E⟩=1 e 𝔓⟨E⟩=0 indicano rispettivamente l'accadere o non di E, mentre la 𝔓⟨E⟩=0.5 induce la più totale incertezza sull'accadere di E.

Si pongono le

ρ⟨A¦B⟩≡𝔑⟨A∩B⟩/𝔑⟨B⟩ {ρ⟨A¦B⟩=𝔑⟨A⟩/𝔑⟨B⟩;∀A⊆B} (1)

la cui coerenza è resa evidente dalla {A⊆B}≡{A=A∩B}, e di cui è sottintesa la ρ⟨P_A¦P_B⟩≡ρ⟨{P_A}¦{P_B}⟩≡ρ⟨{P_A}¦P_B⟩≡ρ⟨P_A¦{P_B}⟩.

La (3.1.4) mostra (giacché se ne sottintende la S_AB) che un {A | B} può accadere solo come una delle modalità che costituiscono A̲∩B̲. Ciò e la Æ⟨B /E /(3.1.22)⟩ portano le

ℭ⟨B⟩→̲{𝔓⟨A | B⟩=ρ⟨A¦B⟩} 𝔓⟨A | ℭ⟨B⟩⟩=ρ⟨A¦B⟩ (2)

Da: A≡⟨A | B⟩ dovuta alle A̲⊆B̲ e (3.1.6); ℭ⟨B⟩ e prima delle (2); segue IPM

{𝔓⟨A⟩=𝔓⟨A | B⟩=ρ⟨A¦B⟩}←̲{ℭ⟨B⟩,A̲⊆B̲} (3)

Da: B↛⟨A≡{A | B}⟩ (dovuta a Æ⟨A,B /𝒫A,⟨𝒫B⟩ /(2.1.1.7)⟩) e B (dovuto alle ⟨ℭ⟨B⟩⟩↛B e ℭ⟨B⟩); ℭ⟨B⟩ e prima delle (2); segue IPM

{𝔓⟨A⟩=𝔓⟨A | B⟩=ρ⟨A¦B⟩}←̲ℭ⟨B⟩ (4)

che può sostituire vantaggiosamente la (3) e la prima delle (2).

L'utilità delle (2) e (4) non è limitata al caso del sussistere la ℭ⟨B⟩, poiché è evidentemente possibile accettare delle

𝔓⟨X | ℭ⟨Y⟩⟩=ρ⟨A¦B⟩ ℭ⟨Y⟩→̲{𝔓⟨X⟩=𝔓⟨X | Y⟩=ρ⟨A¦B⟩} (5)

i cui {X,Y} siano sufficientemente simili ai {A,B}.

3.2.1 *Alcune espressioni notevoli*

In questa sezione sono ottenute delle espressioni per grandezze del tipo ρ⟨A¦B⟩, sottintendendo (in conformità alla (3.2.4)) che l'espressione di una ρ⟨A¦B⟩ esprime anche 𝔓⟨A⟩ se ne vale la ℭ⟨B⟩.

Le ɨ modalità {Ei;i=1,ɨ} che costituiscono E̲, possono essere considerate altrettanti eventi di cui la {E̲i≡M̲⟨Ei⟩⊆E̲,𝔑⟨E̲i⟩=1;i=1,ɨ}. Da: Æ⟨Ei,E /A,B /(3.2.1)⟩ e E̲i⊆E̲; 𝔑⟨E̲i⟩=1; segue ρ⟨Ei¦E⟩= 𝔑⟨E̲i⟩/𝔑⟨E̲⟩=1/𝔑⟨E̲⟩.

Da: Æ⟨A∩B,B /A,B /(3.2.1)⟩; M̲⟨A∩B⟩∩B̲=A̲∩{B̲∩B̲}=A̲∩B̲ (dovuta alle M̲⟨A∩B⟩=A̲∩B̲ e Æ⟨A̲,B̲,B̲ /A̲,B̲,C̲ /(2.2.17)⟩); segue ρ⟨A∩B¦B⟩≡𝔑⟨M̲⟨A∩B⟩∩B̲⟩/𝔑⟨B̲⟩=𝔑⟨A̲∩B̲⟩/𝔑⟨B̲⟩=ρ⟨A¦B⟩.

Da: (3.2.1); M̲⟨A | B⟩=A̲∩B̲ (dovuta a (3.1.4) e al sottintendere la S_{AB}); M̲⟨A | B⟩⊆B̲; segue

ρ⟨A¦B⟩≡𝔑⟨A̲∩B̲⟩/𝔑⟨B̲⟩=𝔑⟨M̲⟨A | B⟩⟩/𝔑⟨B̲⟩=𝔑⟨M̲⟨A | B⟩∩B̲⟩/𝔑⟨B̲⟩≡ρ⟨A | B¦B⟩ (1)

Da: (3.2.1); B̲⊆A̲ e (2.2.12); segue IPM {ρ⟨A¦B⟩≡𝔑⟨A̲∩B̲⟩/𝔑⟨B̲⟩=𝔑⟨B̲⟩/𝔑⟨B̲⟩=1}←̲{B̲⊆A̲}.

Da: (3.2.1) e Æ⟨¬A,B /A,B /(3.2.1)⟩ (e ¬E̲≡M̲⟨¬E⟩); Æ⟨A̲∩B̲,¬A̲∩B̲ /A̲,B̲ /(2.2.13)⟩; Æ⟨A̲,B̲ /B̲,A̲ /(3.1.8)⟩; segue

ρ⟨A¦B⟩+ρ⟨¬A¦B⟩=(𝔑⟨A̲∩B̲⟩+𝔑⟨¬A̲∩B̲⟩)/𝔑⟨B̲⟩=𝔑⟨{A̲∩B̲}+{¬A̲∩B̲}⟩/𝔑⟨B̲⟩=𝔑⟨B̲⟩/𝔑⟨B̲⟩=1 (2)

Si pongono le X̲≡M̲⟨X⟩ e Y̲≡M̲⟨Y⟩. Da: Æ⟨X,A /A,B /(3.2.1)⟩ e X̲⊆A̲; X̲⇔Y̲ e A̲⇔B̲ in quanto portano le rispettive 𝔑⟨X̲⟩=𝔑⟨Y̲⟩ e 𝔑⟨A̲⟩=𝔑⟨B̲⟩; Æ⟨Y,B /A,B /(3.2.1)⟩ e Y̲⊆B̲; segue IPM

{ρ⟨X¦A⟩=𝔑⟨X̲⟩/𝔑⟨A̲⟩=𝔑⟨Y̲⟩/𝔑⟨B̲⟩=ρ⟨Y¦B⟩}←̲{X̲⊆A̲,Y̲⊆B̲,X̲⇔Y̲,A̲⇔B̲} (3)

Si pone la C̲≡M̲⟨C⟩. Da: (3.2.1); A̲=A̲∩B̲ dovuta alle A↛B e (3.1.6); Æ⟨A̲,B̲,C̲ /A̲,B̲,C̲ /(2.2.17)⟩; segue IPM

{ρ⟨A¦C⟩=𝔑⟨A̲∩C̲⟩/𝔑⟨C̲⟩=𝔑⟨{A̲∩B̲}∩C̲⟩/𝔑⟨C̲⟩=𝔑⟨A̲∩{B̲∩C̲}⟩/𝔑⟨C̲⟩≤𝔑⟨B̲∩C̲⟩/𝔑⟨C̲⟩=ρ⟨B¦C⟩}←̲ {A↛B} (4)

Da: Æ⟨C /B /(3.2.4)⟩ e ℭ⟨C⟩; (4) e A↛B; Æ⟨B,C /A,B /(3.2.4)⟩ e ℭ⟨C⟩; segue IPM

{𝔓⟨A⟩=ρ⟨A¦C⟩≤ρ⟨B¦C⟩=𝔓⟨B⟩}←̲{A↛B,ℭ⟨C⟩} (5)

Da: (2.1.1.1); Æ⟨⟨𝒫A⟩,⟨𝒫B⟩,⟨𝒫⟩ /A,B,C /(4)⟩ e Æ⟨⟨¬𝒫B⟩,⟨¬𝒫A⟩,⟨𝒫⟩ /A,B,C /(4)⟩; segue {∃𝓟⟨𝒫B¦𝒫A⟩}⟺̲{⟨𝒫A⟩↛⟨𝒫B⟩;⟨¬𝒫B⟩↛⟨¬𝒫A⟩}→̲{ρ⟨𝒫A¦𝒫⟩≤ρ⟨𝒫B¦𝒫⟩;ρ⟨¬𝒫B¦𝒫⟩≤ρ⟨¬𝒫A¦𝒫⟩} che mostra come un ∃𝓟⟨𝒫B¦𝒫A⟩ (la cui 𝒫A è un'ipotesi) implichi una credibilità di 𝒫A generalmente minore di quella di 𝒫B.

Da: Æ⟨A,C /A,B /(3.2.1)⟩ Æ⟨B,C /A,B /(3.2.1)⟩ e {A̲⊆C̲,B̲⊆C̲}; A̲⇔B̲ in quanto porta la 𝔑⟨A̲⟩=

𝔑⟨B⟩; segue IPM {ρ⟨A¦C⟩/ρ⟨B¦C⟩=𝔑⟨A⟩/𝔑⟨B⟩=1}←{A⊆C,B⊆C,A⇔B}.

Da: Æ⟨A∩B,C /A,B /(3.2.1)⟩; 𝕄⟨A∩B⟩∩C⟩=A∩{B∩C} dovuta alle 𝕄⟨A∩B⟩=A∩B e Æ⟨A,B,C / A,B,C /(2.2.17)⟩; B=B∩C dovuta a B⊆C; segue IPM

{ρ⟨A∩B¦C⟩≡𝔑⟨𝕄⟨A∩B⟩∩C⟩/𝔑⟨C⟩=(𝔑⟨A∩{B∩C}⟩/𝔑⟨B⟩)·(𝔑⟨B⟩/𝔑⟨C⟩)= (𝔑⟨A∩B⟩/𝔑⟨B⟩)·(𝔑⟨B∩C⟩/𝔑⟨C⟩)=ρ⟨A¦B⟩·ρ⟨B¦C⟩}←{B⊆C} (6)

Le A⊆C e Æ⟨B,A /A,B /(6)⟩ portano la ρ⟨A∩B¦C⟩=ρ⟨B¦A⟩·ρ⟨A¦C⟩. Ciò e la (6) portano la

{A⊆C,B⊆C}→{ρ⟨A∩B¦C⟩=ρ⟨A¦B⟩·ρ⟨B¦C⟩=ρ⟨B¦A⟩·ρ⟨A¦C⟩} (7)

La (6) è generalizzata come segue. Si ha la $\Pi_{i=2,m}$(𝔑⟨∩$_{m=1,i-1}$(Ė$_m$)⟩)=$\Pi_{i=1,m-1}$(𝔑⟨∩$_{m=1,i}$(Ė$_m$)⟩)= $\Pi_{i=1,m}$(𝔑⟨∩$_{m=1,i}$(Ė$_m$)⟩)/𝔑⟨∩$_{m=1,m}$(Ė$_m$)⟩=𝔑⟨Ė$_1$⟩·$\Pi_{i=2,m}$(𝔑⟨∩$_{m=1,i}$(Ė$_m$)⟩)/𝔑⟨∩$_{m=1,m}$(Ė$_m$)⟩ che porta la

𝔑⟨∩$_{m=1,m}$(Ė$_m$)⟩=𝔑⟨Ė$_1$⟩·$\Pi_{i=2,m}$(𝔑⟨∩$_{m=1,i}$(Ė$_m$)⟩/𝔑⟨∩$_{m=1,i-1}$(Ė$_m$)⟩) (8)

Da: Æ⟨∩$_{m=1,i}$(Ė$_m$) /□$_{i=i,i}$(ş$_{a⟨i⟩}$) /(2.1.2.2)⟩; Æ⟨Ė$_i$,∩$_{m=1,i-1}$(Ė$_m$) /A,B /(3.2.1)⟩ e (3.1.9); segue 𝔑⟨∩$_{m=1,i}$(Ė$_m$)⟩=𝔑⟨Ė$_i$∩∩$_{m=1,i-1}$(Ė$_m$)⟩=𝔑⟨∩$_{m=1,i-1}$(Ė$_m$)⟩·ρ⟨Ė$_i$¦∩$_{m=1,i-1}$(Ė$_m$)⟩. Da: Ė$_1$⊆C; Æ⟨Ė$_1$,C /A,B / (3.2.1)⟩; segue 𝔑⟨Ė$_1$⟩=𝔑⟨Ė$_1$∩C⟩=ρ⟨Ė$_1$¦C⟩·𝔑⟨C⟩. Da: ∩$_{m=1,m}$(Ė$_m$)⊆C dovuta a Ė$_1$⊆C; Æ⟨∩$_{m=1,m}$(Ė$_m$),C / A,B /(3.2.1)⟩; segue 𝔑⟨∩$_{m=1,m}$(Ė$_m$)⟩=𝔑⟨∩$_{m=1,m}$(Ė$_m$)∩C⟩=𝔑⟨C⟩·ρ⟨∩$_{m=1,m}$(Ė$_m$)¦C⟩. L'introduzione nella (8) di queste espressioni delle 𝔑⟨∩$_{m=1,i}$(Ė$_m$)⟩ 𝔑⟨Ė$_1$⟩ e 𝔑⟨∩$_{m=1,m}$(Ė$_m$)⟩, porta IPM {ρ⟨∩$_{m=1,m}$(Ė$_m$)¦C⟩=ρ⟨Ė$_1$¦C⟩·$\Pi_{i=2,m}$(ρ⟨Ė$_i$¦∩$_{m=1,i-1}$(Ė$_m$)⟩)}←{Ė$_1$⊆C} che generalizza la (6).

Da: Æ⟨A∪B,C /A,B /(3.2.1)⟩; 𝕄⟨A∪B⟩=A∪B e Æ⟨C,A,B /A,B,C /(2.2.18)⟩; Æ⟨A∩C,B∩C /A,B / (2.2.15)⟩; {A∩C}∩{B∩C}={A∩B}∩C che si deduce dalle (2.2.17)); segue

ρ⟨A∪B¦C⟩=𝔑⟨C∩𝕄⟨A∪B⟩⟩/𝔑⟨C⟩=𝔑⟨{A∩C}∪{B∩C}⟩/𝔑⟨C⟩= (𝔑⟨A∩C⟩+𝔑⟨B∩C⟩−𝔑⟨{A∩C}∩{B∩C}⟩)/𝔑⟨C⟩= (𝔑⟨A∩C⟩+𝔑⟨B∩C⟩−𝔑⟨{A∩B}∩C⟩)/𝔑⟨C⟩=ρ⟨A¦C⟩+ρ⟨B¦C⟩−ρ⟨A∩B¦C⟩ (9)

Da: Æ⟨∪$_{m=1,m}$(Ė$_m$),C /A,B /(3.2.1)⟩ e (3.1.9); Æ⟨C,{Ė$_m$;m=1,m} /C,{A$_i$;i=i,i} /(2.2.28)⟩; Æ⟨Ė$_m$∩C;m=1,m / A$_n$;n=1,n /(2.2.36)⟩; Æ⟨C,{Ė$_{m⟨c,b,a⟩}$;a=1,c} /C,{A$_i$;i=i,i} /(2.2.28)⟩; ∩$_{a=1,c}$(Ė$_{m⟨c,b,a⟩}$)=𝕄⟨∩$_{a=1,c}$(Ė$_{m⟨c,b,a⟩}$)⟩ e Æ⟨∩$_{a=1,c}$(Ė$_{m⟨c,b,a⟩}$),C /A,B /(3.2.1)⟩; segue, come generalizzazione della (9), la

ρ⟨∪$_{m=1,m}$(Ė$_m$)¦C⟩=𝔑⟨∪$_{m=1,m}$(Ė$_m$)∩C⟩/𝔑⟨C⟩=𝔑⟨∪$_{m=1,m}$(Ė$_m$∩C)⟩/𝔑⟨C⟩= $\Sigma_{c=1,m}$(($-1)^{c+1}$·$\Sigma_{b=1,Б⟨m,c⟩}$(𝔑⟨∩$_{a=1,c}$(Ė$_{m⟨c,b,a⟩}$∩C)⟩/𝔑⟨C⟩))= $\Sigma_{c=1,m}$(($-1)^{c+1}$·$\Sigma_{b=1,Б⟨m,c⟩}$(𝔑⟨∩$_{a=1,c}$(Ė$_{m⟨c,b,a⟩}$)∩C⟩/𝔑⟨C⟩))=$\Sigma_{c=1,m}$(($-1)^{c+1}$·$\Sigma_{b=1,Б⟨m,c⟩}$(ρ⟨∩$_{a=1,c}$(Ė$_{m⟨c,b,a⟩}$)¦C⟩)) (10)

Da: $\mathcal{P}_{Ė}$ (detta in sez. 3.1) e (10); segue IPM

{ρ⟨∪$_{m=1,m}$(Ė$_m$)¦C⟩=$\Sigma_{b=1,Б⟨m,1⟩}$(ρ⟨Ė$_{m⟨1,b,1⟩}$¦C⟩)=$\Sigma_{m=1,m}$(ρ⟨Ė$_m$¦C⟩)}←$\mathcal{P}_{Ė}$ (11)

Da: seconda delle (3.1.8); Æ⟨{A∩B}∪{A∩¬B} /∪$_{m=1,m}$(Ė$_m$) /(11)⟩ e {A∩B}∩{A∩¬B}=∅; B⊆C e (6); segue IPM

{ρ⟨A¦C⟩=ρ⟨{A∩B}∪{A∩¬B}¦C⟩=ρ⟨A∩B¦C⟩+ρ⟨A∩¬B¦C⟩≥ρ⟨A¦B⟩·ρ⟨B¦C⟩}←{B⊆C} (12)

Si pongono le {p$_m$;m=1,m}={m=1,m} e Ė$_1$≡∪$_{m=2,m}$(Ė$_{p⟨m⟩}$). Da: (2.2.26); Æ⟨Ė$_{p⟨1⟩}$,Ė$_1$ /A,B /(9)⟩; segue

ρ⟨∪$_{m=1,m}$(Ė$_m$)¦C⟩=ρ⟨Ė$_{p⟨1⟩}$∪Ė$_1$¦C⟩=ρ⟨Ė$_{p⟨1⟩}$¦C⟩+ρ⟨Ė$_1$¦C⟩−ρ⟨Ė$_{p⟨1⟩}$∩Ė$_1$¦C⟩ (13)

Sommando alla ρ⟨Ė$_{p⟨1⟩}$¦C⟩≥ρ⟨Ė$_{p⟨1⟩}$∩Ė$_1$¦C⟩ (resa evidente dalla 𝔑⟨Ė$_{p⟨1⟩}$∩C⟩≥𝔑⟨{Ė$_{p⟨1⟩}$∩𝕄⟨Ė$_1$⟩}∩C⟩) la ρ⟨∪$_{m=1,m}$(Ė$_m$)¦C⟩−ρ⟨Ė$_{p⟨1⟩}$¦C⟩=ρ⟨Ė$_1$¦C⟩−ρ⟨Ė$_{p⟨1⟩}$∩Ė$_1$¦C⟩ che segue dalla (13), e introducendo la Ė$_1$≡ ∪$_{m=2,m}$(Ė$_{p⟨m⟩}$); si ha la ρ⟨∪$_{m=1,m}$(Ė$_m$)¦C⟩≥ρ⟨∪$_{m=2,m}$(Ė$_{p⟨m⟩}$)¦C⟩ che mostra il non diminuire di un ρ⟨∪$_{m=1,m}$(Ė$_m$)¦C⟩ con l'aumentare di m.

Le Ė$_{p⟨1⟩}$⊆C e Æ⟨Ė$_1$,Ė$_{p⟨1⟩}$ /A,B /(6)⟩ portano la ρ⟨Ė$_1$∩Ė$_{p⟨1⟩}$¦C⟩=ρ⟨Ė$_1$¦Ė$_{p⟨1⟩}$⟩·ρ⟨Ė$_{p⟨1⟩}$¦C⟩. Introducendo questa nella (13), si ha la ρ⟨∪$_{m=1,m}$(Ė$_m$)¦C⟩=ρ⟨Ė$_{p⟨1⟩}$¦C⟩+ρ⟨Ė$_1$¦C⟩−ρ⟨Ė$_1$¦Ė$_{p⟨1⟩}$⟩·ρ⟨Ė$_{p⟨1⟩}$¦C⟩ per cui la ρ⟨∪$_{m=1,m}$(Ė$_m$)¦C⟩ è non decrescente con ρ⟨Ė$_{p⟨1⟩}$¦C⟩ se Ė$_{p⟨1⟩}$⊆C.

Da: seconda delle (3.1.10) e {E⊆𝔼;𝔼=∪$_{m=1,m}$(Ė$_m$);$\mathcal{P}_{Ė}$}; Æ⟨∪$_{m=1,m}$(Ė$_m$∩E),𝔼 /∪$_{m=1,m}$(Ė$_m$),C /(11)⟩

e $\mathcal{P}_{\dot{E}}$; $\underline{\dot{E}}_m \subseteq \underline{\mathbb{E}}$ (dovuta a $\underline{\mathbb{E}} = \cup_{m=1,\mathbf{m}}(\underline{\dot{E}}_m)$) e $Æ\langle E, \dot{E}_m, \mathbb{E} \,/A,B,C\, /(6)\rangle$; segue IPM

$$\{\rho\langle E|\mathbb{E}\rangle = \rho\langle \cup_{m=1,\mathbf{m}}(\dot{E}_m \cap E)|\mathbb{E}\rangle = \Sigma_{m=1,\mathbf{m}}(\rho\langle E \cap \dot{E}_m|\mathbb{E}\rangle) = \Sigma_{m=1,\mathbf{m}}(\rho\langle E|\dot{E}_m\rangle \cdot \rho\langle \dot{E}_m|\mathbb{E}\rangle)\} \underline{\leftarrow}$$
$$\{\underline{E} \subseteq \underline{\mathbb{E}}; \underline{\mathbb{E}} = \cup_{m=1,\mathbf{m}}(\underline{\dot{E}}_m); \mathcal{P}_{\dot{E}}\} \qquad (14)$$

Le $\underline{E} \subseteq \underline{\mathbb{E}}$ $\underline{\dot{E}}_m \subseteq \underline{\mathbb{E}}$ (di cui la $m \in \{m=1,\mathbf{m}\}$) e la $Æ\langle E, \dot{E}_m, \mathbb{E} \,/A,B,C\, /(7)\rangle$ portano la $\rho\langle \dot{E}_m|E\rangle = \rho\langle E|\dot{E}_m\rangle \cdot \rho\langle \dot{E}_m|\mathbb{E}\rangle / \rho\langle E|\mathbb{E}\rangle$. Questa e la (14) portano la

$$\{\rho\langle \dot{E}_m|E\rangle = \rho\langle E|\dot{E}_m\rangle \cdot \rho\langle \dot{E}_m|\mathbb{E}\rangle / \Sigma_{m=1,\mathbf{m}}(\rho\langle E|\dot{E}_m\rangle \cdot \rho\langle \dot{E}_m|\mathbb{E}\rangle)\} \underline{\leftarrow} \{\underline{E} \subseteq \underline{\mathbb{E}}; \underline{\mathbb{E}} = \cup_{m=1,\mathbf{m}}(\underline{\dot{E}}_m); \mathcal{P}_{\dot{E}}\}$$

che è il teorema di Bayes (di cui nei [14] [15] e [20]).

4 La densità di probabilità di una variabile casuale

4.1 *Il campione, l'universo, la frequenza relativa*

Un insieme $\underline{\mathcal{X}}$ (di cui la $\underline{\mathcal{X}} \equiv \{\mathcal{X}_n; n=1,\mathbf{n}\}$) è un campione di un insieme $\underline{\mathbb{X}}$ (che è perciò detto l'universo di $\underline{\mathcal{X}}$) e si indica ciò con la $\underline{\mathcal{X}} \equiv \mathbf{c}\langle\underline{\mathbb{X}}\rangle$, se verifica la $\{\mathcal{X}_n \in \underline{\mathbb{X}}; n=1,\mathbf{n}\}$ e se la $\mathfrak{N}\langle\underline{\mathcal{X}}\rangle$ è tanto piccola da consentirsi la conoscenza di ogni $\mathcal{X}_n$. La determinazione di un campione è l'attività sperimentale costituita dall'individuare e rendere noto ogni suo elemento.

Di solito l'interesse applicativo di quanto è inerente una $\underline{\mathcal{X}} \equiv \mathbf{c}\langle\underline{\mathbb{X}}\rangle$ è dovuto all'essere la $\mathfrak{N}\langle\underline{\mathbb{X}}\rangle$ tanto grande da rendere impossibile la conoscenza di tutti gli elementi di $\underline{\mathbb{X}}$.

Generalmente un $\underline{\mathcal{X}}$ è un campione di più universi, nel senso della $\wedge_{k=1,\mathbf{k}}(\underline{\mathcal{X}} \equiv \mathbf{c}\langle\underline{\mathbb{X}}_k\rangle)$ con $\mathbf{k} \geq 1$. La $\underline{\mathcal{X}} \equiv \mathbf{e}\langle\underline{\mathbb{X}}\rangle$ afferma che $\underline{\mathcal{X}}$ è determinato quando è possibile determinare soltanto un campione di $\underline{\mathbb{X}}$. Una tale $\underline{\mathcal{X}} \equiv \mathbf{e}\langle\underline{\mathbb{X}}\rangle$ è evidentemente compatibile con la $\wedge_{k=1,\mathbf{k}}(\underline{\mathcal{X}} \equiv \mathbf{c}\langle\underline{\mathbb{X}}_k\rangle)$.

Il contesto nel quale avviene la determinazione di un $\underline{\mathcal{X}}$, ne identifica univocamente il $\underline{\mathbb{X}}$ che verifica la $\underline{\mathcal{X}} \equiv \mathbf{e}\langle\underline{\mathbb{X}}\rangle$, a fronte dell'ineluttabile restrizione del potere individuare un tale contesto soltanto per mezzo dell'associargli quelli tra i suoi attributi che sono noti allo stato attuale delle conoscenze.

Un $\underline{\mathcal{X}}$ è un campione casuale di $\underline{\mathbb{X}}$ e si indica ciò con la $\underline{\mathcal{X}} \equiv \mathbf{r}\langle\underline{\mathbb{X}}\rangle$, se sussiste la $\underline{\mathcal{X}} \equiv \mathbf{e}\langle\underline{\mathbb{X}}\rangle$ e se l'individuazione di ogni $\mathcal{X}_n$ avviene quando ogni elemento di $\underline{\mathbb{X}}$ ha la stessa probabilità di divenire un tale $\mathcal{X}_n$.

A fronte del potersi avere un qualsiasi oggetto come un elemento di un $\underline{\mathbb{X}}$, si ammette (in quanto permane compatibilità con ciò che è in argomento) sempre possibile stabilire una $\underline{\mathbb{X}} \Leftrightarrow \underline{\mathbb{R}}$ di cui la $\underline{\mathbb{R}} \subseteq \mathfrak{R}^1$. Questa $\underline{\mathbb{X}} \Leftrightarrow \underline{\mathbb{R}}$ consente di considerare al posto di ogni $\underline{\mathcal{X}} \equiv \mathbf{c}\langle\underline{\mathbb{X}}\rangle$ una corrispondente $\underline{\mathcal{R}} \equiv \mathbf{c}\langle\underline{\mathbb{R}}\rangle$ di cui la $\underline{\mathcal{X}} \Leftrightarrow \underline{\mathcal{R}}$, e quindi di sottintendere (come si fa nel seguito) che è un numero ogni elemento di ogni universo. Ciò e il carattere sperimentale della determinazione di un $\underline{\mathcal{X}}$ ne portano la $\{|\mathcal{X}_n| \neq \infty; n=1,\mathbf{n}\}$.

Ancora per il non avere impedimenti con quanto in oggetto, la numerosità illimitata di un $\underline{\mathbb{X}}$ è considerata allo stesso modo sia quando un tale $\underline{\mathbb{X}}$ è discreto (cioè numerabile come è per esempio l'universo costituito dalla successione di tutti i numeri naturali) sia quando un tale $\underline{\mathbb{X}}$ è più che numerabile (come è per esempio l'universo costituito da ogni elemento di un $[a,b]$): la numerosità illimitata di ogni universo è posta uguale al $\lim_{\tilde{n}\to\infty}(\tilde{n})$ il cui ñ è un intero e di cui l'evidente $\lim_{\tilde{n}\to\infty}(\tilde{n}) = \infty$. Ciò, le $\{\mathfrak{N}\langle\underline{\mathbb{X}}_k\rangle \equiv \lim_{\tilde{n}\to\infty}(\tilde{n}); k=1,\mathbf{k}\}$, e la (2.2.29), portano la $\mathfrak{N}\langle\Pi_{k=1,\mathbf{k}}(\underline{\mathbb{X}}_k)\rangle = \infty^{\mathbf{k}}$.

Si hanno, intendendo la $\underline{\mathcal{X}}_k \equiv \{\mathcal{X}_{kn}; n=1,\mathfrak{N}\langle\underline{\mathcal{X}}_k\rangle\}$, le

$$\{\{\mathfrak{N}\langle\underline{\mathbb{X}}_k\rangle = \mathfrak{N}; k=1,\mathbf{k}\}, \{\mathcal{X}_{kn} \Leftrightarrow \{A_{kn}, B_{kn}\}; n=1,\mathfrak{N}_{\underline{\mathcal{X}}\langle k\rangle}; k=1,\mathbf{k}\}\} \underline{\rightarrow} \{\{\underline{\mathcal{X}}_k; k=1,\mathbf{k}\} \equiv \mathbf{r}\langle\underline{\mathbb{X}}_k; k=1,\mathbf{k}\rangle, \{\underline{\mathcal{X}}_k \equiv \mathbf{r}\langle\underline{\mathbb{X}}_k\rangle; k=1,\mathbf{k}\}\}$$
$$\{\{\underline{\mathcal{X}}_k; k=1,\mathbf{k}\} \equiv \mathbf{r}\langle\underline{\mathbb{X}}_k; k=1,\mathbf{k}\rangle\} \underline{\rightarrow} \mathbb{I}\langle\underline{\mathcal{X}}_k; k=1,\mathbf{k}\rangle \qquad (1)$$

dove A_{kn} e B_{kn} sono rispettive individuazioni di k e $\mathcal{X}_{kn}$ che verificano le $k \equiv \mathbf{r}\langle k=1,\mathbf{k}\rangle$ e $\mathcal{X}_{kn} \equiv \mathbf{r}\langle\underline{\mathbb{X}}_k\rangle$.

Inerentemente un campione $\underline{\mathcal{X}}$ si hanno, come le caratteristiche più notevoli della sua descrizione e in quanto è un insieme di numeri reali (e conformemente alle convenzioni simboliche poste in sez. 2.2, quali le (2.2.1)), le seguenti grandezze: i $\mathsf{min}\langle\mathbb{X}\rangle$ e $\mathsf{max}\langle\mathbb{X}\rangle$; il valore medio (o media) $\mathsf{m}\langle\mathbb{X}\rangle$ che è il numero più rappresentativo dell'intero $\mathbb{X}$; la devianza $\mathsf{d}^2\langle\mathbb{X}\rangle$ di cui la $\mathsf{d}\langle\mathbb{X}\rangle\equiv(\mathsf{d}^2{}_{\mathbb{X}})^{0.5}$ e che è una misura della variabilità dei $\mathbb{X}$; la varianza $\mathsf{v}^2\langle\mathbb{X}\rangle$ e lo scarto quadratico medio (o deviazione standard) $\mathsf{v}\langle\mathbb{X}\rangle$ di cui la $\mathsf{v}\langle\mathbb{X}\rangle\equiv(\mathsf{v}^2{}_{\mathbb{X}})^{0.5}$, i quali sono misure della variabilità media dei $\mathbb{X}$; il coefficiente di asimmetria $\mathsf{m}\langle(\mathbb{X}_n-\mathsf{m}_{\mathbb{X}})^3;n=1,\mathsf{n}\rangle/\mathsf{v}^3{}_{\mathbb{X}}$, che è tanto più positivo quanto più la variabilità dei $\{\mathbb{X}/\mathbb{X}\geq\mathsf{m}_{\mathbb{X}};\mathbb{X}\in\mathbb{X}\}$ è maggiore di quella dei $\{\mathbb{X}/\mathbb{X}\leq\mathsf{m}_{\mathbb{X}};\mathbb{X}\in\mathbb{X}\}$ (e viceversa è tanto più negativo); il coefficiente di curtosi $\mathsf{m}\langle(\mathbb{X}_n-\mathsf{m}_{\mathbb{X}})^4;n=1,\mathsf{n}\rangle/\mathsf{v}^4{}_{\mathbb{X}}$, che aumenta con la maggiore rapidità con cui aumenta la numerosità degli elementi di $\mathbb{X}$ più prossimi a $\mathsf{m}_{\mathbb{X}}$. Inoltre un'importante proprietà di un $\mathbb{X}$ è la sua frequenza relativa $\mathsf{f}\langle\mathbb{X}\rangle$, definita dalla

$$\mathsf{f}\langle\mathbb{X}\rangle=\mathsf{f}_{\mathbb{X}}(x)\equiv\mathfrak{N}\langle\mathbb{X}/\mathbb{X}\leq x;\mathbb{X}\in\mathbb{X}\rangle/\mathfrak{N}\langle\mathbb{X}\rangle \tag{2}$$

di cui la $x\in\mathfrak{R}^1$, la cui $\mathsf{f}_{\mathbb{X}}(x)$ è la funzione di frequenza relativa di $\mathbb{X}$, e di cui (essendo $a<b$) le

$$\mathsf{f}_{\mathbb{X}}(a)\leq\mathsf{f}_{\mathbb{X}}(b)\ \{\mathsf{f}_{\mathbb{X}}(x)\,|\,x<\mathsf{min}\langle\mathbb{X}\rangle\}=0\ \{\mathsf{f}_{\mathbb{X}}(x)\,|\,x\geq\mathsf{max}\langle\mathbb{X}\rangle\}=1\ \mathsf{f}_{\mathbb{X}}(b)-\mathsf{f}_{\mathbb{X}}(a)=\mathfrak{N}\langle\mathbb{X}/a<\mathbb{X}\leq b;\mathbb{X}\in\mathbb{X}\rangle/\mathfrak{N}\langle\mathbb{X}\rangle \tag{3}$$

Una parte contingentemente interessante dell'informazione contenuta dalla $\mathsf{f}_{\mathbb{X}}$, è ottenibile per mezzo di un istogramma della frequenza relativa, che si stabilisce a partire da una scelta arbitraria di N_I numeri $\{x_i;i=1,N_I\}$ di cui la $\{x_i<x_{i+1};i=1,N_I-1\}$. Questo istogramma è costituito dai N_I-1 rettangoli individuati dai rispettivi $\{\Delta x_i,f_{\mathbb{X}i};i=1,N_I-1\}$ (di cui le $\Delta x_i\equiv x_{i+1}-x_i$ e $f_{\mathbb{X}i}\equiv\mathsf{f}_{\mathbb{X}}(x_i)$) in quanto Δx_i e $f_{\mathbb{X}i}$ sono le misure della base e dell'altezza del i-esimo rettangolo.

Uno scopo affine a quello di questo istogramma è perseguibile anche con un istogramma della densità di frequenza relativa, che si ottiene dal precedente sostituendone i $\{f_{\mathbb{X}i};i=1,N_I-1\}$ con i rispettivi $\{d_{\mathbb{X}i};i=1,N_I-1\}$ di cui le $d_{\mathbb{X}i}\equiv\Delta f_{\mathbb{X}i}/\Delta x_i$ e $\Delta f_{\mathbb{X}i}\equiv f_{\mathbb{X}i+1}-f_{\mathbb{X}i}$.

Questo secondo istogramma consente, nel caso delle $x_1\leq\mathsf{min}\langle\mathbb{X}\rangle$ e $\mathsf{max}\langle\mathbb{X}\rangle\geq x_{N\langle I\rangle}$ (come si sottintende nel seguito), e se è abbastanza piccolo il $\mathbb{A}$ di cui la $\mathbb{A}\equiv\mathsf{max}\langle\Delta x_i;i=1,N_I-1\rangle$, una visualizzazione qualitativa delle anzidette caratteristiche di $\mathbb{X}$: $\mathsf{m}_{\mathbb{X}}$ è approssimato abbastanza bene dall'ascissa del centro di forma (ossia del baricentro) dell'istogramma; $\mathsf{v}^2{}_{\mathbb{X}}$ è maggiore quanto l'altezza dei rettangoli più vicini a $\mathsf{m}_{\mathbb{X}}$ è minore rispetto a quella dei rettangoli più lontani da $\mathsf{m}_{\mathbb{X}}$; il coefficiente di asimmetria è nullo se le due code dell'istogramma sono uguali, e è tanto più positivo quanto più la coda destra è più lunga della sinistra (e viceversa tanto più negativo); il coefficiente di curtosi aumenta o diminuisce con una forma più o meno appuntita dell'istogramma.

Si considera un $\mathcal{X}$ di cui la $\mathcal{X}\equiv\{\mathcal{X}_r;r=1,\mathsf{r}\}\subseteq\mathbb{X}$ e la cui numerosità r è massima compatibilmente con la $\{\mathcal{X}_r<\mathcal{X}_{r+1};r=1,\mathsf{r}-1\}$, avendo perciò la

$$\mathbb{X}=\{\{\mathcal{X}_r;n=1,N_{\mathbb{X}r}\};r=1,\mathsf{r}\} \tag{4}$$

di cui la $N_{\mathbb{X}r}\equiv\mathfrak{N}\langle\mathbb{X}/\mathbb{X}=\mathcal{X}_r;\mathbb{X}\in\mathbb{X}\rangle$. Si pongono le $\mathcal{X}_0\equiv-\infty$ e $\mathcal{X}_{\mathsf{r}+1}\equiv\infty$ che, in base alle seconda e terza delle (3), portano le $\mathsf{f}_{\mathbb{X}}(\mathcal{X}_0)=0$ e $\mathsf{f}_{\mathbb{X}}(\mathcal{X}_{\mathsf{r}+1})=1$. Da ciò seguono, intendendo la $\{\mathsf{f}_{\mathbb{X}r}\equiv\mathsf{f}_{\mathbb{X}}(\mathcal{X}_r);r=0,\mathsf{r}+1\}$, le

$$\{\mathsf{f}_{\mathbb{X}}(x)=\mathsf{f}_{\mathbb{X}0};\forall x\in(\mathcal{X}_0,\mathcal{X}_1)\}\ \{\mathsf{f}_{\mathbb{X}}(x)=\mathsf{f}_{\mathbb{X}r}>\mathsf{f}_{\mathbb{X}r-1};\forall x\in[\mathcal{X}_r,\mathcal{X}_{r+1});r=1,\mathsf{r}\} \tag{5}$$

Le (5) portano valida per $r\in\{r=1,\mathsf{r}\}$ la

$$\mathsf{lim}_{x\to\mathcal{X}\langle r\rangle^-}(\mathsf{f}_{\mathbb{X}}(x))=\mathsf{f}_{\mathbb{X}}(\mathcal{X}_{r-1})\neq\mathsf{lim}_{x\to\mathcal{X}\langle r\rangle^+}(\mathsf{f}_{\mathbb{X}}(x))=\mathsf{f}_{\mathbb{X}}(\mathcal{X}_r) \tag{6}$$

Questa mostra (in base alla $Æ\langle\mathsf{f}_{\mathbb{X}}(x),\mathcal{X}_r/f(x),x/(2.4.2.9)\rangle$) ognuno dei $\{\mathcal{X}_r;r=1,\mathsf{r}\}$ come un punto singolare per la $\mathsf{f}_{\mathbb{X}}(x)$ e quindi, unitamente alle (5), mostra la $\mathsf{f}_{\mathbb{X}}(x)$ come una funzione generalmente continua in $\mathfrak{R}^1$ a causa di tali punti singolari. Nonostante queste r discontinuità la $\mathsf{f}_{\mathbb{X}}(x)$ è monodroma e perciò ne vale la

$$\int_{\mathsf{f}\langle\mathbb{X}\rangle(a),\mathsf{f}\langle\mathbb{X}\rangle(b)}(d\mathsf{f}_{\mathbb{X}})=\mathsf{f}_{\mathbb{X}}(b)-\mathsf{f}_{\mathbb{X}}(a) \tag{7}$$

che, per le $\mathsf{f}_{\mathbb{X}}(-\infty)=0$ e $\mathsf{f}_{\mathbb{X}}(\infty)=1$, dà luogo alla $\int_{\mathsf{f}\langle\mathbb{X}\rangle(-\infty),\mathsf{f}\langle\mathbb{X}\rangle(\infty)}(d\mathsf{f}_{\mathbb{X}})=1$.

La $x(\mathsf{f}_{\mathbb{X}})$ verifica, compatibilmente con la $\mathsf{f}_{\mathbb{X}}(x)$, la

$\{x(\mathrm{F}_{\underline{X}})=X_r;\forall \mathrm{F}_{\underline{X}}\in(\mathrm{F}_{\underline{X}r-1},\mathrm{F}_{\underline{X}r});r=1,\text{ǂ}\}$ (8)

e è generalmente continua in [0,1] a causa dell'avervi i $\{\mathrm{F}_{\underline{X}r};r=0,\text{ǂ}\}$ come punti singolari dove non è monodroma giacché vi assume tutti i valori: di $(-\infty,X_1)$ in $\mathrm{F}_{\underline{X}0}$, di $[X_r,X_{r+1})$ in ognuno dei $\{\mathrm{F}_{\underline{X}r};r=1,\text{ǂ}-1\}$, e di $[X_{\text{ǂ}},\infty)$ in $\mathrm{F}_{\underline{X}\text{ǂ}}$.

Ciò, la $x_P(\mathrm{F}_{\underline{X}})\equiv(|x(\mathrm{F}_{\underline{X}})|\pm x(\mathrm{F}_{\underline{X}}))/2$, e le $\underline{\ddot{A}}\equiv\cup_{r=1,\text{ǂ}}(\underline{\ddot{A}}_r)$ $\underline{\ddot{A}}_r\subset\underline{\ddot{E}}_r\equiv[\mathrm{F}_{\underline{X}r-1},\mathrm{F}_{\underline{X}r}]$ $\mathrm{F}_{\underline{X}r-1}\notin\underline{\ddot{A}}_r$ $\mathrm{F}_{\underline{X}r}\notin\underline{\ddot{A}}_r$, portano la Æ⟨$x_P(\mathrm{F}_{\underline{X}})$,[0,1],$\{\mathrm{F}_{\underline{X}r};r=0,\text{ǂ}\}$,$\underline{\ddot{A}}$ /$f(\underline{x})$,$\mathcal{R}_x$,$\ddot{I}_S$,$\ddot{I}$ /(2.4.4.37)⟩. Da: questa e la $\{x_P(\mathrm{F}_{\underline{X}})\geq0;\forall\mathrm{F}_{\underline{X}}\in[0,1]\}$; la $\{|x(\mathrm{F}_{\underline{X}})|\neq\infty;\forall\mathrm{F}_{\underline{X}}\in\underline{\ddot{A}}\}\rightarrow\{x_P(\mathrm{F}_{\underline{X}})\neq\infty;\forall\mathrm{F}_{\underline{X}}\in\underline{\ddot{A}}\}$ e l'esserne valido il primo membro come conseguenza della (8); segue $\int_{0,1}(x_P(\mathrm{F}_{\underline{X}})\cdot d\mathrm{F}_{\underline{X}})=\lim_{\underline{\ddot{A}}\to[0,1]}(\int_{\underline{\ddot{A}}}(x_P(\mathrm{F}_{\underline{X}})\cdot d\mathrm{F}_{\underline{X}}))\neq\infty$. Da: questa e la Æ⟨$x(\mathrm{F}_{\underline{X}})$,[0,1],$\{\mathrm{F}_{\underline{X}r};r=0,\text{ǂ}\}$,$\underline{\ddot{A}}$ /$f(\underline{x})$,$\mathcal{R}_x$,$\ddot{I}_S$,$\ddot{I}$ /(2.4.4.37)⟩; $\underline{\ddot{A}}\equiv\cup_{r=1,\text{ǂ}}(\underline{\ddot{A}}_r)$ $[0,1]=\cup_{r=1,\text{ǂ}}(\underline{\ddot{E}}_r)$ $\underline{\ddot{A}}_r\subset\underline{\ddot{E}}_r$ e $\{\underline{\ddot{A}}_a\cap\underline{\ddot{A}}_b=\varnothing;\forall\{a,b\}\subseteq\{r=1,\text{ǂ}\}\}$ e (2.4.4.20); þ; $\underline{\ddot{A}}_r\subset\underline{\ddot{E}}_r$ $\mathrm{F}_{\underline{X}r-1}\notin\underline{\ddot{A}}_r$ $\mathrm{F}_{\underline{X}r}\notin\underline{\ddot{A}}_r$ e (8); þ; Æ⟨$\mathrm{F}_{\underline{X}r-1},\mathrm{F}_{\underline{X}r}$ /$\mathrm{F}_{\underline{X}}(a),\mathrm{F}_{\underline{X}}(b)$ /(7)⟩; segue

$\int_{0,1}(x(\mathrm{F}_{\underline{X}})\cdot d\mathrm{F}_{\underline{X}})=\lim_{\underline{\ddot{A}}\to[0,1]}(\int_{\underline{\ddot{A}}}(x(\mathrm{F}_{\underline{X}})\cdot d\mathrm{F}_{\underline{X}}))=\lim_{\{\underline{\ddot{A}}\langle r\rangle;r=1,\text{ǂ}\}\to\{\underline{\ddot{E}}\langle r\rangle;r=1,\text{ǂ}\}}(\Sigma_{r=1,\text{ǂ}}(\int_{\underline{\ddot{A}}\langle r\rangle}(x(\mathrm{F}_{\underline{X}})\cdot d\mathrm{F}_{\underline{X}})))=$
$\Sigma_{r=1,\text{ǂ}}(\lim_{\underline{\ddot{A}}\langle r\rangle\to\underline{\ddot{E}}\langle r\rangle}(\int_{\underline{\ddot{A}}\langle r\rangle}(x(\mathrm{F}_{\underline{X}})\cdot d\mathrm{F}_{\underline{X}})))=\Sigma_{r=1,\text{ǂ}}(X_r\cdot\lim_{\underline{\ddot{A}}\langle r\rangle\to\underline{\ddot{E}}\langle r\rangle}(\int_{\underline{\ddot{A}}\langle r\rangle}(d\mathrm{F}_{\underline{X}})))=\Sigma_{r=1,\text{ǂ}}(X_r\cdot\int_{\underline{\ddot{E}}\langle r\rangle}(d\mathrm{F}_{\underline{X}}))=\Sigma_{r=1,\text{ǂ}}(X_r\cdot(\mathrm{F}_{\underline{X}r}-\mathrm{F}_{\underline{X}r-1}))$ (9)

L'integrabilità di una $y(\mathrm{F}_{\underline{X}})$ di cui le $y(\mathrm{F}_{\underline{X}})\equiv y(x(\mathrm{F}_{\underline{X}})))$ $y(x)\in C^0(\mathbb{R}^1)$, è trattabile analogamente a quella della $x(\mathrm{F}_{\underline{X}})$ che ha dato luogo alla (9), ottenendo così la $\int_{0,1}(y(\mathrm{F}_{\underline{X}})\cdot d\mathrm{F}_{\underline{X}})=\Sigma_{r=1,\text{ǂ}}(y(X_r)\cdot(\mathrm{F}_{\underline{X}r}-\mathrm{F}_{\underline{X}r-1}))$. Questa e la $y(x)\equiv(x-m_{\underline{X}})^2$ portano la

$\int_{0,1}((x(\mathrm{F}_{\underline{X}})-m_{\underline{X}})^2\cdot d\mathrm{F}_{\underline{X}})=\Sigma_{r=1,\text{ǂ}}((X_r-m_{\underline{X}})^2\cdot(\mathrm{F}_{\underline{X}r}-\mathrm{F}_{\underline{X}r-1}))$ (10)

La (4) porta la

$\Sigma_{n=1,\text{ñ}}(f(\underline{X}_n))=\Sigma_{r=1,\text{ǂ}}(N_{\underline{X}r}\cdot f(X_r))$ (11)

Da: $\{\mathrm{F}_{\underline{X}r}\equiv\mathrm{F}_{\underline{X}}(X_r);r=0,\text{ǂ}+1\}$; Æ⟨$X_{r-1},X_r$ /a,b /(3)⟩; (4); segue

$\mathrm{F}_{\underline{X}r}-\mathrm{F}_{\underline{X}r-1}\equiv\mathrm{F}_{\underline{X}}(X_r)-\mathrm{F}_{\underline{X}}(X_{r-1})=\mathfrak{N}\langle\underline{X}\,/X_{r-1}<\underline{X}\leq X_r;\underline{X}\in\underline{X}\rangle/\text{ñ}=N_{\underline{X}r}/\text{ñ}$ (12)

Da: Æ⟨$\underline{X}$ /$\underline{A}$ /(2.2.1)⟩; $f(x)\equiv x$ e (11); (12); (9); segue

$m_{\underline{X}}=\Sigma_{n=1,\text{ñ}}(\underline{X}_n)/\text{ñ}=\Sigma_{r=1,\text{ǂ}}(X_r\cdot N_{\underline{X}r}/\text{ñ})=\Sigma_{r=1,\text{ǂ}}(X_r\cdot(\mathrm{F}_{\underline{X}r}-\mathrm{F}_{\underline{X}r-1}))=\int_{0,1}(x(\mathrm{F}_{\underline{X}})\cdot d\mathrm{F}_{\underline{X}})$ (13)

Da: Æ⟨$\underline{X}$ /$\underline{A}$ /(2.2.1)⟩; $f(x)\equiv(x-m_{\underline{X}})^2$ e (11); (12); (10); segue

$v^2_{\underline{X}}=\Sigma_{n=1,\text{ñ}}((\underline{X}_n-m_{\underline{X}})^2)/\text{ñ}=\Sigma_{r=1,\text{ǂ}}((X_r-m_{\underline{X}})^2\cdot N_{\underline{X}r}/\text{ñ})=\Sigma_{r=1,\text{ǂ}}((X_r-m_{\underline{X}})^2\cdot(\mathrm{F}_{\underline{X}r}-\mathrm{F}_{\underline{X}r-1}))=\int_{0,1}((x(\mathrm{F}_{\underline{X}})-m_{\underline{X}})^2\cdot d\mathrm{F}_{\underline{X}})$ (14)

Si chiama x_B l'ascissa del baricentro del suddetto istogramma della densità di frequenza relativa, avendo perciò la $x_B=\int_I(x\cdot dx\cdot dy)/\mathrm{mis}\langle I\rangle$ dove I è un tale istogramma (e le x e y sono l'ascissa e l'ordinata del piano cartesiano che lo contiene). Da: ciò, e l'applicazione delle (2.4.4.20) e (2.4.4.32) (e la $a^2-b^2=(a+b)\cdot(a-b)$); $d_{\underline{X}i}\equiv\Delta f_{\underline{X}i}/\Delta x_i$; $\Sigma_{i=1,N\langle I\rangle-1}(\Delta f_{\underline{X}i})=1$ (dovuta al sottintendere le $x_1\leq\min\langle\underline{X}\rangle$ e $\max\langle\underline{X}\rangle\geq x_{N\langle I\rangle}$); þ; (13); segue

$\lim_{\text{Å}\to0}(x_B)=\lim_{\text{Å}\to0}(\Sigma_{i=1,N\langle I\rangle-1}(2^{-1}\cdot(x_{i+1}+x_i)\cdot\Delta x_i\cdot d_{\underline{X}i})/\Sigma_{i=1,N\langle I\rangle-1}(\Delta x_i\cdot d_{\underline{X}i}))=$
$\lim_{\text{Å}\to0}(\Sigma_{i=1,N\langle I\rangle-1}(2^{-1}\cdot(x_{i+1}+x_i)\cdot\Delta f_{\underline{X}i})/\Sigma_{i=1,N\langle I\rangle-1}(\Delta f_{\underline{X}i}))=\lim_{\text{Å}\to0}(\Sigma_{i=1,N\langle I\rangle-1}(2^{-1}\cdot(x_{i+1}+x_i)\cdot\Delta f_{\underline{X}i}))=$
$\Sigma_{r=1,\text{ǂ}}(X_r\cdot(\mathrm{F}_{\underline{X}r}-\mathrm{F}_{\underline{X}r-1}))=m_{\underline{X}}$

la cui $m_{\underline{X}}=\lim_{\text{Å}\to0}(x_B)$ mostra l'anzidetta proprietà per cui x_B approssima abbastanza bene $m_{\underline{X}}$ se Å è abbastanza piccolo.

La densità di frequenza relativa di $\underline{X}$ è la $\mathfrak{D}\langle\underline{X}\rangle$ definita dalla $\mathfrak{D}\langle\underline{X}\rangle=\mathfrak{D}_{\underline{X}}(x)\equiv\mathrm{F}_{\underline{X}}'(x)$ la cui $\mathfrak{D}_{\underline{X}}(x)$ è la funzione di densità di frequenza relativa di $\underline{X}$. La prima delle (3) e la Æ⟨$\mathrm{F}_{\underline{X}}(x)$ /$f(x)$ /(2.4.4.1)⟩ portano la $\mathfrak{D}_{\underline{X}}\geq0$. La $\mathfrak{D}_{\underline{X}}(x)$ è in $\mathbb{R}^1$ (che ne è l'insieme di definizione) una funzione generalmente continua, di cui la $\{\mathfrak{D}_{\underline{X}}(x)=0;\forall x\in(X_r,X_{r+1});r=0,\text{ǂ}\}$ e che ha in ogni X_r (di cui la $X_r\in\{X_r;r=1,\text{ǂ}\}$) il punto singolare dovuto al non esservi definita poiché non ne esiste il $\lim_{x\to X\langle r\rangle}((\mathrm{F}_{\underline{X}}(x)-\mathrm{F}_{\underline{X}}(X_r))/(x-X_r))$ come è evidenziato dalla $\lim_{x\to X\langle r\rangle-}((\mathrm{F}_{\underline{X}}(x)-\mathrm{F}_{\underline{X}}(X_r))/(x-X_r))=\infty\neq\lim_{x\to X\langle r\rangle+}((\mathrm{F}_{\underline{X}}(x)-\mathrm{F}_{\underline{X}}(X_r))/(x-X_r))=0$.

Le proprietà del campione $\underline{X}$, che sono state stabilite in base alla sola sua identità di insieme di numeri, valgono anche per l'universo $\mathbb{X}$ (di cui la $\underline{X}\equiv\mathrm{c}\langle\mathbb{X}\rangle$) ma con le diversità dovute all'aversi sempre la $\mathfrak{N}_{\underline{X}}\neq\infty$ mentre la $\mathfrak{N}_{\mathbb{X}}\neq\infty$ può sussistere o non. In particolare la frequenza relativa di $\mathbb{X}$ è la $\mathrm{F}\langle\mathbb{X}\rangle$ definita (conformemente alla $Æ\langle\mathbb{X}\,/\mathbb{X}\,/(2)\rangle$) dalla

$\mathrm{F}\langle\mathbb{X}\rangle=\mathrm{F}_{\mathbb{X}}(\mathrm{x})\equiv\mathfrak{N}\langle\mathbb{X}\,/\mathbb{X}\leq\mathrm{x};\mathbb{X}\in\mathbb{X}\rangle/\mathfrak{N}\langle\mathbb{X}\rangle$ (15)

di cui la $\mathrm{x}\in\mathbb{R}^{1}$ e la cui $\mathrm{F}_{\mathbb{X}}(\mathrm{x})$ è la funzione di frequenza relativa di $\mathbb{X}$. Inoltre la densità di frequenza relativa di $\mathbb{X}$ è la $\mathrm{D}\langle\mathbb{X}\rangle$ definita (conformemente alla $Æ\langle\mathbb{X}\,/\mathbb{X}\,/\mathrm{D}_{\mathbb{X}}=\mathrm{D}_{\mathbb{X}}(\mathrm{x})\equiv\mathrm{F}_{\mathbb{X}}{}'(\mathrm{x})\rangle$) dalla $\mathrm{D}_{\mathbb{X}}=\mathrm{D}_{\mathbb{X}}(\mathrm{x})\equiv\mathrm{F}_{\mathbb{X}}{}'(\mathrm{x})$ la cui $\mathrm{D}_{\mathbb{X}}(\mathrm{x})$ è la funzione di densità di frequenza relativa di $\mathbb{X}$.

Le $\mathrm{F}_{\mathbb{X}}(\mathrm{x})$ e $\mathrm{D}_{\mathbb{X}}(\mathrm{x})$ possono, diversamente dalle $\mathrm{F}_{\mathbb{X}}(\mathrm{x})$ e $\mathrm{D}_{\mathbb{X}}(\mathrm{x})$, essere continue in un rispettivo sottoinsieme di $\mathbb{R}^{1}$, essendone la $\mathfrak{N}_{\mathbb{X}}=\infty$ condizione necessaria ma non sufficiente.

Da: (15); $Æ\langle\mathrm{F}_{\mathbb{X}}(\mathrm{x})\,/f(\mathrm{x})\,/(2.4.2.9)\rangle$ e $\mathrm{F}_{\mathbb{X}}(\mathrm{x})\in\mathrm{C}^{0}(\mathrm{x})$; $Æ\langle x\,/\mathrm{x}\,/(15)\rangle$; la definizione di un limite a sinistra (e in particolare la $x<\mathrm{x}$ da essa implicata); segue IPM

$\{\mathfrak{N}\langle\mathbb{X}\,/\mathbb{X}\leq\mathrm{x};\mathbb{X}\in\mathbb{X}\rangle=\mathfrak{N}_{\mathbb{X}}\cdot\mathrm{F}_{\mathbb{X}}(\mathrm{x})=\mathfrak{N}_{\mathbb{X}}\cdot\lim_{x\to\mathrm{x}^-}(\mathrm{F}_{\mathbb{X}}(x))=\lim_{x\to\mathrm{x}^-}(\mathfrak{N}\langle\mathbb{X}\,/\mathbb{X}\leq x;\mathbb{X}\in\mathbb{X}\rangle)=\mathfrak{N}\langle\mathbb{X}\,/\mathbb{X}<\mathrm{x};\mathbb{X}\in\mathbb{X}\rangle\}\underline{\leftarrow}$
$\{\mathrm{F}_{\mathbb{X}}(\mathrm{x})\in\mathrm{C}^{0}(\mathrm{x})\}$ (16)

Da: (15); (16) $\mathrm{F}_{\mathbb{X}}(\mathrm{x})\in\mathrm{C}^{0}(a)$ e $\mathrm{F}_{\mathbb{X}}(\mathrm{x})\in\mathrm{C}^{0}(b)$; segue IPM

$\{\mathrm{F}_{\mathbb{X}}(b)-\mathrm{F}_{\mathbb{X}}(a)=(\mathfrak{N}\langle\mathbb{X}\,/\mathbb{X}\leq b;\mathbb{X}\in\mathbb{X}\rangle-\mathfrak{N}\langle\mathbb{X}\,/\mathbb{X}\leq a;\mathbb{X}\in\mathbb{X}\rangle)/\mathfrak{N}_{\mathbb{X}}=\mathfrak{N}\langle\mathbb{X}\,/a\,\Box\,\mathbb{X}\,\Box\,b;\mathbb{X}\in\mathbb{X}\rangle/\mathfrak{N}_{\mathbb{X}}\}\underline{\leftarrow}$
$\{\mathrm{F}_{\mathbb{X}}(\mathrm{x})\in\mathrm{C}^{0}(a),\mathrm{F}_{\mathbb{X}}(\mathrm{x})\in\mathrm{C}^{0}(b)\}$ (17)

di cui le $\Box\equiv\{\leq\dot{\vee}<\}$ e $\Box\equiv\{\leq\dot{\vee}<\}$.

Da: $Æ\langle\mathrm{F}_{\mathbb{X}}(\mathrm{x}),\mathrm{D}_{\mathbb{X}}(\mathrm{x}),[a,b]\,/f(\mathrm{x}),f'(\mathrm{x}),\underline{\mathfrak{r}}_{\mathrm{x}}\,/(2.4.4.6)\rangle$ (conforme alla $\mathrm{D}_{\mathbb{X}}(\mathrm{x})\equiv\mathrm{F}_{\mathbb{X}}{}'(\mathrm{x})$), e (2.1.1.3); l'essere la $\mathrm{F}_{\mathbb{X}}(\mathrm{x})\in\mathrm{C}^{1}([a,b])$ sufficiente per applicare al $\int_{\mathrm{F}\langle\mathbb{X}\rangle(a),\mathrm{F}\langle\mathbb{X}\rangle(b)}(f(\mathrm{F}_{\mathbb{X}})\cdot d\mathrm{F}_{\mathbb{X}})$ il metodo di integrazione per sostituzione basata sulla $\mathrm{F}_{\mathbb{X}}=\mathrm{F}_{\mathbb{X}}(\mathrm{x})$; segue

$\{\mathrm{D}_{\mathbb{X}}(\mathrm{x})\in\mathrm{C}^{0}([a,b])\}\underline{\leftrightarrow}\{\mathrm{F}_{\mathbb{X}}(\mathrm{x})\in\mathrm{C}^{1}([a,b])\}\underline{\rightarrow}\{\int_{\mathrm{F}\langle\mathbb{X}\rangle(a),\mathrm{F}\langle\mathbb{X}\rangle(b)}(f(\mathrm{F}_{\mathbb{X}})\cdot d\mathrm{F}_{\mathbb{X}})=\int_{a,b}(f(\mathrm{F}_{\mathbb{X}}(\mathrm{x}))\cdot\mathrm{D}_{\mathbb{X}}(\mathrm{x})\cdot d\mathrm{x})\}$ (18)

Si pongono le $\{\exists\min\langle\mathbb{X}\rangle\}\underline{\leftrightarrow}\{\underline{\mathbb{X}}\equiv\min\langle\mathbb{X}\rangle\}$ $\{\neg\exists\min\langle\mathbb{X}\rangle\}\underline{\leftrightarrow}\{\underline{\mathbb{X}}\equiv-\infty\}$ $\{\exists\max\langle\mathbb{X}\rangle\}\underline{\leftrightarrow}\{\overline{\mathbb{X}}\equiv\max\langle\mathbb{X}\rangle\}$ $\{\neg\exists\max\langle\mathbb{X}\rangle\}\underline{\leftrightarrow}\{\overline{\mathbb{X}}\equiv\infty\}$ $\underline{\mathbb{X}}\neq\overline{\mathbb{X}}$ e $\mathcal{P}_{\mathbb{X}}\equiv\{\mathrm{D}_{\mathbb{X}}(\mathrm{x})\in\mathrm{C}^{0}((\underline{\mathbb{X}},\overline{\mathbb{X}}])\}$. La (15) porta le prime due delle

$\{\mathrm{F}_{\mathbb{X}}(\mathrm{x})=0;\forall\mathrm{x}<\underline{\mathbb{X}}\}$ $\{\mathrm{F}_{\mathbb{X}}(\mathrm{x})=1;\forall\mathrm{x}\geq\overline{\mathbb{X}}\}$ $\{\mathrm{D}_{\mathbb{X}}(\mathrm{x})=0;\forall\mathrm{x}\notin[\underline{\mathbb{X}},\overline{\mathbb{X}}]\}$ $\mathrm{D}_{\mathbb{X}}(\mathrm{x})\in\mathrm{C}^{0}((-\infty,\underline{\mathbb{X}})\cup(\overline{\mathbb{X}},\infty))$ (19)

la cui terza segue dalle prime due, e la cui quarta segue dalla terza. La quarta delle (19) porta la

$\mathcal{P}_{\mathbb{X}}\underline{\leftrightarrow}\{\mathrm{D}_{\mathbb{X}}(\mathrm{x})\in\mathrm{C}^{0}((-\infty,\underline{\mathbb{X}})\cup(\underline{\mathbb{X}},\infty))\}$ (20)

La (15) porta la $\lim_{\theta\to\underline{\mathbb{X}}^-}(\mathrm{F}_{\mathbb{X}}(\theta))=0$. La $\lim_{\theta\to\underline{\mathbb{X}}^+}(\mathrm{F}_{\mathbb{X}}(\theta))=\mathrm{F}_{\mathbb{X}}(\underline{\mathbb{X}})$ segue da (15) o $Æ\langle\mathrm{F}_{\mathbb{X}},\underline{\mathbb{X}}\,/\mathrm{F}_{\mathbb{X}},\mathcal{X}_{\mathrm{r}}\,/(6)\rangle$.

Da: $\mathrm{D}_{\mathbb{X}}(\mathrm{t})\geq0$, e $Æ\langle\mathrm{D}_{\mathbb{X}}(\mathrm{t}),[\mathrm{x},\underline{\mathbb{X}}],\underline{\mathbb{X}}\,/f(\underline{\mathrm{x}}),\underline{\mathcal{R}_{\mathrm{x}}},\ddot{\mathrm{I}}_{\mathrm{S}}\,/(2.4.4.37)\rangle$ dovuta alle $\mathrm{x}<\underline{\mathbb{X}}$ e ultima delle (19); $Æ\langle\mathrm{x},\theta,1\,/a,b,f(\mathrm{F}_{\mathbb{X}})\,/(18)\rangle$ (che è conforme alla (2.4.2.5)), e $\mathrm{D}_{\mathbb{X}}(\mathrm{x})\in\mathrm{C}^{0}([\mathrm{x},\theta])$ dovuta alle $\mathrm{x}<\underline{\mathbb{X}}$ e ultima delle (19); $Æ\langle\mathrm{F}_{\mathbb{X}},\mathrm{x},\theta\,/\mathrm{F}_{\mathbb{X}},a,b\,/(7)\rangle$; $\lim_{\theta\to\underline{\mathbb{X}}^-}(\mathrm{F}_{\mathbb{X}}(\theta))=0$, $\mathrm{F}_{\mathbb{X}}(\mathrm{x})=0$ dovuta alle $\mathrm{x}<\underline{\mathbb{X}}$ e prima delle (19); segue IPM

$\{\int_{\mathrm{x},\underline{\mathbb{X}}}(\mathrm{D}_{\mathbb{X}}(\mathrm{t})\cdot d\mathrm{t})=\lim_{\theta\to\underline{\mathbb{X}}^-}(\int_{\mathrm{x},\theta}(\mathrm{D}_{\mathbb{X}}(\mathrm{t})\cdot d\mathrm{t}))=\lim_{\theta\to\underline{\mathbb{X}}^-}(\int_{\mathrm{F}\langle\mathbb{X}\rangle(\mathrm{x}),\mathrm{F}\langle\mathbb{X}\rangle(\theta)}(d\mathrm{F}_{\mathbb{X}}))=\lim_{\theta\to\underline{\mathbb{X}}^-}(\mathrm{F}_{\mathbb{X}}(\theta))-\mathrm{F}_{\mathbb{X}}(\mathrm{x})=0\}\underline{\leftarrow}\{\mathrm{x}<\underline{\mathbb{X}}\}$ (21)

Da: (2.4.4.22); (21); segue

$\int_{-\infty,\underline{\mathbb{X}}}(\mathrm{D}_{\mathbb{X}}(\mathrm{x})\cdot d\mathrm{x})=\lim_{\theta\to-\infty}(\int_{\theta,\underline{\mathbb{X}}}(\mathrm{D}_{\mathbb{X}}(\mathrm{x})\cdot d\mathrm{x}))=0$ (22)

Da: (2.4.4.22); $\mathrm{D}_{\mathbb{X}}(\mathrm{x})\geq0$, e $Æ\langle\mathrm{D}_{\mathbb{X}}(\mathrm{x}),[\overline{\mathbb{X}},\theta],\overline{\mathbb{X}}\,/f(\underline{\mathrm{x}}),\underline{\mathcal{R}_{\mathrm{x}}},\ddot{\mathrm{I}}_{\mathrm{S}}\,/(2.4.4.37)\rangle$ dovuta all'ultima delle (19); terza delle (19); segue

$\int_{\overline{\mathbb{X}},\infty}(\mathrm{D}_{\mathbb{X}}(\mathrm{x})\cdot d\mathrm{x})=\lim_{\theta\to\infty}(\int_{\overline{\mathbb{X}},\theta}(\mathrm{D}_{\mathbb{X}}(\mathrm{x})\cdot d\mathrm{x}))=\lim_{\theta\to\infty}(\lim_{\vartheta\to\overline{\mathbb{X}}^+}(\int_{\vartheta,\theta}(\mathrm{D}_{\mathbb{X}}(\mathrm{x})\cdot d\mathrm{x})))=0$ (23)

Da: $\mathrm{D}_{\mathbb{X}}(\mathrm{t})\geq0$, e $Æ\langle\mathrm{D}_{\mathbb{X}}(\mathrm{t}),[\underline{\mathbb{X}},\mathrm{x}],\underline{\mathbb{X}}\,/f(\underline{\mathrm{x}}),\underline{\mathcal{R}_{\mathrm{x}}},\ddot{\mathrm{I}}_{\mathrm{S}}\,/(2.4.4.37)\rangle$ dovuta alle $\mathrm{x}>\underline{\mathbb{X}}$ $\mathcal{P}_{\mathbb{X}}$ e (20); $Æ\langle\theta,\mathrm{x},1\,/a,b,f(\mathrm{F}_{\mathbb{X}})\,/(18)\rangle$, e $\mathrm{D}_{\mathbb{X}}(\mathrm{x})\in\mathrm{C}^{0}([\theta,\mathrm{x}])$ dovuta alle $\mathrm{x}>\underline{\mathbb{X}}$ $\mathcal{P}_{\mathbb{X}}$ e (20); $Æ\langle\mathrm{F}_{\mathbb{X}},\theta,\mathrm{x}\,/\mathrm{F}_{\mathbb{X}},a,b\,/(7)\rangle$; $\lim_{\theta\to\underline{\mathbb{X}}^+}(\mathrm{F}_{\mathbb{X}}(\theta))=\mathrm{F}_{\mathbb{X}}(\underline{\mathbb{X}})$; segue IPM

$\{\int_{\underline{\mathbb{X}},\mathrm{x}}(\mathrm{D}_{\mathbb{X}}(\mathrm{t})\cdot d\mathrm{t})=\lim_{\theta\to\underline{\mathbb{X}}^+}(\int_{\theta,\mathrm{x}}(\mathrm{D}_{\mathbb{X}}(\mathrm{t})\cdot d\mathrm{t}))=\lim_{\theta\to\underline{\mathbb{X}}^+}(\int_{\mathrm{F}\langle\mathbb{X}\rangle(\theta),\mathrm{F}\langle\mathbb{X}\rangle(\mathrm{x})}(d\mathrm{F}_{\mathbb{X}}))=\mathrm{F}_{\mathbb{X}}(\mathrm{x})-\lim_{\theta\to\underline{\mathbb{X}}^+}(\mathrm{F}_{\mathbb{X}}(\theta))=$
$\mathrm{F}_{\mathbb{X}}(\mathrm{x})-\mathrm{F}_{\mathbb{X}}(\underline{\mathbb{X}})\}\underline{\leftarrow}\{\mathrm{x}>\underline{\mathbb{X}},\mathcal{P}_{\mathbb{X}}\}$ (24)

Da: $Æ\langle\mathrm{F}_{\mathbb{X}},\underline{\mathbb{X}}\,/f,x\,/(2.4.2.9)\rangle$; $\lim_{\theta\to\underline{\mathbb{X}}^-}(\mathrm{F}_{\mathbb{X}}(\theta))=0$ e $\lim_{\theta\to\underline{\mathbb{X}}^+}(\mathrm{F}_{\mathbb{X}}(\theta))=\mathrm{F}_{\mathbb{X}}(\underline{\mathbb{X}})$; segue

$\{\mathrm{F}_{\mathbb{X}}(\mathrm{x})\in\mathrm{C}^{0}(\underline{\mathbb{X}})\}\underline{\leftrightarrow}\{\lim_{\theta\to\underline{\mathbb{X}}^-}(\mathrm{F}_{\mathbb{X}}(\theta))=\lim_{\theta\to\underline{\mathbb{X}}^+}(\mathrm{F}_{\mathbb{X}}(\theta))=\mathrm{F}_{\mathbb{X}}(\underline{\mathbb{X}})\neq\pm\infty\}\underline{\leftrightarrow}\{\mathrm{F}_{\mathbb{X}}(\underline{\mathbb{X}})=0\}$ (25)

Si pone la $\mathcal{P}_{\mathbb{X}}\equiv\{\mathrm{F}_{\mathbb{X}}(\underline{\mathbb{X}})=0,\mathcal{P}_{\mathbb{X}}\}$. Da: $Æ\langle\mathrm{F}_{\mathbb{X}}(\mathrm{x}),\mathrm{D}_{\mathbb{X}}(\mathrm{x}),(\underline{\mathbb{X}},\overline{\mathbb{X}}]\,/f(\mathrm{x}),f'(\mathrm{x}),\underline{\mathfrak{r}}_{\mathrm{x}}\,/(2.4.4.6)\rangle$; (25); prime due delle (19); segue

$\mathcal{P}_{\mathbb{X}}\underline{\rightarrow}\{F_{\mathbb{X}}(\underline{x})=0;F_{\mathbb{X}}(x)\in C^0((\underline{x},\overline{x}])\}\underline{\leftrightarrow}\{F_{\mathbb{X}}(x)\in C^0([\underline{x},\overline{x}])\}\underline{\leftrightarrow}\{F_{\mathbb{X}}(x)\in C^0((-\infty,\infty))\}$ (26)

Da: Æ⟨$\mathcal{D}_{\mathbb{X}}$,$\underline{x}$,x /*f*,*a*,*b* /(2.4.4.23)⟩; x<$\underline{x}$ e (21); $F_{\mathbb{X}}(\underline{x})=0$ e (25); segue IPM

$\{\int_{\underline{x},x}(\mathcal{D}_{\mathbb{X}}(t)\cdot dt)=-\int_{x,\underline{x}}(\mathcal{D}_{\mathbb{X}}(t)\cdot dt)=F_{\mathbb{X}}(x)-\lim_{\theta\to\underline{x}^-}(F_{\mathbb{X}}(\theta))=F_{\mathbb{X}}(x)-F_{\mathbb{X}}(\underline{x})\}\underline{\leftarrow}\{x<\underline{x},F_{\mathbb{X}}(\underline{x})=0\}$ (27)

La prima delle (2.4.4.22) porta la $\int_{\underline{x},\underline{x}}(\mathcal{D}_{\mathbb{X}}(x)\cdot dx)=0$ e quindi la

$\{F_{\mathbb{X}}(\underline{x})=0,x=\underline{x}\}\underline{\rightarrow}\{\int_{\underline{x},x}(\mathcal{D}_{\mathbb{X}}(t)\cdot dt)=F_{\mathbb{X}}(x)-F_{\mathbb{X}}(\underline{x})\}$ (28)

Da: (2.4.4.22); Æ⟨$\mathcal{D}_{\mathbb{X}}$,θ,x,$\underline{x}$ /*f*,*a*,*b*,*c* /(2.4.4.23)⟩; Æ⟨θ /x /(21)⟩; (24) (27) (28) e $\mathcal{P}_{\mathbb{X}}$; segue IPM

$\{\int_{-\infty,x}(\mathcal{D}_{\mathbb{X}}(t)\cdot dt)=\lim_{\theta\to-\infty}(\int_{\theta,x}(\mathcal{D}_{\mathbb{X}}(t)\cdot dt))=\lim_{\theta\to-\infty}(\int_{\theta,\underline{x}}(\mathcal{D}_{\mathbb{X}}(x)\cdot dx))+\int_{\underline{x},x}(\mathcal{D}_{\mathbb{X}}(t)\cdot dt)=\int_{\underline{x},x}(\mathcal{D}_{\mathbb{X}}(t)\cdot dt)=$
$F_{\mathbb{X}}(x)-F_{\mathbb{X}}(\underline{x})\}\underline{\leftarrow}\mathcal{P}_{\mathbb{X}}$ (29)

Da: (17), $\mathcal{P}_{\mathbb{X}}$ e (26); Æ⟨*b* /x /(29)⟩ Æ⟨*a* /x /(29)⟩ e $\mathcal{P}_{\mathbb{X}}$; (2.4.4.23); segue IPM

$\{\mathfrak{N}\langle\mathbb{X}/a\leq\mathbb{X}\leq b;\mathbb{X}\in\mathbb{X}\rangle/\mathfrak{N}_{\mathbb{X}}=F_{\mathbb{X}}(b)-F_{\mathbb{X}}(a)=\int_{\underline{x},b}(\mathcal{D}_{\mathbb{X}}(x)\cdot dx)-\int_{\underline{x},a}(\mathcal{D}_{\mathbb{X}}(x)\cdot dx)=\int_{a,\underline{x}}(\mathcal{D}_{\mathbb{X}}(x)\cdot dx)+\int_{\underline{x},b}(\mathcal{D}_{\mathbb{X}}(x)\cdot dx)=$
$\int_{a,b}(\mathcal{D}_{\mathbb{X}}(x)\cdot dx)\}\underline{\leftarrow}\mathcal{P}_{\mathbb{X}}$ (30)

Da: additività dell'integrale; (22) e (23); Æ⟨$\overline{x}$ /x /(29)⟩ e $\mathcal{P}_{\mathbb{X}}$; $F_{\mathbb{X}}(\overline{x})=1$ (dovuta a (15)); segue IPM

$\{\int_{-\infty,\infty}(\mathcal{D}_{\mathbb{X}}(x)\cdot dx)=\int_{-\infty,\underline{x}}(\mathcal{D}_{\mathbb{X}}(x)\cdot dx)+\int_{\underline{x},\overline{x}}(\mathcal{D}_{\mathbb{X}}(x)\cdot dx)+\int_{\overline{x},\infty}(\mathcal{D}_{\mathbb{X}}(x)\cdot dx)=\int_{\underline{x},\overline{x}}(\mathcal{D}_{\mathbb{X}}(x)\cdot dx)=F_{\mathbb{X}}(\overline{x})=1\}\underline{\leftarrow}\mathcal{P}_{\mathbb{X}}$ (31)

Da: þ; (13); þ; $F_{\mathbb{X}}(\underline{x})=0$ (dovuta a $\mathcal{P}_{\mathbb{X}}$), $F_{\mathbb{X}}(\overline{x})=1$; $\lim_{\theta\to\underline{x}^+}(F_{\mathbb{X}}(\theta))=F_{\mathbb{X}}(\underline{x})$; Æ⟨θ,$\overline{x}$,x($F_{\mathbb{X}}$) /*a*,*b*,*f*($F_{\mathbb{X}}$) /(18)⟩ e $\mathcal{P}_{\mathbb{X}}$, e x($F_{\mathbb{X}}$(x))=x; Æ⟨x·$\mathcal{D}_{\mathbb{X}}$(x),[$\underline{x}$,$\overline{x}$],$\underline{x}$ /*f*(x),$\mathcal{R}_x$,ïs /(2.4.4.37)⟩ (dovuta a $\mathcal{P}_{\mathbb{X}}$); additività dell'integrale e terza delle (19); segue IPM

$\{m\langle\mathbb{X}\rangle=\lim_{X\to\mathbb{X}}(m_X)=\lim_{X\to\mathbb{X}}(\int_{0,1}(x(F_X)\cdot dF_X))=\int_{0,1}(x(F_{\mathbb{X}})\cdot dF_{\mathbb{X}})=\int_{F\langle\mathbb{X}\rangle(\underline{x}),F\langle\mathbb{X}\rangle(\overline{x})}(x(F_{\mathbb{X}})\cdot dF_{\mathbb{X}})=$
$\lim_{\theta\to\underline{x}^+}(\int_{F\langle\mathbb{X}\rangle(\theta),F\langle\mathbb{X}\rangle(\overline{x})}(x(F_{\mathbb{X}})\cdot dF_{\mathbb{X}}))=\lim_{\theta\to\underline{x}^+}(\int_{\theta,\overline{x}}(x\cdot\mathcal{D}_{\mathbb{X}}(x)\cdot dx))=\int_{\underline{x},\overline{x}}(x\cdot\mathcal{D}_{\mathbb{X}}(x)\cdot dx)=\int_{-\infty,\infty}(x\cdot\mathcal{D}_{\mathbb{X}}(x)\cdot dx)\}\underline{\leftarrow}\mathcal{P}_{\mathbb{X}}$ (32)

Sostituendo, in questa deduzione della (32), i m (13) e x($F_{\mathbb{X}}$) con i rispettivi v^2 (14) e $(x(F_{\mathbb{X}})-m_{\mathbb{X}})^2$, si ottiene la

$\{v^2\langle\mathbb{X}\rangle=\lim_{X\to\mathbb{X}}(v^2_X)=\int_{0,1}((x(F_{\mathbb{X}})-m_{\mathbb{X}})^2\cdot dF_{\mathbb{X}})=\int_{\underline{x},\overline{x}}((x-m_{\mathbb{X}})^2\cdot\mathcal{D}_{\mathbb{X}}(x)\cdot dx)=\int_{-\infty,\infty}((x-m_{\mathbb{X}})^2\cdot\mathcal{D}_{\mathbb{X}}(x)\cdot dx)\}\underline{\leftarrow}\mathcal{P}_{\mathbb{X}}$ (33)

Nel seguito è sottinteso che per ogni specificazione di $\mathbb{X}$ vale la corrispondente specificazione di $\mathcal{P}_{\mathbb{X}}$.

4.2 *La statistica, la densità di probabilità, la variabile casuale.*

Per il X (di cui le $X\equiv\{X_n;n=1,\mathfrak{n}\}$ e $X\equiv e\langle\mathbb{X}\rangle$) si ha la $X\in\mathbb{T}\langle\mathbb{X}\rangle\equiv\{X/X\equiv e\langle\mathbb{X}\rangle\}$, il cui $\mathbb{T}_{\mathbb{X}}$ è l'insieme di ogni campione di $\mathbb{X}$ la cui numerosità è uguale a $\mathfrak{n}$ e quindi è l'insieme di ogni disposizione con ripetizione di classe $\mathfrak{n}$ dei $\mathfrak{N}_{\mathbb{X}}$ elementi di $\mathbb{X}$. Il numero di disposizioni con ripetizione di classe K di N oggetti è N^K. Dunque si ha la $\mathfrak{N}\langle\mathbb{T}_{\mathbb{X}}\rangle=\mathfrak{N}_{\mathbb{X}}^{\mathfrak{n}}$.

Una variabile $\mathbf{s}_X$, definita dalla $\mathbf{s}_X=\mathbf{s}(X)$ per cui si ha (conformemente alla Æ⟨$\mathbf{s}_X$,$\mathbf{s}(X)$ /y,*f*(x) /(2.4.2.4)⟩) una $X\Rightarrow\mathbf{s}_X$ (di cui la $\{X\Rightarrow\mathbf{s}_X\}\equiv\{\mathbb{T}_{\mathbb{X}}\cap\mathbb{R}^{\mathfrak{n}}\Rightarrow\mathbb{R}\langle\mathbf{s}_X\rangle\}$), è una statistica (detta anche stima) definita sul campione X e inerente l'universo $\mathbb{X}$. Pertanto una statistica $\mathbf{s}_X$ è individuata univocamente da una funzione $\mathbf{s}(X)$ e da un universo $\mathbb{X}$ i quali la definiscono per mezzo delle $\mathbf{s}_X=\mathbf{s}(X)$ e $X\equiv e\langle\mathbb{X}\rangle$, e viceversa una tale $\mathbf{s}_X$ riferisce univocamente i propri $\mathbb{X}$ e $\mathbf{s}(X)$; seguendo da ciò la $\{\mathbb{X},\mathbf{s}(X)\}\Leftrightarrow\mathbf{s}_X$.

Si considerano i $E\langle\mathbf{s}_X\rangle$ e $\bar{E}\langle\mathbf{s}_X\rangle$ di cui le $E_{\mathbf{s}\langle X\rangle}\equiv\{a\leq\mathbf{s}_X\leq b\}$ $\bar{E}_{\mathbf{s}\langle X\rangle}\equiv\{\mathbf{s}_X\in\mathbb{R}_{\mathbf{s}\langle X\rangle}\}$ $\underline{E}_{\mathbf{s}\langle X\rangle}\equiv\mathbb{M}\langle E_{\mathbf{s}\langle X\rangle}\rangle$ e $\underline{\bar{E}}_{\mathbf{s}\langle X\rangle}\equiv\mathbb{M}\langle\bar{E}_{\mathbf{s}\langle X\rangle}\rangle$. Inerentemente tali eventi si hanno, oltre l'ovvia $\bar{E}_{\mathbf{s}\langle X\rangle}\equiv\{\mathbf{s}_X\in\mathbb{R}^1\}$, le

$\underline{E}_{\mathbf{s}\langle X\rangle}=\{\varsigma/a\leq\varsigma\leq b;\varsigma=\mathbf{s}(X);X\equiv e\langle\mathbb{X}\rangle\}\equiv\{X/a\leq\mathbf{s}(X)\leq b;X\equiv e\langle\mathbb{X}\rangle\}$ $\underline{\bar{E}}_{\mathbf{s}\langle X\rangle}=\{\varsigma/\varsigma=\mathbf{s}(X);X\equiv e\langle\mathbb{X}\rangle\}\equiv\mathbb{T}_{\mathbb{X}}$ (1)

di cui le $\min\langle\underline{\bar{E}}_{\mathbf{s}\langle X\rangle}\rangle=\min\langle\mathbb{R}_{\mathbf{s}\langle X\rangle}\rangle$ e $\max\langle\underline{\bar{E}}_{\mathbf{s}\langle X\rangle}\rangle=\max\langle\mathbb{R}_{\mathbf{s}\langle X\rangle}\rangle$, e dove gli ultimi membri seguono dalla $\{\varsigma\equiv X;\forall\varsigma=\mathbf{s}(X)\}$. Nel caso delle $\mathbf{s}_X=\mathbf{s}(X)\equiv X$ e $X\equiv\{X|X\equiv e\langle\mathbb{X}\rangle;\mathfrak{n}=1\}$, si ha la $\underline{\bar{E}}_{\mathbf{s}\langle X\rangle}=\mathbb{X}$. Si ha generalmente la $\neg\{\underline{E}_{\mathbf{s}\langle X\rangle}\subseteq\mathbb{R}^1\}$ a fronte dell'inderogabile $[a,b]\subseteq\mathbb{R}^1$.

L'essere $\underline{\bar{E}}_{\mathbf{s}\langle X\rangle}$ un universo come lo è $\mathbb{X}$ (ossia la Æ⟨$\underline{\bar{E}}_{\mathbf{s}\langle X\rangle}$ /$\mathbb{X}$⟩), porta che $\underline{\bar{E}}_{\mathbf{s}\langle X\rangle}$ ha le proprietà analoghe a quelle di $\mathbb{X}$ dette in sez. 4.1. Perciò in particolare $\underline{\bar{E}}_{\mathbf{s}\langle X\rangle}$ ha la frequenza relativa e la densità di frequenza relativa che, in quanto analoghe alle $F_{\mathbb{X}}$ e $\mathfrak{D}_{\mathbb{X}}$, dovrebbero essere indicate soltanto $F\langle\underline{\bar{E}}_{s\langle X\rangle}\rangle$ e $\mathfrak{D}\langle\underline{\bar{E}}_{s\langle X\rangle}\rangle$, ma che invece sono indicate anche (e usualmente) $F\langle s_{X}\rangle$ e $\mathfrak{D}\langle s_{X}\rangle$ poiché, coerentemente con le $\{\mathbb{X},s(\mathbb{X})\}\Leftrightarrow s_{X}$ e $\{\mathbb{X},s(\mathbb{X})\}\Rightarrow\underline{\bar{E}}_{s\langle X\rangle}$ (mostrata dalla seconda delle (1)), le si vuole evidenziare anche come proprietà della s_{X}.

La Æ$\langle\underline{\bar{E}}_{s\langle X\rangle}/\mathbb{X}\rangle$ e l'ultima riga della sez. 4.1 portano la $\{F_{s\langle X\rangle}(\underline{s}_{X})=0,\mathfrak{D}_{s\langle X\rangle}(x)\in C^0((\underline{s}_{X},\bar{s}_{X}])\}$ di cui le $\underline{s}_{X}\equiv\min\langle\mathfrak{R}_{s\langle X\rangle}\rangle$ e $\bar{s}_{X}\equiv\max\langle\mathfrak{R}_{s\langle X\rangle}\rangle$. Perciò per ogni Æ$\langle s/s_{X}\rangle$ è sottintesa la $\{F_s(\min\langle\mathfrak{R}_s\rangle)=0, \mathfrak{D}_s(x)\in C^0((\min\langle\mathfrak{R}_s\rangle,\max\langle\mathfrak{R}_s\rangle])\}$.

Da: Æ$\langle E_{s\langle X\rangle},\bar{E}_{s\langle X\rangle}/A,B/(3.2.1)\rangle$, e $\underline{E}_{s\langle X\rangle}\subseteq\underline{\bar{E}}_{s\langle X\rangle}$ mostrata dalle (1); Æ$\langle\underline{E}_{s\langle X\rangle},\underline{\bar{E}}_{s\langle X\rangle},F_{s\langle X\rangle},\mathfrak{D}_{s\langle X\rangle}/\{\mathbb{X}/a.\square\mathbb{X}.\square.b;\mathbb{X}\in\mathbb{X}\},\mathbb{X},F_{\mathbb{X}},\mathfrak{D}_{\mathbb{X}}/(4.1.30)\rangle$; segue

$\rho\langle E_{s\langle X\rangle}|\bar{E}_{s\langle X\rangle}\rangle=\mathfrak{N}\langle\underline{E}_{s\langle X\rangle}\rangle/\mathfrak{N}\langle\underline{\bar{E}}_{s\langle X\rangle}\rangle=F_{s\langle X\rangle}(b)-F_{s\langle X\rangle}(a)=\int_{a,b}(\mathfrak{D}_{s\langle X\rangle}(x)\cdot dx)$ (2)

il cui $E_{s\langle X\rangle}$ può essere sostituito da uno dei $\{\{a<s_{X}\leq b\},\{a\leq s_{X}<b\},\{a<s_{X}<b\}\}$.

La Æ$\langle F_{s\langle X\rangle},\mathfrak{D}_{s\langle X\rangle},s_{X}/F_{\mathbb{X}},\mathfrak{D}_{\mathbb{X}},\mathbb{X}/(4.1.29)\rangle$ porta la

$F_{s\langle X\rangle}(x)=\int_{-\infty,x}(\mathfrak{D}_{s\langle X\rangle}(t)\cdot dt)=\int_{\underline{s}\langle X\rangle,x}(\mathfrak{D}_{s\langle X\rangle}(t)\cdot dt)$ (3)

Le $F_{s\langle X\rangle}$ e $\mathfrak{D}_{s\langle X\rangle}$ sono chiamate anche la probabilità e la densità di probabilità della statistica s_{X}, poiché la Æ$\langle E_{s\langle X\rangle},\bar{E}_{s\langle X\rangle}/A,B/(3.2.4)\rangle$ porta la

$\mathfrak{C}\langle\bar{E}_{s\langle X\rangle}\rangle\underline{\rightarrow}\{\mathfrak{P}\langle E_{s\langle X\rangle}\rangle=\rho\langle E_{s\langle X\rangle}|\bar{E}_{s\langle X\rangle}\rangle\}$ (4)

il cui $\rho\langle E_{s\langle X\rangle}|\bar{E}_{s\langle X\rangle}\rangle$ è calcolabile per mezzo della (2).

La seconda delle (1) mostra che l'accadere di $\bar{E}_{s\langle X\rangle}$ consiste nel determinarsi un particolare campione $\underline{X}$ di cui le $\underline{X}\equiv\{X_n;n=1,\bar{n}\}$ e $\underline{X}\equiv e\langle\mathbb{X}\rangle$, e perciò si pone la

$\bar{E}_{s\langle X\rangle}\equiv\{\underline{X}\equiv\mathbb{X};\underline{X}\equiv e\langle\mathbb{X}\rangle\}\equiv\{\underline{X}\equiv e\langle\mathbb{X}\rangle\}$ (5)

il cui $\underline{X}$ differisce da $\mathbb{X}$ in quanto la sua specifica identità ne implica la determinazione.

Si pone la $\mathcal{D}_x\equiv\{F_{s\langle X\rangle}(x)$ è derivabile nel punto x$\}$ che, in base alla $\mathfrak{D}_{s\langle X\rangle}(x)\equiv F'_{s\langle X\rangle}(x)$, porta la $\mathcal{D}_x\equiv\{$il valore $\mathfrak{D}_{s\langle X\rangle}(x)$ esiste$\}$. Si considerano i E_x e $\dot{E}_x$ di cui le $\underline{E}_x\equiv\underline{\mathbb{M}}\langle E_x\rangle$ $\underline{\dot{E}}_x\equiv\underline{\mathbb{M}}\langle\dot{E}_x\rangle$ $E_x\equiv\{x\leq s_{X}\leq x+\Delta\}\equiv\{s_{X}\in[x,x+\Delta]\}$ e $\dot{E}_x\equiv\lim_{\Delta\to0}(E_x)\equiv\{s_{X}\in\lim_{\Delta\to0}([x,x+\Delta])\}\equiv\{s_{X}=x\}$. Da: questa; Æ$\langle E_x,x,x+\Delta/E_{s\langle X\rangle},a,b/(2)\rangle$; $\mathcal{D}_x$ e Æ$\langle F_{s\langle X\rangle},\mathfrak{D}_{s\langle X\rangle}/f,f'/(2.4.4.1)\rangle$; $\mathfrak{N}\langle\underline{\bar{E}}_{s\langle X\rangle}\rangle=\lim_{\tilde{n}\to\infty}(\tilde{n})$; Æ$\langle\Delta/x/(2.4.2.12)\rangle$; segue IPM

$\{\mathfrak{N}\langle\underline{\dot{E}}_x\rangle=\lim_{\Delta\to0}(\mathfrak{N}\langle\underline{E}_x\rangle)=\mathfrak{N}\langle\underline{\bar{E}}_{s\langle X\rangle}\rangle\cdot\lim_{\Delta\to0}(F_{s\langle X\rangle}(x+\Delta)-F_{s\langle X\rangle}(x))=\mathfrak{N}\langle\underline{\bar{E}}_{s\langle X\rangle}\rangle\cdot\lim_{\Delta\to0}(\Delta)\cdot\mathfrak{D}_{s\langle X\rangle}(x)=$ $\lim_{\tilde{n}\to\infty}(\tilde{n})\cdot\lim_{\Delta\to0}(\Delta)\cdot\mathfrak{D}_{s\langle X\rangle}(x)=\mathfrak{D}_{s\langle X\rangle}(x)\}\underline{\leftarrow}\mathcal{D}_x$ (6)

di cui la $\{x\neq\bar{s}_{X}\}\underline{\rightarrow}\mathcal{D}_x$ che segue dalla $\mathfrak{D}_{s\langle X\rangle}(x)\in C^0((-\infty,\underline{s}_{X})\cup(\bar{s}_{X},\infty))$ dovuta alle $\mathfrak{D}_{s\langle X\rangle}(x)\in C^0((\underline{s}_{X},\bar{s}_{X}])$ e Æ$\langle\mathfrak{D}_{s\langle X\rangle},s_{X}/\mathfrak{D}_{\mathbb{X}},\mathbb{X}/(4.1.20)\rangle$. La (6) può essere sostituita dal solo suo primo membro giacché questo (come ogni altra proposizione) ha significato se lo hanno tutti i simboli che vi compaiono.

La $\mathfrak{N}\langle\underline{\bar{E}}_{s\langle X\rangle}\rangle=\lim_{\tilde{n}\to\infty}(\tilde{n})$, e il venire meno la distinzione tra reale e intero per un numero che tende a infinito (come è mostrato dalla $\lim_{\tilde{n}\to\infty}(\tilde{n})=\lim_{x\to\infty}(x)$ ottenibile introducendo la $\lim_{x\to0}(x)=1/\lim_{x\to\infty}(x)$ nella (2.4.2.12)), rendono la natura di $\mathfrak{N}\langle\underline{\bar{E}}_{s\langle X\rangle}\rangle$ ambigua tra intera e reale. La (6) comporta generalmente che $\mathfrak{N}\langle\underline{\dot{E}}_x\rangle$ non è naturale ma reale. Pertanto questi valori assegnati a $\mathfrak{N}\langle\underline{\bar{E}}_{s\langle X\rangle}\rangle$ e $\mathfrak{N}\langle\underline{\dot{E}}_x\rangle$, come pure quello di $\mathfrak{N}\langle\underline{E}_{s\langle X\rangle}\rangle$ che si ha per mezzo della (2), non concordano con l'esperienza sensoriale per cui la numerosità di un insieme è un naturale, tuttavia essi sono coerenti con il doverla trascendere che è implicato dall'essere la $\mathfrak{N}\langle\underline{\bar{E}}_{s\langle X\rangle}\rangle=\infty$ necessaria per la $\mathfrak{D}_{s\langle X\rangle}(x)\in C^0((\underline{s}_{X},\bar{s}_{X}])$.

Da: (6); $\dot{E}_x\equiv\{s_{X}=x\}$; þ; Æ$\langle x,\mathfrak{R}_{s\langle X\rangle}/\underline{G},\underline{A}/(3.1.17)\rangle$; segue $\{\mathfrak{D}_{s\langle X\rangle}(x)=0\}\underline{\leftrightarrow}\{\mathfrak{N}\langle\underline{\dot{E}}_x\rangle=0\}\underline{\leftrightarrow}\neg\exists\{s_{X}=x\}\underline{\leftrightarrow}\{x\notin\mathfrak{R}_{s\langle X\rangle}\}\equiv\neg\{x\in\mathfrak{R}_{s\langle X\rangle}\}\underline{\leftrightarrow}\{x\in\neg\mathfrak{R}_{s\langle X\rangle}\}$. Da: questa; þ; $\mathfrak{D}_{s\langle X\rangle}(x)\geq0$ (dovuta a Æ$\langle\mathfrak{D}_{s\langle X\rangle}/\mathfrak{D}_{\mathbb{X}}/\mathfrak{D}_{\mathbb{X}}(x)\geq0\rangle$); segue $\{x\in\mathfrak{R}_{s\langle X\rangle}\}\underline{\leftrightarrow}\neg\{\mathfrak{D}_{s\langle X\rangle}(x)=0\}\underline{\leftrightarrow}\{\mathfrak{D}_{s\langle X\rangle}(x)>0.\dot{\vee}.\mathfrak{D}_{s\langle X\rangle}(x)<0.\dot{\vee}.\neg\mathcal{D}_x\}\underline{\leftrightarrow}\neg\{\mathfrak{D}_{s\langle X\rangle}(x)\leq0\}$ e quindi la $\{\neg\{\mathfrak{D}_{s\langle X\rangle}(x)\leq0\};\forall x\in\mathfrak{R}_{s\langle X\rangle}\}$. Questa e la $\{x\neq\bar{s}_{X}\}\underline{\rightarrow}\mathcal{D}_x$ portano la $\{\mathfrak{D}_{s\langle X\rangle}(x)>0;\forall x\in\{\mathfrak{R}_{s\langle X\rangle}-\{\bar{s}_{X}\}\}\}$. Si pone la $\underline{t}\equiv\{[\underline{s}_{X},\bar{s}_{X}].\dot{\vee}.\mathfrak{R}^1\}$. La Æ$\langle\underline{t},\mathfrak{R}_{s\langle X\rangle}/\underline{A},\underline{B}/(2.2.23)\rangle$ porta le $\underline{t}=\{\underline{t}\cap\mathfrak{R}_{s\langle X\rangle}\}\cup\{\underline{t}\cap\neg\mathfrak{R}_{s\langle X\rangle}\}$ e $\{\underline{t}\cap\mathfrak{R}_{s\langle X\rangle}\}\cap\{\underline{t}\cap\neg\mathfrak{R}_{s\langle X\rangle}\}=\varnothing$. Da: queste e Æ$\langle\underline{t},\{\underline{t}\cap\mathfrak{R}_{s\langle X\rangle},\underline{t}\cap\neg\mathfrak{R}_{s\langle X\rangle}\}$,

$f(x)\cdot\wp_{s\langle X\rangle}(x)\ /\mathfrak{R}_x,\{\mathfrak{R}_m;m=1,\mathbf{m}\},f(x)\ /(2.4.4.20)\rangle$; $\{\wp_{s\langle X\rangle}(x)=0\}\leftrightarrow\{x\in\neg\mathfrak{R}_{s\langle X\rangle}\}$; $\mathfrak{R}_{s\langle X\rangle}\subset t$; segue $\int_t(f(x)\cdot\wp_{s\langle X\rangle}(x)\cdot dx)=\int_{t\cap\mathfrak{R}\langle s\langle X\rangle\rangle}(f(x)\cdot\wp_{s\langle X\rangle}(x)\cdot dx)+\int_{t\cap\neg\mathfrak{R}\langle s\langle X\rangle\rangle}(f(x)\cdot\wp_{s\langle X\rangle}(x)\cdot dx)=\int_{t\cap\mathfrak{R}\langle s\langle X\rangle\rangle}(f(x)\cdot\wp_{s\langle X\rangle}(x)\cdot dx)=\int_{\mathfrak{R}\langle s\langle X\rangle\rangle}(f(x)\cdot\wp_{s\langle X\rangle}(x)\cdot dx)$. Questa e la $Æ\langle s_X,s_X,\wp_{s\langle X\rangle}\ /X,X,\wp_X\ /(4.1.31)\rangle$ (e la (2.4.2.5)) portano la $\int_{\mathfrak{R}\langle s\langle X\rangle\rangle}(\wp_{s\langle X\rangle}(x)\cdot dx)=1$. Questi risultati danno luogo alle

$\{\neg\{\wp_{s\langle X\rangle}(x)\leq 0\};\forall x\in\mathfrak{R}_{s\langle X\rangle}\}$ $\{\wp_{s\langle X\rangle}(x)>0;\forall x\in\{\mathfrak{R}_{s\langle X\rangle}-\{s_X\}\}\}$ $\{\wp_{s\langle X\rangle}(x)=0;\forall x\notin\mathfrak{R}_{s\langle X\rangle}\}$ $\int_{\mathfrak{R}\langle s\langle X\rangle\rangle}(\wp_{s\langle X\rangle}(x)\cdot dx)=1$
$\int_{\mathfrak{R}\langle s\langle X\rangle\rangle}(f(x)\cdot\wp_{s\langle X\rangle}(x)\cdot dx)=\int_{s\langle X\rangle,s\langle X\rangle}(f(x)\cdot\wp_{s\langle X\rangle}(x)\cdot dx)=\int_{-\infty,\infty}(f(x)\cdot\wp_{s\langle X\rangle}(x)\cdot dx)$ (7)

Si considerano i $\dot{E}_X$ e $\dot{E}_X$ di cui le $\dot{E}_X=\{E_x\mid x=s(X)\}$ $\dot{E}_X=\{E_x\mid x=s(X);X=X\}$, dalle quali segue la $\mathbb{M}\langle\dot{E}_X\rangle=\{\varsigma/\varsigma=s(X);X=X;X\equiv e\langle X\rangle\}\equiv\{X/X=X;X\equiv e\langle X\rangle\}\subseteq\mathbb{M}\langle\dot{E}_X\rangle=\{\varsigma/\varsigma=s(X)=s(X);X\equiv e\langle X\rangle\}\equiv\{X/s(X)=s(X);X\equiv e\langle X\rangle\}$ di cui la $\{\varsigma\equiv X;\forall\varsigma=s(X)\}$. Queste definizioni dei $\dot{E}_X$ e $\dot{E}_X$ hanno senso in quanto sono inerenti un X di cui è implicata la determinazione.

Con riferimento all'essere ognuno dei $\{\bar{E}_{s\langle X\rangle},E_{s\langle X\rangle},\dot{E}_X,\dot{E}_X\}$ una specificazione del $\in$ di cui la (3.1.22), e sottintendendo che la s_X è individuata univocamente e i $\{a,b\}$ sono noti, si hanno le

$\{\mathcal{P}_{X\Omega},\alpha\langle\bar{E}_{s\langle X\rangle}\rangle,\alpha\langle E_{s\langle X\rangle}\rangle\}$ $\mathcal{P}_{Xp}\leftrightarrow\alpha\langle\dot{E}_X\rangle\leftrightarrow\alpha\langle\dot{E}_X\rangle$ $\mathcal{P}_{X\Omega}\leftrightarrow\beta_\Omega\langle\bar{E}_{s\langle X\rangle}\rangle\leftrightarrow\beta_\Omega\langle\dot{E}_X\rangle\rightarrow\beta_\Omega\langle\dot{E}_X\rangle$
$\{\mathcal{P}_{X\Omega}\mid s_X\in[a,b]\}\leftrightarrow\beta_\Omega\langle E_{s\langle X\rangle}\rangle$ $\{\mathcal{P}_{Xd};X\equiv r\langle X\rangle\}\leftrightarrow\{\beta_d\langle\bar{E}_{s\langle X\rangle}\rangle;\gamma\langle\bar{E}_{s\langle X\rangle}\rangle\}\rightarrow\{\gamma\langle E_{s\langle X\rangle}\rangle;\gamma\langle\dot{E}_X\rangle;\gamma\langle\dot{E}_X\rangle\}$
$\mathcal{P}_{Xp}\rightarrow\{\neg\gamma\langle\bar{E}_{s\langle X\rangle}\rangle;\neg\gamma\langle E_{s\langle X\rangle}\rangle;\{\neg\gamma\langle\dot{E}_X\rangle;\forall\dot{E}_X\not\equiv\dot{E}_X\}\}$ $\{X\equiv r\langle X\rangle\}\rightarrow\gamma\langle\dot{E}_X\rangle$ (8)

di cui le $\Omega\equiv\{p.V.d\}$ $\mathcal{P}_{Xp}\equiv$\{il valore di $s(X)$ è noto\}$\leftrightarrow$\{X è stato determinato\} $\mathcal{P}_{Xd}\equiv$\{il valore di $s(X)$ sarà noto\}$\leftrightarrow$\{X sarà determinato\} $\mathcal{P}_{Xp}\leftrightarrow\neg\mathcal{P}_{Xd}$.

Da: $\alpha\langle\bar{E}_{s\langle X\rangle}\rangle$ (affermata dalla prima delle (8)), e quinta delle (8); $Æ\langle\bar{E}_{s\langle X\rangle}\ /\in\ /(3.1.22)\rangle$; segue

$\{\mathcal{P}_{Xd};X\equiv r\langle X\rangle\}\leftrightarrow\{\alpha\langle\bar{E}_{s\langle X\rangle}\rangle;\beta_d\langle\bar{E}_{s\langle X\rangle}\rangle;\gamma\langle\bar{E}_{s\langle X\rangle}\rangle\}\equiv\mathbb{C}_d\langle\bar{E}_{s\langle X\rangle}\rangle\rightarrow\mathbb{C}\langle\bar{E}_{s\langle X\rangle}\rangle$ (9)

Da: seconda, terza, e ultima delle (8); $Æ\langle\dot{E}_X\ /\in\ /(3.1.22)\rangle$; segue

$\{\mathcal{P}_{Xp};X\equiv r\langle X\rangle\}\rightarrow\{\alpha\langle\dot{E}_X\rangle;\beta_p\langle\dot{E}_X\rangle;\gamma\langle\dot{E}_X\rangle\}\equiv\mathbb{C}_p\langle\dot{E}_X\rangle\rightarrow\mathbb{C}\langle\dot{E}_X\rangle$ (10)

Da: $Æ\langle\wp_{s\langle X\rangle},s_X,0\ /\wp_X,X,x\ /(4.1.29)\rangle$; additività dell'integrale; $Æ\langle\wp_{s\langle X\rangle}\ /\wp_X\ /(4.1.31)\rangle$; $\int_{-\infty,0}(\wp_{s\langle X\rangle}(x)\cdot dx)=\int_{0,\infty}(\wp_{s\langle X\rangle}(x)\cdot dx)$ dovuta alle $\{\wp_{s\langle X\rangle}(-x)=\wp_{s\langle X\rangle}(x);\forall x\in(0,\infty)\}$ e $Æ\langle\wp_{s\langle X\rangle}(x),\infty\ /f(x),a\ /(2.4.4.29)\rangle$; segue IPM

$\{\int_{s\langle X\rangle,0}(\wp_{s\langle X\rangle}(x)\cdot dx)=\int_{-\infty,0}(\wp_{s\langle X\rangle}(x)\cdot dx)=\int_{-\infty,\infty}(\wp_{s\langle X\rangle}(x)\cdot dx)-\int_{0,\infty}(\wp_{s\langle X\rangle}(x)\cdot dx)=1-\int_{0,\infty}(\wp_{s\langle X\rangle}(x)\cdot dx)=0.5\}\leftarrow$
$\{\wp_{s\langle X\rangle}(-x)=\wp_{s\langle X\rangle}(x);\forall x\in(0,\infty)\}$ (11)

Il valore medio di s_X è indicato $\mathbb{E}\langle s_X\rangle$ ed è definito dalla $\mathbb{E}_{s\langle X\rangle}\equiv\int_{\mathfrak{R}\langle s\langle X\rangle\rangle}(x\cdot\wp_{s\langle X\rangle}(x)\cdot dx)$. Da: questa; $Æ\langle x\ /f(x)\ /(7)\rangle$; $s_X\equiv\min\langle\bar{E}_{s\langle X\rangle}\rangle$ $s_X\equiv\max\langle\bar{E}_{s\langle X\rangle}\rangle$ $\wp_{s\langle X\rangle}\equiv\wp\langle\bar{E}_{s\langle X\rangle}\rangle$ e $Æ\langle\bar{E}_{s\langle X\rangle}\ /X\ /(4.1.32)\rangle$; segue

$\mathbb{E}\langle s_X\rangle=\int_{\mathfrak{R}\langle s\langle X\rangle\rangle}(x\cdot\wp_{s\langle X\rangle}(x)\cdot dx)=\int_{s\langle X\rangle,s\langle X\rangle}(x\cdot\wp_{s\langle X\rangle}(x)\cdot dx)=\int_{-\infty,\infty}(x\cdot\wp_{s\langle X\rangle}(x)\cdot dx)=m\langle\bar{E}_{s\langle X\rangle}\rangle$ (12)

La varianza e lo scarto quadratico medio (o deviazione standard) di s_X sono indicati rispettivamente $\mathbb{V}^2\langle s_X\rangle$ e $\mathbb{V}\langle s_X\rangle$, e sono definiti dalle $\mathbb{V}^2_{s\langle X\rangle}\equiv\int_{\mathfrak{R}\langle s\langle X\rangle\rangle}((x-\mathbb{E}_{s\langle X\rangle})^2\cdot\wp_{s\langle X\rangle}(x)\cdot dx)$ e $\mathbb{V}_{s\langle X\rangle}\equiv(\mathbb{V}^2_{s\langle X\rangle})^{0.5}$. Da: ciò; $Æ\langle(x-\mathbb{E}_{s\langle X\rangle})^2\ /f(x)\ /(7)\rangle$; $Æ\langle s_X,s_X,\mathbb{E}_{s\langle X\rangle},\wp_{s\langle X\rangle},\bar{E}_{s\langle X\rangle}\ /X,X,m_X,\wp_X,X\ /(4.1.33)\rangle$ (conforme alla $\mathbb{E}_{s\langle X\rangle}=m\langle\bar{E}_{s\langle X\rangle}\rangle$ affermata dalla (12)); segue

$\mathbb{V}^2\langle s_X\rangle=\int_{\mathfrak{R}\langle s\langle X\rangle\rangle}((x-\mathbb{E}_{s\langle X\rangle})^2\cdot\wp_{s\langle X\rangle}(x)dx)=\int_{s\langle X\rangle,s\langle X\rangle}((x-\mathbb{E}_{s\langle X\rangle})^2\cdot\wp_{s\langle X\rangle}(x)dx)=\int_{-\infty,\infty}((x-\mathbb{E}_{s\langle X\rangle})^2\cdot\wp_{s\langle X\rangle}(x)dx)=v^2\langle\bar{E}_{s\langle X\rangle}\rangle$ (13)

Le $\wp_{s\langle X\rangle}$ e $\mathbb{V}_{s\langle X\rangle}$ sono chiamati anche la distribuzione campionaria e l'errore standard della statistica s_X.

Il maggiore interesse di una s_X è dovuto all'essere una stima della costante $\mathbb{s}_X$, che è una proprietà di $\mathbb{X}$ chiamata parametro statistico e definita dalla

$\mathbb{s}_X\equiv\lim_{X\to\mathbb{X}}(s(X))$ (14)

Un valore s_X della s_X indica che gli elementi del X, cui corrisponde il s_X per mezzo della $s_X=s(X)$, hanno come caratteristica comune un certo valore di una certa proprietà. Allo stesso modo il $\mathbb{s}_X$ indica che gli elementi di $\mathbb{X}$ hanno come caratteristica comune un certo valore (generalmente diverso dal precedente) della stessa proprietà. Generalmente una maggiore $\mathfrak{N}_X$ porta (in base alla (14) e valendo la $X\equiv r\langle X\rangle$) una migliore $s(X)\cong\mathbb{s}_X$, e quindi porta più credibile l'ipotesi $\mathcal{H}\langle s(X)\rangle$ di cui la

$\mathcal{H}\langle \mathbf{s}(\underline{\mathcal{X}})\rangle \equiv \{\mathbf{s}(\underline{\mathcal{X}}) = \mathbb{s}_{\mathbb{X}}\} \underline{\leftrightarrow} \{$lo stesso valore della stessa proprietà, indicato da $\mathbf{s}(\underline{\mathcal{X}})$, è una caratteristica comune agli elementi di $\underline{\mathcal{X}}$ e di $\underline{\mathbb{X}}$ $\}$ (15)

Le due proprietà di una $\mathbf{s}_{\mathcal{X}}$ più importanti per valutarne il merito di stima di $\mathbb{s}_{\mathbb{X}}$, sono l'errore sistematico e l'efficienza. L'errore sistematico è il $|\mathbb{E}_{\mathbf{s}\langle\mathcal{X}\rangle} - \mathbb{s}_{\mathbb{X}}|$. La $\mathbf{s}_{\mathcal{X}}$ è detta corretta quando il suo errore sistematico è nullo ossia quando si ha la $\mathbb{E}_{\mathbf{s}\langle\mathcal{X}\rangle} = \mathbb{s}_{\mathbb{X}}$. L'efficienza è la numerosità degli elementi di $\bar{E}_{\mathbf{s}\langle\mathcal{X}\rangle}$ più vicini a $\mathbb{s}_{\mathbb{X}}$, essendone $1/\mathbb{V}_{\mathbf{s}\langle\mathcal{X}\rangle}$ una misura se la $\mathbf{s}_{\mathcal{X}}$ è corretta.

La statistica $\mathbf{s}_{\mathcal{X}}$ ha l'ulteriore nome di variabile casuale, in quanto l'essere definita dalla $\mathbf{s}_{\mathcal{X}} = \mathbf{s}(\underline{\mathcal{X}})$ di cui la $\underline{\mathcal{X}} \equiv \mathbf{e}\langle\underline{\mathbb{X}}\rangle$, implica che la conoscenza di ogni suo valore è un evento casuale specificazione del $\dot{E}_{\mathcal{X}}$.

La $\mathbf{s}_{\mathbb{X}}$ ha il nome di variabile casuale ma non quello di statistica, quando non sono interessanti (giacché contestualmente privi di importanza) né i $\underline{\mathbb{X}}$ e $\mathbf{s}(\underline{\mathcal{X}})$ (di cui la $\{\underline{\mathbb{X}}, \mathbf{s}(\underline{\mathcal{X}})\} \Leftrightarrow \mathbf{s}_{\mathcal{X}}$) né alcun particolare campione $\underline{\mathcal{X}}$ al quale debba corrispondere (in base alla $\mathbf{s}_{\mathcal{X}} = \mathbf{s}(\underline{\mathcal{X}})$) un particolare valore di $\mathbf{s}_{\mathcal{X}}$. La densità di probabilità e la deviazione standard di una variabile casuale che non è anche una statistica, non hanno gli ulteriori nomi di distribuzione campionaria e errore standard.

Ciò e le (7) portano, intendendo la $\mathbb{Y} \equiv \min\langle\mathbb{R}\langle \mathrm{Y}\rangle\rangle$, la

$$\{\{f(\mathrm{x})=0; \forall \mathrm{x} \notin \mathbb{R}_{\mathrm{Y}}\} \wedge \{f(\mathrm{x})>0; \forall \mathrm{x} \in \{\mathbb{R}_{\mathrm{Y}} - \{\mathbb{Y}\}\}\} \wedge \int_{\mathbb{R}\langle \mathrm{Y}\rangle}(f(\mathrm{x})\cdot d\mathrm{x})=1\} \underline{\leftrightarrow} \{f \equiv \mathbb{p}\langle \mathrm{Y}\rangle; f(\mathrm{x}) \equiv \mathbb{p}_{\mathrm{Y}}(\mathrm{x})\} \quad (16)$$

nel senso che una $f(\mathrm{x})$, di cui valga il primo membro della (16), può essere considerata la funzione di densità di probabilità di una non meglio ma univocamente identificata variabile casuale Y.

Si considerano le variabili casuali s e r di cui le $E\langle \mathrm{s}\rangle \equiv \{\mathrm{s} \in \underline{\mathrm{S}}\}$ $E\langle \mathrm{r}\rangle \equiv \{\mathrm{r} \in \underline{\mathrm{R}}\}$ $\bar{E}\langle \mathrm{s}\rangle \equiv \{\mathrm{s} \in \mathbb{R}\langle \mathrm{s}\rangle\}$ $\underline{E}_{\mathrm{s}} \equiv \underline{\mathbb{M}}\langle E_{\mathrm{s}}\rangle$ $\underline{E}_{\mathrm{r}} \equiv \underline{\mathbb{M}}\langle E_{\mathrm{r}}\rangle$ $\underline{\bar{E}}_{\mathrm{s}} \equiv \underline{\mathbb{M}}\langle \bar{E}_{\mathrm{s}}\rangle$ e la $\neg\exists\{\mathrm{r} \equiv \mathrm{s} \mid \mathrm{r} \in \underline{E}_{\mathrm{r}}, \mathrm{s} \in \underline{E}_{\mathrm{s}}, \mathrm{r} \neq \mathrm{s}\}$. Conformemente alle $Æ\langle \mathrm{s} / \mathbf{s}_{\mathcal{X}} / (1)\rangle$ e $Æ\langle \mathrm{r} / \mathbf{s}_{\mathcal{X}} / (1)\rangle$, il valore di ogni elemento di $\underline{E}_{\mathrm{s}}$ è anche il valore di un elemento di $\underline{\mathrm{S}}$ e allo stesso modo per i $\underline{E}_{\mathrm{r}}$ e $\underline{\mathrm{R}}$. Ciò porta la $\{\underline{\mathrm{S}} \cap \underline{\mathrm{R}} = \varnothing\} \underline{\rightarrow} \{\underline{E}_{\mathrm{s}} \cap \underline{E}_{\mathrm{r}} = \varnothing\}$. La $\{\underline{\mathrm{S}} \cap \underline{\mathrm{Q}}\} \cap \{\underline{\mathrm{R}} \cap \neg\underline{\mathrm{Q}}\} = \underline{\varnothing}$ (dovuta a $Æ\langle \underline{\mathrm{S}}, \underline{\mathrm{R}}, \underline{\mathrm{Q}} / \underline{\mathrm{A}}, \underline{\mathrm{B}}, \underline{\mathrm{C}} / (2.2.22)\rangle$) e la $Æ\langle \underline{\mathrm{S}} \cap \underline{\mathrm{Q}}, \underline{\mathrm{R}} \cap \neg\underline{\mathrm{Q}} / \underline{\mathrm{S}}, \underline{\mathrm{R}} / \{\underline{\mathrm{S}} \cap \underline{\mathrm{R}} = \varnothing\} \underline{\rightarrow} \{\underline{E}_{\mathrm{s}} \cap \underline{E}_{\mathrm{r}} = \varnothing\}\rangle$ portano la $\underline{\mathbb{M}}\langle \mathrm{s} \in \{\underline{\mathrm{S}} \cap \underline{\mathrm{Q}}\}\rangle \cap \underline{\mathbb{M}}\langle \mathrm{r} \in \{\underline{\mathrm{R}} \cap \neg\underline{\mathrm{Q}}\}\rangle = \underline{\varnothing}$ che, ponendo le $\underline{T}_{\mathrm{a},\underline{\mathrm{B}},\underline{\mathrm{C}}} \equiv \underline{\mathbb{M}}\langle \mathrm{a} \in \mathrm{T}_{\underline{\mathrm{B}},\underline{\mathrm{C}}}\rangle$ e $\mathrm{T}_{\underline{\mathrm{B}},\underline{\mathrm{C}}} \equiv \{\underline{\mathrm{B}} \cap \underline{\mathrm{C}}\}$ (per cui si hanno anche le $\mathrm{T}_{\underline{\mathrm{B}},\underline{\mathrm{C}}} = \mathrm{T}_{\underline{\mathrm{C}},\underline{\mathrm{B}}}$ e $\underline{T}_{\mathrm{a},\underline{\mathrm{B}},\underline{\mathrm{C}}} = \underline{T}_{\mathrm{a},\underline{\mathrm{C}},\underline{\mathrm{B}}}$), e considerando la genericità dei suoi argomenti, può essere scritta come la $\underline{T}_{\mathrm{a},\underline{\mathrm{A}},\underline{\mathrm{C}}} \cap \underline{T}_{\mathrm{b},\underline{\mathrm{B}},\neg\underline{\mathrm{C}}} = \underline{\varnothing}$.

Le $Æ\langle \underline{\mathrm{S}}, \underline{\mathrm{R}} / \underline{\mathrm{A}}, \underline{\mathrm{B}} / (2.2.23)\rangle$ e $Æ\langle \underline{\mathrm{R}}, \underline{\mathrm{S}} / \underline{\mathrm{A}}, \underline{\mathrm{B}} / (2.2.23)\rangle$ portano le rispettive $\underline{\mathrm{S}} = \{\underline{\mathrm{S}} \cap \underline{\mathrm{R}}\} \cup \{\underline{\mathrm{S}} \cap \neg\underline{\mathrm{R}}\} = \mathrm{T}_{\underline{\mathrm{S}},\underline{\mathrm{R}}} \cup \mathrm{T}_{\underline{\mathrm{S}},\neg\underline{\mathrm{R}}}$ e $\underline{\mathrm{R}} = \mathrm{T}_{\underline{\mathrm{R}},\underline{\mathrm{S}}} \cup \mathrm{T}_{\underline{\mathrm{R}},\neg\underline{\mathrm{S}}}$. Da: queste; $Æ\langle \mathrm{s}, \{\mathrm{T}_{\underline{\mathrm{S}},\underline{\mathrm{R}}} \cup \mathrm{T}_{\underline{\mathrm{S}},\neg\underline{\mathrm{R}}}\} / \underline{\mathrm{G}}, \cup_{\mathrm{m}=1,\mathbf{m}}(\mathfrak{R}^{\bullet}_{\mathrm{m}}) / (3.1.14)\rangle$ e $Æ\langle \mathrm{r}, \{\mathrm{T}_{\underline{\mathrm{R}},\underline{\mathrm{S}}} \cup \mathrm{T}_{\underline{\mathrm{R}},\neg\underline{\mathrm{S}}}\} / \underline{\mathrm{G}}, \cup_{\mathrm{m}=1,\mathbf{m}}(\mathfrak{R}^{\bullet}_{\mathrm{m}}) / (3.1.14)\rangle$; (2.2.18); (2.2.18); $\underline{T}_{\mathrm{a},\underline{\mathrm{B}},\underline{\mathrm{C}}} = \underline{T}_{\mathrm{a},\underline{\mathrm{C}},\underline{\mathrm{B}}}$ e $\underline{T}_{\mathrm{a},\underline{\mathrm{A}},\underline{\mathrm{C}}} \cap \underline{T}_{\mathrm{b},\underline{\mathrm{B}},\neg\underline{\mathrm{C}}} = \underline{\varnothing}$; $\underline{T}_{\mathrm{a},\underline{\mathrm{B}},\underline{\mathrm{C}}} \equiv \underline{\mathbb{M}}\langle \mathrm{a} \in \mathrm{T}_{\underline{\mathrm{B}},\underline{\mathrm{C}}}\rangle$ e $\mathrm{T}_{\underline{\mathrm{B}},\underline{\mathrm{C}}} \equiv \{\underline{\mathrm{B}} \cap \underline{\mathrm{C}}\}$; segue la prima delle

$$\underline{E}_{\mathrm{s}} \cap \underline{E}_{\mathrm{r}} = \underline{\mathbb{M}}\langle \mathrm{s} \in \{\mathrm{T}_{\underline{\mathrm{S}},\underline{\mathrm{R}}} \cup \mathrm{T}_{\underline{\mathrm{S}},\neg\underline{\mathrm{R}}}\}\rangle \cap \underline{\mathbb{M}}\langle \mathrm{r} \in \{\mathrm{T}_{\underline{\mathrm{R}},\underline{\mathrm{S}}} \cup \mathrm{T}_{\underline{\mathrm{R}},\neg\underline{\mathrm{S}}}\}\rangle = \{\underline{T}_{\mathrm{s},\underline{\mathrm{S}},\underline{\mathrm{R}}} \cup \underline{T}_{\mathrm{s},\underline{\mathrm{S}},\neg\underline{\mathrm{R}}}\} \cap \{\underline{T}_{\mathrm{r},\underline{\mathrm{R}},\underline{\mathrm{S}}} \cup \underline{T}_{\mathrm{r},\underline{\mathrm{R}},\neg\underline{\mathrm{S}}}\} =$$
$$\{\{\underline{T}_{\mathrm{s},\underline{\mathrm{S}},\underline{\mathrm{R}}} \cup \underline{T}_{\mathrm{s},\underline{\mathrm{S}},\neg\underline{\mathrm{R}}}\} \cap \underline{T}_{\mathrm{r},\underline{\mathrm{R}},\underline{\mathrm{S}}}\} \cup \{\{\underline{T}_{\mathrm{s},\underline{\mathrm{S}},\underline{\mathrm{R}}} \cup \underline{T}_{\mathrm{s},\underline{\mathrm{S}},\neg\underline{\mathrm{R}}}\} \cap \underline{T}_{\mathrm{r},\underline{\mathrm{R}},\neg\underline{\mathrm{S}}}\} =$$
$$\{\{\underline{T}_{\mathrm{s},\underline{\mathrm{S}},\underline{\mathrm{R}}} \cap \underline{T}_{\mathrm{r},\underline{\mathrm{R}},\underline{\mathrm{S}}}\} \cup \{\underline{T}_{\mathrm{s},\underline{\mathrm{S}},\neg\underline{\mathrm{R}}} \cap \underline{T}_{\mathrm{r},\underline{\mathrm{R}},\underline{\mathrm{S}}}\}\} \cup \{\{\underline{T}_{\mathrm{s},\underline{\mathrm{S}},\underline{\mathrm{R}}} \cap \underline{T}_{\mathrm{r},\underline{\mathrm{R}},\neg\underline{\mathrm{S}}}\} \cup \{\underline{T}_{\mathrm{s},\underline{\mathrm{S}},\neg\underline{\mathrm{R}}} \cap \underline{T}_{\mathrm{r},\underline{\mathrm{R}},\neg\underline{\mathrm{S}}}\}\} =$$
$$\underline{T}_{\mathrm{s},\underline{\mathrm{S}},\underline{\mathrm{R}}} \cap \underline{T}_{\mathrm{r},\underline{\mathrm{S}},\underline{\mathrm{R}}} = \underline{\mathbb{M}}\langle \mathrm{s} \in \{\underline{\mathrm{S}} \cap \underline{\mathrm{R}}\}\rangle \cap \underline{\mathbb{M}}\langle \mathrm{r} \in \{\underline{\mathrm{S}} \cap \underline{\mathrm{R}}\}\rangle \quad E_{\mathrm{s}} \cap E_{\mathrm{r}} \equiv \{\mathrm{s} \in \{\underline{\mathrm{S}} \cap \underline{\mathrm{R}}\}\} \cap \{\mathrm{r} \in \{\underline{\mathrm{S}} \cap \underline{\mathrm{R}}\}\} \quad (17)$$

la cui seconda segue dalla prima.

Si considerano le $\mathbf{m}$ variabili casuali $\underline{\acute{\mathrm{s}}}$ di cui le $\underline{\acute{\mathrm{s}}} \equiv \{\acute{\mathrm{s}}_{\mathrm{m}}; \mathrm{m}=1,\mathbf{m}\}$ e $\{E\langle \acute{\mathrm{s}}, \mathrm{m}\rangle \equiv \{\acute{\mathrm{s}}_{\mathrm{m}} \in \underline{\mathrm{S}}_{\mathrm{m}}\}; \mathrm{m}=1,\mathbf{m}\}$. Da: þ; $\{Æ\langle E_{\acute{s}a}, E_{\acute{s}b} / E_{\mathrm{s}}, E_{\mathrm{r}} / (17)\rangle; \forall \{a,b\} \subseteq \{\mathrm{m}=1,\mathbf{m}\}\}$ $\underline{\mathbb{M}}\langle \mathrm{A} \cap \mathrm{B}\rangle = \underline{\mathrm{A}} \cap \underline{\mathrm{B}}$ e (2.2.26); segue $\cap_{\mathrm{m}=1,\mathbf{m}}(E_{\acute{\mathrm{s}}\mathrm{m}}) \equiv \cap_{\mathrm{m}=1,\mathbf{m}}(\{\acute{\mathrm{s}}_{\mathrm{m}} \in \underline{\mathrm{S}}_{\mathrm{m}}\}) \equiv \cap_{\mathrm{m}=1,\mathbf{m}}(\{\acute{\mathrm{s}}_{\mathrm{m}} \in \cap_{m=1,\mathbf{m}}(\underline{\mathrm{S}}_{m})\})$.

Si considerano le $\{E\langle \mathrm{s}, \mathrm{m}\rangle \equiv \{\mathrm{s} \in \underline{\mathfrak{I}}_{\mathrm{m}}\}; \mathrm{m}=1,\mathbf{m}\}$ $\mathfrak{I}_{\mathrm{m}} \equiv [a_{\mathrm{m}}, b_{\mathrm{m}}]$ $\underline{E}_{\mathrm{sm}} \equiv \underline{\mathbb{M}}\langle E_{\mathrm{sm}}\rangle$. Da: $Æ\langle \mathrm{s}, \{\underline{\mathfrak{I}}_{\mathrm{m}}; \mathrm{m}=1,\mathbf{m}\} / \underline{\mathrm{G}}, \{\mathfrak{R}^{\bullet}_{\mathrm{m}}; \mathrm{m}=1,\mathbf{m}\} / (3.1.14)\rangle$ e $\underline{\mathfrak{R}} = \cap_{\mathrm{m}=1,\mathbf{m}}(\underline{\mathfrak{I}}_{\mathrm{m}})$; $Æ\langle \mathrm{s}, \underline{\mathfrak{R}}, \bar{E}_{\mathrm{s}} / \mathbf{s}_{\mathcal{X}}, [a,b], \bar{E}_{\mathbf{s}\langle\mathcal{X}\rangle} / (2)\rangle$ dovuta all'essere $\underline{\mathfrak{R}}$ un intervallo di $\mathbb{R}^1$; segue IPM

$$\{\rho\langle \cap_{\mathrm{m}=1,\mathbf{m}}(E_{\mathrm{sm}}) | \bar{E}_{\mathrm{s}}\rangle = \rho\langle \mathrm{s} \in \underline{\mathfrak{R}} | \bar{E}_{\mathrm{s}}\rangle = \int_{\underline{\mathfrak{R}}}(\mathbb{p}\langle \mathrm{s}\rangle(\mathrm{x})\cdot d\mathrm{x})\} \underline{\leftarrow} \{\underline{\mathfrak{R}} = \cap_{\mathrm{m}=1,\mathbf{m}}(\underline{\mathfrak{I}}_{\mathrm{m}})\} \quad (18)$$

Da: $\underline{\mathfrak{R}} = \cup_{\mathrm{m}=1,\mathbf{m}}(\underline{\mathfrak{I}}_{\mathrm{m}})$; $Æ\langle \mathrm{s}, \{\underline{\mathfrak{I}}_{\mathrm{m}}; \mathrm{m}=1,\mathbf{m}\} / \underline{\mathrm{G}}, \{\mathfrak{R}^{\bullet}_{\mathrm{m}}; \mathrm{m}=1,\mathbf{m}\} / (3.1.14)\rangle$; $Æ\langle \cup_{\mathrm{m}=1,\mathbf{m}}(E_{\mathrm{sm}}), \bar{E}_{\mathrm{s}} / \cup_{\mathrm{m}=1,\mathbf{m}}(\dot{E}_{\mathrm{m}}), \subset / (3.2.1.10)\rangle$; $Æ\langle \cap_{\mathrm{a}=1,\mathrm{c}}(E_{\mathrm{s}\underline{\mathrm{m}}\langle\mathrm{c,b,a}\rangle}) / \cap_{\mathrm{m}=1,\mathbf{m}}(E_{\mathrm{sm}}) / (18)\rangle$; segue IPM {ρ⟨s∈$\underline{\mathfrak{R}}$|Ē_s⟩=ρ⟨s∈∪$_{m=1,m}$($\mathfrak{I}_m$)|Ē_s⟩=ρ⟨∪$_{m=1,m}$($E_{sm}$)|Ē_s⟩=Σ$_{c=1,m}$(($-1$)$^{c+1}$·Σ$_{b=1,Б⟨m,c⟩}$(ρ⟨∩$_{a=1,c}$($E_{s\underline{m}⟨c,b,a⟩}$)|Ē_s⟩))= Σ$_{c=1,m}$(($-1$)$^{c+1}$·Σ$_{b=1,Б⟨m,c⟩}$(∫⟨∩$_{a=1,c}$($\underline{\mathfrak{I}}_{\underline{m}⟨c,b,a⟩}$)⟩($\mathcal{D}_s$(x)·dx)))}$\underline{\leftarrow}${$\underline{\mathfrak{R}}$=∪$_{m=1,m}$($\underline{\mathfrak{I}}_m$)}

La Æ⟨s,$\underline{\mathfrak{I}}$/$\underline{G}$,$\mathfrak{R}^{n}$/(3.1.15)⟩ porta la $\mathcal{P}_{\mathfrak{I}}$$\underline{\rightarrow}$$\mathcal{P}_{\underline{E}}$ di cui le $\mathcal{P}_{\mathfrak{I}}$≡{$\underline{\mathfrak{I}_a}$∩$\mathfrak{I}_b$=∅;∀{a,b}⊆{m=1,m}} $\mathcal{P}_{\underline{E}}$≡ {$\underline{E}_{sa}$∩$\underline{E}_{sb}$=∅;∀{a,b}⊆{m=1,m}}. Da: $\underline{\mathfrak{R}}$=∪$_{m=1,m}$($\underline{\mathfrak{I}}_m$) e Æ⟨s,{$\underline{\mathfrak{I}}_m$;m=1,m} /$\underline{G}$,{$\mathfrak{R}^{n}_m$;m=1,m} / (3.1.14)⟩; Æ⟨$E_s$,Ē_s,$\mathcal{P}_{\underline{E}}$/Ė,C,$\mathcal{P}_{Ė}$/(3.2.1.11)⟩ $\mathcal{P}_{\mathfrak{I}}$$\underline{\rightarrow}$$\mathcal{P}_{\underline{E}}$ e $\mathcal{P}_{\mathfrak{I}}$; Æ⟨s,$E_{sm}$,$\underline{\mathfrak{I}}_m$,Ē_s /**s**$_{\underline{X}}$,$E_{s⟨\underline{X}⟩}$,[a,b],Ē$_{s⟨\underline{X}⟩}$/(2)⟩; additività dell'integrale, $\underline{\mathfrak{R}}$=∪$_{m=1,m}$($\underline{\mathfrak{I}}_m$) e $\mathcal{P}_{\mathfrak{I}}$; segue IPM

{ρ⟨s∈$\underline{\mathfrak{R}}$|Ē_s⟩=ρ⟨∪$_{m=1,m}$(E_{sm})|Ē_s⟩=Σ$_{m=1,m}$(ρ⟨E_{sm}|Ē_s⟩)=Σ$_{m=1,m}$(∫$_{\mathfrak{I}⟨m⟩}$($\mathcal{D}_s$(x)·dx))=∫$_{\underline{\mathfrak{R}}}$($\mathcal{D}_s$(x)·dx)}$\underline{\leftarrow}$ {$\underline{\mathfrak{R}}$=∪$_{m=1,m}$($\underline{\mathfrak{I}}_m$),$\mathcal{P}_{\mathfrak{I}}$} (19)

5 Gli insiemi e le funzioni di variabili casuali

5.1 *La densità di probabilità multipla*

In relazione a un insieme di variabili casuali, si sottintende l'evenienza che alcune delle sue combinazioni (di classe maggiore di 2) siano ognuna un insieme di valori che sono assunti da una stessa variabile casuale. Un insieme di valori di una stessa variabile casuale, è trattabile come un insieme di variabili casuali che hanno ognuna la stessa funzione di densità di probabilità di tale variabile.

Si considera un insieme di n variabili casuali $\underline{s}$, di cui la $\underline{s}$≡{s_n;n=1,n} e che in quanto tali hanno le rispettive {Æ⟨s_n/**s**$_{\underline{X}}$/sez.4.2⟩,$\mathcal{D}$⟨s_n⟩;n=1,n}. La $\mathbb{R}$⟨s_n⟩⊆[$\underline{s}_n$,$\overline{s}_n$] (di cui le $\underline{s}_n$≡min⟨$\mathbb{R}_{s⟨n⟩}$⟩ e $\overline{s}_n$≡max⟨$\mathbb{R}_{s⟨n⟩}$⟩) e la Æ⟨$\underline{s}$/$\underline{G}$/(2.4.2.2)⟩ portano le

$\mathbb{R}$⟨$\underline{s}$⟩⊆Π$_{n=1,n}$($\mathbb{R}$⟨s_n⟩)⊆Π$_{n=1,n}$([$\underline{s}_n$,$\overline{s}_n$])=$\underline{\mathfrak{I}}$⟨$\underline{s}$,$\overline{s}$⟩⊆$\mathbb{R}^{n}$ Ï⟨$\underline{s}$⟩$\underline{\leftrightarrow}${$\mathbb{R}$⟨$\underline{s}$⟩=Π$_{n=1,n}$($\mathbb{R}$⟨$s_n$⟩)} (1)

di cui le $\underline{s}$≡{$\underline{s}_n$;n=1,n} $\overline{s}$≡{$\overline{s}_n$;n=1,n} e Æ⟨$\underline{s}$,$\overline{s}$,$\underline{\mathfrak{I}}$⟨$\underline{s}$,$\overline{s}$⟩ /$\underline{a}$,$\underline{b}$,$\underline{\mathfrak{I}}$⟨$\underline{a}$,$\underline{b}$⟩ /sez.2.4.1⟩.

La $\mathcal{D}_s$=$\mathcal{D}_s$(x) della variabile casuale s è generalizzata dalla $\mathcal{D}$⟨$\underline{s}$⟩=$\mathcal{D}_{\underline{s}}$($\underline{x}$), la cui $\mathcal{D}_{\underline{s}}$ è la densità di probabilità (o di frequenza relativa) multipla (o multivariata o pluridimensionale o n-pla) delle $\underline{s}$, e la cui $\mathcal{D}_{\underline{s}}$($\underline{x}$) è la funzione di $\mathcal{D}_{\underline{s}}$. In tale senso la (4.2.16) è generalizzata dalla {{f($\underline{x}$)=0;∀$\underline{x}$∉$\mathbb{R}_{\underline{Y}}$}∧{f($\underline{x}$)>0;∀$\underline{x}$∈{$\mathbb{R}_{\underline{Y}}$−∂$\mathbb{R}_{\underline{Y}}$}}∧∫$_{\mathbb{R}⟨\underline{Y}⟩}$(f($\underline{x}$)·d$\underline{x}$)=1}$\underline{\leftrightarrow}${f≡$\mathcal{D}$⟨$\underline{Y}$⟩;f($\underline{x}$)≡$\mathcal{D}_{\underline{Y}}$($\underline{x}$)} di cui la $\underline{Y}$≡{Y_n;n=1,n}; e si hanno, coerentemente con la prima delle (1) e come generalizzazione delle (4.2.7) (4.2.2), le

{¬{$\mathcal{D}_{\underline{s}}$($\underline{x}$)≤0};∀x∈$\mathbb{R}_{\underline{s}}$} {$\mathcal{D}_{\underline{s}}$($\underline{x}$)>0;∀$\underline{x}$∈{$\mathbb{R}_{\underline{s}}$−∂$\mathbb{R}_{\underline{s}}$}} {$\mathcal{D}_{\underline{s}}$($\underline{x}$)=0;∀$\underline{x}$∉$\mathbb{R}_{\underline{s}}$} ∫$_{\mathbb{R}⟨\underline{s}⟩}$($\mathcal{D}_{\underline{s}}$($\underline{x}$)·d$\underline{x}$)=1
∫$_{\mathbb{R}⟨\underline{s}⟩}$(f($\underline{x}$)·$\mathcal{D}_{\underline{s}}$($\underline{x}$)·d$\underline{x}$)=∫$_{\mathfrak{I}⟨\underline{s},\overline{s}⟩}$(f($\underline{x}$)·$\mathcal{D}_{\underline{s}}$($\underline{x}$)·d$\underline{x}$)=∫$_{\mathbb{R}^{n}}$(f($\underline{x}$)·$\mathcal{D}_{\underline{s}}$($\underline{x}$)·d$\underline{x}$) (2)

ρ⟨$E_{\underline{s}}$|Ē$_{\underline{s}}$⟩=𝔐⟨$E_{\underline{s}}$⟩/𝔐⟨Ē$_{\underline{s}}$⟩=∫$_{\mathfrak{R}}$($\mathcal{D}_{\underline{s}}$($\underline{x}$)·d$\underline{x}$) (3)

di cui le $E_{\underline{s}}$≡{$\underline{s}$∈$\underline{\mathfrak{R}}$} $\underline{\mathfrak{R}}$⊆$\mathbb{R}^{n}$ Ē$_{\underline{s}}$≡{$\underline{s}$∈$\mathbb{R}_{\underline{s}}$}≡{$\underline{s}$∈$\underline{\mathfrak{I}}$⟨$\underline{s}$,$\overline{s}$⟩}≡{$\underline{s}$∈$\mathbb{R}^{n}$} $\underline{E}_{\underline{s}}$≡$\underline{\mathbb{M}}$⟨$E_{\underline{s}}$⟩⊆$\underline{Ē}_{\underline{s}}$≡$\underline{\mathbb{M}}$⟨Ē$_{\underline{s}}$⟩.

Inerentemente i n eventi {$E_{s⟨n⟩}$;n=1,n} di cui le $E_{s⟨n⟩}$≡{s_n∈$\mathcal{R}_n$} $\mathcal{R}_n$⊆$\mathbb{R}^1$ e $\underline{E}_{s⟨n⟩}$≡$\underline{\mathbb{M}}$⟨$E_{s⟨n⟩}$⟩, valgono le {$E_{s⟨n⟩}$→¬$E_{\varnothing n}$;n=1,n} di cui la Æ⟨¬$E_{\varnothing n}$;n=1,n /¬$E_{\varnothing m}$;m=1,m /sez.3.1⟩, avendo perciò anche la Æ⟨$E_{s⟨n⟩}$;n=1,n /ė$_m$;m=1,m /(3.1.11)⟩. Coerentemente con ciò si hanno le $E_{\underline{s}}$≡{$\underline{s}$∈$\underline{\mathcal{R}}$}≡∧$_{n=1,n}$($E_{s⟨n⟩}$) $\underline{\mathcal{R}}$= Π$_{n=1,n}$($\mathcal{R}_n$)⊆$\mathbb{R}^{n}$ $\underline{E}_{\underline{s}}$≡$\underline{\mathbb{M}}$⟨$E_{\underline{s}}$⟩⊆Π$_{n=1,n}$($\underline{E}_{s⟨n⟩}$) e $\underline{E}_{\underline{s}}$⊆$\underline{Ē}_{\underline{s}}$. Ciò e la Æ⟨Ē$_{\underline{s}}$ /$E_{\underline{s}}$⟩ (dovuta a Æ⟨$\mathfrak{I}_{\underline{s},\overline{s}}$ /$\underline{\mathcal{R}}$⟩) portano le Ē$_{\underline{s}}$≡∧$_{n=1,n}$(Ē$_{s⟨n⟩}$) e $\underline{Ē}_{\underline{s}}$⊆Π$_{n=1,n}$($\underline{Ē}_{s⟨n⟩}$) di cui le Ē$_{s⟨n⟩}$≡{$s_n$∈$\mathbb{R}_{s⟨n⟩}$} $\underline{E}_{s⟨n⟩}$⊆$\underline{Ē}_{s⟨n⟩}$≡$\underline{\mathbb{M}}$⟨Ē$_{s⟨n⟩}$⟩ e Ē$_{s⟨n⟩}$→¬$E_{\varnothing n}$.

Da: Æ⟨$E_{s⟨n⟩}$;n=1,n /ė$_m$;m=1,m /(3.1.12)⟩; $E_{\underline{s}}$≡∧$_{n=1,n}$($E_{s⟨n⟩}$); segue Ï⟨$E_{s⟨n⟩}$;n=1,n⟩≡{$\underline{\mathbb{M}}$⟨∧$_{n=1,n}$($E_{s⟨n⟩}$)⟩= Π$_{n=1,n}$($\underline{E}_{s⟨n⟩}$)}≡{$\underline{E}_{\underline{s}}$=Π$_{n=1,n}$($\underline{E}_{s⟨n⟩}$)}. Questa e la Æ⟨Ē$_{\underline{s}}$,{Ē$_{s⟨n⟩}$;n=1,n} /$E_{\underline{s}}$,{$E_{s⟨n⟩}$;n=1,n}⟩ portano la Ï⟨Ē$_{s⟨n⟩}$;n=1,n⟩≡{$\underline{Ē}_{\underline{s}}$=Π$_{n=1,n}$($\underline{Ē}_{s⟨n⟩}$)}.

La $\underline{É}_{x⟨n⟩}$≡$\underline{\mathbb{M}}$⟨lim$_{\Delta\to 0}$(x_n≤s_n≤x_n+Δ)⟩ porta la Æ⟨s_n,$\underline{É}_{x⟨n⟩}$ /**s**$_{\underline{X}}$,$\underline{É}_x$ /(4.2.6)⟩ e quindi la x_n⇒$\underline{É}_{x⟨n⟩}$ che mostra la possibilità di associare a ogni x_n il $\underline{É}_{x⟨n⟩}$ di cui la 𝔐⟨$\underline{É}_{x⟨n⟩}$⟩=$\mathcal{D}_{s⟨n⟩}$(x_n). Considerando questa associazione, la seconda delle (1), e le posizioni in $\mathbb{R}^{n}$ dei $\mathbb{R}_{\underline{s}}$ $\underline{\mathfrak{R}}$ $\underline{\mathcal{R}}$ [$\underline{s}_n$,$\overline{s}_n$] e $\underline{\mathcal{R}}_n$, si perviene alle {$\underline{\mathfrak{R}}$⊆$\underline{\mathcal{R}}$}$\underline{\rightarrow}${$\underline{E}_{\underline{s}}$⊆$\underline{E}_{\underline{s}}$} e

Ï⟨$\underline{s}$⟩$\underline{\leftrightarrow}${$\underline{Ē}_{\underline{s}}$=Π$_{n=1,n}$($\underline{Ē}_{s⟨n⟩}$)}$\underline{\rightarrow}${$\underline{E}_{\underline{s}}$=Π$_{n=1,n}$($\underline{E}_{s⟨n⟩}$)}$\underline{\leftrightarrow}${ℂ⟨$E_{\underline{s}}$⟩≡∧$_{n=1,n}$(ℂ⟨$E_{s⟨n⟩}$⟩)} {$\underline{\mathcal{R}}$⊆$\mathbb{R}$⟨$\underline{s}$⟩}$\underline{\rightarrow}${$\underline{E}_{\underline{s}}$=Π$_{n=1,n}$($\underline{E}_{s⟨n⟩}$)} (4)

dove l'ultimo membro della prima è dovuto a $Æ\langle E_{\underline{s}},\{E_{s\langle n\rangle};n=1,\#\} / \wedge_{m=1,\#}(\dot{e}_m),\{\dot{e}_m;m=1,\#\} / (3.1.24)\rangle$.

L'affinità tra $\bar{E}_{\underline{s}}$ e $\Pi_{n=1,\#}(\bar{E}_{s\langle n\rangle})$ mostrata dalla $\bar{E}_{\underline{s}}\subseteq\Pi_{n=1,\#}(\bar{E}_{s\langle n\rangle})$, e la $\{\mathfrak{N}\langle\bar{E}_{s\langle n\rangle}\rangle=\infty;n=1,\#\}$ implicata dalla $\mathfrak{p}\langle s_n\rangle(x)\in C^0((\mathfrak{s}_n,\mathfrak{s}_n])$; portano la $\exists\{\mathfrak{N}\langle\bar{E}_{\underline{s}}\rangle=\mathfrak{N}\langle\underline{A}\rangle;\underline{A}=\Pi_{n=1,\#}(\underline{A}_n);\{\mathfrak{N}\langle\underline{A}_n\rangle=\infty;n=1,\#\}\}$. Da: questa; (2.2.29); $\mathfrak{N}\langle\underline{A}_n\rangle=\infty=\lim_{\tilde{n}\to\infty}(\tilde{n})$; segue

$$\mathfrak{N}\langle\bar{E}_{\underline{s}}\rangle=\mathfrak{N}\langle\Pi_{n=1,\#}(\underline{A}_n)\rangle=\Pi_{n=1,\#}(\mathfrak{N}\langle\underline{A}_n\rangle)=(\lim_{\tilde{n}\to\infty}(\tilde{n}))^{\#} \quad (5)$$

Si considerano le $E_{\underline{x}}\equiv\{\underline{s}\in\mathfrak{I}\langle\underline{x},\underline{x}+\underline{\Delta}\rangle\}$ (di cui la $Æ\langle\mathfrak{I}\langle\underline{x},\underline{x}+\underline{\Delta}\rangle / \mathfrak{I}\langle\underline{a},\underline{b}\rangle / \text{sez.}2.4.1\rangle$) $\underline{E}_{\underline{x}}\equiv\underline{\mathbb{M}}\langle E_{\underline{x}}\rangle$, $\acute{E}_{\underline{x}}\equiv\lim_{\underline{\Delta}\to\underline{0}\langle\#\rangle}(E_{\underline{x}})\equiv\{\underline{s}\in\lim_{\underline{\Delta}\to\underline{0}\langle\#\rangle}(\mathfrak{I}\langle\underline{x},\underline{x}+\underline{\Delta}\rangle)\}\equiv\{\underline{s}=\underline{x}\}$ $\underline{\acute{E}}_{\underline{x}}\equiv\underline{\mathbb{M}}\langle\acute{E}_{\underline{x}}\rangle$. Da: queste; $Æ\langle\mathfrak{I}_{\underline{x},\underline{x}+\underline{\Delta}},\underline{E}_{\underline{x}} / \mathfrak{R},\underline{E}_{\underline{s}} / (3)\rangle$; (5) e $Æ\langle\mathfrak{p}_{\underline{s}}(\underline{t}) / f(\underline{t}) / (2.4.4.19)\rangle$; $Æ\langle\Delta / x / (2.4.2.12)\rangle$; segue

$$\mathfrak{N}\langle\underline{\acute{E}}_{\underline{x}}\rangle=\lim_{\underline{\Delta}\to\underline{0}\langle\#\rangle}(\mathfrak{N}\langle\underline{E}_{\underline{x}}\rangle)=\mathfrak{N}\langle\bar{E}_{\underline{s}}\rangle\cdot\lim_{\underline{\Delta}\to\underline{0}\langle\#\rangle}(\int_{\mathfrak{I}\langle\underline{x},\underline{x}+\underline{\Delta}\rangle}(\mathfrak{p}_{\underline{s}}(\underline{t})\cdot d\underline{t}))=(\lim_{\tilde{n}\to\infty}(\tilde{n})\cdot\lim_{\Delta\to0}(\Delta))^{\#}\cdot\mathfrak{p}_{\underline{s}}(\underline{x})=\mathfrak{p}_{\underline{s}}(\underline{x}) \quad (6)$$

che generalizza la (4.2.6).

Si pone la $\mathcal{P}_{\mathfrak{R},\underline{s}}\equiv\{\mathbb{I}_{\underline{s}}\circ\forall\circ\mathfrak{R}\subseteq\mathbb{R}_{\underline{s}}\}$. Da: $Æ\langle\mathfrak{R},E_{\underline{s}} / \mathfrak{R},E_{\underline{s}} / (3)\rangle$; $\underline{E}_{\underline{s}}=\Pi_{n=1,\#}(\underline{E}_{s\langle n\rangle})$ (dovuta a $\mathcal{P}_{\mathfrak{R},\underline{s}}$ e (4)), e (5); $\mathfrak{N}\langle\bar{E}_{s\langle n\rangle}\rangle=\lim_{\tilde{n}\to\infty}(\tilde{n})$ (che si ha come detto in sez. 4.1), e (2.2.29); $\underline{E}_{s\langle n\rangle}\subseteq\bar{E}_{s\langle n\rangle}$; $Æ\langle E_{s\langle n\rangle},\bar{E}_{s\langle n\rangle} / s\in\mathfrak{R},\bar{E}_s / (4.2.19)\rangle$; segue IPM

$$\{\int_{\mathfrak{R}}(\mathfrak{p}_{\underline{s}}(\underline{x})\cdot d\underline{x})=\mathfrak{N}\langle\underline{E}_{\underline{s}}\rangle/\mathfrak{N}\langle\bar{E}_{\underline{s}}\rangle=\mathfrak{N}\langle\Pi_{n=1,\#}(\underline{E}_{s\langle n\rangle})\rangle/(\lim_{\tilde{n}\to\infty}(\tilde{n}))^{\#}=\Pi_{n=1,\#}(\mathfrak{N}\langle\underline{E}_{s\langle n\rangle}\rangle/\mathfrak{N}\langle\bar{E}_{s\langle n\rangle}\rangle)=$$
$$\Pi_{n=1,\#}(\rho\langle E_{s\langle n\rangle}|\bar{E}_{s\langle n\rangle}\rangle)=\Pi_{n=1,\#}(\int_{\mathfrak{R}\langle n\rangle}(\mathfrak{p}_{s\langle n\rangle}(t)\cdot dt))\}\underline{\leftarrow}\mathcal{P}_{\mathfrak{R},\underline{s}} \quad (7)$$

I membri secondo e quarto di IPM (7), e le $\underline{E}_{\underline{s}}\subseteq\bar{E}_{\underline{s}}$ $\underline{E}_{s\langle n\rangle}\subseteq\bar{E}_{s\langle n\rangle}$, portano IPM $\{\rho\langle E_{\underline{s}}|\bar{E}_{\underline{s}}\rangle=\Pi_{n=1,\#}(\rho\langle E_{s\langle n\rangle}|\bar{E}_{s\langle n\rangle}\rangle)\}\underline{\leftarrow}\mathcal{P}_{\mathfrak{R},\underline{s}}$. Le $Æ\langle E_{\underline{s}},\bar{E}_{\underline{s}} / A,B / (3.2.4)\rangle$ e $Æ\langle E_{s\langle n\rangle},\bar{E}_{s\langle n\rangle} / A,B / (3.2.4)\rangle$, portano le rispettive $\mathbb{C}\langle\bar{E}_{\underline{s}}\rangle\underline{\to}\{\mathbb{P}\langle E_{\underline{s}}\rangle=\rho\langle E_{\underline{s}}|\bar{E}_{\underline{s}}\rangle\}$ $\mathbb{C}\langle\bar{E}_{s\langle n\rangle}\rangle\underline{\to}\{\mathbb{P}\langle E_{s\langle n\rangle}\rangle=\rho\langle E_{s\langle n\rangle}|\bar{E}_{s\langle n\rangle}\rangle\}$. Queste, la $\{\rho\langle E_{\underline{s}}|\bar{E}_{\underline{s}}\rangle=\Pi_{n=1,\#}(\rho\langle E_{s\langle n\rangle}|\bar{E}_{s\langle n\rangle}\rangle)\}\underline{\leftarrow}\mathcal{P}_{\mathfrak{R},\underline{s}}$, e la $\mathbb{C}\langle\bar{E}_{\underline{s}}\rangle\underline{\leftrightarrow}\{\mathbb{C}\langle\bar{E}_{s\langle n\rangle}\rangle;n=1,\#\}$ dovuta a $\mathcal{P}_{\mathfrak{R},\underline{s}}$ e (4), portano la $\{\mathbb{C}\langle\bar{E}_{\underline{s}}\rangle,\mathcal{P}_{\mathfrak{R},\underline{s}}\}\underline{\to}\{\mathbb{P}\langle E_{\underline{s}}\rangle=\Pi_{n=1,\#}(\mathbb{P}\langle E_{s\langle n\rangle}\rangle)\}$.

Si pongono le

$$\alpha(\underline{x})\equiv\Pi_{n=1,\#}(\alpha_n(x_n)) \quad \alpha_n(x_n)\equiv\int_{k\langle n\rangle,x\langle n\rangle}(\mathfrak{p}_{s\langle n\rangle}(t)\cdot dt) \quad (8)$$

Da: $\mathbb{I}\langle\underline{x}\rangle$; $\partial\alpha_n(x_n)/\partial x_n=\mathfrak{p}_{s\langle n\rangle}(x_n)$ dovuta alla seconda delle (8); segue IPM

$$\{\partial\Pi_{n=n,\#}(\alpha_n(x_n))/\partial x_n=(\partial\alpha_n(x_n)/\partial x_n)\cdot\Pi_{n=n+1,\#}(\alpha_n(x_n))=\mathfrak{p}_{s\langle n\rangle}(x_n)\cdot\Pi_{n=n+1,\#}(\alpha_n(x_n))\}\underline{\leftarrow}\mathbb{I}\langle\underline{x}\rangle \quad (9)$$

Da: prima delle (8); $Æ\langle\Pi_{n=1,\#}(\alpha_n(x_n)) / f(\underline{x}) / (2.4.4.5)\rangle$, $\mathbb{I}_{\underline{x}}$, e l'applicazione iterata della (9); segue IPM

$$\{\partial^{\#}\alpha(\underline{x})/\partial x_1\partial x_2\ldots\partial x_{\#}=\partial^{\#}\Pi_{n=1,\#}(\alpha_n(x_n))/\partial x_1\partial x_2\ldots\partial x_{\#}=\Pi_{n=1,\#}(\mathfrak{p}_{s\langle n\rangle}(x_n))\}\underline{\leftarrow}\mathbb{I}\langle\underline{x}\rangle \quad (10)$$

La $Æ\langle\mathfrak{p}_{\underline{s}} / f / (2.4.4.36)\rangle$ porta la

$$\partial^{\#}\mathfrak{I}\langle\mathfrak{p}_{\underline{s}},1\rangle(\underline{x})/\partial x_1\partial x_2\ldots\partial x_{\#}=\mathfrak{p}_{\underline{s}}(\underline{x}) \quad (11)$$

Si pone la $\mathcal{P}_{\mathfrak{I},\underline{s}}\equiv\{\mathbb{I}_{\underline{s}}\circ\forall\circ\mathfrak{I}\langle\underline{k},\underline{x}\rangle\subseteq\mathbb{R}_{\underline{s}}\}$ di cui la $Æ\langle\mathfrak{I}\langle\underline{k},\underline{x}\rangle / \mathfrak{I}\langle\underline{a},\underline{b}\rangle / \text{sez.}2.4.1\rangle$. Da: (8); $\{Æ\langle[k_n,x_n],\mathfrak{I}\langle\underline{k},\underline{x}\rangle / \mathfrak{R}_n,\mathfrak{R} / (7)\rangle;n=1,\#\}$ e $\mathcal{P}_{\mathfrak{I},\underline{s}}$; $Æ\langle\mathfrak{p}_{\underline{s}} / f / (2.4.4.35)\rangle$; segue IPM $\{\alpha(\underline{x})=\Pi_{n=1,\#}(\int_{k\langle n\rangle,x\langle n\rangle}(\mathfrak{p}_{s\langle n\rangle}(t)\cdot dt))=\int_{\mathfrak{I}\langle\underline{k},\underline{x}\rangle}(\mathfrak{p}_{\underline{s}}(\underline{t})\cdot d\underline{t})=\mathfrak{I}\langle\mathfrak{p}_{\underline{s}},1\rangle(\underline{x})\}\underline{\leftarrow}\mathcal{P}_{\mathfrak{I},\underline{s}}$. Questa, la (2.4.4.4), le (10) e (11), e il sottintendere la $\{\underline{x}\in\mathbb{R}_{\underline{s}}\}\underline{\leftrightarrow}\{\mathfrak{I}\langle\underline{k},\underline{x}\rangle\subseteq\mathbb{R}_{\underline{s}}\}$; portano la

$$\{\{\mathbb{I}\langle\underline{s}\rangle\circ\forall\circ\underline{x}\in\mathbb{R}_{\underline{s}}\},\mathbb{I}\langle\underline{x}\rangle\}\underline{\to}\{\mathfrak{p}_{\underline{s}}(\underline{x})=\Pi_{n=1,\#}(\mathfrak{p}_{s\langle n\rangle}(x_n))\} \quad (12)$$

La (12) è ottenibile anche nel seguente modo. Si pongono le $E_{xn}\equiv\{x_n\leq s_n\leq x_n+\Delta_n\}$ e $\underline{E}_{xn}\equiv\underline{\mathbb{M}}\langle E_{xn}\rangle$. Da: (6); $Æ\langle E_{\underline{x}},E_{xn} / E_{\underline{s}},E_{s\langle n\rangle} / (4)\rangle$ e $\{\mathbb{I}_{\underline{s}}\circ\forall\circ\mathfrak{I}\langle\underline{x},\underline{x}+\underline{\Delta}\rangle\subseteq\mathbb{R}_{\underline{s}}\}$; (2.2.29); $\mathbb{I}_{\underline{x}}$, e la $Æ\langle\Pi_{n=1,\#}(\mathfrak{N}\langle\underline{E}_{xn}\rangle) / f(\underline{x}+\underline{\Delta},\underline{t}) / (2.4.2.8)\rangle$ dovuta a $Æ\langle E_{xn},\bar{E}_{s\langle n\rangle} / E_{s\langle\underline{x}\rangle},\bar{E}_{s\langle\underline{x}\rangle} / (4.2.2)\rangle$; $Æ\langle E_{xn} / E_x / (4.2.6)\rangle$; segue IPM

$$\{\mathfrak{p}_{\underline{s}}(\underline{x})=\lim_{\underline{\Delta}\to\underline{0}\langle\#\rangle}(\mathfrak{N}\langle\underline{E}_{\underline{x}}\rangle)=\lim_{\underline{\Delta}\to\underline{0}\langle\#\rangle}(\mathfrak{N}\langle\Pi_{n=1,\#}(\underline{E}_{xn})\rangle)=\lim_{\underline{\Delta}\to\underline{0}\langle\#\rangle}(\Pi_{n=1,\#}(\mathfrak{N}\langle\underline{E}_{xn}\rangle))=$$
$$\Pi_{n=1,\#}(\lim_{\Delta\langle n\rangle\to0}(\mathfrak{N}\langle\underline{E}_{xn}\rangle))=\Pi_{n=1,\#}(\mathfrak{p}_{s\langle n\rangle}(x_n))\}\underline{\leftarrow}\{\{\mathbb{I}\langle\underline{s}\rangle\circ\forall\circ\underline{x}\in\mathbb{R}_{\underline{s}}\},\mathbb{I}\langle\underline{x}\rangle\}$$

di cui il sottintendere la $\{\underline{x}\in\mathbb{R}_{\underline{s}}\}\underline{\leftrightarrow}\{\mathfrak{I}\langle\underline{x},\underline{x}+\underline{\Delta}\rangle\subseteq\mathbb{R}_{\underline{s}}\}$ dovuto al trattare il limite per $\underline{\Delta}\to\underline{0}\langle\#\rangle$.

Si pongono le $\{\ddot{E}_{snn'}\equiv\bar{E}_{s\langle n'\rangle};\forall n'\neq n\}$ $\ddot{E}_{snn}\equiv E_{s\langle n\rangle}$ e $\underline{\ddot{E}}_{snn'}\equiv\underline{\mathbb{M}}\langle\ddot{E}_{snn'}\rangle$, e si considera che $\{\underline{n}_{cba};a=1,c\}$ è (come detto in sez. 2.1.2) la b-esima combinazione di classe c dei $\{n=1,\#\}$. Le $\neg\exists\{\{\varsigma / \varsigma\equiv x;\varsigma\in\underline{\ddot{E}}_{sac}\}\neq\{\varsigma / \varsigma\equiv x;\varsigma\in\underline{\ddot{E}}_{sbc}\};x\in\ddot{E}_{ac};x\in\ddot{E}_{bc};\{a,b\}\subseteq\{\underline{n}_{cba};a=1,c\};c\in\{n=1,\#\}\}$ e $Æ\langle\ddot{E}_{s\underline{n}\langle c,b,a\rangle n};a=1,c;n=1,\# / \Delta_{ij};i=\mathfrak{i},\mathfrak{i};j=\mathfrak{j},\mathfrak{j} /$

(2.2.30)⟩ portano la

$\cap_{a=1,c}(\Pi_{n=1,n}(\ddot{E}_{s\underline{n}\langle c,b,a\rangle n}))=\Pi_{n=1,n}(\cap_{a=1,c}(\ddot{E}_{s\underline{n}\langle c,b,a\rangle n}))$ (13)

Si pone la $\ddot{E}_{\wedge cba}\equiv\wedge_{n=1,n}(\ddot{E}_{s\underline{n}\langle c,b,a\rangle n})$. Da: Æ⟨$\cap_{a=1,c}(\ddot{E}_{\wedge cba}),\ddot{E}_{\underline{s}}$ /A,B /(3.2.1)⟩; Æ⟨$\ddot{E}_{\wedge cba}$;a=1,c /$\dot{E}_m$;m=1,m /(3.1.9)⟩; $\cap_{a=1,c}$(M⟨$\ddot{E}_{\wedge cba}$⟩)⊆$\underline{\ddot{E}}_{\underline{s}}$ dovuta a Æ⟨M⟨$\ddot{E}_{\wedge cba}$⟩/$\underline{E}_{\underline{s}}$ /$E_{\underline{s}}$⊆$\ddot{E}_{\underline{s}}$⟩; $\mathbb{I}_{\underline{s}}$ (4) e Æ⟨$\ddot{E}_{\wedge cba}$ /$E_{\underline{s}}$ /(4)⟩; (13); (2.2.29); {$\ddot{E}_{snn}\equiv\ddot{E}_{s\langle n\rangle}$;∀n≠n} e $\ddot{E}_{snn}\equiv E_{s\langle n\rangle}$;$\underline{E}_{s\langle n\rangle}$⊆$\underline{\ddot{E}}_{s\langle n\rangle}$ e (3.2.1); Æ⟨s$_n$,$\mathfrak{R}_n$,$\ddot{E}_{s\langle n\rangle}$ /s,$\underline{\mathfrak{R}}$,$\ddot{E}_s$ /(4.2.19)⟩; segue IPM

{ρ⟨$\cap_{a=1,c}(\ddot{E}_{\wedge cba})$|$\ddot{E}_{\underline{s}}$⟩=𝔐⟨M⟨$\cap_{a=1,c}(\ddot{E}_{\wedge cba})$⟩∩$\ddot{E}_{\underline{s}}$⟩/𝔐⟨$\ddot{E}_{\underline{s}}$⟩=𝔐⟨$\cap_{a=1,c}$(M⟨$\ddot{E}_{\wedge cba}$⟩)∩$\ddot{E}_{\underline{s}}$⟩/𝔐⟨$\ddot{E}_{\underline{s}}$⟩=𝔐⟨$\cap_{a=1,c}$(M⟨$\ddot{E}_{\wedge cba}$⟩)⟩/𝔐⟨$\ddot{E}_{\underline{s}}$⟩=
𝔐⟨$\cap_{a=1,c}(\Pi_{n=1,n}(\underline{\ddot{E}}_{s\underline{n}\langle c,b,a\rangle n}))$⟩/𝔐⟨$\Pi_{n=1,n}(\underline{\ddot{E}}_{s\langle n\rangle})$⟩=𝔐⟨$\Pi_{n=1,n}(\cap_{a=1,c}(\underline{\ddot{E}}_{s\underline{n}\langle c,b,a\rangle n}))$⟩/𝔐⟨$\Pi_{n=1,n}(\underline{\ddot{E}}_{s\langle n\rangle})$⟩=
$\Pi_{n=1,n}$(𝔐⟨$\cap_{a=1,c}(\underline{\ddot{E}}_{s\underline{n}\langle c,b,a\rangle n})$⟩/𝔐⟨$\underline{\ddot{E}}_{s\langle n\rangle}$⟩)=$\Pi_{a=1,c}$(𝔐⟨$\underline{E}_{s\langle\underline{n}\langle c,b,a\rangle\rangle}$⟩/𝔐⟨$\underline{\ddot{E}}_{s\langle\underline{n}\langle c,b,a\rangle\rangle}$⟩)=
$\Pi_{a=1,c}$(ρ⟨$E_{s\langle\underline{n}\langle c,b,a\rangle\rangle}$|$\ddot{E}_{s\langle\underline{n}\langle c,b,a\rangle\rangle}$⟩)=$\Pi_{a=1,c}(\int_{\mathfrak{R}\underline{n}\langle c,b,a\rangle}(\mathfrak{p}_{s\langle\underline{n}\langle c,b,a\rangle\rangle}(x)\cdot dx)$}←$\mathbb{I}$⟨s⟩ (14)

Da: Æ⟨$\vee_{n=1,n}(E_{s\langle n\rangle})$,$\ddot{E}_{\underline{s}}$ /A,B /(3.2.1.1)⟩; Æ⟨$E_{s\langle n\rangle}$,¬$E_{\varnothing n}$,$\ddot{E}_{s\langle n\rangle}$,$\ddot{E}_{snn}$;n=1,n /$\dot{e}_m$,¬$E_{\varnothing m}$,$\ddot{e}_m$,$\ddot{e}_{mm}$;m=1,m /(3.1.13)⟩; Æ⟨{$\wedge_{n=1,n}(\ddot{E}_{snn})$;n=1,n},$\ddot{E}_{\underline{s}}$ /{$\dot{E}_m$;m=1,m},⊂ /(3.2.1.10)⟩; (14) e $\mathbb{I}_{\underline{s}}$; segue IPM

{ρ⟨$\vee_{n=1,n}(E_{s\langle n\rangle})$|$\ddot{E}_{\underline{s}}$⟩=ρ⟨$\vee_{n=1,n}(E_{s\langle n\rangle})$ | $\ddot{E}_{\underline{s}}$|$\ddot{E}_{\underline{s}}$⟩=ρ⟨$\cup_{n=1,n}(\wedge_{n=1,n}(\ddot{E}_{snn}))$|$\ddot{E}_{\underline{s}}$⟩=
$\Sigma_{c=1,n}((-1)^{c+1}\cdot\Sigma_{b=1,B\langle n,c\rangle}$(ρ⟨$\cap_{a=1,c}(\ddot{E}_{\wedge cba})$|$\ddot{E}_{\underline{s}}$⟩))=$\Sigma_{c=1,n}((-1)^{c+1}\cdot\Sigma_{b=1,B\langle n,c\rangle}(\Pi_{a=1,c}$(ρ⟨$E_{s\langle\underline{n}\langle c,b,a\rangle\rangle}$|$\ddot{E}_{s\langle\underline{n}\langle c,b,a\rangle\rangle}$⟩)))=
$\Sigma_{c=1,n}((-1)^{c+1}\cdot\Sigma_{b=1,B\langle n,c\rangle}(\Pi_{a=1,c}(\int_{\mathfrak{R}\underline{n}\langle c,b,a\rangle}(\mathfrak{p}_{s\langle\underline{n}\langle c,b,a\rangle\rangle}(x)\cdot dx)))$}←$\mathbb{I}$⟨s⟩ (15)

Da: s∈$\mathfrak{R}_{\underline{s}}$ e Æ⟨s$_n$,$\mathfrak{R}_n$,$\underline{s}^n$,s /G$_a$,$\mathfrak{R}_{G\langle a\rangle}$,$\underline{G}^a$,G /(2.4.2.3)⟩; Æ⟨$\underline{s}^n$ /G /(2.4.2.1)⟩; segue IPM {$E_{s\langle n\rangle}$⟺ {$E_{s\langle n\rangle}$∧{$\underline{s}^n$∈$\mathfrak{R}$⟨$\underline{s}^n$⟩}}⟺$\wedge_{n=1,n}(\ddot{E}_{snn})$}←{s∈$\mathfrak{R}_{\underline{s}}$}. Tuttavia il dedurre da ciò la $\square_{n=1,n}(E_{s\langle n\rangle})$⟺ $\square_{n=1,n}(\wedge_{n=1,n}(\ddot{E}_{snn}))$ di cui la □≡{∩,∨,∪}, non sarebbe corretto quando i {$\wedge_{n=1,n}(\ddot{E}_{snn})$,$E_{s\langle n\rangle}$;n=1,n} fossero trattati individualmente al contrario dell'essere tutti inerenti uno stesso $\mathfrak{R}^n$ come è affermato dalla s∈$\mathfrak{R}_{\underline{s}}$.

5.2 *La densità di probabilità di funzioni di variabili casuali*

In una $f(\underline{x})=0$ non vi può essere variabile casuale una sola delle $\underline{x}$, poiché questa identità sarebbe incompatibile con quella di incognita calcolabile con tale equazione dove si assegnino alle variabili restanti dei valori che possono essere arbitrari a meno della $\underline{x}\in\mathfrak{R}_x$.

In una $f(\underline{x})=0$ con una x_n variabile casuale, le $\underline{x}^n$ non possono essere tutte variabili non casuali, in quanto tali $n-1$ identità consentirebbero di calcolare la x_n come un'incognita della $f(\underline{x})=0$ dove si assegnino alle $\underline{x}^n$ dei valori scelti arbitrariamente (a meno della $\underline{x}\in\mathfrak{R}_x$).

In conformità a ciò: affinché una $f(\underline{x})=0$ abbia senso, è necessario che nessuna delle $\underline{x}$ sia una variabile casuale o che almeno due delle $\underline{x}$ siano variabili casuali; affinché abbia senso una y=y($\underline{x}$) che definisce la variabile y, è necessario che nessuna delle {y,$\underline{x}$} sia una variabile casuale o che siano variabili casuali la y e almeno una delle $\underline{x}$.

5.2.1 *Due espressioni di validità generale*

Inerentemente una variabile casuale r definita da una r=r(s), si hanno le E_{rx}⟺$E_{\underline{s}x}$ e $\ddot{E}_r$⟺$\ddot{E}_{\underline{s}}$ di cui le E_{rx}≡{r≤x}≡{−∞<r≤x} $E_{\underline{s}x}$≡{s∈$\mathfrak{R}_{r,\underline{s},x}$} $\mathfrak{R}_{r,\underline{s},x}$≡{$\underline{x}$ /r($\underline{x}$)≤x;$\underline{x}$∈$\mathfrak{R}$⟨s⟩} $\ddot{E}_r$≡{r∈$\mathfrak{R}^1$} $\ddot{E}_{\underline{s}}$≡ {s∈$\mathfrak{R}^n$} $\underline{E}_{rx}$≡M⟨E_{rx}⟩ $\underline{E}_{\underline{s}x}$≡M⟨$E_{\underline{s}x}$⟩ $\underline{\ddot{E}}_r$≡M⟨$\ddot{E}_r$⟩ e $\underline{\ddot{E}}_{\underline{s}}$≡M⟨$\ddot{E}_{\underline{s}}$⟩.

Le Æ⟨E_{rx},$E_{\underline{s}x}$,$\ddot{E}_r$,$\ddot{E}_{\underline{s}}$ /X,Y,A,B /(3.2.1.3)⟩ $\underline{E}_{rx}$⊆$\underline{\ddot{E}}_r$ $\underline{E}_{\underline{s}x}$⊆$\underline{\ddot{E}}_{\underline{s}}$, e le $\underline{E}_{rx}$⟺$\underline{E}_{\underline{s}x}$ e $\underline{\ddot{E}}_r$⟺$\underline{\ddot{E}}_{\underline{s}}$ dovute (in base a (3.1.1)) alle rispettive E_{rx}⟺$E_{\underline{s}x}$ e $\ddot{E}_r$⟺$\ddot{E}_{\underline{s}}$, portano la ρ⟨E_{rx}|$\ddot{E}_r$⟩=ρ⟨$E_{\underline{s}x}$|$\ddot{E}_{\underline{s}}$⟩. Da: Æ⟨r,−∞,x,$\ddot{E}_r$ /**s**$_{\underline{x}}$,*a*,*b*,$\ddot{E}_{s\langle\underline{x}\rangle}$ /(4.2.2)⟩ e F⟨r⟩(−∞)=0; ρ⟨E_{rx}|$\ddot{E}_r$⟩=ρ⟨$E_{\underline{s}x}$|$\ddot{E}_{\underline{s}}$⟩; Æ⟨$E_{\underline{s}x}$,$\mathfrak{R}_{r,\underline{s},x}$ /$E_{\underline{s}}$,$\mathfrak{R}$ /(5.1.3)⟩; segue

{F⟨r⟩(x)=ρ⟨E_{rx}|$\ddot{E}_r$⟩=ρ⟨$E_{\underline{s}x}$|$\ddot{E}_{\underline{s}}$⟩=$\int_{\mathfrak{R}\langle r,\underline{s},x\rangle}(\mathfrak{p}_{\underline{s}}(\underline{x})\cdot d\underline{x})$ (1)

la cui introduzione nella $\mathfrak{p}_r(x)$≡F′$_r$(x) fornisce un'espressione utilizzabile per calcolare $\mathfrak{p}_r(x)$.

Da: Æ⟨s /G /(2.4.2.2)⟩; ¬{$\underline{x}^n$∈$\mathfrak{R}$⟨$\underline{s}^n$⟩}⟺{$\underline{x}^n$∈¬$\mathfrak{R}$⟨$\underline{s}^n$⟩} (dovuta a Æ⟨$\underline{x}^n$,$\mathfrak{R}$⟨$\underline{s}^n$⟩ /G,A /(3.1.17)⟩); segue {$\underline{x}$∈$\mathfrak{R}_{\underline{s}}$}→{$\underline{x}^n$∈$\mathfrak{R}$⟨$\underline{s}^n$⟩}⟺¬{$\underline{x}^n$∈¬$\mathfrak{R}$⟨$\underline{s}^n$⟩}. Da: questa e la (2.1.1.1); þ; terza delle (5.1.2); segue {$\underline{x}^n$∈¬$\mathfrak{R}$⟨$\underline{s}^n$⟩}→¬{$\underline{x}$∈$\mathfrak{R}_{\underline{s}}$}⟺{$\underline{x}$∉$\mathfrak{R}_{\underline{s}}$}→{$\mathfrak{p}_{\underline{s}}(\underline{x})$=0}. Questa e la {$\underline{x}^n$∈¬$\mathfrak{I}$⟨$\underline{s}^n$,$\underline{s}^n$⟩}→

$\{\underline{x}^n\in\neg\mathbb{R}\langle\underline{s}^n\rangle\}$ (dovuta a $\mathbb{R}\langle\underline{s}^n\rangle\subseteq\mathfrak{I}\langle\underline{s}^n,\underline{s}^n\rangle$) portano la $\{\underline{x}^n\in\neg t_n\}\to\{\wp_{\underline{s}}(\underline{x})=0\}$ di cui la $t_n\equiv\{\mathbb{R}\langle\underline{s}^n\rangle.\forall.\mathfrak{I}\langle\underline{s}^n,\underline{s}^n\rangle\}$. Da: $\mathbb{R}^{\#-1}=t_n\cup\neg^{\#-1}t_n$ e $t_n\cap\neg^{\#-1}t_n=\varnothing$ (dovute a Æ$\langle t_n,\mathbb{R}^{\#-1}/\mathfrak{R}^{\#},\mathbb{R}^{\#}/(2.4.1.1)\rangle$), e (2.4.4.20); $\neg^{\#-1}t_n\equiv\neg t_n\cap\mathbb{R}^{\#-1}$ e $\{\underline{x}^n\in\neg t_n\}\to\{\wp_{\underline{s}}(\underline{x})=0\}$; segue

$$\int_{\mathbb{R}^{\#-1}}(\wp_{\underline{s}}(\underline{x})\cdot d\underline{x}^n)=\int_{t\langle n\rangle}(\wp_{\underline{s}}(\underline{x})\cdot d\underline{x}^n)+\int_{\neg^{\#-1}t\langle n\rangle}(\wp_{\underline{s}}(\underline{x})\cdot d\underline{x}^n)=\int_{t\langle n\rangle}(\wp_{\underline{s}}(\underline{x})\cdot d\underline{x}^n)\quad(2)$$

Si considerano le $\mathfrak{R}_{\underline{s}n}\equiv\{\underline{x}/x_n\leq x;\underline{x}\in\mathbb{R}_{\underline{s}}\}$ e $\mathscr{R}_{\underline{s}n}\equiv\{\underline{x}/s_n\leq x_n\leq x;\underline{x}^n\in\mathbb{R}\langle\underline{s}^n\rangle\}$ per cui se ne hanno le $\mathfrak{R}_{\underline{s}n}\subseteq\mathscr{R}_{\underline{s}n}$ $\neg^{\#}\mathfrak{R}_{\underline{s}n}\equiv\neg\mathfrak{R}_{\underline{s}n}\cap\mathbb{R}^{\#}=\{\underline{x}/\{x_n>x\}.\forall.\{\underline{x}\notin\mathbb{R}_{\underline{s}}\}.\forall.\{\{x_n>x\}.\wedge.\{\underline{x}\notin\mathbb{R}_{\underline{s}}\}\};\underline{x}\in\mathbb{R}^{\#}\}$ e $I_{\underline{s}n}\equiv\mathscr{R}_{\underline{s}n}\cap\neg^{\#}\mathfrak{R}_{\underline{s}n}=\{\underline{x}/\underline{x}\in\mathscr{R}_{\underline{s}n};\underline{x}\notin\mathbb{R}_{\underline{s}}\}$. Da: ciò e $I_{\underline{s}n}\neq\varnothing$; (5.1.2); segue IPM

$$\{\{\underline{x}\in I_{\underline{s}n}\}\to\{\underline{x}\notin\mathbb{R}_{\underline{s}}\}\to\{\wp_{\underline{s}}(\underline{x})=0\}\}\leftarrow\{I_{\underline{s}n}\neq\varnothing\}\quad(3)$$

Le Æ$\langle\mathscr{R}_{\underline{s}n},\mathfrak{R}_{\underline{s}n}/A,B/(2.2.23)\rangle$ $\mathfrak{R}_{\underline{s}n}=\mathscr{R}_{\underline{s}n}\cap\mathfrak{R}_{\underline{s}n}$ (dovuta a $\mathfrak{R}_{\underline{s}n}\subseteq\mathscr{R}_{\underline{s}n}$) e $\mathscr{R}_{\underline{s}n}=\mathscr{R}_{\underline{s}n}\cap\mathbb{R}^{\#}$ (dovuta a $\mathscr{R}_{\underline{s}n}\subseteq\mathbb{R}^{\#}$) portano le $\mathscr{R}_{\underline{s}n}=\mathfrak{R}_{\underline{s}n}\cup I_{\underline{s}n}$ e $\mathfrak{R}_{\underline{s}n}\cap I_{\underline{s}n}=\varnothing$. Da: queste e (2.4.4.20); $\{I_{\underline{s}n}\neq\varnothing\}.\forall.\{I_{\underline{s}n}=\varnothing\}$ e (3); segue

$$\int_{\mathscr{R}\langle\underline{s},n\rangle}(\wp_{\underline{s}}(\underline{x})\cdot d\underline{x})=\int_{\mathfrak{R}\langle\underline{s},n\rangle}(\wp_{\underline{s}}(\underline{x})\cdot d\underline{x})+\int_{I\langle\underline{s},n\rangle}(\wp_{\underline{s}}(\underline{x})\cdot d\underline{x})=\int_{\mathfrak{R}\langle\underline{s},n\rangle}(\wp_{\underline{s}}(\underline{x})\cdot d\underline{x})\quad(4)$$

Si pone la $s_n=s_n(\underline{s})\equiv s_n+\Sigma_{n=1,\#;n\neq n}(s_n-s_n)$ per cui si ha la Æ$\langle s_n=s_n(\underline{s}),\mathfrak{R}_{\underline{s}n}/r=r(\underline{s}),\mathfrak{R}_{\underline{r},\underline{s},x}/(1)\rangle$. Da: questa; (4); la Æ$\langle\mathscr{R}_{\underline{s}n},s_n,x,\mathbb{R}\langle\underline{s}^n\rangle,\wp_{\underline{s}}(\underline{x})/\mathfrak{R}_x,\alpha_n,\beta_n,\mathfrak{B}^n,f(\underline{x})/(2.4.4.30),(2.4.4.31)\rangle$ e il sottintenderne la $\ddot{\imath}\langle x|\underline{x}^n\rangle$; segue $F\langle s_n\rangle(x)=\int_{\mathfrak{R}\langle\underline{s},n\rangle}(\wp_{\underline{s}}(\underline{x})\cdot d\underline{x})=\int_{\mathscr{R}\langle\underline{s},n\rangle}(\wp_{\underline{s}}(\underline{x})\cdot d\underline{x})=\int_{s\langle n\rangle,x}(\int_{\mathbb{R}\langle\underline{s}^n\rangle}(\wp_{\underline{s}}(\underline{x})\cdot d\underline{x}^n)\cdot dx_n)$. Da: la derivata di questa rispetto a x; (2) e $t_n\equiv\{\mathbb{R}\langle\underline{s}^n\rangle.\forall.\mathfrak{I}\langle\underline{s}^n,\underline{s}^n\rangle\}$; segue

$$\wp\langle s_n\rangle(x_n)=\int_{\mathbb{R}\langle\underline{s}^n\rangle}(\wp_{\underline{s}}(\underline{x})\cdot d\underline{x}^n)=\int_{\mathfrak{I}\langle\underline{s}^n,\underline{s}^n\rangle}(\wp_{\underline{s}}(\underline{x})\cdot d\underline{x}^n)=\int_{\mathbb{R}^{\#-1}}(\wp_{\underline{s}}(\underline{x})\cdot d\underline{x}^n)\quad(5)$$

5.2.2 *La corrispondenza biunivoca tra variabili casuali*

Si considerano le variabili casuali $\underline{u}$ e $\underline{v}$ di cui le $\underline{v}\equiv\{v_n;n=1,\#\}$ $\underline{u}\equiv\{u_n;n=1,\#\}\}$ e $\mathbb{R}\langle\underline{u}\rangle\Leftrightarrow\mathbb{R}\langle\underline{v}\rangle$. Questa e la Æ$\langle\underline{u},\underline{v}/\underline{u},\underline{v}/(2.4.6.1)\rangle$ portano la

$$\{\{\mathfrak{R}\langle\underline{u}\rangle\Leftrightarrow\mathfrak{R}\langle\underline{v}\rangle\,|\,\mathfrak{R}_{\underline{v}}=\{\underline{v}/\underline{v}=\underline{v}(\underline{u});\underline{u}\in\mathfrak{R}_{\underline{u}}\};\mathfrak{R}_{\underline{u}}=\{\underline{u}/\underline{u}=\underline{u}(\underline{v});\underline{v}\in\mathfrak{R}_{\underline{v}}\}\};\forall\mathfrak{R}_{\underline{u}}\subseteq\mathbb{R}_{\underline{u}}\}\quad(1)$$

di cui le $\underline{v}(\underline{u})\equiv\{v_n(\underline{u});n=1,\#\}$ e $\underline{u}(\underline{v})\equiv\{u_n(\underline{v});n=1,\#\}$.

Si pongono le $E_{\underline{u}}\equiv\{\underline{u}\in\mathfrak{R}_{\underline{u}}\}$ $E_{\underline{v}}\equiv\{\underline{v}\in\mathfrak{R}_{\underline{v}}\}$ $\bar{E}_{\underline{u}}\equiv\{\underline{u}\in\mathbb{R}^{\#}\}$ $\bar{E}_{\underline{v}}\equiv\{\underline{v}\in\mathbb{R}^{\#}\}$ $\underline{E}_{\underline{u}}\equiv\mathbb{M}\langle E_{\underline{u}}\rangle$ $\underline{E}_{\underline{v}}\equiv\mathbb{M}\langle E_{\underline{v}}\rangle$ $\underline{\bar{E}}_{\underline{u}}\equiv\mathbb{M}\langle\bar{E}_{\underline{u}}\rangle$ $\underline{\bar{E}}_{\underline{v}}\equiv\mathbb{M}\langle\bar{E}_{\underline{v}}\rangle$. La (1) porta le $E_{\underline{u}}\Leftrightarrow E_{\underline{v}}$ e $\bar{E}_{\underline{u}}\Leftrightarrow\bar{E}_{\underline{v}}$ e quindi, per la (3.1.1), le rispettive $\underline{E}_{\underline{u}}\Leftrightarrow\underline{E}_{\underline{v}}$ e $\underline{\bar{E}}_{\underline{u}}\Leftrightarrow\underline{\bar{E}}_{\underline{v}}$. Da: Æ$\langle E_{\underline{u}},\bar{E}_{\underline{u}}/E_{\underline{s}},\bar{E}_{\underline{s}}/(5.1.3)\rangle$; $\underline{E}_{\underline{u}}\Leftrightarrow\underline{E}_{\underline{v}}$ $\underline{\bar{E}}_{\underline{u}}\Leftrightarrow\underline{\bar{E}}_{\underline{v}}$ $\underline{E}_{\underline{u}}\subseteq\underline{\bar{E}}_{\underline{u}}$ $\underline{E}_{\underline{v}}\subseteq\underline{\bar{E}}_{\underline{v}}$ e Æ$\langle E_{\underline{u}},E_{\underline{v}},\bar{E}_{\underline{u}},\bar{E}_{\underline{v}}/X,Y,A,B/(3.2.1.3)\rangle$; Æ$\langle E_{\underline{v}},\bar{E}_{\underline{v}}/E_{\underline{s}},\bar{E}_{\underline{s}}/(5.1.3)\rangle$; segue

$$\int_{\mathfrak{R}\langle\underline{u}\rangle}(\wp\langle\underline{u}\rangle(\underline{t})\cdot d\underline{t})=\rho\langle E_{\underline{u}}|\bar{E}_{\underline{u}}\rangle=\rho\langle E_{\underline{v}}|\bar{E}_{\underline{v}}\rangle=\int_{\mathfrak{R}\langle\underline{v}\rangle}(\wp\langle\underline{v}\rangle(\underline{t})\cdot d\underline{t})\quad(2)$$

La Æ$\langle\underline{u},\underline{v},\mathfrak{R}_{\underline{u}},\mathfrak{R}_{\underline{v}},\wp_{\underline{v}}/\underline{u},\underline{v},\mathfrak{R}_{u},\mathfrak{R}_{v},f/(2.4.6.2)\rangle$ porta la

$$\mathcal{P}\to\{\int_{\mathfrak{R}\langle\underline{v}\rangle}(\wp_{\underline{v}}(\underline{t})\cdot d\underline{t})=\int_{\mathfrak{R}\langle\underline{u}\rangle}(\mathscr{P}_{\underline{v}}(\underline{t})\cdot d\underline{t})\}\quad(3)$$

di cui le $\mathcal{P}\equiv\exists\{\wp_{\underline{u}}\supset\mathfrak{R}_{\underline{u}};\{\det\langle J_{\underline{v},\underline{u}}\rangle(\underline{t})\neq0;\forall\underline{t}\in\wp_{\underline{u}}\}\}$ $\mathscr{P}_{\underline{v}}(\underline{t})\equiv\wp_{\underline{v}}(\underline{v}(\underline{t}))\cdot|\det\langle J_{\underline{v},\underline{u}}\rangle(\underline{t})|$ $J_{\underline{v},\underline{u}}\equiv[\partial v_n(\underline{t})/\partial t_n;n=1,\#;n=1,\#]$ e il cui $\wp_{\underline{u}}$ è un campo.

Introducendo nella (2) il secondo membro della (3), si ha IPM $\{\int_{\mathfrak{R}\langle\underline{u}\rangle}(\wp_{\underline{u}}(\underline{t})\cdot d\underline{t})=\int_{\mathfrak{R}\langle\underline{u}\rangle}(\mathscr{P}_{\underline{v}}(\underline{t})\cdot d\underline{t})\}\leftarrow\mathcal{P}$. Introducendo in questa la $\mathfrak{R}_{\underline{u}}\equiv\mathfrak{I}\langle\underline{k},\underline{x}\rangle$, se ne hanno le Æ$\langle\wp_{\underline{u}}/f/(2.4.4.35)\rangle$ e Æ$\langle\mathscr{P}_{\underline{v}}/f/(2.4.4.35)\rangle$ che consentono di scriverla come la $\{\mathfrak{I}\langle\wp_{\underline{u}},1\rangle(\underline{x})=\mathfrak{I}\langle\mathscr{P}_{\underline{v}},1\rangle(\underline{x})\}\leftarrow\mathcal{P}$. Questa, la (2.4.4.4), e le Æ$\langle\wp_{\underline{u}}/f/(2.4.4.36)\rangle$ e Æ$\langle\mathscr{P}_{\underline{v}}/f/(2.4.4.36)\rangle$, portano, intendendo che $\wp_{\underline{u}}$ è un campo, IPM

$$\{\wp_{\underline{u}}(\underline{x})=\wp_{\underline{v}}(\underline{v}(\underline{x}))\cdot|\det\langle J_{\underline{v},\underline{u}}\rangle(\underline{x})|\}\leftarrow\exists\{\underline{x}\in\wp_{\underline{u}};\{\det\langle J_{\underline{v},\underline{u}}\rangle(\underline{t})\neq0;\forall\underline{t}\in\wp_{\underline{u}}\}\}\quad(4)$$

La (4) può essere ottenuta anche in base alla (2.4.4.19) e all'introdurre la $\mathfrak{R}_{\underline{u}}\equiv\mathfrak{I}\langle\underline{x},\underline{x}+\underline{\Delta}\rangle$ nella $\{\int_{\mathfrak{R}\langle\underline{u}\rangle}(\wp_{\underline{u}}(\underline{t})\cdot d\underline{t})=\int_{\mathfrak{R}\langle\underline{u}\rangle}(\mathscr{P}_{\underline{v}}(\underline{t})\cdot d\underline{t})\}\leftarrow\mathcal{P}$.

Si considerano le variabili casuali Ъ e д di cui le

$$Ъ=Ъ(д,\underline{s})\quad д=д(Ъ,\underline{s})\quad(5)$$

Inerentemente tali Ъ e д è possibile stabilire le

$\{Ƀ,\underline{s}\}=\{Ƀ(д,\underline{s}),\underline{s}(д,\underline{s})\}$ $\{д,\underline{s}\}=\{д(Ƀ,\underline{s}),\underline{s}(Ƀ,\underline{s})\}$ (6)

di cui le $\underline{s}\equiv\{s_n;n=1,ꬴ\}$ $\underline{s}(д,\underline{s})\equiv\{s_n(д,\underline{s});n=1,ꬴ\}$ e $\underline{s}(Ƀ,\underline{s})\equiv\{s_n(Ƀ,\underline{s});n=1,ꬴ\}$ con le $s_n(д,\underline{s})$ e $s_n(Ƀ,\underline{s})$ definite dalle rispettive $s_n(д,\underline{s})\equiv$ д$-$д$+\Sigma_{n=1,ꬴ}(s_n-s_n)+s_n$ e $s_n(Ƀ,\underline{s})\equiv Ƀ-Ƀ+\Sigma_{n=1,ꬴ}(s_n-s_n)+s_n$, e avendo perciò le $\underline{s}(д,\underline{s})=\underline{s}$ e $\underline{s}(Ƀ,\underline{s})=\underline{s}$.

Le Æ$\langle\{Ƀ,\underline{s}\},\{д,\underline{s}\}$ /$\underline{u},\underline{v}$ /(2.4.6.1)$\rangle$ e (6) portano la $\mathfrak{R}\langle Ƀ,\underline{s}\rangle\Leftrightarrow\mathfrak{R}\langle д,\underline{s}\rangle$ e quindi la Æ$\langle\{Ƀ,\underline{s}\},\{д,\underline{s}\}$ /$\underline{u},\underline{v}$ /(4)$\rangle$.

Si pongono le $\underline{J}_{дs}\equiv[J_{rc}(x,\underline{x});r=1,ꬴ+1;c=1,ꬴ+1]$ $д_{xx}\equiv$д$(x,\underline{x})$ $\{J_{1c}(x,\underline{x});c=1,ꬴ+1\}=\{\partial д_{xx}/\partial x,\{\partial д_{xx}/\partial x_n;n=1,ꬴ\}\}$ $\{J_{r1}(x,\underline{x});r=2,ꬴ+1\}=\{\partial s_n(x,\underline{x})/\partial x;n=1,ꬴ\}$ $\{J_{rc}(x,\underline{x});r=2,ꬴ+1;c=2,ꬴ+1\}=\{\partial s_n(x,\underline{x})/\partial x_n;n=1,ꬴ;n=1,ꬴ\}$, che danno luogo alla Æ$\langle\underline{J}_{дs}$ /$\underline{v},\underline{u}$ /(4)$\rangle$.

La $\underline{s}(Ƀ,\underline{s})=\underline{s}$, e il sottintendere le $\{ï\langle x_n\!\mid\!x\rangle;n=1,ꬴ\}$ e $ï\langle\underline{x}\rangle$, portano le $\{\partial s_n(x,\underline{x})/\partial x=0;n=1,ꬴ\}$ $\partial s_n(x,\underline{x})/\partial x_n=\delta_{nn}$, la cui introduzione nelle precedenti espressioni che definiscono $\underline{J}_{дs}$ porta le $\{J_{r1}(x,\underline{x})=0;r=2,ꬴ+1\}$ $\{J_{rc}(x,\underline{x})=\delta_{rc};r=2,ꬴ+1;c=2,ꬴ+1\}$. Queste e la (2.3.3) portano la $\det\langle\underline{J}_{дs}\rangle(x,\underline{x})=\partial$д$(x,\underline{x})/\partial x$, avendo perciò la

$\{\det\langle\underline{J}_{дs}\rangle(x,\underline{x})=\partial$д$(x,\underline{x})/\partial x;\forall\{x,\underline{x}\}\in\mathfrak{R}\langle Ƀ,\underline{s}\rangle\}$ (7)

Si pone la $\underline{\mathfrak{C}}_s\equiv\underline{\mathfrak{R}}_s-\partial\underline{\mathfrak{R}}_s$. Da: Æ$\langle Ƀ,\underline{s}$ /$\underline{s}$ /(5.2.1.5)$\rangle$; $\mathcal{P}_{Ƀs}(x,\underline{x})\geq0$ e Æ$\langle\mathcal{P}_{Ƀs}(x,\underline{x}),\underline{\mathfrak{R}}_s,\partial\underline{\mathfrak{R}}_s$ /$f(\underline{x}),\underline{\mathfrak{R}}_x,\underline{i}s$ /(2.4.4.37)$\rangle$; Æ$\langle\{Ƀ,\underline{s}\},\{д,\underline{s}\}$ /$\underline{u},\underline{v}$ /(4)$\rangle$ e $\{\det\langle\underline{J}_{дs}\rangle(x,\underline{x})\neq0;\forall\underline{x}\in\underline{\mathfrak{C}}_s\}$; (7) e $\{\{x,\underline{x}\}\in\mathfrak{R}\langle Ƀ,\underline{s}\rangle;\forall\underline{x}\in\underline{\mathfrak{C}}_s\}$; (2.4.4.37), $\underline{s}=\underline{s}(Ƀ,\underline{s})=\underline{s}$ (da cui $\underline{s}(x,\underline{x})=\underline{x}$); segue IPM

$\{\mathcal{P}\langle Ƀ\rangle(x)=\int_{\mathfrak{R}\langle\underline{s}\rangle}(\mathcal{P}\langle Ƀ,\underline{s}\rangle(x,\underline{x})\cdot d\underline{x})=\int_{\underline{\mathfrak{C}}\langle\underline{s}\rangle}(\mathcal{P}\langle Ƀ,\underline{s}\rangle(x,\underline{x})\cdot d\underline{x})=\int_{\underline{\mathfrak{C}}\langle\underline{s}\rangle}(\mathcal{P}\langle д,\underline{s}\rangle($д$(x,\underline{x}),\underline{s}(x,\underline{x}))\cdot\mid\det\langle\underline{J}_{дs}\rangle(x,\underline{x})\mid\cdot d\underline{x})=$ $\int_{\underline{\mathfrak{C}}\langle\underline{s}\rangle}(\mathcal{P}\langle д,\underline{s}\rangle($д$(x,\underline{x}),\underline{s}(x,\underline{x}))\cdot\mid\partial$д$(x,\underline{x})/\partial x\mid\cdot d\underline{x})=\int_{\mathfrak{R}\langle\underline{s}\rangle}(\mathcal{P}\langle д,\underline{s}\rangle($д$(x,\underline{x}),\underline{x})\cdot\mid\partial$д$(x,\underline{x})/\partial x\mid\cdot d\underline{x})\}\Leftarrow\mathcal{E}$ (8)

di cui le $\mathcal{E}\equiv\{\mathcal{A},\{\partial$д$(x,\underline{x})/\partial x\neq0;\forall\underline{x}\in\underline{\mathfrak{C}}_s\}\}$ e $\mathcal{A}\equiv\{\{x,\underline{x}\}\in\mathfrak{R}\langle Ƀ,\underline{s}\rangle;\forall\underline{x}\in\underline{\mathfrak{C}}_s\}$.

Si pone la $\mathcal{A}\equiv\{\{x,\underline{x}\}\in\mathfrak{R}\langle Ƀ\rangle\cdot\mathfrak{R}\langle\underline{s}\rangle;\forall\underline{x}\in\underline{\mathfrak{C}}_s\}$. La Æ$\langle Ƀ,\underline{s}$ /$\underline{G}$ /(2.4.2.2)$\rangle$ porta la $ï\langle Ƀ\!\mid\!\underline{s}\rangle\Leftrightarrow$ $\{\mathfrak{R}\langle Ƀ,\underline{s}\rangle=\mathfrak{R}\langle Ƀ\rangle\cdot\mathfrak{R}\langle\underline{s}\rangle\}$ e quindi la $ï\langle Ƀ\!\mid\!\underline{s}\rangle\Leftrightarrow\{\mathcal{A}\equiv\mathcal{A}\}$. Da: questa e la $\{x\in\mathfrak{R}\langle Ƀ\rangle\}\Leftrightarrow\mathcal{A}$; segue $\{ï\langle Ƀ\!\mid\!\underline{s}\rangle,x\in\mathfrak{R}\langle Ƀ\rangle\}\Leftrightarrow\{\mathcal{A}\equiv\mathcal{A},\mathcal{A}\}\rightarrow\mathcal{A}$.

Da: Æ$\langle д_{xx},x_n$ /$y,\{\underline{x}\mid\underline{x}\subseteq\underline{x}\}$ /(2.4.3.2)$\rangle$; þ; segue $ï\langle д_{xx}\!\mid\!\underline{x}\rangle\rightarrow\{ï\langle д_{xx}\!\mid\!x_n\rangle;n=1,ꬴ\}\Leftrightarrow\{ï\langle x_n\!\mid\!д_{xx}\rangle;n=1,ꬴ\}$. Questa e il sottintendere la $ï\langle\underline{x}\rangle$ portano la $ï\langle д_{xx}\!\mid\!\underline{x}\rangle\rightarrow ï\langle д_{xx},\underline{x}\rangle$. Le Æ$\langle\{д,\underline{s}\},\{д_{xx},\underline{x}\}$ /$\underline{s},\underline{x}$ /(5.1.12)$\rangle$ e $\{д_{xx},\underline{x}\}\in\mathfrak{R}\langle д,\underline{s}\rangle$, e la $ï\langle д_{xx},\underline{x}\rangle$ (dovuta alle $ï\langle д_{xx}\!\mid\!\underline{x}\rangle$ e $ï\langle д_{xx}\!\mid\!\underline{x}\rangle\rightarrow ï\langle д_{xx},\underline{x}\rangle$), portano IPM

$\{\mathcal{P}\langle д,\underline{s}\rangle($д$(x,\underline{x}),\underline{x})=\mathcal{P}\langle д\rangle($д$(x,\underline{x}))\cdot\Pi_{n=1,ꬴ}(\mathcal{P}_{s\langle n\rangle}(x_n))\}\Leftarrow\{\{д_{xx},\underline{x}\}\in\mathfrak{R}\langle д,\underline{s}\rangle,ï\langle д_{xx}\!\mid\!\underline{x}\rangle\}$ (9)

Da: (8) $\mathcal{E}$ (e (2.4.4.37)); (9) $\{ï\langle д_{xx}\!\mid\!\underline{x}\rangle;\forall\mathfrak{R}\langle\underline{x}\rangle=\underline{\mathfrak{C}}_s\}$ e $\{\{д_{xx},\underline{x}\}\in\mathfrak{R}\langle д,\underline{s}\rangle;\forall\underline{x}\in\underline{\mathfrak{C}}_s\}$ (dovuta alle Æ$\langle\mathfrak{R}\langle Ƀ,\underline{s}\rangle,\mathfrak{R}\langle д,\underline{s}\rangle$ /$\mathfrak{R}\langle\underline{u}\rangle,\mathfrak{R}\langle\underline{v}\rangle$ /(1)$\rangle$ $\underline{s}=\underline{s}$ e $\{\{x,\underline{x}\}\in\mathfrak{R}\langle Ƀ,\underline{s}\rangle;\forall\underline{x}\in\underline{\mathfrak{C}}_s\}$); segue IPM

$\{\mathcal{P}\langle Ƀ\rangle(x)=\int_{\underline{\mathfrak{C}}\langle\underline{s}\rangle}(\mathcal{P}\langle д,\underline{s}\rangle($д$(x,\underline{x}),\underline{x})\cdot\mid\partial$д$(x,\underline{x})/\partial x\mid\cdot d\underline{x})=\int_{\mathfrak{R}\langle\underline{s}\rangle}(\Pi_{n=1,ꬴ}(\mathcal{P}_{s\langle n\rangle}(x_n))\cdot\mathcal{P}\langle д\rangle($д$(x,\underline{x}))\cdot\mid\partial$д$(x,\underline{x})/\partial x\mid\cdot d\underline{x})\}\Leftarrow$ $\{\mathcal{E},\{ï\langle д_{xx}\!\mid\!\underline{x}\rangle;\forall\mathfrak{R}\langle\underline{x}\rangle=\underline{\mathfrak{C}}_s\}\}\Leftarrow\{ï\langle Ƀ\!\mid\!\underline{s}\rangle,x\in\mathfrak{R}\langle Ƀ\rangle,\{\partial$д$(x,\underline{x})/\partial x\neq0;\forall\underline{x}\in\underline{\mathfrak{C}}_s\},\{ï\langle д_{xx}\!\mid\!\underline{x}\rangle;\forall\mathfrak{R}\langle\underline{x}\rangle=\underline{\mathfrak{C}}_s\}\}$ (10)

il cui ultimo membro è dovuto alle $\mathcal{E}\equiv\{\mathcal{A},\{\partial$д$(x,\underline{x})/\partial x\neq0;\forall\underline{x}\in\underline{\mathfrak{C}}_s\}\}$ e $\{ï\langle Ƀ\!\mid\!\underline{s}\rangle,x\in\mathfrak{R}\langle Ƀ\rangle\}\rightarrow\mathcal{A}$; di cui la $\mathfrak{R}\langle д_{xx}\rangle=\mathfrak{R}\langle д\rangle$; e dove la $ï\langle д_{xx}\!\mid\!\underline{x}\rangle$ non toglie che д$(x,\underline{x})$ debba essere considerata come una $f(\underline{x})$ allorché si stabilisce un certo valore di x e quindi quando si usa il primo membro della (10) per calcolare un valore di $\mathcal{P}_Ƀ(x)$.

La (10) (o la (8)) e la (5.2.1.1), costituiscono le basi di due rispettivi metodi alternativi per determinare un valore della densità di probabilità di una funzione di variabili casuali.

Si chiama $\underline{x}$ un insieme di variabili casuali di cui la $\underline{x}\equiv\{x_n;n=1,ꬴ\}$. Si considera una $y=y(\underline{x})$ di cui la $\exists\{x_n=x_n(y,\underline{x}^n)\}$. Questa e la $y=y(x_n,\underline{x}^n)\equiv y(\underline{x})$, portano la Æ$\langle y,x_n,\underline{x}^n$ /$Ƀ,$д$,\underline{s}$ /(5),(8),(10)$\rangle$.

Si considerano le $s=s_A(\underline{x})$ e $r=r_A(\underline{x})$ di cui la $\exists\{x_n=x_{sn}(s,\underline{x}^n),x_n=x_{rn}(r,\underline{x}^n)\}$. L'introduzione della $x_n=x_{rn}(r,\underline{x}^n)$ nella $s=s_B(x_n,\underline{x}^n)$ di cui la $s_B(x_n,\underline{x}^n)\equiv s_A(\underline{x})$, porta la $s=s(r,\underline{x}^n)$ di cui la $s(r,\underline{x}^n)\equiv s_B(x_{rn}(r,\underline{x}^n),\underline{x}^n)$. L'introduzione della $x_n=x_{sn}(s,\underline{x}^n)$ nella $r=r_B(x_n,\underline{x}^n)$ di cui la $r_B(x_n,\underline{x}^n)\equiv r_A(\underline{x})$, porta la $r=r(s,\underline{x}^n)$ di cui la $r(s,\underline{x}^n)\equiv r_B(x_{sn}(s,\underline{x}^n),\underline{x}^n)$. Queste $s=s(r,\underline{x}^n)$ e $r=r(s,\underline{x}^n)$ portano la Æ$\langle s,r,\underline{x}^n$ /$Ƀ,$д$,\underline{s}$ /(5),(8),(10)$\rangle$ (11)

Si considerano le variabili casuali u e v di cui le v=v(u) $\alpha\equiv\min\langle u(a),u(b)\rangle$ $\beta\equiv\max\langle u(a),u(b)\rangle$ $[a,b]\subseteq\mathfrak{R}\langle v\rangle$ $\mathfrak{C}_u\equiv\mathfrak{R}\langle u\rangle-\partial\mathfrak{R}_u$. Da: Æ⟨u,v /x,y /(2.4.4.8),(2.4.4.9)⟩; Æ⟨u,v /u,v /(2.4.6.3)⟩; segue $\{v'(x)\neq0;\forall x\in\mathfrak{C}_u\}\rightarrow\{v§u\}\leftrightarrow$Æ⟨u,v /u,v /(2)⟩$\rightarrow\{\int_{a,b}(\mathfrak{p}\langle v\rangle(t)\cdot dt)=\int_{\alpha,\beta}(\mathfrak{p}\langle u\rangle(t)\cdot dt)\}$. La v§u porta la Æ⟨$\mathfrak{p}_V$,u,v /f,u,v /(2.4.6.6)⟩ e quindi la $\int_{a,b}(\mathfrak{p}_V(t)\cdot dt)=\int_{\alpha,\beta}(\mathfrak{p}_V(v(t))\cdot|v'(t)|\cdot dt)$. Da: ciò; la derivata rispetto a $\{\alpha\circ\forall\circ\beta\}$; segue

$$\{v'(x)\neq0;\forall x\in\mathfrak{C}_u\}\rightarrow\{\int_{\alpha,\beta}(\mathfrak{p}_u(t)\cdot dt)=\int_{\alpha,\beta}(\mathfrak{p}_V(v(t))\cdot|v'(t)|\cdot dt)\}\rightarrow\{\mathfrak{p}_u(x)=\mathfrak{p}_V(v(x))\cdot|v'(x)|;\forall x\in\mathfrak{R}_u\} \quad (12)$$

La ï⟨k¦s⟩ porta la Æ⟨s+k,s /u,v /(12)⟩ di cui la s(x)≡x−k, e quindi porta IPM

$$\{\mathfrak{p}\langle s+k\rangle(x)=\mathfrak{p}\langle s\rangle(x-k)\}\leftarrow\{x\in\mathfrak{R}\langle s+k\rangle,ï\langle k¦s\rangle\} \quad (13)$$

Le ï⟨k¦s⟩ e $k\neq0$ portano la Æ⟨k·s,s /u,v /(12)⟩ di cui la s(x)≡x/k, e quindi portano IPM

$$\{\mathfrak{p}\langle k\cdot s\rangle(x)=\mathfrak{p}\langle s\rangle(x/k)/|k|\}\leftarrow\{x\in\mathfrak{R}\langle k\cdot s\rangle,ï\langle k¦s\rangle,k\neq0\} \quad (14)$$

La $0\notin\mathfrak{R}\langle s\rangle$ porta la Æ⟨s^{-1},s /u,v /(12)⟩ di cui la $s(x)\equiv x^{-1}$, e quindi porta IPM $\{\mathfrak{p}\langle s^{-1}\rangle(x)=\mathfrak{p}\langle s\rangle(x^{-1})/x^2\}\leftarrow\{x\in\mathfrak{R}\langle s^{-1}\rangle,0\notin\mathfrak{R}\langle s\rangle\}$.

La $\mathfrak{R}_S\subseteq\mathfrak{R}^1$ (di cui la Æ⟨$\mathfrak{R}^1$ /$\mathfrak{R}^{\#}$ /$\mathfrak{R}^{\#}\equiv\Pi_{n=1,\#}([0,\infty))$⟩⟩) porta la Æ⟨$s^{0.5}$,s /u,v /(12)⟩ di cui le $s(x)\equiv x^2$ e $\{s'(x)\neq0;\forall x\in\{\mathfrak{R}\langle s^{0.5}\rangle-\partial\mathfrak{R}\langle s^{0.5}\rangle\}\}$, e quindi si ha la

$$\{\mathfrak{R}_S\subseteq\mathfrak{R}^1\}\rightarrow\{\mathfrak{p}\langle s^{0.5}\rangle(x)=2\cdot\mathfrak{p}\langle s\rangle(x^2)\cdot x;\forall x\in\mathfrak{R}\langle s^{0.5}\rangle\} \quad (15)$$

5.2.3 *La somma, il prodotto, il quoziente, il quadrato di variabili casuali.*

Inerentemente una $\Sigma_{\underline{S}}=\Sigma_{n=1,\#}(s_n)$ è possibile porre le $\Sigma_{\underline{S}}(s_n,\underline{s}^n)\equiv\Sigma_{n=1,\#}(s_n)$ e $s_{\Sigma n}(\Sigma_{\underline{S}},\underline{s}^n)\equiv\Sigma_{\underline{S}}-\Sigma_{n=1,\#;n\neq n}(s_n)$ che portano la Æ⟨$\Sigma_{\underline{S}}=\Sigma_{\underline{S}}(s_n,\underline{s}^n),s_n=s_{\Sigma n}(\Sigma_{\underline{S}},\underline{s}^n)$ /(5.2.2.5) /(5.2.2.10)⟩. Questa dà luogo, intendendo le $\mathcal{P}_{\Sigma n}\equiv\{ï\langle s_{\Sigma n}(x,\underline{x}^n)¦\underline{x}^n\rangle;\forall\mathfrak{R}\langle\underline{x}^n\rangle=\mathfrak{C}_{\underline{S}^n}\}$ e $\mathfrak{C}_{\underline{S}^n}\equiv\mathfrak{R}\langle\underline{s}^n\rangle-\partial\mathfrak{R}\langle\underline{s}^n\rangle$, alla

$$\{ï\langle\Sigma_{\underline{S}}¦\underline{s}^n\rangle,x\in\mathfrak{R}\langle\Sigma_{\underline{S}}\rangle,\mathcal{P}_{\Sigma n}\}\rightarrow\{\{\{x,\underline{x}^n\}\in\mathfrak{R}\langle\Sigma_{\underline{S}},\underline{s}^n\rangle;\forall\underline{x}^n\in\mathfrak{C}_{\underline{S}^n}\},\mathcal{P}_{\Sigma n}\}\rightarrow$$
$$\{\mathfrak{p}\langle\Sigma_{\underline{S}}\rangle(x)=\int_{\mathfrak{R}\langle\underline{s}^n\rangle}(\Pi_{n=1,\#;n\neq n}(\mathfrak{p}_{S\langle n\rangle}(x_n))\cdot\mathfrak{p}\langle s_n\rangle(s_{\Sigma n}(x,\underline{x}^n))\cdot d\underline{x}^n)\}$$

Inerentemente una $\Pi\langle\underline{s}\rangle=\Pi_{n=1,\#}(s_n)$ è possibile porre le $\Pi_{\underline{S}}(s_n,\underline{s}^n)\equiv\Pi_{n=1,\#}(s_n)$ e $s_{\Pi n}(\Pi_{\underline{S}},\underline{s}^n)\equiv\Pi_{\underline{S}}/\Pi_{n=1,\#;n\neq n}(s_n)$ che portano la Æ⟨$\Pi_{\underline{S}}=\Pi_{\underline{S}}(s_n,\underline{s}^n),s_n=s_{\Pi n}(\Pi_{\underline{S}},\underline{s}^n)$ /(5.2.2.5) /(5.2.2.10)⟩. Questa dà luogo, intendendo la $\mathcal{P}_{\Pi n}\equiv\{ï\langle s_{\Pi n}(x,\underline{x}^n)¦\underline{x}^n\rangle;\forall\mathfrak{R}\langle\underline{x}^n\rangle=\mathfrak{C}_{\underline{S}^n}\}$, alla

$$\{ï\langle\Pi_{\underline{S}}¦\underline{s}^n\rangle,x\in\mathfrak{R}\langle\Pi_{\underline{S}}\rangle,\mathcal{P}_{\Pi n}\}\rightarrow\{\{\{x,\underline{x}^n\}\in\mathfrak{R}\langle\Pi_{\underline{S}},\underline{s}^n\rangle;\forall\underline{x}^n\in\mathfrak{C}_{\underline{S}^n}\},\mathcal{P}_{\Pi n}\}\rightarrow$$
$$\{\mathfrak{p}\langle\Pi_{\underline{S}}\rangle(x)=\int_{\mathfrak{R}\langle\underline{s}^n\rangle}(\Pi_{n=1,\#;n\neq n}(\mathfrak{p}_{S\langle n\rangle}(x_n))\cdot\mathfrak{p}\langle s_n\rangle(s_{\Pi n}(x,\underline{x}^n))\cdot|\Pi_{n=1,\#;n\neq n}(x_n)|^{-1}\cdot d\underline{x}^n)\}$$

Si considerano le variabili casuali R s_N e s_D di cui la $R=s_N/s_D$. Inerentemente tali variabili è possibile porre le $R(s_N,s_D)\equiv s_N/s_D$ e $s_N(R,s_D)\equiv R\cdot s_D$ che portano la Æ⟨$R=R(s_N,s_D),s_N=s_N(R,s_D)$ /(5.2.2.5) /(5.2.2.10)⟩. Questa dà luogo, intendendo le $\mathcal{P}_R\equiv\{ï\langle s_N(x,t)¦t\rangle;\forall\mathfrak{R}\langle t\rangle=\mathfrak{C}_{S\langle D\rangle}\}$ e $\mathfrak{C}_{S\langle D\rangle}\equiv\mathfrak{R}\langle s_D\rangle-\partial\mathfrak{R}\langle s_D\rangle$, alla

$$\{ï\langle R¦s_D\rangle,x\in\mathfrak{R}\langle R\rangle,\{t\neq0;\forall t\in\mathfrak{C}_{S\langle D\rangle}\},\mathcal{P}_R\}\rightarrow\{\{\{x,t\}\in\mathfrak{R}\langle R,s_D\rangle,t\neq0;\forall t\in\mathfrak{C}_{S\langle D\rangle}\},\mathcal{P}_R\}\rightarrow$$
$$\{\mathfrak{p}\langle R\rangle(x)=\int_{\mathfrak{R}\langle s\langle D\rangle\rangle}(\mathfrak{p}\langle s_D\rangle(t)\cdot\mathfrak{p}\langle s_N\rangle(x\cdot t)\cdot|t|\cdot dt)\} \quad (1)$$

In conformità alla $x^{0.5}\geq0$ (dovuta al sottintendere la radice quadrata principale come detto in sez. 2.4.7) si ha la $E_{SQ}\leftrightarrow E_{SR}$ di cui le $E_{SQ}\equiv\{0\leq s^2\leq x\}\equiv\{s^2\leq x\}$ $E_{SR}\equiv\{-x^{0.5}\leq s\leq x^{0.5}\}$ $\underline{E}_{SQ}\equiv\mathbb{M}\langle E_{SQ}\rangle$ e $\underline{E}_{SR}\equiv\mathbb{M}\langle E_{SR}\rangle$. Sono altresì evidenti sia la $\bar{E}_{SQ}\leftrightarrow\bar{E}_{SR}$ di cui le $\bar{E}_{SQ}\equiv\{s^2\in\mathfrak{R}^1\}\equiv\{s^2\in\mathfrak{R}^1\}$ $\bar{E}_{SR}\equiv\{s\in\mathfrak{R}^1\}$ $\underline{\bar{E}}_{SQ}\equiv\mathbb{M}\langle\bar{E}_{SQ}\rangle$ $\underline{\bar{E}}_{SR}\equiv\mathbb{M}\langle\bar{E}_{SR}\rangle$ (e che è deducibile anche dal limite della $E_{SQ}\leftrightarrow E_{SR}$ per $x\rightarrow\infty$) sia le $\underline{E}_{SQ}=\{ş /ş\leq x;ş\in\underline{\bar{E}}_{SQ}\}$ e $\underline{E}_{SR}=\{ş /-x^{0.5}\leq ş\leq x^{0.5};ş\in\underline{\bar{E}}_{SR}\}$ che portano le rispettive $\underline{E}_{SQ}\subseteq\underline{\bar{E}}_{SQ}$ e $\underline{E}_{SR}\subseteq\underline{\bar{E}}_{SR}$.

Le $\underline{E}_{SQ}\Leftrightarrow\underline{E}_{SR}$ e $\underline{\bar{E}}_{SQ}\Leftrightarrow\underline{\bar{E}}_{SR}$ (dovute, in base alla (3.1.1), alle rispettive $E_{SQ}\leftrightarrow E_{SR}$ e $\bar{E}_{SQ}\leftrightarrow\bar{E}_{SR}$), $\underline{E}_{SQ}\subseteq\underline{\bar{E}}_{SQ}$ e $\underline{E}_{SR}\subseteq\underline{\bar{E}}_{SR}$, e Æ⟨$E_{SQ},E_{SR},\bar{E}_{SQ},\bar{E}_{SR}$ /X,Y,A,B /(3.2.1.3)⟩, portano la $\rho\langle E_{SQ}¦\bar{E}_{SQ}\rangle=\rho\langle E_{SR}¦\bar{E}_{SR}\rangle$. Da: Æ⟨$\underline{E}_{SQ},\underline{\bar{E}}_{SQ}$ /{X /X≤x;X∈X},X /(4.1.15)⟩, e $F\langle\underline{\bar{E}}_{SQ}\rangle\equiv F\langle s^2\rangle$ dovuta a Æ⟨$s^2,\underline{E}_{SQ}$ /$s_X,\bar{E}_{S\langle X\rangle}$ /sez.4.2⟩; Æ⟨$E_{SQ},\bar{E}_{SQ}$ /A,B /(3.2.1)⟩ e $\underline{E}_{SQ}\subseteq\underline{\bar{E}}_{SQ}$; $\rho\langle E_{SQ}¦\bar{E}_{SQ}\rangle=\rho\langle E_{SR}¦\bar{E}_{SR}\rangle$; Æ⟨$E_{SR},\bar{E}_{SR}$ /$E_{S\langle X\rangle},\bar{E}_{S\langle X\rangle}$ /(4.2.2)⟩; Æ⟨$\mathfrak{p}_S,-x^{0.5},x^{0.5}$ /f,a,b /(2.4.4.23)⟩; segue

$$\{F\langle s^2\rangle(x)=\mathfrak{N}\langle\underline{E}_{SQ}\rangle/\mathfrak{N}\langle\underline{\bar{E}}_{SQ}\rangle=\rho\langle E_{SQ}¦\bar{E}_{SQ}\rangle=\rho\langle E_{SR}¦\bar{E}_{SR}\rangle=\int_{-\sqrt{x},\sqrt{x}}(\mathfrak{p}_S(t)\cdot dt)=\int_{-\sqrt{x},0}(\mathfrak{p}_S(t)\cdot dt)+\int_{0,\sqrt{x}}(\mathfrak{p}_S(t)\cdot dt);\forall x\in\mathfrak{R}^1\}$$

La derivata di questa rispetto a x porta, conformemente alle (2.4.4.4) e $F'\langle s^2\rangle(x)=\mathcal{D}\langle s^2\rangle(x)$, la

$$\{\mathcal{D}\langle s^2\rangle(x)=2^{-1}\cdot(\mathcal{D}_s(-x^{0.5})+\mathcal{D}_s(x^{0.5}))/x^{0.5};\forall x\in\underline{\mathfrak{R}}^1\} \qquad (2)$$

Questa e la precedente espressione di $F\langle s^2\rangle(x)$ mostrano la $\mathcal{D}_s(x)\in C^0(\underline{\mathbb{R}}_s-\{\min\langle\underline{\mathbb{R}}_s\rangle\})$ (che, insieme alla $F_s(\min\langle\underline{\mathbb{R}}_s\rangle)=0$, è sottintesa per la s come per ogni variabile casuale) sufficiente per le $F\langle s^2\rangle(0)=0$ e $\mathcal{D}\langle s^2\rangle(x)\in C^0(\underline{\mathbb{R}}\langle s^2\rangle-\{\min\langle\underline{\mathbb{R}}\langle s^2\rangle\rangle\})$.

La $Æ\langle s^{0.5},s\,/s,s^2\,/(2)\rangle$ porta la $\{\mathcal{D}\langle s\rangle(x)=2^{-1}\cdot(\mathcal{D}\langle s^{0.5}\rangle(-x^{0.5})+\mathcal{D}\langle s^{0.5}\rangle(x^{0.5}))/x^{0.5};\forall x\in\underline{\mathfrak{R}}^1\}$. Questa, la $\{t\equiv x^{0.5}\}\underline{\leftrightarrow}\{t^2\equiv x\}$, la $\{\mathcal{D}\langle s^{0.5}\rangle(-t)=0;\forall t\neq 0\}$ dovuta alle $t\equiv x^{0.5}\geq 0$ e $Æ\langle s^{0.5}\,/\mathbf{s}_{\underline{X}}\,/(4.2.7)\rangle$, portano la (5.2.2.15).

5.2.4 *La variabile casuale espressa da una funzione quadratica*

Si considera la variabile casuale Y espressa dalla

$$Y=Y(\underline{x})\equiv Y_n(x_n,\underline{x}^n)\equiv a_n(\underline{x}^n)\cdot x_n^2+b_n(\underline{x}^n)\cdot x_n+c_n(\underline{x}^n) \qquad (1)$$

di cui la $\mathbb{I}\langle\underline{x}\rangle$, e la $\{a_n(\underline{x}^n)\neq 0;\forall\underline{x}^n\in\underline{\mathbb{R}}\langle\underline{x}^n\rangle\}$ che ne porta la $Æ\langle Y,x_n,a_n(\underline{x}^n),b_n(\underline{x}^n),c_n(\underline{x}^n)\,/y,x,a,b,c\,/(2.4.7.4),(2.4.7.5)\rangle$ e quindi la

$$x_n=x_{Pn}(Y,\underline{x}^n)\,\dot{\vee}\,x_{Nn}(Y,\underline{x}^n) \qquad (2)$$

di cui le

$$x_{Pn}(Y,\underline{x}^n)\equiv(\Delta^{0.5}{}_n(Y,\underline{x}^n)-b_n(\underline{x}^n))/(2\cdot a_n(\underline{x}^n)) \qquad (3)$$

$$x_{Nn}(Y,\underline{x}^n)\equiv-(\Delta^{0.5}{}_n(Y,\underline{x}^n)+b_n(\underline{x}^n))/(2\cdot a_n(\underline{x}^n)) \qquad (4)$$

$$\Delta_n(Y,\underline{x}^n)\equiv b^2{}_n(\underline{x}^n)-4\cdot a_n(\underline{x}^n)\cdot(c_n(\underline{x}^n)-Y)\geq 0 \qquad (5)$$

$$\partial\Delta_n(Y,\underline{x}^n)/\partial Y=4\cdot a_n(\underline{x}^n) \qquad (6)$$

Da: (3); (6); segue $2\cdot a_n(\underline{x}^n)\cdot(\partial x_{Pn}(Y,\underline{x}^n)/\partial Y)=\partial\Delta^{0.5}{}_n(Y,\underline{x}^n)/\partial Y=2\cdot\Delta^{-0.5}{}_n(Y,\underline{x}^n)\cdot a_n(\underline{x}^n)$ e quindi la prima delle

$$\partial x_{Pn}(Y,\underline{x}^n)/\partial Y=\Delta^{-0.5}{}_n(Y,\underline{x}^n)\quad \partial x_{Nn}(Y,\underline{x}^n)/\partial Y=-\Delta^{-0.5}{}_n(Y,\underline{x}^n) \qquad (7)$$

la cui seconda è ottenibile (a partire dalla (4)) analogamente alla prima.

Le (3) e (4), e la $\{a_n(\underline{x}^n)\neq 0;\forall\underline{x}^n\in\underline{\mathbb{R}}\langle\underline{x}^n\rangle\}\underline{\leftrightarrow}\{a_n(\underline{x}^n)\,\square\,0;\forall\underline{x}^n\in\underline{\mathbb{R}}\langle\underline{x}^n\rangle\}$ di cui la $\square\equiv\{>\,\dot{\vee}\,<\}$, portano la

$$\{x_{Pn}(Y,\underline{x}^n)\,\square\,x_{Nn}(Y,\underline{x}^n)\,|\,\square\equiv\{\geq\,\dot{\vee}\,\leq\}\} \qquad (8)$$

Si considera la $[k,x]\subseteq\underline{\mathbb{R}}_Y$. Questa e le (7) portano la

$$\{x_{Pn}(k,\underline{x}^n)\leq x_{Pn}(x,\underline{x}^n),x_{Nn}(x,\underline{x}^n)\leq x_{Nn}(k,\underline{x}^n);\forall\underline{x}^n\in\underline{\mathbb{R}}\langle\underline{x}^n\rangle\} \qquad (9)$$

Coerentemente con questa, si pongono le $E_{Yn}\equiv\{\{Y,\underline{x}^n\}\in\underline{\mathfrak{R}}_{Yn}\}$ $\bar{E}_{Yn}\equiv\{\{Y,\underline{x}^n\}\in\underline{\mathbb{R}}^{\sharp}\}$ $E_{\underline{x}Pn}\equiv\{\{x_n,\underline{x}^n\}\in\underline{\mathfrak{R}}_{\underline{x}Pn}\}$ $E_{\underline{x}Nn}\equiv\{\{x_n,\underline{x}^n\}\in\underline{\mathfrak{R}}_{\underline{x}Nn}\}$ $\bar{E}_{\underline{x}}\equiv\{\{x_n,\underline{x}^n\}\in\underline{\mathbb{R}}^{\sharp}\}$ $E_{\underline{x}n}\equiv\{E_{\underline{x}Pn}\cup E_{\underline{x}Nn}\}$ $\underline{\mathfrak{R}}_{Yn}\equiv[k,x]\cdot\underline{\mathbb{R}}^{\sharp-1}$ $\underline{\mathfrak{R}}_{\underline{x}Pn}\equiv\{\{x_n,\underline{x}^n\}\,/x_{Pn}(k,\underline{x}^n)\leq x_n\leq x_{Pn}(x,\underline{x}^n);\underline{x}^n\in\underline{\mathbb{R}}^{\sharp-1}\}$ $\underline{\mathfrak{R}}_{\underline{x}Nn}\equiv\{\{x_n,\underline{x}^n\}\,/x_{Nn}(x,\underline{x}^n)\leq x_n\leq x_{Nn}(k,\underline{x}^n);\underline{x}^n\in\underline{\mathbb{R}}^{\sharp-1}\}$.

Da: $Æ\langle\{x_n,\underline{x}^n\},\{\underline{\mathfrak{R}}_{\underline{x}Pn},\underline{\mathfrak{R}}_{\underline{x}Nn}\}\,/\underline{G},\{\underline{\mathfrak{R}}^{\sharp}{}_m;m=1,\sharp\}\,/(3.1.14)\rangle$; (8) e (7) (e in conformità alla (2.4.1.2)); segue $E_{\underline{x}Pn}\cap E_{\underline{x}Nn}\leftrightarrow\{\{x_n,\underline{x}^n\}\in\{\underline{\mathfrak{R}}_{\underline{x}Pn}\cap\underline{\mathfrak{R}}_{\underline{x}Nn}\}\}\leftrightarrow\{\{x_n,\underline{x}^n\}\in\{\underline{\varnothing}\,\dot{\vee}\,\{\underline{\mathfrak{R}}\,|\,\mathrm{mis}\langle\underline{\mathfrak{R}}\rangle=0\}\}\}$. Da: questa; $Æ\langle\{x_n,\underline{x}^n\}\in\underline{\varnothing},\bar{E}_{\underline{x}}\,/E_{\underline{S}},\bar{E}_{\underline{S}}\,/(5.1.3)\rangle$ e $Æ\langle\{x_n,\underline{x}^n\}\in\{\underline{\mathfrak{R}}\,|\,\mathrm{mis}\langle\underline{\mathfrak{R}}\rangle=0\},\bar{E}_{\underline{x}}\,/E_{\underline{S}},\bar{E}_{\underline{S}}\,/(5.1.3)\rangle$; segue

$$\rho\langle E_{\underline{x}Pn}\cap E_{\underline{x}Nn}|\bar{E}_{\underline{x}}\rangle=\{\rho\langle\{x_n,\underline{x}^n\}\in\underline{\varnothing}|\bar{E}_{\underline{x}}\rangle\,\dot{\vee}\,\rho\langle\{x_n,\underline{x}^n\}\in\{\underline{\mathfrak{R}}\,|\,\mathrm{mis}\langle\underline{\mathfrak{R}}\rangle=0\}|\bar{E}_{\underline{x}}\rangle\}\}=0 \qquad (10)$$

Da: $E_{\underline{x}n}\equiv\{E_{\underline{x}Pn}\cup E_{\underline{x}Nn}\}$; $Æ\langle E_{\underline{x}Pn},E_{\underline{x}Nn},\bar{E}_{\underline{x}}\,/A,B,C\,/(3.2.1.9)\rangle$; (10); segue

$$\rho\langle E_{\underline{x}n}|\bar{E}_{\underline{x}}\rangle=\rho\langle E_{\underline{x}Pn}\cup E_{\underline{x}Nn}|\bar{E}_{\underline{x}}\rangle=\rho\langle E_{\underline{x}Pn}|\bar{E}_{\underline{x}}\rangle+\rho\langle E_{\underline{x}Nn}|\bar{E}_{\underline{x}}\rangle-\rho\langle E_{\underline{x}Pn}\cap E_{\underline{x}Nn}|\bar{E}_{\underline{x}}\rangle=\rho\langle E_{\underline{x}Pn}|\bar{E}_{\underline{x}}\rangle+\rho\langle E_{\underline{x}Nn}|\bar{E}_{\underline{x}}\rangle \qquad (11)$$

Si pongono le $\underline{E}_{Yn}\equiv\boxed{M}\langle E_{Yn}\rangle$ $\underline{E}_{\underline{x}Pn}\equiv\boxed{M}\langle E_{\underline{x}Pn}\rangle$ e $\underline{E}_{\underline{x}Nn}\equiv\boxed{M}\langle E_{\underline{x}Nn}\rangle$. Le (1) (2) e (7) mostrano sia la $E_{Yn}\rightarrow E_{\underline{x}n}$ sia le $E_{\underline{x}Pn}\rightarrow E_{Yn}$ e $E_{\underline{x}Nn}\rightarrow E_{Yn}$ che, in base alle (3.1.2) e (2.2.12), portano le rispettive $\underline{E}_{\underline{x}Pn}=\underline{E}_{\underline{x}Pn}\cap\underline{E}_{Yn}$ e $\underline{E}_{\underline{x}Nn}=\underline{E}_{\underline{x}Nn}\cap\underline{E}_{Yn}$. Da: queste (e $E_{\underline{x}n}\equiv\{E_{\underline{x}Pn}\cup E_{\underline{x}Nn}\}$); (2.2.18) e $\{\underline{A}=\underline{A}\cap\underline{B}\}\equiv\{\underline{B}=\underline{A}\cup\underline{B}\}$ (affermata dalla (2.2.12)); segue $\underline{E}_{\underline{x}n}=\{\underline{E}_{\underline{x}Pn}\cap\underline{E}_{Yn}\}\cup\{\underline{E}_{\underline{x}Nn}\cap\underline{E}_{Yn}\}=\underline{E}_{\underline{x}n}\cap\underline{E}_{Yn}$ che in base alle (2.2.12) e (3.1.6) porta la $E_{\underline{x}n}\rightarrow E_{Yn}$. Perciò si ha la $E_{\underline{x}n}\leftrightarrow E_{Yn}$.

Si pone la $\Pi_{\underline{x}^n}(\underline{x}^n)\equiv\Pi_{n=1,\sharp;n\neq n}(\mathcal{D}\langle x_n\rangle(x_n))$. Da: $Æ\langle Y,\underline{x}^n\,/s_1,\underline{s}^1\,/(5.2.1.5)\rangle$; $Æ\langle\underline{\mathfrak{R}}_{Yn},[k,x],\underline{\mathbb{R}}^{\sharp-1}\,/\underline{\mathfrak{R}}_{\underline{x}},$

$[\alpha_n,\beta_n],\mathfrak{B}^n$ /(2.4.4.31)⟩ dovuta a $\mathfrak{R}_{Yn}\equiv[k,x]\cdot\mathfrak{R}^{\#-1}$ (e al sottintendere l'evidente passaggio al limite); Æ⟨$E_{Yn},\bar{E}_{Yn},\mathfrak{R}_{Yn}$ /$E_{\underline{S}},\bar{E}_{\underline{S}},\mathfrak{R}$ /(5.1.3)⟩; $E_{Yn}\Leftrightarrow E_{\underline{X}n}$ e $\bar{E}_{Yn}\Leftrightarrow\bar{E}_{\underline{X}}$ (dovute rispettivamente a $E_{Yn}\leftrightarrow E_{\underline{X}n}$ e a $\bar{E}_{Yn}\leftrightarrow\bar{E}_{\underline{X}}$ che segue dalla (1)), $E_{Yn}\subseteq\bar{E}_{Yn}$ e $E_{\underline{X}n}\subseteq\bar{E}_{\underline{X}}$, Æ⟨$E_{Yn},E_{\underline{X}n},\bar{E}_{Yn},\bar{E}_{\underline{X}}$ /X,Y,A,B /(3.2.1.3)⟩; (11); (5.1.3); (5.1.12) e $\mathbb{I}\langle\underline{x}\rangle$; (2.4.4.31) e (9) (e distributività dell'integrale); segue

$\int_{k,x}(\Phi\langle Y\rangle(t)\cdot dt)=\int_{k,x}(\int_{\mathfrak{R}^{\#-1}}(\Phi\langle Y,\underline{x}^n\rangle(t,\underline{x}^n)\cdot d\underline{x}^n)\cdot dt)=\int_{\mathfrak{R}\langle Yn\rangle}(\Phi\langle Y,\underline{x}^n\rangle(t,\underline{x}^n)\cdot dt\cdot d\underline{x}^n)=\rho\langle E_{Yn}|\bar{E}_{Yn}\rangle=\rho\langle E_{\underline{X}n}|\bar{E}_{\underline{X}}\rangle=$
$\rho\langle E_{\underline{X}Pn}|\bar{E}_{\underline{X}}\rangle+\rho\langle E_{\underline{X}Nn}|\bar{E}_{\underline{X}}\rangle=\int_{\mathfrak{R}\langle\underline{X}Pn\rangle}(\Phi\langle x_n,\underline{x}^n\rangle(x_n,\underline{x}^n)\cdot dx_n\cdot d\underline{x}^n)+\int_{\mathfrak{R}\langle\underline{X}Nn\rangle}(\Phi\langle x_n,\underline{x}^n\rangle(x_n,\underline{x}^n)\cdot dx_n\cdot d\underline{x}^n)=$
$\int_{\mathfrak{R}\langle\underline{X}Pn\rangle}(\Phi\langle x_n\rangle(x_n)\cdot\Pi_{\underline{x}^n}(\underline{x}^n)\cdot d\underline{x}^n\cdot dx_n)+\int_{\mathfrak{R}\langle\underline{X}Nn\rangle}(\Phi\langle x_n\rangle(x_n)\cdot\Pi_{\underline{x}^n}(\underline{x}^n)\cdot d\underline{x}^n\cdot dx_n)=$
$\int_{\mathfrak{R}^{\#-1}}(\Pi_{\underline{x}^n}(\underline{x}^n)\cdot(\int_{x\langle Pn\rangle(k,\underline{x}^n),x\langle Pn\rangle(x,\underline{x}^n)}(\Phi\langle x_n\rangle(x_n)\cdot dx_n)+\int_{x\langle Nn\rangle(x,\underline{x}^n),x\langle Nn\rangle(k,\underline{x}^n)}(\Phi\langle x_n\rangle(x_n)\cdot dx_n))\cdot d\underline{x}^n)$ (12)

Si pongono le $f_{\underline{x}n}(x,\underline{x}^n)\equiv\Pi_{\underline{x}^n}(\underline{x}^n)\cdot\Delta^{-0.5}{}_n(x,\underline{x}^n)\cdot(\Phi\langle x_n\rangle(x_{Pn}(x,\underline{x}^n))+\Phi\langle x_n\rangle(x_{Nn}(x,\underline{x}^n)))$ e $\mathfrak{R}_n\equiv\{\underline{x}^n$ /$\Delta_n(x,\underline{x}^n)=0$; $\underline{x}^n\in\mathfrak{R}^{\#-1}\}$. Da: derivata della (12) rispetto a x, e (7); Æ⟨$f_{\underline{x}n}(x,\underline{x}^n),\mathfrak{R}^{\#-1},\mathfrak{R}_n$ /$f(\underline{x}),\mathfrak{R}_{\underline{x}},\ddot{I}_S$ /(2.4.4.37)⟩ dovuta alle $\{\partial\mathfrak{R}_n\subseteq\mathfrak{R}_n,\text{mis}\langle\mathfrak{R}_n\rangle=0\}$ (che possono essere accertate per mezzo della (5)), e $f_{\underline{x}n}(x,\underline{x}^n)\geq0$; segue IPM

$\{\Phi\langle Y\rangle(x)=\int_{\mathfrak{R}^{\#-1}}(f_{\underline{x}n}(x,\underline{x}^n)\cdot d\underline{x}^n)=\int_{\mathfrak{R}^{\#-1}-\mathfrak{R}\langle n\rangle}(f_{\underline{x}n}(x,\underline{x}^n)\cdot d\underline{x}^n)\}\underline{\leftarrow}\{\partial\mathfrak{R}_n\subseteq\mathfrak{R}_n,\text{mis}\langle\mathfrak{R}_n\rangle=0\}$ (13)

di cui la $x\in\mathfrak{R}_Y$ dovuta a $[k,x]\subseteq\mathfrak{R}_Y$.

Nel caso delle $a_n(\underline{x}^n)\equiv1$ e $b_n(\underline{x}^n)\equiv c_n(\underline{x}^n)\equiv0$ si hanno le $Y=x_n^2$ $\Delta_n(Y,\underline{x}^n)=4\cdot Y$ $x_{Pn}(Y,\underline{x}^n)=Y^{0.5}$ e $x_{Nn}(Y,\underline{x}^n)=-Y^{0.5}$ che, avendo anche la $\int_{\mathfrak{R}^{\#-1}}(\Pi_{\underline{x}^n}(\underline{x}^n)\cdot d\underline{x}^n)=\int_{\mathfrak{R}^{\#-1}}(\Phi\langle\underline{x}^n\rangle(\underline{x}^n)\cdot d\underline{x}^n)=1$ conforme alle (5.1.2) (5.1.12) $\mathbb{I}\langle\underline{x}\rangle$ e $\mathbb{I}\langle\underline{x}\rangle\underline{\rightarrow}\mathbb{I}\langle\underline{x}^n\rangle$, portano la Æ⟨$Y,x_n$,IPM (13) /$s^2$,s,(5.2.3.2)⟩.

5.3 *Il valore medio e la varianza di una funzione di variabili casuali*

Il valore medio di una $f(\underline{s})$ è indicato $E\langle f(\underline{s})\rangle$ e è definito dai primi due membri della

$E\langle f(\underline{s})\rangle\equiv\int_{\mathfrak{R}\langle\underline{s}\rangle}(f(\underline{x})\cdot\Phi_{\underline{s}}(\underline{x})\cdot d\underline{x})=\int_{\mathfrak{I}\langle\ominus,\ominus\rangle}(f(\underline{x})\cdot\Phi_{\underline{s}}(\underline{x})\cdot d\underline{x})=\int_{\mathfrak{R}^{\#}}(f(\underline{x})\cdot\Phi_{\underline{s}}(\underline{x})\cdot d\underline{x})$ (1)

i cui membri ulteriori seguono dall'ultima delle (5.1.2).

La varianza e lo scarto quadratico medio (o deviazione standard) di una $f(\underline{s})$, sono indicati rispettivamente $V^2\langle f(\underline{s})\rangle$ e $V\langle f(\underline{s})\rangle$, e sono definiti dalle

$V^2\langle f(\underline{s})\rangle\equiv E\langle(f(\underline{s})-E_{f(\underline{s})})^2\rangle$ $V\langle f(\underline{s})\rangle\equiv(V^2{}_{f(\underline{s})})^{0.5}$ (2)

Le (1) e (2) generalizzano le definizioni dei $E_{\mathbf{s}\langle\underline{X}\rangle}$ $V^2\langle\mathbf{s}_{\underline{X}}\rangle$ e $V\langle\mathbf{s}_{\underline{X}}\rangle$ (dette in sez. 4.2), poiché queste sono ottenibili specificando in quelle le $\underline{s}$ come la $\mathbf{s}_{\underline{X}}$ e poi la $f(\mathbf{s}_{\underline{X}})$ come la $\mathbf{s}_{\underline{X}}$ (e poi considerando, inerentemente la $V^2\langle\mathbf{s}_{\underline{X}}\rangle$, anche la Æ⟨$\mathbf{s}_{\underline{X}},(\mathbf{s}_{\underline{X}}-E\langle\mathbf{s}_{\underline{X}}\rangle)^2$ /$\underline{s},f(\underline{s})$ /(1)⟩).

Da: Æ⟨k /$f(\underline{s})$ /(1)⟩ dovuta alle Æ⟨k,$\underline{s}$ /y,$\underline{x}$ /(2.4.2.5)⟩ e $\ddot{I}\langle k|\underline{s}\rangle$; quarta delle (5.1.2); segue IPM

$\{E\langle k\rangle=k\cdot\int_{\mathfrak{R}\langle\underline{s}\rangle}(\Phi_{\underline{s}}(\underline{x})\cdot d\underline{x})=k\}\underline{\leftarrow}\ddot{I}\langle k|\underline{s}\rangle$ (3)

Da: Æ⟨$f(\underline{s})$+k /$f(\underline{s})$ /(1)⟩; distributività dell'integrale e $\ddot{I}\langle k|\underline{s}\rangle$; (1) e quarta delle (5.1.2); segue IPM

$\{E\langle f(\underline{s})+k\rangle=\int_{\mathfrak{R}\langle\underline{s}\rangle}((f(\underline{x})+k)\cdot\Phi_{\underline{s}}(\underline{x})\cdot d\underline{x})=\int_{\mathfrak{R}\langle\underline{s}\rangle}(f(\underline{x})\cdot\Phi_{\underline{s}}(\underline{x})\cdot d\underline{x})+k\cdot\int_{\mathfrak{R}\langle\underline{s}\rangle}(\Phi_{\underline{s}}(\underline{x})\cdot d\underline{x})=E_{f(\underline{s})}+k\}\underline{\leftarrow}\ddot{I}\langle k|\underline{s}\rangle$ (4)

Da: Æ⟨k·$f(\underline{s})$ /$f(\underline{s})$ /(1)⟩ e $\ddot{I}\langle k|\underline{s}\rangle$; (1); segue IPM

$\{E\langle k\cdot f(\underline{s})\rangle=k\cdot\int_{\mathfrak{R}\langle\underline{s}\rangle}(f(\underline{x})\cdot\Phi_{\underline{s}}(\underline{x})\cdot d\underline{x})=k\cdot E_{f(\underline{s})}\}\underline{\leftarrow}\ddot{I}\langle k|\underline{s}\rangle$ (5)

Da: Æ⟨$\Sigma\langle\underline{s}\rangle$ /$f(\underline{s})$ /(1)⟩ (e $\Sigma_{\underline{s}}\equiv\Sigma_{n=1,\#}(s_n)$); proprietà distributiva dell'integrale; (2.4.4.32); (5.2.1.5); Æ⟨s_n,s_n /$\underline{s},f(\underline{s})$ /(1)⟩; segue

$E\langle\Sigma\langle\underline{s}\rangle\rangle=\int_{\mathfrak{I}\langle\ominus,\ominus\rangle}(\Sigma_{n=1,\#}(x_n\cdot\Phi_{\underline{s}}(\underline{x}))\cdot d\underline{x})=\Sigma_{n=1,\#}(\int_{\mathfrak{I}\langle\ominus,\ominus\rangle}(x_n\cdot\Phi_{\underline{s}}(\underline{x})\cdot d\underline{x}))=$
$\Sigma_{n=1,\#}(\int_{\ominus\langle n\rangle,\ominus\langle n\rangle}(x_n\cdot\int_{\mathfrak{I}\langle\ominus^n,\ominus^n\rangle}(\Phi_{\underline{s}}(\underline{x})\cdot d\underline{x}^n)\cdot dx_n))=\Sigma_{n=1,\#}(\int_{\ominus\langle n\rangle,\ominus\langle n\rangle}(x_n\cdot\Phi_{s\langle n\rangle}(x_n)\cdot dx_n))=\Sigma_{n=1,\#}(E\langle s_n\rangle)$ (6)

Da: $m\langle\underline{s}\rangle\equiv\Sigma_{\underline{s}}/\#$; Æ⟨$\#^{-1},\Sigma_{\underline{s}}$ /k,$f(\underline{s})$ /(5)⟩; (6); segue

$E\langle m_{\underline{s}}\rangle=E\langle\#^{-1}\cdot\Sigma_{\underline{s}}\rangle=E\langle\Sigma_{\underline{s}}\rangle/\#=\Sigma_{n=1,\#}(E\langle s_n\rangle)/\#$ (7)

Si pone la $\mathcal{P}_{\underline{s}}\equiv$\{le $\underline{s}$ sono # valori della s\}. Da: $\mathcal{P}_{\underline{s}}$ e (7); Æ⟨s,$\underline{\bar{E}}_s$ /$\mathbf{s}_{\underline{X}},\underline{\bar{E}}_{\mathbf{s}\langle\underline{X}\rangle}$ /(4.2.12)⟩; $\mathcal{P}_{\underline{s}}$; segue IPM

$\{E\langle m_{\underline{s}}\rangle=E\langle s\rangle=m\langle\underline{\bar{E}}_s\rangle=\lim_{\underline{s}\to\underline{\bar{E}}\langle s\rangle}(m_{\underline{s}})\}\underline{\leftarrow}\mathcal{P}_{\underline{s}}$ che mostra la $\mathcal{P}_{\underline{s}}$ sufficiente affinché $E\langle m_{\underline{s}}\rangle$ sia uguale al parametro statistico $\lim_{\underline{s}\to\underline{\mathbb{E}}\langle s\rangle}(\mathsf{m}_{\underline{s}})$ di cui $\mathsf{m}_{\underline{s}}$ è una stima, e quindi affinché la $\mathsf{m}_{\underline{s}}$ sia una statistica corretta.

Da: Æ$\langle\Pi\langle\underline{s}\rangle\,/f(\underline{s})\,/(1)\rangle$ (di cui la $\Pi_{\underline{s}}\equiv\Pi_{n=1,\mathbf{n}}(s_n)$); (5.1.12) e $\mathbb{I}\langle\underline{s}\rangle$; Æ$\langle\underline{\mathfrak{I}}_{\underline{s},\underline{s}},[s_n,s_n],\Pi_{n=1,\mathbf{n}}(x_n\cdot\mathcal{D}_{s\langle n\rangle}(x_n))\,/\,\underline{\mathfrak{I}}_{\underline{a},\underline{b}},[a_n,b_n],f(\underline{x})\,/(2.4.4.32)\rangle$; Æ$\langle s_n,s_n\,/\underline{s},f(\underline{s})\,/(1)\rangle$; segue IPM

$$\{\mathbb{E}\langle\Pi\langle\underline{s}\rangle\rangle=\int_{\underline{\mathfrak{I}}\langle\underline{s},\underline{s}\rangle}(\Pi_{\underline{s}}\cdot\mathcal{D}_{\underline{s}}(\underline{x})\cdot d\underline{x})=\int_{\underline{\mathfrak{I}}\langle\underline{s},\underline{s}\rangle}(\Pi_{n=1,\mathbf{n}}(x_n\cdot\mathcal{D}_{s\langle n\rangle}(x_n))\cdot d\underline{x})=$$
$$\int_{s\langle 1\rangle,s\langle 1\rangle}(x_1\cdot\mathcal{D}_{s\langle 1\rangle}(x_1)\cdot\int_{s\langle 2\rangle,s\langle 2\rangle}(x_2\cdot\mathcal{D}_{s\langle 2\rangle}(x_2)\cdot\ldots\int_{s\langle\mathbf{n}\rangle,s\langle\mathbf{n}\rangle}(x_{\mathbf{n}}\cdot\mathcal{D}_{s\langle\mathbf{n}\rangle}(x_{\mathbf{n}})\cdot dx_{\mathbf{n}})\cdot\ldots dx_2)\cdot dx_1)=\Pi_{n=1,\mathbf{n}}(\mathbb{E}\langle s_n\rangle)\}\underline{\leftarrow}\mathbb{I}\langle\underline{s}\rangle \quad (8)$$

Da: Æ$\langle k\,/f(\underline{s})\,/(2)\rangle$; ï$\langle k\,|\,\underline{s}\rangle$ e (3); Æ$\langle 0\,/k\,/(3)\rangle$; segue IPM $\{\mathbb{V}^2\langle k\rangle=\mathbb{E}\langle(k-\mathbb{E}\langle k\rangle)^2\rangle=\mathbb{E}\langle 0\rangle=0\}\underline{\leftarrow}$ï$\langle k\,|\,\underline{s}\rangle$.

Da: Æ$\langle f(\underline{s})+k\,/f(\underline{s})\,/(2)\rangle$; (4) e ï$\langle k\,|\,\underline{s}\rangle$; (2); segue IPM

$$\{\mathbb{V}^2\langle f(\underline{s})+k\rangle=\mathbb{E}\langle(f(\underline{s})+k-\mathbb{E}\langle f(\underline{s})+k\rangle)^2\rangle=\mathbb{E}\langle(f(\underline{s})-\mathbb{E}_{f(\underline{s})})^2\rangle=\mathbb{V}^2{}_{f(\underline{s})}\}\underline{\leftarrow}\text{ï}\langle k\,|\,\underline{s}\rangle \quad (9)$$

Da: Æ$\langle k\cdot f(\underline{s})\,/f(\underline{s})\,/(2)\rangle$; (5) e ï$\langle k\,|\,\underline{s}\rangle$; Æ$\langle k^2,(f(\underline{s})-\mathbb{E}_{f(\underline{s})})^2\,/k,f(\underline{s})\,/(5)\rangle$, e ï$\langle k^2\,|\,\underline{s}\rangle$ dovuta a ï$\langle k\,|\,\underline{s}\rangle$; (2); segue IPM

$$\{\mathbb{V}^2\langle k\cdot f(\underline{s})\rangle=\mathbb{E}\langle(k\cdot f(\underline{s})-\mathbb{E}\langle k\cdot f(\underline{s})\rangle)^2\rangle=\mathbb{E}\langle k^2\cdot(f(\underline{s})-\mathbb{E}_{f(\underline{s})})^2\rangle=k^2\cdot\mathbb{E}\langle(f(\underline{s})-\mathbb{E}_{f(\underline{s})})^2\rangle=k^2\cdot\mathbb{V}^2{}_{f(\underline{s})}\}\underline{\leftarrow}\text{ï}\langle k\,|\,\underline{s}\rangle \quad (10)$$

La $(s-\mathbb{E}_s)/\mathbb{V}_s$ è la variabile standardizzata associata a s. Da: Æ$\langle\mathbb{V}^{-1}{}_s,(s-\mathbb{E}_s)\,/k,f(\underline{s})\,/(5)\rangle$; Æ$\langle-\mathbb{E}_s,s\,/k,f(\underline{s})\,/(4)\rangle$; segue $\mathbb{E}\langle(s-\mathbb{E}_s)/\mathbb{V}_s\rangle=\mathbb{E}\langle s-\mathbb{E}_s\rangle/\mathbb{V}_s=0$. Da: Æ$\langle\mathbb{V}^{-1}{}_s,(s-\mathbb{E}_s)\,/k,f(\underline{s})\,/(10)\rangle$; Æ$\langle-\mathbb{E}_s,s\,/k,f(\underline{s})\,/(9)\rangle$; segue $\mathbb{V}^2\langle(s-\mathbb{E}_s)/\mathbb{V}_s\rangle=\mathbb{V}^2\langle s-\mathbb{E}_s\rangle/\mathbb{V}^2\langle s\rangle=1$.

Da: Æ$\langle s\,/f(\underline{s})\,/(2)\rangle$; Æ$\langle\mathbb{E}^2{}_s+s^2,-2\cdot\mathbb{E}_s\cdot s\,/\underline{s}\,/(6)\rangle$; Æ$\langle\mathbb{E}^2{}_s,s^2\,/k,f(\underline{s})\,/(4)\rangle$ e Æ$\langle-2\cdot\mathbb{E}_s,s\,/k,f(\underline{s})\,/(5)\rangle$; segue

$$\mathbb{V}^2\langle s\rangle=\mathbb{E}\langle\mathbb{E}^2{}_s+s^2-2\cdot\mathbb{E}_s\cdot s\rangle=\mathbb{E}\langle\mathbb{E}^2{}_s+s^2\rangle+\mathbb{E}\langle-2\cdot\mathbb{E}_s\cdot s\rangle=\mathbb{E}\langle s^2\rangle+\mathbb{E}^2{}_s-2\cdot\mathbb{E}^2{}_s=\mathbb{E}\langle s^2\rangle-\mathbb{E}^2\langle s\rangle \quad (11)$$

La covarianza di s e r è indicata $\mathbb{CV}\langle s,r\rangle$ e è definita dalla $\mathbb{CV}\langle s,r\rangle\equiv\mathbb{E}\langle(s-\mathbb{E}_s)\cdot(r-\mathbb{E}_r)\rangle$. Da: questa; Æ$\langle s\cdot r,-\mathbb{E}_s\cdot r,\mathbb{E}_s\cdot\mathbb{E}_r-\mathbb{E}_r\cdot s\,/\underline{s}\,/(6)\rangle$; Æ$\langle\mathbb{E}_s\cdot\mathbb{E}_r\,/k\,/(3)\rangle$ Æ$\langle-\mathbb{E}_s,r\,/k,f(\underline{s})\,/(5)\rangle$ e Æ$\langle-\mathbb{E}_r,s\,/k,f(\underline{s})\,/(5)\rangle$; Æ$\langle\{-\mathbb{E}_s,r\},\{-\mathbb{E}_r,s\}\,/k,f(\underline{s})\,/(5)\rangle$ Æ$\langle\mathbb{E}_s\cdot\mathbb{E}_r\,/k\,/(3)\rangle$; segue

$$\mathbb{CV}\langle s,r\rangle=\mathbb{E}\langle s\cdot r-\mathbb{E}_s\cdot r+\mathbb{E}_s\cdot\mathbb{E}_r-\mathbb{E}_r\cdot s\rangle=\mathbb{E}\langle s\cdot r\rangle+\mathbb{E}\langle-\mathbb{E}_s\cdot r\rangle+\mathbb{E}\langle\mathbb{E}_s\cdot\mathbb{E}_r\rangle+\mathbb{E}\langle-\mathbb{E}_r\cdot s\rangle=\mathbb{E}\langle s\cdot r\rangle-\mathbb{E}_r\cdot\mathbb{E}_s \quad (12)$$

Si ha la $(\Sigma_{n=1,\mathbf{n}}(s_n-\mathbb{E}_{s\langle n\rangle}))^2=\Sigma_{n=1,\mathbf{n}}(s_n-\mathbb{E}_{s\langle n\rangle})\cdot\Sigma_{n=1,\mathbf{n}}(s_{n}-\mathbb{E}_{s\langle n\rangle})=\Sigma_{n=1,\mathbf{n}}(\Sigma_{n=1,\mathbf{n}}((s_n-\mathbb{E}_{s\langle n\rangle})\cdot(s_n-\mathbb{E}_{s\langle n\rangle})))=\Sigma_{n=1,\mathbf{n}}(\Sigma_{n=1,\mathbf{n};n\neq n}((s_n-\mathbb{E}_{s\langle n\rangle})\cdot(s_n-\mathbb{E}_{s\langle n\rangle})))+\Sigma_{n=1,\mathbf{n}}((s_n-\mathbb{E}_{s\langle n\rangle})^2)$. Da: Æ$\langle\Sigma_{\underline{s}}\,/f(\underline{s})\,/(2)\rangle$; $\Sigma_{\underline{s}}\equiv\Sigma_{n=1,\mathbf{n}}(s_n)$ e (6); la precedente espressione di $(\Sigma_{n=1,\mathbf{n}}(s_n-\mathbb{E}_{s\langle n\rangle}))^2$; l'evidente specificazione della (6); $\mathbb{CV}\langle s_n,s_n\rangle\equiv\mathbb{E}\langle(s_n-\mathbb{E}_{s\langle n\rangle})\cdot(s_n-\mathbb{E}_{s\langle n\rangle})\rangle$ e Æ$\langle s_n\,/f(\underline{s})\,/(2)\rangle$; Æ$\langle s_n,s_n\,/s,r\,/(12)\rangle$; segue

$$\mathbb{V}^2\langle\Sigma_{\underline{s}}\rangle=\mathbb{E}\langle(\Sigma_{\underline{s}}-\mathbb{E}\langle\Sigma_{\underline{s}}\rangle)^2\rangle=\mathbb{E}\langle(\Sigma_{n=1,\mathbf{n}}(s_n-\mathbb{E}_{s\langle n\rangle}))^2\rangle=\mathbb{E}\langle\Sigma_{n=1,\mathbf{n}}(\Sigma_{n=1,\mathbf{n};n\neq n}((s_n-\mathbb{E}_{s\langle n\rangle})\cdot(s_n-\mathbb{E}_{s\langle n\rangle})))+$$
$$\Sigma_{n=1,\mathbf{n}}((s_n-\mathbb{E}_{s\langle n\rangle})^2)\rangle=\Sigma_{n=1,\mathbf{n}}(\Sigma_{n=1,\mathbf{n};n\neq n}(\mathbb{E}\langle(s_n-\mathbb{E}_{s\langle n\rangle})\cdot(s_n-\mathbb{E}_{s\langle n\rangle})\rangle))+\Sigma_{n=1,\mathbf{n}}(\mathbb{E}\langle(s_n-\mathbb{E}_{s\langle n\rangle})^2\rangle)=$$
$$\Sigma_{n=1,\mathbf{n}}(\Sigma_{n=1,\mathbf{n};n\neq n}(\mathbb{CV}\langle s_n,s_n\rangle))+\Sigma_{n=1,\mathbf{n}}(\mathbb{V}^2\langle s_n\rangle)=\Sigma_{n=1,\mathbf{n}}(\Sigma_{n=1,\mathbf{n};n\neq n}(\mathbb{E}\langle s_n\cdot s_n\rangle-\mathbb{E}_{s\langle n\rangle}\cdot\mathbb{E}_{s\langle n\rangle}))+\Sigma_{n=1,\mathbf{n}}(\mathbb{V}^2\langle s_n\rangle)$$

Da: Æ$\langle\underline{s}\,/\underline{x}\,/(2.4.3.4)\rangle$; Æ$\langle s_a,s_b\,/\underline{s}\,/(8)\rangle$; segue $\mathbb{I}_{\underline{s}}\underline{\rightarrow}\{\mathbb{I}\langle s_a,s_b\rangle;\forall\{a,b\}\subseteq\{n=1,\mathbf{n}\}\}\underline{\rightarrow}\{\mathbb{E}\langle s_a\cdot s_b\rangle=\mathbb{E}\langle s_a\rangle\cdot\mathbb{E}\langle s_b\rangle;\forall\{a,b\}\subseteq\{n=1,\mathbf{n}\}\}$. Questa e la precedente espressione di $\mathbb{V}^2\langle\Sigma_{\underline{s}}\rangle$ portano la

$$\mathbb{I}\langle\underline{s}\rangle\underline{\rightarrow}\{\mathbb{V}^2\langle\Sigma_{\underline{s}}\rangle=\Sigma_{n=1,\mathbf{n}}(\mathbb{V}^2\langle s_n\rangle)\} \quad (13)$$

Da: $\mathsf{m}_{\underline{s}}\equiv\Sigma_{\underline{s}}/\mathbf{n}$; Æ$\langle\mathbf{n}^{-1},\Sigma_{\underline{s}}\,/k,f(\underline{s})\,/(10)\rangle$; $\mathbb{I}_{\underline{s}}$ e (13); segue IPM

$$\{\mathbb{V}^2\langle\mathsf{m}_{\underline{s}}\rangle=\mathbb{V}^2\langle\mathbf{n}^{-1}\cdot\Sigma_{\underline{s}}\rangle=\mathbf{n}^{-2}\cdot\mathbb{V}^2\langle\Sigma_{\underline{s}}\rangle=\mathbf{n}^{-2}\cdot\Sigma_{n=1,\mathbf{n}}(\mathbb{V}^2\langle s_n\rangle)\}\underline{\leftarrow}\mathbb{I}\langle\underline{s}\rangle \quad (14)$$

5.3.1 *La disuguaglianza di Chebyshev e la legge dei grandi numeri*

La $\varpi\geq 0$ porta le

$$\{-\varpi\leq G\leq\varpi\}\equiv\{\{G\geq-\varpi\}\wedge\{G\leq\varpi\}\}\underline{\leftrightarrow}\{|G|\leq\varpi\}\underline{\leftrightarrow}\{G^2\leq\varpi^2\} \quad (1)$$

$$\{\{G\leq-\varpi\}\vee\{G\geq\varpi\}\}\underline{\leftrightarrow}\{|G|\geq\varpi\}\underline{\leftrightarrow}\{G^2\geq\varpi^2\} \quad (2)$$

Si pongono le $\phi(x)\equiv(x-\mathbb{E}\langle s\rangle)^2\cdot\mathcal{D}\langle s\rangle(x)$ e $\varepsilon>0$. Da: Æ$\langle s\,/f(\underline{s})\,/(5.3.2)\rangle$; Æ$\langle s,(s-\mathbb{E}_s)^2\,/\underline{s},f(\underline{s})\,/(5.3.1)\rangle$; additività dell'integrale e $\varepsilon>0$; $\phi(x)\geq 0$ e $\varepsilon>0$; segue

$V^2\langle s\rangle = E\langle(s-E_s)^2\rangle = \int_{-\infty,\infty}(\phi(x)\cdot dx) = \int_{-\infty,E\langle s\rangle-\varepsilon}(\phi(x)\cdot dx) + \int_{E\langle s\rangle-\varepsilon,E\langle s\rangle+\varepsilon}(\phi(x)\cdot dx) + \int_{E\langle s\rangle+\varepsilon,\infty}(\phi(x)\cdot dx) \geq$
$\int_{-\infty,E\langle s\rangle-\varepsilon}(\phi(x)\cdot dx) + \int_{E\langle s\rangle+\varepsilon,\infty}(\phi(x)\cdot dx)$ (3)

Da: $\{x\leq E_s-\varepsilon\}\leftrightarrow\{x-E_s\leq-\varepsilon\}$ e $\{x\geq E_s+\varepsilon\}\leftrightarrow\{x-E_s\geq\varepsilon\}$; Æ⟨x−E_s,ε /G,ϖ /(2)⟩; segue

$\{\{x\leq E_s-\varepsilon\}.V.\{x\geq E_s+\varepsilon\}\}\leftrightarrow\{\{x-E_s\leq-\varepsilon\}.V.\{x-E_s\geq\varepsilon\}\}\leftrightarrow\{|x-E_s|\geq\varepsilon\}\leftrightarrow\{(x-E_s)^2\geq\varepsilon^2\}$ (4)

che porta le

$\{s\leq E_s-\varepsilon\}\cup\{s\geq E_s+\varepsilon\}\leftrightarrow\{|s-E_s|\geq\varepsilon\}$ $\{s\leq E_s-\varepsilon\}\cap\{s\geq E_s+\varepsilon\}\equiv E_\varnothing$ (5)

Da: (3) e $\phi(x)\equiv(x-E_s)^2\cdot\mathcal{P}_s(x)$; $\mathcal{P}_s(x)\geq0$, e $(x-E_s)^2\geq\varepsilon^2$ dovuta alle $\{x\leq E_s-\varepsilon\}.V.\{x\geq E_s+\varepsilon\}$ e (4); Æ⟨s≤E_s−ε,Ē_s /E_{s⟨X⟩},Ē_{s⟨X⟩} /(4.2.2)⟩ e Æ⟨s≥E_s+ε,Ē_s /E_{s⟨X⟩},Ē_{s⟨X⟩} /(4.2.2)⟩ (di cui la $\bar{E}_s\equiv\{s\in\mathfrak{R}\langle s\rangle\}$); Æ⟨s≤E_s−ε,s≥E_s+ε,Ē_s /A,B,C /(3.2.1.9)⟩ e seconda delle (5); prima delle (5); segue

$V^2_s\geq\int_{-\infty,E\langle s\rangle-\varepsilon}((x-E_s)^2\cdot\mathcal{P}_s(x)\cdot dx)+\int_{E\langle s\rangle+\varepsilon,\infty}((x-E_s)^2\cdot\mathcal{P}_s(x)\cdot dx)\geq\varepsilon^2\cdot(\int_{-\infty,E\langle s\rangle-\varepsilon}(\mathcal{P}_s(x)\cdot dx)+\int_{E\langle s\rangle+\varepsilon,\infty}(\mathcal{P}_s(x)\cdot dx))=$
$\varepsilon^2\cdot(\rho\langle s\leq E_s-\varepsilon|\bar{E}_s\rangle+\rho\langle s\geq E_s+\varepsilon|\bar{E}_s\rangle)=\varepsilon^2\cdot\rho\langle\{s\leq E_s-\varepsilon\}\cup\{s\geq E_s+\varepsilon\}|\bar{E}_s\rangle=\varepsilon^2\cdot\rho\langle|s-E_s|\geq\varepsilon|\bar{E}_s\rangle$

Questa e la Æ⟨|s−E_s|≥ε,Ē_s /A,B /(3.2.4)⟩ portano la

$\{\mathcal{P}\langle|s-E_s|\geq\varepsilon\rangle\leq V^2_s/\varepsilon^2\}\leftarrow\mathfrak{C}\langle\bar{E}_s\rangle$ (6)

il cui primo membro è la disuguaglianza di Chebyshev.

Si pone la $\bar{E}_{m\langle s\rangle}\equiv\{m\langle s\rangle\in\mathfrak{R}\langle m_s\rangle\}$. Da: Æ⟨m_s /s /(6)⟩ e $\mathfrak{C}\langle\bar{E}_{m\langle s\rangle}\rangle$; (5.3.14), $\{V^2\langle s_n\rangle=V^2_s;n=1,\mathfrak{n}\}$, e $\mathbb{I}\langle s\rangle$; segue IPM

$\{\lim_{\mathfrak{n}\to\infty}(\mathcal{P}\langle|m_s-E\langle m_s\rangle|\geq\varepsilon\rangle)\leq\varepsilon^{-2}\cdot\lim_{\mathfrak{n}\to\infty}(V^2\langle m_s\rangle)=\varepsilon^{-2}\cdot V^2_s\cdot\lim_{\mathfrak{n}\to\infty}(\mathfrak{n}^{-1})=0\}\leftarrow$
$\{\mathfrak{C}\langle\bar{E}_{m\langle s\rangle}\rangle,\{V^2\langle s_n\rangle=V^2_s;n=1,\mathfrak{n}\},\mathbb{I}\langle s\rangle\}$

la cui $\lim_{\mathfrak{n}\to\infty}(\mathcal{P}\langle|m_s-E\langle m_s\rangle|\geq\varepsilon\rangle)=0$ è la legge dei grandi numeri.

5.3.2 *Le funzioni generatrice dei momenti e caratteristica di una variabile casuale*

La funzione generatrice dei momenti della s, è indicata $D\langle s\rangle(\tau)$, se ne sottintende la $\ddot{I}\langle\tau|s,x\rangle$, e è definita dai primi due membri della

$D\langle s\rangle(\tau)\equiv E\langle e^{\tau\cdot s}\rangle=\int_{\mathfrak{R}\langle s\rangle}(e^{\tau\cdot x}\cdot\mathcal{P}_s(x)\cdot dx)=\int_{-\infty,\infty}(e^{\tau\cdot x}\cdot\mathcal{P}_s(x)\cdot dx)$ (1)

i cui ultimi due membri sono dovuti a Æ⟨s,e^{τ·s} /s,f(s) /(5.3.1)⟩.

Si indica i l'unità immaginaria di cui le $i\equiv\sqrt{(-1)}$ e $i^2=-1$. La funzione caratteristica della s, è indicata $\Phi\langle s\rangle(\omega)$ e è definita dai primi due membri della

$\Phi\langle s\rangle(\omega)\equiv D_s(i\cdot\omega)=\int_{-\infty,\infty}(e^{i\cdot\omega\cdot x}\cdot\mathcal{P}_s(x)\cdot dx)$ (2)

che è conforme alla (1) e mostra che la $\Phi_s(\omega)$ è la $D_s(\tau)$ dove si sostituisca τ con $i\cdot\omega$.

Si pone la $e_{\tau s}\equiv\{e^{\tau\cdot s\langle n\rangle};n=1,\mathfrak{n}\}$). La $\{\mathfrak{R}\langle s_n\rangle\Leftrightarrow\mathfrak{R}\langle e^{\tau\cdot s\langle n\rangle}\rangle;n=1,\mathfrak{n}\}$ (dovuta a $\ddot{I}\langle\tau|s_n\rangle$) porta la Æ⟨s,e_{τs} / a,b /(2.4.6.7)⟩ e quindi la $\mathbb{I}\langle s\rangle\leftrightarrow\mathbb{I}\langle e_{\tau s}\rangle$. Da: Æ⟨Σ⟨s⟩ /s /(1)⟩; Æ⟨e_{τs} /s /(5.3.8)⟩, e $\mathbb{I}\langle e_{\tau s}\rangle$ (dovuta a $\mathbb{I}_s$ e $\mathbb{I}_s\leftrightarrow\mathbb{I}\langle e_{\tau s}\rangle$); Æ⟨s_n /s /(1)⟩; segue IPM

$\{D\langle\Sigma\langle s\rangle\rangle(\tau)=E\langle\Pi_{n=1,\mathfrak{n}}(e^{\tau\cdot s\langle n\rangle})\rangle=\Pi_{n=1,\mathfrak{n}}(E\langle e^{\tau\cdot s\langle n\rangle}\rangle)=\Pi_{n=1,\mathfrak{n}}(D\langle s_n\rangle(\tau))\}\leftarrow\mathbb{I}\langle s\rangle$ (3)

La teoria della serie di Fourier stabilisce, per una B(x) di cui la $\int_{-\infty,\infty}(|B(x)|\cdot dx)\neq\infty$, le

$A(\omega)=(2\cdot\pi)^{-0.5}\cdot\int_{-\infty,\infty}(e^{i\cdot\omega\cdot x}\cdot B(x)\cdot dx)$ $B(x)=(2\cdot\pi)^{-0.5}\cdot\int_{-\infty,\infty}(e^{-i\cdot\omega\cdot x}\cdot A(\omega)\cdot d\omega)$ (4)

che mostrano la $B(x)\Leftrightarrow A(\omega)$ tra l'insieme di ogni funzione che sia una specificazione di B(x) e l'insieme di ogni funzione che sia una specificazione di A(ω). Pertanto le Æ⟨(2·π)^{0.5}·𝒫_s(x) /B(x) / (4)⟩ e (2) portano la

$\mathcal{P}\langle s\rangle(x)\leftrightarrow\Phi\langle s\rangle(\omega)$ (5)

nel senso che ogni $\mathcal{P}_s(x)$ individua univocamente una $\Phi_s(\omega)$ e viceversa.

6 LA DENSITÀ DI PROBABILITÀ DI ALCUNE DELLE PIÙ NOTE VARIABILI CASUALI

6.1 *La variabile uniformemente distribuita*

La variabile casuale uniformemente distribuita in $[a,b]$, è indicata $\mathcal{U}\langle a,b\rangle$ e è definita dalla
$\{\mathfrak{D}\langle \mathcal{U}_{ab}\rangle(x)\equiv(b-a)^{-1};\forall x\in[a,b]\}$ (1)
di cui la $\underline{\mathfrak{R}}\langle \mathcal{U}_{ab}\rangle\equiv[a,b]$ e di cui si sottintende la $\mathcal{U}\langle c,d\rangle\equiv\{\mathfrak{D}\langle \mathcal{U}_{ab}\rangle \mid a=c;b=d\}$.
Da: Æ⟨$\mathcal{U}_{ab}$ /$\mathbf{s}_{\underline{X}}$ /(4.2.12)⟩; (1); Æ⟨x /f(x) /(2.4.4.24)⟩; $(b^2-a^2)=(b-a)\cdot(b+a)$; segue
$\mathrm{E}\langle \mathcal{U}_{ab}\rangle=\int_{\underline{\mathfrak{R}}\langle \mathcal{U}\langle a,b\rangle\rangle}(x\cdot\mathfrak{D}\langle \mathcal{U}_{ab}\rangle(x)\cdot dx)=(b-a)^{-1}\cdot\int_{a,b}(x\cdot dx)=(b-a)^{-1}\cdot(b^2-a^2)/2=(a+b)/2$ (2)
Da: Æ⟨$\mathcal{U}_{ab},\mathcal{U}^2_{ab}$ /$\underline{s},f(\underline{s})$ /(5.3.1)⟩; (1) e Æ⟨x^2 /f(x) /(2.4.4.24)⟩; $(b^3-a^3)=(b-a)\cdot(a^2+a\cdot b+b^2)$; segue
$\mathrm{E}\langle \mathcal{U}^2_{ab}\rangle=\int_{\underline{\mathfrak{R}}\langle \mathcal{U}\langle a,b\rangle\rangle}(x^2\cdot\mathfrak{D}\langle \mathcal{U}_{ab}\rangle(x)\cdot dx)=(b-a)^{-1}\cdot(b^3-a^3)/3=(a^2+a\cdot b+b^2)/3$ (3)
Da: Æ⟨$\mathcal{U}_{ab}$ /s /(5.3.11)⟩; (3) e (2); segue $\mathrm{V}^2\langle \mathcal{U}_{ab}\rangle=\mathrm{E}\langle \mathcal{U}^2_{ab}\rangle-\mathrm{E}^2\langle \mathcal{U}_{ab}\rangle=(a^2+a\cdot b+b^2)/3-(a+b)^2/4=(a-b)^2/12$.

6.1.1 *La determinazione di un campione casuale dell'universo dei valori di una variabile casuale*

La Æ⟨s /$\mathbf{s}_{\underline{X}}$ /(4.2.3)⟩ porta la $\mathrm{F}_s(x)=\int_{\mathrm{s},x}(\mathfrak{D}_s(t)\cdot dt)$ di cui la $\mathrm{s}\equiv\min\langle\underline{\mathfrak{R}}_s\rangle$ e che consente di porre la $\mathrm{F}_s=\mathrm{F}_s(s)\equiv\int_{\mathrm{s},s}(\mathfrak{D}_s(x)\cdot dx)$ che porta la Æ⟨s,F_s /u,v /(5.2.2.12)⟩. Questa e la $\{\mathrm{F}'_s(x)\equiv\mathfrak{D}_s(x)>0;\forall x\in\{\underline{\mathfrak{R}}_s-\{\mathrm{s}\}\}\}$ (dovuta a Æ⟨s /$\mathbf{s}_{\underline{X}}$ /(4.2.7)⟩) portano IPM $\{\mathfrak{D}\langle\mathrm{F}_s\rangle(\mathrm{F}_s(x))=1;\forall x\in\underline{\mathfrak{R}}_s\}\underline{\leftrightarrow}\{\mathfrak{D}\langle\mathrm{F}_s\rangle(\mathrm{F}_s(s))=1\}\underline{\leftrightarrow}$ $\{\mathfrak{D}\langle\mathrm{F}_s\rangle(x)=1;\forall x\in\underline{\mathfrak{R}}\langle\mathrm{F}_s\rangle\}\underline{\leftrightarrow}\{\mathfrak{D}\langle\mathrm{F}_s\rangle=\mathcal{U}\langle0,1\rangle\}$ i cui membri ulteriori seguono: il terzo dalla $\mathrm{F}_s=\mathrm{F}_s(s)$; e l'ultimo dalle $\underline{\mathfrak{R}}\langle\mathrm{F}_s\rangle=[0,1]$ e (6.1.1).

Si pone la $\mathfrak{D}\langle u\rangle\equiv\mathcal{U}\langle0,1\rangle$. Questa e le $\mathfrak{D}\langle\mathrm{F}_s\rangle=\mathcal{U}\langle0,1\rangle$ $\mathrm{F}_s=\int_{\mathrm{s},s}(\mathfrak{D}_s(x)\cdot dx)$ portano la
$u-\int_{\mathrm{s},s}(\mathfrak{D}_s(x)\cdot dx)=0$ (1)
La conoscenza di un $\underline{u}$, di cui le $\underline{u}\equiv\{u_a;a=1,\mathrm{a}\}$ e $\underline{u}\equiv\mathbf{r}\langle\underline{\mathbb{M}}\langle u\in[0,1]\rangle$, consente di determinare un campione casuale dell'universo costituito da ogni valore della s ossia di conoscere i $\{s_a;a=1,\mathrm{a}\}$ di cui la $\{s_a;a=1,\mathrm{a}\}\equiv\mathbf{r}\langle\underline{\mathbb{M}}\langle s\in\underline{\mathfrak{R}}_s\rangle$, per mezzo del trattare ognuna delle $\{u_a-\int_{\mathrm{s},s\langle a\rangle}(\mathfrak{D}_s(x)\cdot dx)=0;a=1,\mathrm{a}\}$ (ottenibili come altrettante specificazioni della (1)) come un'equazione nell'incognita s_a. La conoscenza di un tale $\underline{u}$ è conseguibile con l'esecuzione di uno dei noti algoritmi che sono chiamati generatori di numeri pseudocasuali.

Da: Æ⟨$\mathfrak{D}_s$,s,s,0 /f,a,b,c /(2.4.4.23)⟩; $\{\mathfrak{D}_s(-x)=\mathfrak{D}_s(x);\forall x\in(0,\infty)\}$ e Æ⟨s /$\mathbf{s}_{\underline{X}}$ /(4.2.11)⟩; segue $\int_{\mathrm{s},s}(\mathfrak{D}_s(x)\cdot dx)=\int_{\mathrm{s},0}(\mathfrak{D}_s(x)\cdot dx)+\int_{0,s}(\mathfrak{D}_s(x)\cdot dx)=0.5+\int_{0,s}(\mathfrak{D}_s(x)\cdot dx)$. Ciò e la (1) portano la
$\{\mathfrak{D}_s(-x)=\mathfrak{D}_s(x);\forall x\in(0,\infty)\}\underline{\rightarrow}\{u-\int_{0,s}(\mathfrak{D}_s(x)\cdot dx)-0.5=0\}$ (2)
La (1) porta la
$\{\mathfrak{D}_s\equiv\mathcal{U}\langle a,b\rangle\}\underline{\rightarrow}\{s=s(u)\equiv a+(b-a)\cdot u\}$ (3)
I secondi membri delle (2) e (3) sono convenienti specificazioni della (1) allo scopo di determinare il detto campione $\{s_a;a=1,\mathrm{a}\}$.

6.2 *La variabile normale (o gaussiana)*

L'integrale di Gauss (di cui in [16]) è espresso dalla
$\int_{-\infty,\infty}(\exp\langle-y^2\rangle\cdot dy)=\pi^{0.5}$ (1)
Si pone la K>0. Da: seconda delle (2.4.4.22); integrazione per sostituzione basata sulla $y=y(x)\equiv K^{0.5}\cdot x$ (ossia la Æ⟨$K^{0.5}\cdot x$ /y(x) /(2.4.4.27)⟩); segue
$\int_{-\infty,\infty}(\exp\langle-y^2\rangle\cdot dy)=\lim_{[a,b]\to\underline{\mathfrak{R}}^1}(\int_{a,b}(\exp\langle-y^2\rangle\cdot dy))=K^{0.5}\cdot\lim_{[a,b]\to\underline{\mathfrak{R}}^1}(\int_{a/K^{0.5},b/K^{0.5}}(\exp\langle-K\cdot x^2\rangle\cdot dx))=$ $K^{0.5}\cdot\int_{-\infty,\infty}(\exp\langle-K\cdot x^2\rangle\cdot dx)$
Questa e la (1) portano la $\int_{-\infty,\infty}(f_K(x)\cdot dx)=1$ di cui la $\{f_K(x)\equiv(K/\pi)^{0.5}\cdot\exp\langle-K\cdot x^2\rangle>0;\forall x\in\underline{\mathfrak{R}}^1\}$. Ciò

e la Æ$\langle f_{K},\mathfrak{R}^1 / f,\mathfrak{R}_Y /(4.2.16)\rangle$ portano che è possibile considerare una variabile casuale θ definita dalle $\mathfrak{R}\langle\theta\rangle=\mathfrak{R}^1$ e $\mathcal{P}\langle\theta\rangle(x)\equiv f_K(x)$. Perciò si pone la $Z\equiv\{\theta\,|\,K=0.5\}$ seguendone le

$\mathcal{P}\langle Z\rangle(x)\equiv(2\cdot\pi)^{-0.5}\cdot\exp\langle -x^2/2\rangle\ \{\mathcal{P}_Z(-x)=\mathcal{P}_Z(x);\forall x\in(0,\infty)\}$ (2)

di cui la $\mathfrak{R}\langle Z\rangle=\mathfrak{R}^1$ e di cui si sottintende la $Z\equiv\mathcal{P}\langle Z\rangle$.

Tale Z è la variabile casuale normale (o gaussiana) standard; e inerentemente l'omonima $\mathcal{P}_Z(x)$ si trovano in Letteratura tabulazioni di valori delle coppie $\{\varpi,\mathcal{P}_Z(\varpi)\}$ e $\{\varpi,\int_{0,\varpi}(\mathcal{P}_Z(t)\cdot dt)\}$, avendone le $\int_{-\infty,0}(\mathcal{P}_Z(t)\cdot dt)=0.5$ e $\int_{-\varpi,0}(\mathcal{P}_Z(t)\cdot dt)=\int_{0,\varpi}(\mathcal{P}_Z(t)\cdot dt)$ dovute alle Æ$\langle Z / \mathbf{s}_{\mathbb{X}} /(4.2.11)\rangle$ Æ$\langle\mathcal{P}_Z(t) / f(x) /$ $(2.4.4.29)\rangle$) e seconda delle (2).

Da: Æ$\langle Z / \mathbf{s}_{\mathbb{X}} /(4.2.12)\rangle$; seconda delle (2.4.4.22); additività dell'integrale; integrazione per sostituzione basata sulla $t=t(t)\equiv -t$; seconda delle (2); segue

$\mathrm{E}\langle Z\rangle=\int_{-\infty,\infty}(t\cdot\mathcal{P}_Z(t)\cdot dt)=\lim_{x\to\infty}(\int_{-x,x}(t\cdot\mathcal{P}_Z(t)\cdot dt))=\lim_{x\to\infty}(\int_{0,x}(t\cdot\mathcal{P}_Z(t)\cdot dt)+\int_{-x,0}(t\cdot\mathcal{P}_Z(t)\cdot dt))=$
$\lim_{x\to\infty}(\int_{0,x}(t\cdot\mathcal{P}_Z(t)\cdot dt)+\int_{x,0}(t\cdot\mathcal{P}_Z(-t)\cdot dt))=\lim_{x\to\infty}(\int_{0,x}(t\cdot\mathcal{P}_Z(t)\cdot dt)-\int_{0,x}(t\cdot\mathcal{P}_Z(t)\cdot dt))=0$ (3)

Da: $d\exp\langle -t^2/2\rangle/dt=-\exp\langle -t^2/2\rangle\cdot t$; Æ$\langle t,t,\exp\langle -t^2/2\rangle / x,f(x),g(x) /(2.4.4.26)\rangle$; prima delle (2); segue

$\int_{a,b}(t^2\cdot\exp\langle -t^2/2\rangle\cdot dt)=-\int_{a,b}(t\cdot(d\exp\langle -t^2/2\rangle/dt)\cdot dt)=\int_{a,b}(\exp\langle -t^2/2\rangle\cdot dt)+a\cdot\exp\langle -a^2/2\rangle-b\cdot\exp\langle -b^2/2\rangle=$
$(2\cdot\pi)^{0.5}\cdot\int_{a,b}(\mathcal{P}_Z(t)\cdot dt)+a/\exp\langle a^2/2\rangle-b/\exp\langle b^2/2\rangle$ (4)

Da: Æ$\langle x,\exp\langle x^2/2\rangle,\infty / f(x),g(x),x /(2.4.4.2)\rangle$; segue

$\lim_{x\to\infty}(x/\exp\langle x^2/2\rangle)=\lim_{x\to\infty}((x\cdot\exp\langle x^2/2\rangle)^{-1})=0$ (5)

Da: Æ$\langle Z / \mathbf{s}_{\mathbb{X}} /(4.2.13)\rangle$; (3), prima delle (2) (e (2.4.4.22)); Æ$\langle -x,x / a,b /(4)\rangle$; Æ$\langle(-\infty,\infty),Z / \mathfrak{R}_{\mathbf{s}\langle\mathbb{X}\rangle},\mathbf{s}_{\mathbb{X}} /$ $(4.2.7)\rangle$, e (5); segue

$\mathrm{V}^2\langle Z\rangle=\int_{-\infty,\infty}((t-\mathrm{E}_Z)^2\cdot\mathcal{P}_Z(t)\cdot dt)=(2\cdot\pi)^{-0.5}\cdot\lim_{x\to\infty}(\int_{-x,x}(t^2\cdot\exp\langle -t^2/2\rangle\cdot dt))=$
$\int_{-\infty,\infty}(\mathcal{P}_Z(x)\cdot dx)-(2/\pi)^{0.5}\cdot\lim_{x\to\infty}(x/\exp\langle x^2/2\rangle)=1$ (6)

Da: Æ$\langle Z / s /(5.2.3.2)\rangle$ e $x\in\mathfrak{R}^1$; seconda delle (2); segue IPM

$\{\mathcal{P}\langle Z^2\rangle(x)=2^{-1}\cdot(\mathcal{P}_Z(-x^{0.5})+\mathcal{P}_Z(x^{0.5}))/x^{0.5}=\mathcal{P}_Z(x^{0.5})/x^{0.5}\}\underline{\leftarrow}\{x\in\mathfrak{R}^1\}$ (7)

di cui la $\mathfrak{R}\langle Z^2\rangle=\mathfrak{R}^1$ dovuta a $\mathfrak{R}\langle Z\rangle=\mathfrak{R}^1$.

Da: Æ$\langle Z / s /(5.3.11)\rangle$; (6) e (3); segue

$\mathrm{E}\langle Z^2\rangle=\mathrm{V}^2\langle Z\rangle+\mathrm{E}^2\langle Z\rangle=1$ (8)

Da: Æ$\langle Z^2 / s /(5.3.2.1)\rangle$; $\{\mathcal{P}\langle Z^2\rangle(x)=0;\forall x\notin\mathfrak{R}^1\}$ (dovuta a Æ$\langle Z^2 / \mathbf{s}_{\mathbb{X}} /(4.2.7)\rangle$ e $\mathfrak{R}\langle Z^2\rangle=\mathfrak{R}^1$); (7), prima delle (2), e (2.4.4.37); integrazione per sostituzione basata sulla $x=x(t)\equiv t^2/(1-2\cdot\tau)$; prima delle (2); Æ$\langle Z / \mathbf{s}_{\mathbb{X}} /(4.2.11)\rangle$ e seconda delle (2); segue

$\mathrm{D}\langle Z^2\rangle(\tau)=\int_{-\infty,\infty}(e^{\tau\cdot x}\cdot\mathcal{P}\langle Z^2\rangle(x)\cdot dx)=\lim_{b\to\infty}(\int_{0,b}(e^{\tau\cdot x}\cdot\mathcal{P}\langle Z^2\rangle(x)\cdot dx))=$
$(2\cdot\pi)^{-0.5}\cdot\lim_{b\to\infty}(\lim_{a\to 0^+}(\int_{a,b}(\exp\langle -(1-2\cdot\tau)\cdot x/2\rangle\cdot x^{-0.5}\cdot dx)))=$
$2\cdot(1-2\cdot\tau)^{-0.5}\cdot\lim_{b\to\infty}(\lim_{a\to 0^+}(\int_{\sqrt{(a\cdot(1-2\cdot\tau))},\sqrt{(b\cdot(1-2\cdot\tau))}}((2\cdot\pi)^{-0.5}\cdot\exp\langle -t^2/2\rangle\cdot dt)))=$
$2\cdot(1-2\cdot\tau)^{-0.5}\cdot\int_{0,\infty}(\mathcal{P}_Z(t)\cdot dt)=(1-2\cdot\tau)^{-0.5}$ (9)

La variabile casuale normale (o gaussiana) è indicata G e è definita dalla $G=G(Z)\equiv B_G\cdot Z+A_G$ di cui le $\mathbb{I}\langle B_G,Z,A_G\rangle$ e $B_G\neq 0$. Le $G=G(Z)$ e $\mathfrak{R}_Z=\mathfrak{R}^1$ portano la $\mathfrak{R}\langle G\rangle=\mathfrak{R}^1$. Le $G=G(Z)$ e $Z=Z(G)\equiv(G-A_G)/B_G$, e la Æ$\langle G,Z / u,v /(2.4.6.3)\rangle$, portano la Æ$\langle G,Z / \underline{u},\underline{v} /(5.2.2.2)\rangle$.

Da: $G=G(Z)$; Æ$\langle A_G,B_G\cdot Z,Z / k,f(\underline{s}),\underline{s} /(5.3.4)\rangle$ e $\mathbb{I}\langle A_G|Z\rangle$; Æ$\langle B_G,Z,Z / k,f(\underline{s}),\underline{s} /(5.3.5)\rangle$ e $\mathbb{I}\langle B_G|Z\rangle$; (3); segue

$\mathrm{E}\langle G\rangle=\mathrm{E}\langle B_G\cdot Z+A_G\rangle=\mathrm{E}\langle B_G\cdot Z\rangle+A_G=B_G\cdot\mathrm{E}\langle Z\rangle+A_G=A_G$ (10)

Da: Æ$\langle G / s /(5.3.11)\rangle$; $G=B_G\cdot Z+A_G$ e (10); Æ$\langle B_G^2\cdot Z^2,2\cdot B_G\cdot Z\cdot A_G,A_G^2 / \underline{s} /(5.3.6)\rangle$; (5.3.5) e Æ$\langle A_G^2,Z /$ $k,\underline{s} /(5.3.3)\rangle$; (3) e (8); segue

$\mathrm{V}^2\langle G\rangle=\mathrm{E}\langle G^2\rangle-\mathrm{E}^2\langle G\rangle=\mathrm{E}\langle B_G^2\cdot Z^2+2\cdot B_G\cdot A_G\cdot Z+A_G^2\rangle-A_G^2=\mathrm{E}\langle B_G^2\cdot Z^2\rangle+\mathrm{E}\langle 2\cdot B_G\cdot A_G\cdot Z\rangle+\mathrm{E}\langle A_G^2\rangle-A_G^2=$

$B_G^2 \cdot E\langle Z^2\rangle + 2\cdot B_G \cdot A_G \cdot E\langle Z\rangle = B_G^2$ (11)

Da: $|G| = (G^2)^{0.5}$ (detta in sez. 2.4.7); (11); Æ⟨G /f(s) /(5.3.2)⟩; segue

$|B_G| = (B_G^2)^{0.5} = (V^2_G)^{0.5} = V\langle G\rangle$ (12)

che mostra la $B_G = \pm V\langle G\rangle$.

Da: Æ⟨G,Z /u,v /(5.2.2.12)⟩ e $Z'(x) = B_G^{-1}$; (10) e (12); prima delle (2), e (11); segue

$\mathcal{D}\langle G\rangle(x) = \mathcal{D}_Z((x-A_G)/B_G)/|B_G| = \mathcal{D}_Z((x-E_G)/B_G)/V_G = (2\cdot\pi)^{-0.5}\cdot V_G^{-1}\cdot \mathbf{exp}\langle -0.5\cdot(x-E_G)^2/V^2_G\rangle$ (13)

la cui $\mathcal{D}_G(x)$ è la funzione di densità di probabilità normale (o gaussiana), e di cui si sottintende la $\mathcal{G}\langle \text{S},\mathcal{S}\rangle \equiv \{\mathcal{D}_G \mid E_G = \text{S}; V^2_G = \mathcal{S}\}$ seguendone le $\mathcal{G}\langle 0,1\rangle \equiv \mathcal{Z}$ e $\{\mathcal{D}_s \equiv \mathcal{G}\langle \text{S},\mathcal{S}\rangle\} \underline{\rightarrow} \{E_s = \text{S}; V^2_s = \mathcal{S}\}$.

Da: Æ⟨Z,G /u,v /(5.2.2.12)⟩ $G'(x) = B_G$ e $B_G \neq 0$; (10) e (12); (13) e (11); segue

$\mathcal{D}_Z(x) = \mathcal{D}_G(B_G\cdot x + A_G)\cdot|B_G| = \mathcal{D}_G(B_G\cdot x + E_G)\cdot V_G = \mathcal{D}_G(V_G\cdot x + E_G)\cdot V_G$ (14)

Da: Æ⟨G,Z /u,v /(5.2.2.2)⟩, e $a<b$; (2.4.4.23); additività dell'integrale; segue $\int_{a,b}(\mathcal{D}_G(x)\cdot dx) = \int_{\alpha\langle a,b\rangle,\beta\langle a,b\rangle}(\mathcal{D}_Z(x)\cdot dx) = \int_{\alpha\langle a,b\rangle,0}(\mathcal{D}_Z(x)\cdot dx) + \int_{0,\beta\langle a,b\rangle}(\mathcal{D}_Z(x)\cdot dx)$ di cui le $\alpha\langle a,b\rangle \equiv \mathbf{min}\langle Z(a),Z(b)\rangle$ $\beta\langle a,b\rangle \equiv \mathbf{max}\langle Z(a),Z(b)\rangle$ e che può essere usata, insieme alle anzidette tabulazioni inerenti la $\{\varpi, \int_{0,\varpi}(\mathcal{D}_Z(t)\cdot dt)\}$, per calcolare un $\int_{a,b}(\mathcal{D}_G(x)\cdot dx)$.

Da: Æ⟨G /s /(5.2.2.14)⟩ ï⟨k¦G⟩ e $k\neq 0$; (13); $k\cdot E_G = E\langle k\cdot G\rangle$ (dovuta a Æ⟨G,G /f(s),s /(5.3.5)⟩ e ï⟨k¦G⟩), e $k^2\cdot V^2_G = V^2\langle k\cdot G\rangle$ (dovuta a Æ⟨G,G /f(s),s /(5.3.10)⟩ e ï⟨k¦G⟩); segue IPM

$\{\mathcal{D}\langle k\cdot G\rangle(x) = (k^2)^{-0.5}\cdot \mathcal{D}_G(x/k) = (2\cdot\pi)^{-0.5}\cdot(k^2\cdot V^2_G)^{-0.5}\cdot \mathbf{exp}\langle -0.5\cdot(x-k\cdot E_G)^2/(k^2\cdot V^2_G)\rangle = \mathcal{G}\langle k\cdot E_G, k^2\cdot V^2_G\rangle(x)\} \underline{\leftarrow}$ {ï⟨k¦G⟩, $k\neq 0$} (15)

Da: Æ⟨G /s /(5.3.2.1)⟩ e (13); integrazione per sostituzione basata sulla $x = x(t) \equiv V_G\cdot t + E_G$; moltiplicazione e divisione per $\mathbf{exp}\langle V^2_G\cdot\tau^2/2\rangle$, e $\Theta_G \equiv \mathbf{exp}\langle E_G\cdot\tau + V^2_G\cdot\tau^2/2\rangle$; integrazione per sostituzione basata sulla $t = t(t) \equiv t + V_G\cdot\tau$, e prima delle (2); Æ⟨$(-\infty,\infty)$, Z /$\mathfrak{R}_{s\langle X\rangle}$, s_X /(4.2.7)⟩; segue

$\mathfrak{D}\langle G\rangle(\tau) = (2\cdot\pi)^{-0.5}\cdot V_G^{-1}\cdot\int_{-\infty,\infty}(\mathbf{exp}\langle \tau\cdot x - 0.5\cdot(x-E_G)^2/V^2_G\rangle\cdot dx) = (2\cdot\pi)^{-0.5}\cdot\mathbf{exp}\langle E_G\cdot\tau\rangle\cdot\int_{-\infty,\infty}(\mathbf{exp}\langle V_G\cdot\tau\cdot t - 0.5\cdot t^2\rangle\cdot dt)$
$=$
$(2\cdot\pi)^{-0.5}\cdot\Theta_G\cdot\int_{-\infty,\infty}(\mathbf{exp}\langle -(V_G\cdot\tau - t)^2/2\rangle\cdot dt) = \Theta_G\cdot\int_{-\infty,\infty}(\mathcal{D}_Z(t)\cdot dt) = \mathbf{exp}\langle E_G\cdot\tau + V^2_G\cdot\tau^2/2\rangle$ (16)

Da: Æ⟨G /s /(5.3.2.2)⟩ e (16); Æ⟨G /s /(5.3.2.5)⟩; (13); segue $\mathbf{exp}\langle E_G\cdot \boldsymbol{i}\cdot\omega - V^2_G\cdot\omega^2/2\rangle \equiv \Phi\langle G\rangle(\omega) \underline{\leftrightarrow}$ $\mathcal{D}_G(x) \equiv \mathcal{G}\langle E_G, V^2_G\rangle(x)$ e quindi la

$\{\mathcal{D}\langle s\rangle(x) \equiv \mathcal{G}\langle E_s, V^2_s\rangle(x)\} \underline{\leftrightarrow} \{\Phi\langle s\rangle(\omega) \equiv \mathbf{exp}\langle E_s\cdot\boldsymbol{i}\cdot\omega - V^2_s\cdot\omega^2/2\rangle\}$ (17)

Si considerano le variabili casuali $\underline{g}$ di cui le $\underline{g} \equiv \{g_n; n=1,\mathfrak{n}\}$ e

$\{\mathcal{D}\langle g_n\rangle \equiv \mathcal{G}\langle E\langle g_n\rangle, V^2\langle g_n\rangle\rangle; n=1,\mathfrak{n}\}$ (18)

che portano le {Æ⟨g_n /G /(13),(16)⟩; $n=1,\mathfrak{n}$} e quindi le

$\{\mathfrak{D}\langle g_n\rangle(\tau) = \mathbf{exp}\langle E_{g\langle n\rangle}\cdot\tau + V^2_{g\langle n\rangle}\cdot\tau^2/2\rangle; n=1,\mathfrak{n}\}$ (19)

Da: ï⟨$\underline{g}$⟩ e Æ⟨$\underline{g}$ /s /(5.3.2.3)⟩; (19); ï$_{\underline{g}}$ e Æ⟨$\underline{g}$ /s /(5.3.6),(5.3.13)⟩; segue $\mathfrak{D}\langle\Sigma\langle\underline{g}\rangle\rangle(\tau) = \Pi_{n=1,\mathfrak{n}}(\mathfrak{D}\langle g_n\rangle(\tau)) =$ $\mathbf{exp}\langle \Sigma_{n=1,\mathfrak{n}}(E_{g\langle n\rangle})\cdot\tau + \Sigma_{n=1,\mathfrak{n}}(V^2_{g\langle n\rangle})\cdot\tau^2/2\rangle = \mathbf{exp}\langle E\langle\Sigma_{\underline{g}}\rangle\cdot\tau + V^2\langle\Sigma_{\underline{g}}\rangle\cdot\tau^2/2\rangle$. Questa e la Æ⟨$\Sigma_{\underline{g}}$ /s /(5.3.2.2)⟩ portano la $\Phi\langle\Sigma_{\underline{g}}\rangle(\omega) \equiv \mathbf{exp}\langle E\langle\Sigma_{\underline{g}}\rangle\cdot\boldsymbol{i}\cdot\omega - V^2\langle\Sigma_{\underline{g}}\rangle\cdot\omega^2/2\rangle$. Ciò e la Æ⟨$\Sigma_{\underline{g}}$ /s /(17)⟩ portano la

$\{\mathcal{D}\langle\Sigma_{\underline{g}}\rangle \equiv \mathcal{G}\langle E\langle\Sigma_{\underline{g}}\rangle, V^2\langle\Sigma_{\underline{g}}\rangle\rangle\} \underline{\leftarrow}$ ï⟨$\underline{g}$⟩ (20)

Da: $\mathbf{m}\langle\underline{g}\rangle \equiv \Sigma_{\underline{g}}/\mathfrak{n}$; Æ⟨$1/\mathfrak{n}$, $\Sigma_{\underline{g}}$ /k,G /(15)⟩ dovuta alle ï$_{\underline{g}}$ e (20); ï$_{\underline{g}}$ e Æ⟨$\underline{g}$ /s /(5.3.7),(5.3.14)⟩; segue IPM

$\{\mathcal{D}\langle \mathbf{m}_{\underline{g}}\rangle \equiv \mathcal{D}\langle\Sigma_{\underline{g}}/\mathfrak{n}\rangle = \mathcal{G}\langle E\langle\Sigma_{\underline{g}}\rangle/\mathfrak{n}, V^2\langle\Sigma_{\underline{g}}\rangle/\mathfrak{n}^2\rangle = \mathcal{G}\langle E\langle \mathbf{m}_{\underline{g}}\rangle, V^2\langle \mathbf{m}_{\underline{g}}\rangle\rangle\} \underline{\leftarrow}$ ï⟨$\underline{g}$⟩ (21)

Si pone la $\underline{g} \equiv \{g_n; n=1,\mathfrak{n}\} \equiv \{\underline{g} \mid E_{g\langle n\rangle} = E_g, V^2_{g\langle n\rangle} = V^2_g; n=1,\mathfrak{n}\}$. Questa e la (18) portano la

$\{\mathcal{D}\langle g_n\rangle \equiv \mathcal{G}\langle E_g, V^2_g\rangle; n=1,\mathfrak{n}\}$ (22)

per cui le $\underline{g}$ possono essere considerate come un insieme di $\mathfrak{n}$ valori assunti da una stessa variabile casuale g di cui la $\mathcal{D}\langle g\rangle \equiv \mathcal{G}\langle E_g, V^2_g\rangle$.

Da: 𝕀⟨g⟩ e Æ⟨g /g /(20)⟩; $𝕀_g$ e Æ⟨g /s /(5.3.6),(5.3.13)⟩, e {$E_{g\langle n\rangle}=E_g, V^2_{g\langle n\rangle}=V^2_g$;n=1,ꞥ} (dovute a (22)); segue IPM

{Đ⟨Σ⟨g⟩⟩≡G⟨E⟨$Σ_g$⟩,V^2⟨$Σ_g$⟩⟩=G⟨ꞥ·E_g,ꞥ·V^2_g⟩}←𝕀⟨g⟩ (23)

Da: $𝕀_g$ e Æ⟨g /g /(21)⟩; $𝕀_g$ Æ⟨g /s /(5.3.7),(5.3.14)⟩ e (22); segue IPM

{Đ⟨m⟨g⟩⟩=G⟨E⟨m_g⟩,V^2⟨m_g⟩⟩=G⟨E_g,V^2_g/ꞥ⟩}←𝕀⟨g⟩ (24)

Da: Æ⟨−1,m_g /k,G /(15)⟩ (dovuta a $𝕀_g$ e (24)); $𝕀_g$ Æ⟨g /s /(5.3.7),(5.3.14)⟩ e (22); segue IPM

{Đ⟨−m_g⟩=G⟨−E⟨m_g⟩,V^2⟨m_g⟩⟩=G⟨−E_g,V^2_g/ꞥ ⟩}←𝕀⟨g⟩ (25)

Si pongono le *g*≡{g_n;n=1,ꞥ} e {Đ⟨g_n⟩≡G⟨E_g,V^2_g⟩;n=1,ꞥ}. Ciò porta la Æ⟨*g* /g /(22),(25)⟩ e quindi la

𝕀⟨*g*⟩→{Đ⟨−m⟨*g*⟩⟩=G⟨−E_g,V^2_g/ꞥ⟩} (26)

Si pone la Δ≡m_g−m_{g}. Da: Æ⟨{m_g,−m_{g}},Δ /s,$Σ_s$ /(5.3.6)⟩; E⟨m_g⟩=E_g (dovuta a (24) e $𝕀_g$) e E⟨−m_{g}⟩=−E_{g} (dovuta a (26) e $𝕀_{\mathit{g}}$); segue IPM

{E⟨Δ⟩=E⟨m_g⟩+E⟨−m_{g}⟩=E_g−E_{g}}←{$𝕀_g$,$𝕀_{\mathit{g}}$} (27)

Da: 𝕀⟨m_g,−m_{g}⟩ e Æ⟨{m_g,−m_{g}},Δ /s,$Σ_s$ /(5.3.13)⟩; V^2⟨m_g⟩=V^2_g/ꞥ (dovuta a (24) e $𝕀_g$) e V^2⟨−m_{g}⟩=V^2_{g}/ꞥ (dovuta a (26) e $𝕀_{\mathit{g}}$); segue IPM

{V^2⟨Δ⟩=V^2⟨m_g⟩+V^2⟨−m_{g}⟩=V^2_g/ꞥ+V^2_{g}/ꞥ}←{$𝕀_g$,$𝕀_{\mathit{g}}$,𝕀⟨m_g,−m_{g}⟩}↔{$𝕀_g$,$𝕀_{\mathit{g}}$,𝕀⟨m_g,m_{g}⟩} (28)

il cui ultimo membro segue da Æ⟨{m_g,m_{g}},{m_g,−m_{g}} /*a*,*b* /(2.4.6.7)⟩.

Da: 𝕀⟨m_g,−m_{g}⟩↔𝕀⟨m_g,m_{g}⟩ e Æ⟨{m_g,−m_{g}},Δ /g,$Σ_g$ /(20)⟩ (dovuta a {(24),$𝕀_g$} e {(26),$𝕀_{\mathit{g}}$}); segue {$𝕀_g$,$𝕀_{\mathit{g}}$,𝕀⟨m_g,m_{g}⟩}→{Đ⟨Δ⟩=G⟨$E_Δ$,$V^2_Δ$⟩}↔{Æ⟨Δ,(Δ−$E_Δ$)/$V_Δ$,$E_Δ$,$V_Δ$ /G,Z,A_G,B_G /(2),(13)⟩}. Questa e le Δ≡m_g−m_{g} (27) (28) portano la

{$𝕀_g$,$𝕀_{\mathit{g}}$,𝕀⟨m_g,m_{g}⟩}→{Đ⟨(m_g−m_{g}+E_{g}−E_g)/(V^2_g/ꞥ+V^2_{g}/ꞥ$)^{0.5}$⟩=Z} (29)

6.2.1 *Il teorema del limite centrale*

Si pongono le σ≡(Σ⟨s⟩−E⟨$Σ_s$⟩)/V⟨$Σ_s$⟩ σ≡{$σ_n$;n=1,ꞥ} e $σ_n$=$σ_n$(s_n)≡(s_n−E⟨s_n⟩)/$V_{Σ\langle s\rangle}$. Da: ciò; (5.3.6); segue

σ=($Σ_s$−$E_{Σ\langle s\rangle}$)/$V_{Σ\langle s\rangle}$=$Σ_{n=1,ꞥ}$(s_n−E⟨s_n⟩)/$V_{Σ\langle s\rangle}$=Σ⟨σ⟩ (1)

La $σ_n$=$σ_n$(s_n) e l'essere le {$E_{s\langle n\rangle}$,$V_{Σ\langle s\rangle}$} due costanti portano la {ℜ⟨s_n⟩⇔ℜ⟨$σ_n$⟩;n=1,ꞥ} e quindi la Æ⟨s,σ /*a*,*b* /(2.4.6.7)⟩ che dà luogo alla 𝕀⟨s⟩↔𝕀⟨σ⟩.

Da: (1); Æ⟨σ /s /(5.3.2.3)⟩, e $𝕀_σ$ dovuta a $𝕀_s$ e $𝕀_s$↔$𝕀_σ$; {Æ⟨$σ_n$ /s /(5.3.2.1)⟩;n=1,ꞥ}; Æ⟨τ·$σ_n$ /x / (2.4.4.15)⟩; Æ⟨$τ^h$·$σ_n^h$/h!;h=0,∞ /s /(5.3.6)⟩ (e la E⟨1⟩=1 conforme alla (5.3.3)); segue IPM

{Ɗ⟨σ⟩(τ)=Ɗ⟨$Σ_σ$⟩(τ)=$Π_{n=1,ꞥ}$(Ɗ⟨$σ_n$⟩(τ))=$Π_{n=1,ꞥ}$(E⟨exp⟨τ·$σ_n$⟩⟩)=$Π_{n=1,ꞥ}$(E⟨$Σ_{h=0,∞}$($τ^h$·$σ_n^h$/h!)⟩)= $Π_{n=1,ꞥ}$(1+E⟨τ·$σ_n$⟩+E⟨$τ^2$·$σ_n^2$/2⟩+$Σ_{h=3,∞}$(E⟨$τ^h$·$σ_n^h$/h!⟩))}←𝕀⟨s⟩ (2)

Da: $σ_n$=$σ_n$(s_n); Æ⟨τ/$V_{Σ\langle s\rangle}$,s_n−$E_{s\langle n\rangle}$,s_n /k,*f*(s),s /(5.3.5)⟩ e ï⟨τ/$V_{Σ\langle s\rangle}$¦s_n⟩; Æ⟨−$E_{s\langle n\rangle}$,s_n,s_n /k,*f*(s),s / (5.3.4)⟩; segue

E⟨τ·$σ_n$⟩=E⟨τ·(s_n−$E_{s\langle n\rangle}$)/$V_{Σ\langle s\rangle}$⟩=τ·E⟨s_n−$E_{s\langle n\rangle}$⟩/$V_{Σ\langle s\rangle}$=0 (3)

Si pone la $\mathcal{P}_{LC}$≡{V⟨s_n⟩=V_s;n=1,ꞥ}. Da: (5.3.13) e $𝕀_s$; $\mathcal{P}_{LC}$; segue IPM

{$V_{Σ\langle s\rangle}$=($Σ_{n=1,ꞥ}$(V^2⟨s_n⟩)$)^{0.5}$=$ꞥ^{0.5}$·V_s}←{𝕀⟨s⟩,$\mathcal{P}_{LC}$} (4)

Da: $σ_n$=$σ_n$(s_n); (5.3.5); (5.3.2) {$𝕀_s$,$\mathcal{P}_{LC}$} e (4); segue IPM

{E⟨$τ^2$·$σ_n^2$/2⟩=E⟨0.5·$τ^2$·(s_n−$E_{s\langle n\rangle}$$)^2$/$V^2_{Σ\langle s\rangle}$⟩=0.5·$τ^2$·E⟨($s_n$−$E_{s\langle n\rangle}$$)^2$⟩/$V^2_{Σ\langle s\rangle}$=0.5·$τ^2$/ꞥ}←{𝕀⟨s⟩,$\mathcal{P}_{LC}$} (5)

Si pone la $τ_{hn}$(τ,s_n)≡$τ^h$·(s_n−$E_{s\langle n\rangle}$$)^h$/($V_s^h$·h!). Da: $σ_n$=$σ_n$(s_n) {$𝕀_s$,$\mathcal{P}_{LC}$} e (4); definizione di $τ_{hn}$(τ,s_n); Æ⟨$ꞥ^{-0.5\cdot h}$,$τ_{hn}$(τ,s_n),s_n /k,*f*(s),s /(5.3.5)⟩ e ï⟨$ꞥ^{-0.5\cdot h}$¦s_n⟩; segue IPM

{$Σ_{h=3,∞}$(E⟨$τ^h$·$σ_n^h$/h!⟩)=$Σ_{h=3,∞}$(E⟨$τ^h$·(s_n−$E_{s\langle n\rangle}$$)^h$/($V_s^h$·h!·$ꞥ^{0.5\cdot h}$)⟩)=$Σ_{h=3,∞}$(E⟨$τ_{hn}$(τ,$s_n$)/$ꞥ^{0.5\cdot h}$⟩)= $Σ_{h=3,∞}$(E⟨$τ_{hn}$(τ,s_n)⟩/$ꞥ^{0.5\cdot h}$)}←{𝕀⟨s⟩,$\mathcal{P}_{LC}$} (6)

Le (3) (5) (6) e (2) portano la $\{\mathbb{I}_{\underline{s}},\mathcal{P}_{LC}\}\underline{\rightarrow}\{\mathfrak{D}\langle\sigma\rangle(\tau)=\Pi_{n=1,\mathbf{n}}(1+0.5\cdot\tau^2/\mathbf{n}+\Sigma_{h=3,\infty}(\mathbb{E}\langle\tau_{hn}(\tau,s_n)\rangle/\mathbf{n}^{0.5\cdot h}))\}$. Da: questa e $\{\mathbb{I}_{\underline{s}},\mathcal{P}_{LC}\}$; l'essere $\Sigma_{h=3,\infty}(\mathbb{E}\langle\tau_{hn}(\tau,s_n)\rangle/\mathbf{n}^{0.5\cdot h})$ un infinitesimo di ordine superiore rispetto $(1+0.5\cdot\tau^2/\mathbf{n})$; $Æ\langle\mathbf{n},\tau^2/2\ /a,b\ /(2.4.4.13)\rangle$; segue IPM

$\{\lim_{\mathbf{n}\to\infty}(\mathfrak{D}\langle\sigma\rangle(\tau))=\lim_{\mathbf{n}\to\infty}(\Pi_{n=1,\mathbf{n}}(1+0.5\cdot\tau^2/\mathbf{n}+\Sigma_{h=3,\infty}(\mathbb{E}\langle\tau_{hn}(\tau,s_n)\rangle/\mathbf{n}^{0.5\cdot h})))=\lim_{\mathbf{n}\to\infty}((1+0.5\cdot\tau^2/\mathbf{n})^{\mathbf{n}})=$ $\exp\langle\tau^2/2\rangle\}\underline{\leftarrow}\{\mathbb{I}\langle\underline{s}\rangle,\mathcal{P}_{LC}\}$

e quindi (in base alla (5.3.2.2)) si ha la $\{\mathbb{I}_{\underline{s}},\mathcal{P}_{LC}\}\underline{\rightarrow}\{\lim_{\mathbf{n}\to\infty}(\Phi\langle\sigma\rangle(\omega))=\exp\langle-\omega^2/2\rangle\}$. Da: questa, la $Æ\langle\sigma,0,1\ /s,\mathbb{E}_s,\mathbb{V}^2_s\ /(6.2.17)\rangle$ (dovuta a $Æ\langle\sigma\ /(s-\mathbb{E}_s)/\mathbb{V}_s\ /\text{sez.}5.3\rangle$), e $\mathcal{G}\langle 0,1\rangle\equiv\mathcal{Z}$; segue

$\{\mathbb{I}_{\underline{s}},\mathcal{P}_{LC}\}\underline{\rightarrow}\{\lim_{\mathbf{n}\to\infty}(\mathcal{P}_\sigma)=\mathcal{Z}\}\underline{\leftrightarrow}\{Æ\langle\lim_{\mathbf{n}\to\infty}(\Sigma_{\underline{s}},\sigma)\ /\mathcal{G},\mathcal{Z}\ /(6.2.13)\rangle\}\underline{\leftrightarrow}\{\lim_{\mathbf{n}\to\infty}(\mathcal{P}\langle\Sigma_{\underline{s}}\rangle)=\mathcal{G}\langle\mathbb{E}_{\Sigma\langle\underline{s}\rangle},\mathbb{V}^2_{\Sigma\langle\underline{s}\rangle}\rangle\}$ (7)

il cui secondo membro (o equivalentemente l'ultimo) è il teorema del limite centrale.

6.2.2 *Il metodo Montecarlo per l'approssimazione di un integrale*

Il metodo Montecarlo, per il calcolo approssimato di un $\int_{\mathfrak{R}\langle\underline{x}\rangle}(f(\underline{x})\cdot d\underline{x})$, è basato sulla scelta di una $\mathcal{P}_{\underline{s}}(\underline{x})$ di cui la $\mathfrak{R}_{\underline{s}}\supseteq\mathfrak{R}_{\underline{x}}$ e sul considerarne la $\dot{g}(\underline{x})$ di cui le

$\{\dot{g}(\underline{x})=f(\underline{x});\forall\underline{x}\in\mathfrak{R}_{\underline{x}}\}$ $\{\dot{g}(\underline{x})=0;\forall\underline{x}\notin\mathfrak{R}_{\underline{x}}\}$ (1)

Si pongono le $\mathcal{A}\equiv\{\mathfrak{R}_{\underline{s}}\supseteq\mathfrak{R}_{\underline{x}}\}$ $\psi(\underline{x})\equiv\dot{g}(\underline{x})/\mathcal{P}_{\underline{s}}(\underline{x})$ e $\psi\equiv\psi(\underline{s})$. Da: (1), $\mathcal{A}$, $Æ\langle\mathfrak{R}_{\underline{s}},\mathfrak{R}_{\underline{x}}\ /\underline{A},\underline{B}\ /(2.2.23)\rangle$ e additività dell'integrale; þ; $Æ\langle\psi(\underline{s})\ /f(\underline{s})\ /(5.3.1)\rangle$; segue IPM

$\{\int_{\mathfrak{R}\langle\underline{x}\rangle}(f(\underline{x})\cdot d\underline{x})=\int_{\mathfrak{R}\langle\underline{s}\rangle}(\dot{g}(\underline{x})\cdot d\underline{x})=\int_{\mathfrak{R}\langle\underline{s}\rangle}(\psi(\underline{x})\cdot\mathcal{P}_{\underline{s}}(\underline{x})\cdot d\underline{x})=\mathbb{E}\langle\psi(\underline{s})\rangle=\mathbb{E}\langle\psi\rangle\}\underline{\leftarrow}\mathcal{A}$ (2)

Si pone la $\underline{\psi}\equiv\{\psi_m;m=1,\mathbf{m}\}$ i cui $\underline{\psi}$ sono $\mathbf{m}$ valori della stessa variabile casuale ψ. Ciò porta le

$\{\mathbb{E}\langle\psi_m\rangle=\mathbb{E}\langle\psi\rangle;m=1,\mathbf{m}\}$ $\{\mathbb{V}\langle\psi_m\rangle=\mathbb{V}\langle\psi\rangle;m=1,\mathbf{m}\}$ (3)

Da: $Æ\langle\underline{\psi}\ /\underline{s}\ /(5.3.13)\rangle$ e $\mathbb{I}\langle\underline{\psi}\rangle$; seconda delle (3); segue IPM

$\{\mathbb{V}\langle\Sigma\langle\underline{\psi}\rangle\rangle=(\Sigma_{m=1,\mathbf{m}}(\mathbb{V}^2\langle\psi_m\rangle))^{0.5}=\mathbf{m}^{0.5}\cdot\mathbb{V}\langle\psi\rangle\}\underline{\leftarrow}\mathbb{I}\langle\underline{\psi}\rangle$ (4)

Si pone la $\sigma_{\underline{\psi}}\equiv(\Sigma_{\underline{\psi}}-\mathbb{E}\langle\Sigma_{\underline{\psi}}\rangle)/\mathbb{V}\langle\Sigma_{\underline{\psi}}\rangle$. Da: questa; $Æ\langle\underline{\psi}\ /\underline{s}\ /(5.3.6)\rangle$ e prima delle (3); (4) e $\mathbb{I}_{\underline{\psi}}$; segue IPM $\{\sigma_{\underline{\psi}}=(\Sigma_{\underline{\psi}}-\mathbb{E}_{\Sigma\langle\underline{\psi}\rangle})/\mathbb{V}_{\Sigma\langle\underline{\psi}\rangle}=(\Sigma_{\underline{\psi}}-\mathbf{m}\cdot\mathbb{E}_\psi)/\mathbb{V}_{\Sigma\langle\underline{\psi}\rangle}=(\Sigma_{\underline{\psi}}-\mathbf{m}\cdot\mathbb{E}_\psi)/(\mathbf{m}^{0.5}\cdot\mathbb{V}_\psi)\}\underline{\leftarrow}\mathbb{I}_{\underline{\psi}}$. Da: questa e $\mathbb{I}_{\underline{\psi}}$ (e $\varepsilon>0$); $\Sigma_{\underline{\psi}}=m\langle\underline{\psi}\rangle\cdot\mathbf{m}$; $Æ\langle m_{\underline{\psi}}-\mathbb{E}_\psi,\varepsilon\cdot\mathbb{V}_\psi/\mathbf{m}^{0.5}\ /G,\varpi\ /(5.3.1.1)\rangle$; (2) e $\mathcal{A}$; segue IPM

$\{\{-\varepsilon\le\sigma_{\underline{\psi}}\le\varepsilon\}\leftrightarrow\{-\varepsilon\cdot\mathbf{m}^{0.5}\cdot\mathbb{V}_\psi\le\Sigma_{\underline{\psi}}-\mathbf{m}\cdot\mathbb{E}_\psi\le\varepsilon\cdot\mathbf{m}^{0.5}\cdot\mathbb{V}_\psi\}\leftrightarrow\{-\varepsilon\cdot\mathbb{V}_\psi/\mathbf{m}^{0.5}\le m_{\underline{\psi}}-\mathbb{E}_\psi\le\varepsilon\cdot\mathbb{V}_\psi/\mathbf{m}^{0.5}\}\leftrightarrow$ $\{|m_{\underline{\psi}}-\mathbb{E}_\psi|\le\varepsilon\cdot\mathbb{V}_\psi/\mathbf{m}^{0.5}\}\leftrightarrow\{|m_{\underline{\psi}}-\int_{\mathfrak{R}\langle\underline{x}\rangle}(f(\underline{x})\cdot d\underline{x})|\le\varepsilon\cdot\mathbb{V}_\psi/\mathbf{m}^{0.5}\}\}\underline{\leftarrow}\{\mathcal{A},\mathbb{I}\langle\underline{\psi}\rangle\}$ (5)

Si pongono le $E_{\sigma\langle\underline{\psi}\rangle}\equiv\{-\varepsilon\le\sigma_{\underline{\psi}}\le\varepsilon\}$ e $\bar{E}_{\sigma\langle\underline{\psi}\rangle}\equiv\{\sigma_{\underline{\psi}}\in\mathfrak{R}\langle\sigma_{\underline{\psi}}\rangle\}$. Da: (5) e $\{\mathcal{A},\mathbb{I}_{\underline{\psi}}\}$; $Æ\langle\sigma_{\underline{\psi}},E_{\sigma\langle\underline{\psi}\rangle},\bar{E}_{\sigma\langle\underline{\psi}\rangle}\ /\mathbf{s}_{\mathbb{X}},E_{\mathbf{s}\langle\mathbb{X}\rangle},\bar{E}_{\mathbf{s}\langle\mathbb{X}\rangle}\ /(4.2.4),(4.2.2)\rangle$ e $\mathbb{C}\langle\bar{E}_{\sigma\langle\underline{\psi}\rangle}\rangle$; $Æ\langle\sigma_{\underline{\psi}},\underline{\psi},\mathbf{m}\ /\sigma,\underline{s},\mathbf{n}\ /(6.2.1.7)\rangle$ $\mathbb{I}_{\underline{\psi}}$ e seconda delle (3); segue IPM

$\{\lim_{\mathbf{m}\to\infty}(\mathcal{P}\langle|m_{\underline{\psi}}-\int_{\mathfrak{R}\langle\underline{x}\rangle}(f(\underline{x})\cdot d\underline{x})|\le\varepsilon\cdot\mathbb{V}_\psi/\mathbf{m}^{0.5}\rangle)=\lim_{\mathbf{m}\to\infty}(\mathcal{P}\langle E_{\sigma\langle\underline{\psi}\rangle}\rangle)=\lim_{\mathbf{m}\to\infty}(\int_{-\varepsilon,\varepsilon}(\mathcal{P}\langle\sigma_{\underline{\psi}}\rangle(x)\cdot dx))=$ $\int_{-\varepsilon,\varepsilon}(\mathcal{Z}(x)\cdot dx)\}\underline{\leftarrow}\{\mathcal{A},\mathbb{I}\langle\underline{\psi}\rangle,\mathbb{C}\langle\bar{E}_{\sigma\langle\underline{\psi}\rangle}\rangle\}$ (6)

che mostra come dei ε e $\mathbf{m}^{0.5}/\varepsilon$ entrambi adeguatamente grandi possano rendere operativamente valida la $\int_{\mathfrak{R}\langle\underline{x}\rangle}(f(\underline{x})\cdot d\underline{x})\cong m_{\underline{\psi}}$.

Si pone la $\underline{\bar{E}}_\psi\equiv\underline{\mathbb{M}}\langle\psi\in\mathfrak{R}\langle\psi\rangle\rangle$. L'essere i $\underline{\psi}$ $\mathbf{m}$ valori della stessa ψ, porta la $Æ\langle\underline{\psi},\underline{\bar{E}}_\psi,1\ /\underline{\mathbb{X}}_k,\underline{\mathbb{X}}_k,\mathbf{k}\ /(4.1.1)\rangle$ e quindi la $\{\underline{\psi}\equiv\mathbf{r}\langle\underline{\bar{E}}_\psi\rangle\}\underline{\rightarrow}\mathbb{I}_{\underline{\psi}}$. Si stabilisce vera la condizione che il campione $\underline{\psi}$ sarà determinato, seguendone (per la $Æ\langle\sigma_{\underline{\psi}},\underline{\psi},\underline{\bar{E}}_\psi,\bar{E}_{\sigma\langle\underline{\psi}\rangle}\ /\mathbf{s}_{\mathbb{X}},\underline{\mathbb{X}},\underline{\mathbb{X}},\bar{E}_{\mathbf{s}\langle\mathbb{X}\rangle}\ /(4.2.9)\rangle$) la $\{\underline{\psi}\equiv\mathbf{r}\langle\underline{\bar{E}}_\psi\rangle\}\underline{\rightarrow}\mathbb{C}\langle\bar{E}_{\sigma\langle\underline{\psi}\rangle}\rangle$. Da: questa e $\{\underline{\psi}\equiv\mathbf{r}\langle\underline{\bar{E}}_\psi\rangle\}\underline{\rightarrow}\mathbb{I}_{\underline{\psi}}$; (6); segue

$\{\mathcal{A},\underline{\psi}\equiv\mathbf{r}\langle\underline{\bar{E}}_\psi\rangle\}\underline{\rightarrow}\{\mathcal{A},\mathbb{I}\langle\underline{\psi}\rangle,\mathbb{C}\langle\bar{E}_{\sigma\langle\underline{\psi}\rangle}\rangle\}\underline{\rightarrow}\mathcal{B}$ (7)

di cui le $\mathcal{B}\equiv\{\int_{\mathfrak{R}\langle\underline{x}\rangle}(f(\underline{x})\cdot d\underline{x})\cong m_{\underline{\psi}};\forall C\}$ e $C\equiv\{\mathbf{m}$ è sufficientemente grande$\}$.

Il metodo Montecarlo, per l'approssimazione di un $\int_{\mathfrak{R}\langle\underline{x}\rangle}(f(\underline{x})\cdot d\underline{x})$, è basato sulla (7) cioè consiste nell'assegnare a tale integrale il valore di un $m_{\underline{\psi}}$ in quanto le $\mathcal{A}$ $\underline{\psi}\equiv\mathbf{r}\langle\underline{\bar{E}}_\psi\rangle$ e (7) consentono di ammettere la $\int_{\mathfrak{R}\langle\underline{x}\rangle}(f(\underline{x})\cdot d\underline{x})\cong m_{\underline{\psi}}$ utile in virtù di un $\mathbf{m}$ adeguatamente grande. Un modo di implementare il conseguimento di questa approssimazione è il seguente.

Si pongono, con riferimento alla (6.1.1) e alle $\underline{s}$≡{s̶n;n=1,n̶} $\underline{s̶}$≡{s̶n;n=1,n̶} dette in sez. 5.1, le

{℘⟨sn⟩≡𝒰⟨s̶n,s̶n⟩;n=1,n̶} ℑ⟨s̶,s̶⟩⊇ℜx (8)

Da: 𝕀⟨$\underline{s}$⟩ (5.1.1) e {ℜs⟨n⟩≡[s̶n,s̶n];n=1,n̶} (dovuta a prima delle (8)); seconda delle (8); segue IPM

{ℜ⟨$\underline{s}$⟩=ℑ⟨s̶,s̶⟩⊇ℜx}⇐𝕀⟨$\underline{s}$⟩ (9)

Si pone la $P_{\underline{s}}$≡Πn=1,n̶(s̶n−s̶n). Da: (5.1.12) e 𝕀$_{\underline{s}}$; ℘s⟨n⟩(sn)≡(s̶n−s̶n)$^{-1}$ (dovuta a prima delle (8)); segue IPM

{℘$_{\underline{s}}$($\underline{s}$)=Πn=1,n̶(℘s⟨n⟩(sn))=Πn=1,n̶((s̶n−s̶n)$^{-1}$)=P^{-1}$_{\underline{s}}$}⇐𝕀⟨$\underline{s}$⟩ (10)

Si pongono le {℘⟨𝔲n⟩≡𝒰⟨0,1⟩;n=1,n̶} e $\underline{𝔲}$≡{𝔲n;n=1,n̶}. La prima delle (8) e la {Æ⟨sn,[s̶n,s̶n] / s,[*a*,*b*] /(6.1.1.3)⟩;n=1,n̶} portano le {sn=sn(𝔲n);n=1,n̶} di cui la sn(𝔲n)≡s̶n+(s̶n−s̶n)·𝔲n. Da: ψ≡ψ($\underline{s}$) e ψ($\underline{x}$)≡ġ($\underline{x}$)/℘$_{\underline{s}}$($\underline{x}$); (10) e 𝕀$_{\underline{s}}$; {sn=sn(𝔲n);n=1,n̶}; segue IPM {ψ=ġ($\underline{s}$)/℘$_{\underline{s}}$($\underline{s}$)=P$_{\underline{s}}$·ġ($\underline{s}$)= P$_{\underline{s}}$·ġ(sn(𝔲n);n=1,n̶)}⇐𝕀$_{\underline{s}}$. Questa, la (9), e la 𝕀$_{\underline{s}}$⇔𝕀⟨$\underline{𝔲}$⟩ dovuta alla Æ⟨$\underline{s}$,$\underline{𝔲}$ /$\underline{a}$,$\underline{b}$ /(2.4.6.7)⟩ che segue dalle {sn=sn(𝔲n);n=1,n̶}, portano la

𝕀⟨$\underline{𝔲}$⟩⇒{𝒜;ψ=P$_{\underline{s}}$·ġ(sn(𝔲n);n=1,n̶)} (11)

Si pongono le $\underline{u}$≡{$\underline{u}$m;m=1,m̶} $\underline{u}$m≡{*u*mn;n=1,n̶} $\underline{u}$≡𝐫⟨Ē*u*⟩ Ē*u*≡𝕄⟨*u*∈ℜ⟨*u*⟩⟩ ℘⟨*u*⟩≡𝒰⟨0,1⟩ e 𝒟≡ {ψm=P$_{\underline{s}}$·ġ(sn(*u*mn);n=1,n̶);m=1,m̶}. Da: Æ⟨$\underline{u}$,Ē*u*,1 /𝕏k,𝕏k,k̶ /(4.1.1)⟩; Æ⟨$\underline{u}$ /$\underline{x}$ /(2.3.4.4)⟩; {Æ⟨ψm,$\underline{u}$m,*u*mn / ψ,$\underline{𝔲}$,𝔲n /(11)⟩;m=1,m̶}; segue {$\underline{u}$≡𝐫⟨Ē*u*⟩}⇒𝕀⟨$\underline{u}$⟩⇒{𝕀⟨$\underline{u}$m⟩;m=1,m̶}⇒{𝒜,𝒟}. Da: questa e Æ⟨$\underline{u}$≡𝐫⟨Ē*u*⟩, {𝒜,𝒟} /𝒫A,𝒫B /(2.1.1.3)⟩; þ; (7); segue {$\underline{u}$≡𝐫⟨Ē*u*⟩}⇔{{$\underline{u}$≡𝐫⟨Ē*u*⟩},𝒜,𝒟}}⇒{𝒜,$\underline{ψ}$≡𝐫⟨Ēψ⟩}⇒ℬ. Da: questa e {$\underline{u}$≡𝐫⟨Ē*u*⟩}⇒𝒟; Æ⟨𝒟,ℬ,ℬ /𝒫B,𝒫A,𝒫 /(2.1.1.8)⟩; segue {$\underline{u}$≡𝐫⟨Ē*u*⟩}⇒{ℬ,𝒟}⇒{ℬ,ℬ≡{ℬ|𝒟}}. Questa porta la

{$\underline{u}$≡𝐫⟨Ē*u*⟩}⇒{∫ℜ⟨$\underline{x}$⟩(*f*($\underline{x}$)·d$\underline{x}$)≅m⟨P$_{\underline{s}}$·ġ(sn(*u*mn);n=1,n̶);m=1,m̶⟩;∀*C*} (12)

il cui $\underline{u}$ (di cui la $\underline{u}$≡𝐫⟨Ē*u*⟩) è determinabile come una successione di n̶·m̶ numeri pseudocasuali prodotta con uno dei noti algoritmi quali quelli usualmente disponibili nelle elaborazioni numeriche al computer.

Generalmente la ∫ℜ⟨$\underline{x}$⟩(*f*($\underline{x}$)·d$\underline{x}$)≅m$_{\underline{ψ}}$, che si ottiene con la (12), migliora con l'aumentare di m̶, e con l'aumentare di n̶ diviene più conveniente degli altri metodi di integrazione approssimata.

6.3 *La variabile chi-quadrato*

La funzione gamma è indicata Γ(α) e è definita dalla

$\{\Gamma(\alpha)\equiv\int_{0,\infty}(t^{\alpha-1}\cdot e^{-t}\cdot dt);\forall\alpha>0\}$ (1)

Da: (1); integrazione per sostituzione basata sulla $t=t(x)\equiv x^2$; $\{\exp\langle-(-x)^2\rangle=\exp\langle-x^2\rangle;\forall x\in(0,b^{0.5}]\}$ e Æ⟨exp⟨−x²⟩ /*f*(x) /(2.4.4.29)⟩ (e additività dell'integrale); (6.2.1); segue $\Gamma(1/2)=\lim_{b\to\infty}(\int_{0,b}(t^{-0.5}\cdot e^{-t}\cdot dt))=\lim_{b\to\infty}(2\cdot\int_{0,\sqrt{(b)}}(\exp\langle-x^2\rangle\cdot dx))=\int_{-\infty,\infty}(\exp\langle-x^2\rangle\cdot dx)=\pi^{0.5}$.

Da: $de^{-t}/dt=-e^{-t}$; Æ⟨t^α,e^{-t},0,x /*f*(x),*g*(x),*a*,*b* /(2.4.4.26)⟩; segue

$\int_{0,x}(t^\alpha\cdot e^{-t}\cdot dt)=-\int_{0,x}(t^\alpha\cdot(de^{-t}/dt)\cdot dt)=\alpha\cdot\int_{0,x}(e^{-t}\cdot t^{\alpha-1}\cdot dt)-x^\alpha/e^x$ (2)

Le note regole di derivazione portano le

$d^mx^\alpha/dx^m=x^{\alpha-m}\cdot\Pi_{k=0,m-1}(\alpha-k)$ $d^me^x/dx^m=e^x$ (3)

Si chiama i un intero di cui la 0≤i<α. Da: Æ⟨d^ix^α/dx^i,d^ie^x/dx^i,∞ /*f*(x),*g*(x),*x* /(2.4.4.2)⟩ dovuta alle α>0 e (3); (3); la definizione di i che consente di stabilirne la i+1≥α; segue IPM

$\{\lim_{x\to\infty}(x^\alpha/e^x)=\lim_{x\to\infty}((d^{i+1}x^\alpha/dx^{i+1})/(d^{i+1}e^x/dx^{i+1}))=\lim_{x\to\infty}(\Pi_{k=0,i}(\alpha-k)/(x^{i+1-\alpha}\cdot e^x))=0\}$⇐{α>0} (4)

Da: (1); (2); (1), (4) e α>0; segue IPM $\{\Gamma(\alpha+1)=\lim_{x\to\infty}(\int_{0,x}(t^\alpha\cdot e^{-t}\cdot dt))=\alpha\cdot\int_{0,\infty}(t^{\alpha-1}\cdot e^{-t}\cdot dt)-\lim_{x\to\infty}(x^\alpha/e^x)=\alpha\cdot\Gamma(\alpha)\}$⇐{α>0}. Da questa segue la

$\{m>0,\alpha>0\}$⇒$\{\Gamma(\alpha+m)=\Gamma(\alpha)\cdot\Pi_{k=0,m-1}(\alpha+k)\}$ (5)

La variabile casuale chi-quadrato è indicata χ^2 e è definita dalla

$\{\mathfrak{p}\langle\chi^2\rangle(x)\equiv(2^{\nu/2}\cdot\Gamma(\nu/2))^{-1}\cdot x^{\nu/2-1}\cdot e^{-x/2};\forall x\in\mathfrak{R}^1\}$ (6)

di cui la $\mathfrak{R}\langle\chi^2\rangle=\mathfrak{R}^1$, il cui ν è un naturale (di cui la ν>0 conforme alla (1)) che ne è detto i gradi di libertà, e di cui si sottintende la $X\langle ş\rangle\equiv\{\mathfrak{p}\langle\chi^2\rangle\,|\,\nu=ş\}$.

Da: $Æ\langle\chi^2\,/s\,/(5.3.2.1)\rangle$ e $\mathfrak{R}\langle\chi^2\rangle=\mathfrak{R}^1$; (6); integrazione per sostituzione basata sulla $x=x(t)\equiv t/(0.5-\tau)$; $\tau<0.5$ e $Æ\langle\nu/2\,/\alpha\,/(1)\rangle$; segue

$\mathfrak{D}\langle\chi^2\rangle(\tau)=\lim_{b\to\infty}(\int_{0,b}(e^{\tau\cdot x}\cdot\mathfrak{p}\langle\chi^2\rangle(x)\cdot dx))=(2^{\nu/2}\cdot\Gamma(\nu/2))^{-1}\cdot\lim_{b\to\infty}(\int_{0,b}(\exp\langle-(0.5-\tau)\cdot x\rangle\cdot x^{\nu/2-1}\cdot dx))=$
$(2^{\nu/2}\cdot\Gamma(\nu/2))^{-1}\cdot(0.5-\tau)^{-\nu/2}\cdot\lim_{b\to\infty}(\int_{0,(0.5-\tau)\cdot b}(t^{\nu/2-1}\cdot e^{-t}\cdot dt))=(1-2\cdot\tau)^{-\nu/2}$ (7)

Da: (7) e $Æ\langle\chi^2\,/s\,/(5.3.2.2)\rangle$; $Æ\langle\chi^2\,/s\,/(5.3.2.5)\rangle$; (6); segue $(1-2\cdot i\cdot\omega)^{-\nu/2}\equiv\Phi\langle\chi^2\rangle(\omega)\leftrightarrow\mathfrak{p}\langle\chi^2\rangle(x)\equiv X\langle\nu\rangle(x)$ e quindi la

$\{\mathfrak{p}\langle s\rangle(x)\equiv X\langle ş\rangle(x)\}\leftrightarrow\{\Phi\langle s\rangle(\omega)\equiv(1-2\cdot i\cdot\omega)^{-ş/2}\}$ (8)

Da: $Æ\langle(\chi^2)^m,\chi^2\,/\,f(\underline{s}),\underline{s}\,/(5.3.1)\rangle$ e $\mathfrak{R}\langle\chi^2\rangle=\mathfrak{R}^1$; (6); integrazione per sostituzione basata sulla $x=x(t)\equiv 2\cdot t$; $Æ\langle m+\nu/2\,/\alpha\,/(1)\rangle$; $Æ\langle\nu/2\,/\alpha\,/(5)\rangle$ e m>0; segue IPM

$\{\mathfrak{E}\langle(\chi^2)^m\rangle=\lim_{b\to\infty}(\int_{0,b}(x^m\cdot\mathfrak{p}\langle\chi^2\rangle(x)\cdot dx))=(2^{\nu/2}\cdot\Gamma(\nu/2))^{-1}\cdot\lim_{b\to\infty}(\int_{0,b}(x^{m+\nu/2-1}\cdot e^{-x/2}\cdot dx))=$
$2^m\cdot\Gamma^{-1}(\nu/2)\cdot\int_{0,\infty}(t^{m+\nu/2-1}\cdot e^{-t}\cdot dt)=2^m\cdot\Gamma^{-1}(\nu/2)\cdot\Gamma(m+\nu/2)=2^m\cdot\Pi_{k=0,m-1}(\nu/2+k)\}\leftarrow\{m>0\}$ (9)

Da: $Æ\langle\chi^2\,/s\,/(5.3.11)\rangle$; $Æ\langle(\chi^2)^2,2\,/(\chi^2)^m,m\,/(9)\rangle$ $Æ\langle\chi^2,1\,/(\chi^2)^m,m\,/(9)\rangle$; segue $\mathfrak{V}^2\langle\chi^2\rangle=\mathfrak{E}\langle(\chi^2)^2\rangle-\mathfrak{E}^2\langle\chi^2\rangle=\nu\cdot(\nu+2)-\nu^2=2\cdot\nu$.

Si considerano le $\underline{z}\equiv\{z_n;n=1,\mathfrak{n}\}$ $\underline{z}_Q\equiv\{z^2_n;n=1,\mathfrak{n}\}$ e $\{\mathfrak{p}\langle z_n\rangle\equiv Z;n=1,\mathfrak{n}\}$ (avendo perciò anche le $\{Æ\langle z_n\,/Z\,/(6.2.2),(6.2.9)\rangle;n=1,\mathfrak{n}\}$). La $Æ\langle\underline{z}\,/\underline{y}\,/(2.4.3.7)\rangle$ porta la $\mathbb{I}\langle\underline{z}\rangle\leftrightarrow\mathbb{I}\langle\underline{z}_Q\rangle$. Da: $\mathbb{I}_{\underline{z}\langle Q\rangle}$ (dovuta alle $\mathbb{I}_{\underline{z}}$ e $\mathbb{I}_{\underline{z}}\leftrightarrow\mathbb{I}_{\underline{z}\langle Q\rangle}$) e $Æ\langle\underline{z}_Q\,/\underline{s}\,/(5.3.2.3)\rangle$; $Æ\langle z_n\,/Z\,/(6.2.9)\rangle$; segue IPM $\{\mathfrak{D}\langle\Sigma\langle\underline{z}_Q\rangle\rangle(\tau)=\Pi_{n=1,\mathfrak{n}}(\mathfrak{D}\langle z^2_n\rangle(\tau))=\Pi_{n=1,\mathfrak{n}}((1-2\cdot\tau)^{-0.5})=(1-2\cdot\tau)^{-\mathfrak{n}/2}\}\leftarrow\mathbb{I}_{\underline{z}}$. Questa e la $Æ\langle\Sigma_{\underline{z}\langle Q\rangle}\,/s\,/(5.3.2.2)\rangle$ portano la

$\mathbb{I}\langle\underline{z}\rangle\to\{\Phi\langle\Sigma_{\underline{z}\langle Q\rangle}\rangle(\omega)\equiv(1-2\cdot i\cdot\omega)^{-\mathfrak{n}/2}\}$ (10)

Questa e la $Æ\langle\Sigma_{\underline{z}\langle Q\rangle},\mathfrak{n}\,/s,ş\,/(8)\rangle$ portano la

$\mathbb{I}\langle\underline{z}\rangle\to\{\mathfrak{p}\langle\Sigma_{\underline{z}\langle Q\rangle}\rangle\equiv X\langle\mathfrak{n}\rangle\}$ (11)

Si considerano le $\underline{X}_Q\equiv\{X^2_n;n=1,\mathfrak{n}\}$ e $\{\mathfrak{p}\langle X^2_n\rangle\equiv X\langle\nu_n\rangle;n=1,\mathfrak{n}\}$, avendo perciò anche le $\{Æ\langle X^2_n\,/\chi^2\,/(6),(7)\rangle;n=1,\mathfrak{n}\}$. Da: $\mathbb{I}\langle\underline{X}_Q\rangle$ e $Æ\langle\underline{X}_Q\,/\underline{s}\,/(5.3.2.3)\rangle$; $\mathfrak{D}\langle X^2_n\rangle(\tau)=(1-2\cdot\tau)^{-\nu\langle n\rangle/2}$ dovuta a $\{Æ\langle X^2_n,\nu_n\,/\chi^2,\nu\,/(7)\rangle$; segue IPM $\{\mathfrak{D}\langle\Sigma\langle\underline{X}_Q\rangle\rangle(\tau)=\Pi_{n=1,\mathfrak{n}}(\mathfrak{D}\langle X^2_n\rangle(\tau))=\Pi_{n=1,\mathfrak{n}}((1-2\cdot\tau)^{-\nu\langle n\rangle/2})=(1-2\cdot\tau)^{-\Sigma\langle n=1,\mathfrak{n}\rangle(\nu\langle n\rangle)/2}\}\leftarrow\mathbb{I}\langle\underline{X}_Q\rangle$ e quindi la $\mathbb{I}\langle\underline{X}_Q\rangle\to\{\Phi\langle\Sigma_{\underline{X}\langle Q\rangle}\rangle(\omega)\equiv(1-2\cdot i\cdot\omega)^{-\Sigma\langle n=1,\mathfrak{n}\rangle(\nu\langle n\rangle)/2}\}$. Questa e la $Æ\langle\Sigma_{\underline{X}\langle Q\rangle},\Sigma_{n=1,\mathfrak{n}}(\nu_n)\,/s,ş\,/(8)\rangle$ portano la

$\mathbb{I}\langle\underline{X}_Q\rangle\to\{\mathfrak{p}\langle\Sigma_{\underline{X}\langle Q\rangle}\rangle\equiv X\langle\Sigma_{n=1,\mathfrak{n}}(\nu_n)\rangle\}$ (12)

Si considerano, inerentemente le $\underline{g}$ di cui la (6.2.22), le $\underline{z}_{\underline{g}}\equiv\{z_{g\langle n\rangle};n=1,\mathfrak{n}\}$ $\underline{z}_{gQ}\equiv\{z^2_{g\langle n\rangle};n=1,\mathfrak{n}\}$ $z_{g\langle n\rangle}=z_{g\langle n\rangle}(g_n)\equiv(g_n-\mathfrak{E}_g)/\mathfrak{V}_g$ e $z_{m\langle\underline{g}\rangle}=z_{m\langle\underline{g}\rangle}(m_{\underline{g}})\equiv\mathfrak{n}^{0.5}\cdot(m_{\underline{g}}-\mathfrak{E}_g)/\mathfrak{V}_g$.

Le $z_{g\langle n\rangle}=z_{g\langle n\rangle}(g_n)$ e (6.2.22) portano la $Æ\langle z_{g\langle n\rangle},g_n\,/Z,G\,/(6.2.14)\rangle$ che dà luogo alla $\mathfrak{p}\langle z_{g\langle n\rangle}\rangle=Z$. Le $z_{m\langle\underline{g}\rangle}=z_{m\langle\underline{g}\rangle}(m_{\underline{g}})$ e (6.2.24) portano la $\mathbb{I}_{\underline{g}}\to Æ\langle z_{m\langle\underline{g}\rangle},m_{\underline{g}}\,/Z,G\,/(6.2.14)\rangle$ che dà luogo alla

$\mathbb{I}\langle\underline{g}\rangle\to\{\mathfrak{p}\langle z_{m\langle\underline{g}\rangle}\rangle=Z\}$ (13)

Da: $z_{g\langle n\rangle}=z_{g\langle n\rangle}(g_n)$; $Æ\langle\underline{g},\mathfrak{E}_g\,/\underline{x},\kappa\,/(2.2.39)\rangle$; $z_{m\langle\underline{g}\rangle}=z_{m\langle\underline{g}\rangle}(m_{\underline{g}})$; segue

$\Sigma\langle\underline{z}_{gQ}\rangle=\Sigma_{n=1,\mathfrak{n}}((g_n-\mathfrak{E}_g)^2)/\mathfrak{V}^2_g=d^2\langle\underline{g}\rangle/\mathfrak{V}^2_g+d^2\langle\underline{g},\mathfrak{E}_g\rangle/\mathfrak{V}^2_g=d^2\langle\underline{g}\rangle/\mathfrak{V}^2_g+z^2_{m\langle\underline{g}\rangle}$ (14)

Da: $Æ\langle\underline{z}_g,\underline{g}\,/\underline{a},\underline{b}\,/(2.4.6.7)\rangle$; $Æ\langle\underline{z}_g,\underline{z}_{gQ}\,/\underline{z},\underline{z}_Q\,/(10)\rangle$ dovuta a $\mathfrak{p}\langle z_{g\langle n\rangle}\rangle=Z$; segue $\mathbb{I}_{\underline{g}}\leftrightarrow\mathbb{I}\langle\underline{z}_g\rangle\to\{\Phi\langle\Sigma\langle\underline{z}_{gQ}\rangle\rangle(\omega)=(1-2\cdot i\cdot\omega)^{-\mathfrak{n}/2}\}$. La (13) porta la $\mathbb{I}_{\underline{g}}\to Æ\langle z^2_{m\langle\underline{g}\rangle}\,/Z^2\,/(6.2.9)\rangle$ e quindi la $\mathbb{I}_{\underline{g}}\to\{\Phi\langle z^2_{m\langle\underline{g}\rangle}\rangle(\omega)=(1-2\cdot i\cdot\omega)^{-0.5}\}$.

Le $m^2_{\underline{g}}=(\Sigma_{n=1,\mathfrak{n}}(g_n/\mathfrak{n}))^2$ e $d^2_{\underline{g}}=\Sigma_{n=1,\mathfrak{n}}((\Sigma_{n=1,\mathfrak{n}}(\delta_{nn}-1/\mathfrak{n})\cdot g_n)^2)$ (dovute a $Æ\langle\underline{g}\,/\underline{A}\,/(2.2.1),(2.2.2)\rangle$) portano la $Æ\langle\{m^2_{\underline{g}},d^2_{\underline{g}}\},\underline{g}\,/\underline{y},\underline{x}\,/(2.4.3.12)\rangle$. Da: questa, la riduzione delle due precedenti equazioni alla $m^2_{\underline{g}}=(\Sigma_{n=1,n}(g_n^2)-d^2_{\underline{g}})/n$ (dovuta a Æ⟨$\underline{g}$ /$\underline{A}$ /sez.2.2⟩), e {$\mathfrak{R}$⟨g_n⟩=$\mathfrak{R}^1$;n=1,n} (dovuta a (6.2.22)); Æ⟨{$d^2_{\underline{g}}$,$m^2_{\underline{g}}$},{$d^2_{\underline{g}}$,$z^2_{m\langle\underline{g}\rangle}$} /$\underline{\alpha}$,$\underline{\beta}$ /(2.4.3.6)⟩; segue

$\mathbb{I}\langle\underline{g}\rangle\underline{\rightarrow}\mathbb{I}\langle d^2_{\underline{g}},m^2_{\underline{g}}\rangle\underline{\leftrightarrow}\mathbb{I}\langle d^2_{\underline{g}},z^2_{m\langle\underline{g}\rangle}\rangle$ (15)

Da: (14); Æ⟨$d^2_{\underline{g}}/V^2_g$,$z^2_{m\langle\underline{g}\rangle}$ /$\underline{s}$ /(5.3.2.3)⟩ e $\mathbb{I}\langle d^2_{\underline{g}}/V^2_g,z^2_{m\langle\underline{g}\rangle}\rangle$ (dovuta a (15) e $\mathbb{I}_{\underline{g}}$); segue IPM {$\mathfrak{D}\langle\Sigma\langle\underline{z}_{gQ}\rangle\rangle(\tau)=\mathfrak{D}\langle d^2_{\underline{g}}/V^2_g+z^2_{m\langle\underline{g}\rangle}\rangle(\tau)=\mathfrak{D}\langle d^2_{\underline{g}}/V^2_g\rangle(\tau)\cdot\mathfrak{D}\langle z^2_{m\langle\underline{g}\rangle}\rangle(\tau)$}$\underline{\leftarrow}\mathbb{I}_{\underline{g}}$. Da: questa e $\mathbb{I}_{\underline{g}}$; $\mathbb{I}_{\underline{g}}\underline{\rightarrow}$ {$\Phi\langle\Sigma\langle\underline{z}_{gQ}\rangle\rangle(\omega)=(1-2\cdot i\cdot\omega)^{-n/2}$,$\Phi\langle z^2_{m\langle\underline{g}\rangle}\rangle(\omega)=(1-2\cdot i\cdot\omega)^{-0.5}$} e $\mathbb{I}_{\underline{g}}$; segue IPM

{$\Phi\langle d^2_{\underline{g}}/V^2_g\rangle(\omega)=\Phi\langle\Sigma\langle\underline{z}_{gQ}\rangle\rangle(\omega)/\Phi\langle z^2_{m\langle\underline{g}\rangle}\rangle(\omega)=(1-2\cdot i\cdot\omega)^{-(n-1)/2}$}$\underline{\leftarrow}\mathbb{I}\langle\underline{g}\rangle$ (16)

Le (16) e Æ⟨$d^2_{\underline{g}}/V^2_g$,n−1 /s,ş /(8)⟩ portano la

$\mathbb{I}\langle\underline{g}\rangle\underline{\rightarrow}$\{$\mathfrak{P}\langle d^2_{\underline{g}}/V^2_g\rangle\equiv\chi\langle n-1\rangle$\} (17)

Da: Æ⟨$\underline{g}$ /$\underline{A}$ /(2.2.1)⟩; Æ⟨n^{-1},$d^2_{\underline{g}}$,$\underline{g}$ /k,f($\underline{s}$),$\underline{s}$ /(5.3.5)⟩; Æ⟨V^{-2}_g,$d^2_{\underline{g}}$,$\underline{g}$ /k,f($\underline{s}$),$\underline{s}$ /(5.3.5)⟩; Æ⟨$d^2_{\underline{g}}/V^2_g$,1,n−1 / χ^2,m,ν /(9)⟩ dovuta alle $\mathbb{I}_{\underline{g}}$ e (17); segue IPM

{$\mathbb{E}\langle v^2\langle\underline{g}\rangle\rangle=\mathbb{E}\langle d^2_{\underline{g}}/n\rangle=\mathbb{E}\langle d^2_{\underline{g}}\rangle/n=V^2_g\cdot\mathbb{E}\langle d^2_{\underline{g}}/V^2_g\rangle/n=V^2_g\cdot(n-1)/n$}$\underline{\leftarrow}\mathbb{I}\langle\underline{g}\rangle$ (18)

Da: Æ⟨n/(n−1),$v^2_{\underline{g}}$,$\underline{g}$ /k,f($\underline{s}$),$\underline{s}$ /(5.3.5)⟩; (18) e $\mathbb{I}_{\underline{g}}$; segue IPM

{$\mathbb{E}\langle n\cdot v^2_{\underline{g}}/(n-1)\rangle=n\cdot\mathbb{E}\langle v^2_{\underline{g}}\rangle/(n-1)=V^2_g$}$\underline{\leftarrow}\mathbb{I}\langle\underline{g}\rangle$ (19)

Si pone la $\underline{\bar{E}}_g\equiv\underline{\mathbb{M}}\langle g\in\underline{\mathfrak{R}}\langle g\rangle\rangle$. Da: l'essere le $\underline{g}$ n valori della g (dovuto a (6.2.22)); Æ⟨g,$\underline{\bar{E}}_g$ / $s_{\underline{X}}$,$\underline{\bar{E}}_{s\langle\underline{X}\rangle}$ /(4.2.13)⟩; segue

$\lim_{\underline{g}\rightarrow\underline{\bar{E}}\langle g\rangle}(v^2_{\underline{g}})=v^2\langle\underline{\bar{E}}_g\rangle=V^2_g$ (20)

Questa e la $\lim_{\underline{g}\rightarrow\underline{\bar{E}}\langle g\rangle}(n)=\infty$ portano l'ultimo membro della

$\lim_{\underline{g}\rightarrow\underline{\bar{E}}\langle g\rangle}(n\cdot v^2_{\underline{g}}/(n-1))=\lim_{\underline{g}\rightarrow\underline{\bar{E}}\langle g\rangle}(v^2_{\underline{g}}/(1-1/n))=\lim_{\underline{g}\rightarrow\underline{\bar{E}}\langle g\rangle}((1-1/n)^{-1})\cdot\lim_{\underline{g}\rightarrow\underline{\bar{E}}\langle g\rangle}(v^2_{\underline{g}})=\lim_{\underline{g}\rightarrow\underline{\bar{E}}\langle g\rangle}(v^2_{\underline{g}})=V^2_g$ (21)

Le $\mathbb{I}_{\underline{g}}$ (18) e (20) portano che la statistica $v^2_{\underline{g}}$ non è corretta, giacché mostrano che il suo valore medio è diverso dal parametro statistico $\lim_{\underline{g}\rightarrow\underline{\bar{E}}\langle g\rangle}(v^2_{\underline{g}})$ di cui è una stima. Le $\mathbb{I}_{\underline{g}}$ (19) e (21) portano che la statistica $n\cdot v^2_{\underline{g}}/(n-1)$ è corretta perché il suo valore medio è uguale al parametro statistico $\lim_{\underline{g}\rightarrow\underline{\bar{E}}\langle g\rangle}(n\cdot v^2_{\underline{g}}/(n-1))$ di cui è una stima.

Si chiama $\underline{G}$ la suddivisione di $\underline{g}$ definita dalle $\underline{G}\equiv\{\underline{G}_h;h=1,h\}$ $\underline{G}_h\equiv\{g_{n\langle h,k\rangle};k=1,k_h\}$ $\{n_{hk};k=1,k_h;h=1,h\}=\{n=1,n\}$ $h\geq2$. La Æ⟨$\underline{g}$,$\underline{G}$ /$\underline{x}$,$\underline{X}$ /(2.2.40)⟩ porta la

$d^2_{\underline{g}}/V^2_g=D^2\langle\underline{g},\underline{G}\rangle/V^2_g+\mathbb{D}^2\langle\underline{g},\underline{G}\rangle/V^2_g$ (22)

Si pongono le $\underline{G}\equiv\{\underline{G}_h;h=1,h\}=\{\underline{G}_h$ /$\mathfrak{N}\langle\underline{G}_h\rangle\geq2;\underline{G}_h\in\underline{G}\}$ $k_h\equiv\mathfrak{N}\langle\underline{G}_h\rangle$ e $\underline{T}\equiv\{d^2\langle\underline{G}_h\rangle/V^2_g;h=1,h\}$. Le Æ⟨$\underline{T}$,$\underline{g}$ / $\underline{y}$,$\underline{x}$ /(2.4.3.12)⟩ e {$\mathfrak{R}$⟨g_n⟩=$\mathfrak{R}^1$;n=1,n} portano la $\mathbb{I}_{\underline{g}}\underline{\rightarrow}\mathbb{I}\langle\underline{T}\rangle$. La Æ⟨$\underline{g}$ /$\underline{x}$ /(2.4.3.4)⟩ porta la $\mathbb{I}_{\underline{g}}\underline{\rightarrow}$ {$\mathbb{I}\langle\underline{G}_h\rangle$;h=1,h}. Da: Æ⟨$\underline{g}$,$\underline{G}$ /$\underline{A}$,$\underline{B}$ /(2.2.38)⟩; {$d^2_{\underline{A}}$=0;∀$\mathfrak{N}_{\underline{A}}$=1}; Æ⟨$\underline{T}$ /$\underline{s}$ /(5.3.2.3)⟩ $\mathbb{I}_{\underline{g}}$ e $\mathbb{I}_{\underline{g}}\underline{\rightarrow}\mathbb{I}_{\underline{T}}$; Æ⟨$\underline{G}_h$,$k_h$ / $\underline{g}$,n /(16)⟩ $\mathbb{I}_{\underline{g}}$ e $\mathbb{I}_{\underline{g}}\underline{\rightarrow}$ {$\mathbb{I}\langle\underline{G}_h\rangle$;h=1,h}; segue IPM

{$\Phi\langle D^2_{\underline{g},\underline{G}}/V^2_g\rangle(\omega)=\Phi\langle\Sigma_{h=1,h}(d^2\langle\underline{G}_h\rangle/V^2_g)\rangle(\omega)=\Phi\langle\Sigma_{h=1,h}(d^2\langle\underline{G}_h\rangle/V^2_g)\rangle(\omega)=\Pi_{h=1,h}(\Phi\langle d^2\langle\underline{G}_h\rangle/V^2_g\rangle(\omega))=$
$(1-2\cdot i\cdot\omega)^{-\check{N}\langle\underline{g},\underline{G}\rangle/2}$}$\underline{\leftarrow}\mathbb{I}\langle\underline{g}\rangle$ (23)

di cui le $\check{N}\langle\underline{g},\underline{G}\rangle=\Sigma_{h=1,h}(k_h-1)$ e {$\check{N}\langle\underline{g},\underline{G}\rangle=n-h$;∀$h=h$}.

La (23) e la Æ⟨$D^2_{\underline{g},\underline{G}}/V^2_g$,$\check{N}\langle\underline{g},\underline{G}\rangle$ /s,ş /(8)⟩ portano la

$\mathbb{I}\langle\underline{g}\rangle\underline{\rightarrow}$\{$\mathfrak{P}\langle D^2_{\underline{g},\underline{G}}/V^2_g\rangle\equiv\chi\langle\check{N}\langle\underline{g},\underline{G}\rangle\rangle$\} (24)

Si pone la $\underline{T}\equiv\{D^2_{\underline{g},\underline{G}}/V^2_g,\mathbb{D}^2_{\underline{g},\underline{G}}/V^2_g\}$. Le Æ⟨$\underline{T}$,$\underline{g}$ /$\underline{y}$,$\underline{x}$ /(2.4.3.12)⟩ e {$\mathfrak{R}$⟨g_n⟩=$\mathfrak{R}^1$;n=1,n} portano la $\mathbb{I}_{\underline{g}}\underline{\rightarrow}\mathbb{I}\langle\underline{T}\rangle$. Da: (22); Æ⟨$\underline{T}$ /$\underline{s}$ /(5.3.2.3)⟩ $\mathbb{I}_{\underline{g}}$ e $\mathbb{I}_{\underline{g}}\underline{\rightarrow}\mathbb{I}_{\underline{T}}$; segue IPM {$\mathfrak{D}\langle d^2_{\underline{g}}/V^2_g\rangle(\tau)=\mathfrak{D}\langle D^2_{\underline{g},\underline{G}}/V^2_g+\mathbb{D}^2_{\underline{g},\underline{G}}/V^2_g\rangle(\tau)=$ $\mathfrak{D}\langle D^2_{\underline{g},\underline{G}}/V^2_g\rangle(\tau)\cdot\mathfrak{D}\langle\mathbb{D}^2_{\underline{g},\underline{G}}/V^2_g\rangle(\tau)$}$\underline{\leftarrow}\mathbb{I}_{\underline{g}}$. Da: questa e $\mathbb{I}_{\underline{g}}$; (16) (23) e $\mathbb{I}_{\underline{g}}$; segue IPM {$\Phi\langle\mathbb{D}^2_{\underline{g},\underline{G}}/V^2_g\rangle(\omega)=$ $\Phi\langle d^2_{\underline{g}}/V^2_g\rangle(\omega)/\Phi\langle D^2_{\underline{g},\underline{G}}/V^2_g\rangle(\omega)=(1-2\cdot i\cdot\omega)^{-(n-1)/2}\cdot(1-2\cdot i\cdot\omega)^{\check{N}\langle\underline{g},\underline{G}\rangle/2}=(1-2\cdot i\cdot\omega)^{-(h-1)/2}$}$\underline{\leftarrow}\mathbb{I}_{\underline{g}}$ di cui la $n-\check{N}_{\underline{g},\underline{G}}=h$. Ciò e la Æ⟨$\mathbb{D}^2_{\underline{g},\underline{G}}/V^2_g$,h−1 /s,ş /(8)⟩ portano la

$\mathbb{I}\langle\underline{g}\rangle\underline{\rightarrow}$\{$\mathfrak{P}\langle\mathbb{D}^2_{\underline{g},\underline{G}}/V^2_g\rangle\equiv\chi\langle h-1\rangle$\} (25)

Si pone la $Đ^2\langle g,G\rangle \equiv \{d^2_g \veebar D^2_{g,G} \veebar \mathbb{D}^2_{g,G}\}$, e perciò le (17) (24) e (25) sono sintetizzate dalla

$\mathbb{I}\langle g\rangle \to \{Ð\langle Đ^2\langle g,G\rangle / V^2_g\rangle \equiv X\langle ň\rangle\}$ (26)

in quanto si intende: $ň \equiv n-1$ se $Đ^2_{g,G} \equiv d^2_g$, $ň \equiv Ň_{g,G}$ se $Đ^2_{g,G} \equiv D^2_{g,G}$, $ň \equiv h-1$ se $Đ^2_{g,G} \equiv \mathbb{D}^2_{g,G}$.

Da: (15), $\mathbb{I}_g \to \mathbb{I}_T$, (22), e $\mathfrak{R}\langle d^2_g\rangle = \mathfrak{R}^1$ (dovuta a $\mathfrak{R}\langle g_n\rangle = \mathfrak{R}^1$); $Æ\langle\{z^2_{m\langle g\rangle}, Đ^2\langle g,G\rangle\}, \{z_{m\langle g\rangle}, Đ^2\langle g,G\rangle\} / \alpha,\beta / (2.4.3.6)\rangle$; segue

$\mathbb{I}\langle g\rangle \to \mathbb{I}\langle z^2_{m\langle g\rangle}, Đ^2\langle g,G\rangle\rangle \leftrightarrow \mathbb{I}\langle z_{m\langle g\rangle}, Đ^2\langle g,G\rangle\rangle$ (27)

6.4 *Le variabili t di Student e F di Fisher*

La variabile casuale t di Student è indicata $\mathcal{T}$ ed è definita dalla

$\mathcal{T} = \mathcal{T}(Z,\chi^2) \equiv Z/(\chi^2/\nu)^{0.5}$ (1)

di cui le (6.2.2) e (6.3.6), e le $\mathfrak{R}\langle Z\rangle = \mathfrak{R}^1$ $\mathfrak{R}\langle\chi^2\rangle = \mathfrak{R}^1$ $\mathbb{I}\langle Z,\chi^2\rangle$ che portano la $\mathfrak{R}\langle\mathcal{T}\rangle = \mathfrak{R}^1$.

La $\mathfrak{R}\langle\chi^2\rangle = \mathfrak{R}^1$ porta la $\mathfrak{R}\langle(\chi^2)^{0.5}\rangle = \mathfrak{R}\langle(\chi^2/\nu)^{0.5}\rangle = \mathfrak{R}^1$. Da: $Æ\langle\nu^{-0.5}, (\chi^2)^{0.5} / k,s / (5.2.2.14)\rangle$ $\mathfrak{R}\langle(\chi^2/\nu)^{0.5}\rangle = \mathfrak{R}^1$ e $t \in \mathfrak{R}^1$; $Æ\langle\chi^2 / s / (5.2.2.15)\rangle$ $\mathfrak{R}\langle(\chi^2)^{0.5}\rangle = \mathfrak{R}^1$ e $\nu^{0.5} \cdot t \in \mathfrak{R}^1$ (dovuta a $t \in \mathfrak{R}^1$); segue IPM

$\{Ð\langle(\chi^2/\nu)^{0.5}\rangle(t) = \nu^{0.5} \cdot Ð\langle(\chi^2)^{0.5}\rangle(\nu^{0.5} \cdot t) = 2 \cdot \nu \cdot t \cdot Ð\langle\chi^2\rangle(\nu \cdot t^2)\} \leftarrow \{t \in \mathfrak{R}^1\}$ (2)

Da: $Æ\langle\mathcal{T}, (\chi^2/\nu)^{0.5} / s / (5.1.1)\rangle$, e $\mathbb{I}\langle\mathcal{T}, (\chi^2/\nu)^{0.5}\rangle$ (dovuta a $\mathbb{I}\langle Z,\chi^2\rangle$ $\mathfrak{R}\langle Z\rangle = \mathfrak{R}^1$ e (1)); $\mathfrak{R}\langle\mathcal{T}\rangle = \mathfrak{R}^1$ e $\mathfrak{R}\langle(\chi^2/\nu)^{0.5}\rangle = \mathfrak{R}^1$; segue $\mathfrak{R}\langle\mathcal{T}, (\chi^2/\nu)^{0.5}\rangle = \mathfrak{R}\langle\mathcal{T}\rangle \cdot \mathfrak{R}\langle(\chi^2/\nu)^{0.5}\rangle = \mathfrak{R}^1 \cdot \mathfrak{R}^1$. Da: $Æ\langle\mathcal{T}, Z, (\chi^2/\nu)^{0.5} / R, S_N, S_D / (5.2.3.1)\rangle$ (dovuta a (1)), e $\mathfrak{R}\langle\mathcal{T}, (\chi^2/\nu)^{0.5}\rangle = \mathfrak{R}^1 \cdot \mathfrak{R}^1$ $\mathfrak{R}\langle(\chi^2/\nu)^{0.5}\rangle = \mathfrak{R}^1$ $\mathfrak{R}\langle\mathcal{T}\rangle = \mathfrak{R}^1$; (2) (6.2.2) e (6.3.6); integrazione per sostituzione basata sulla $t = t(t) \equiv 2^{0.5} \cdot (\nu + x^2)^{-0.5} \cdot t^{0.5}$; $Æ\langle(\nu+1)/2 / \alpha / (6.3.1)\rangle$; segue

$Ð\langle\mathcal{T}\rangle(x) = \int\langle\mathfrak{R}^1\rangle(Ð\langle(\chi^2/\nu)^{0.5}\rangle(t) \cdot Ð\langle Z\rangle(x \cdot t) \cdot t \cdot dt) = 2^{(1-\nu)/2} \cdot \Gamma^{-1}(\nu/2) \cdot \pi^{-0.5} \cdot \nu^{\nu/2} \cdot \int_{\mathfrak{R}^1}(t^\nu \cdot \exp\langle-(\nu+x^2) \cdot t^2/2\rangle \cdot dt) = (\nu+x^2)^{-(\nu+1)/2} \cdot \Gamma^{-1}(\nu/2) \cdot \pi^{-0.5} \cdot \nu^{\nu/2} \cdot \int_{\mathfrak{R}^1}(t^{(\nu+1)/2-1} \cdot e^{-t} \cdot dt) = (\nu+x^2)^{-(\nu+1)/2} \cdot \Gamma^{-1}(\nu/2) \cdot \pi^{-0.5} \cdot \nu^{\nu/2} \cdot \Gamma((\nu+1)/2) = (\pi \cdot \nu)^{-0.5} \cdot \Gamma^{-1}(\nu/2) \cdot \Gamma((\nu+1)/2) \cdot (1+x^2/\nu)^{-(\nu+1)/2}$ (3)

di cui si sottintende la $T\langle ş\rangle \equiv \{Ð\langle\mathcal{T}\rangle \mid \nu = ş\}$. La $T\langle\nu\rangle \cong Z$ migliora al crescere di ν e diviene generalmente valida già per $\nu=30$.

La variabile casuale F di Fisher è indicata $\mathcal{F}$ ed è definita dalla

$\mathcal{F} = \mathcal{F}(\chi^2_N, \chi^2_D) \equiv (\chi^2_N/\nu_N)/(\chi^2_D/\nu_D)$ (4)

di cui le $Ð\langle\chi^2_N\rangle \equiv X\langle\nu_N\rangle$ $Ð\langle\chi^2_D\rangle \equiv X\langle\nu_D\rangle$, e le $\mathfrak{R}\langle\chi^2_N\rangle = \mathfrak{R}\langle\chi^2_D\rangle = \mathfrak{R}^1$ $\mathbb{I}\langle\chi^2_N, \chi^2_D\rangle$ che portano la $\mathfrak{R}\langle\mathcal{F}\rangle = \mathfrak{R}\langle\chi^2_N/\chi^2_D\rangle = \mathfrak{R}^1$.

Da: $Æ\langle\chi^2_N/\chi^2_D, \chi^2_D / s / (5.1.1)\rangle$, e $\mathbb{I}\langle\chi^2_N/\chi^2_D, \chi^2_D\rangle$ (dovuta a $\mathbb{I}\langle\chi^2_N, \chi^2_D\rangle$ e $\mathfrak{R}\langle\chi^2_N\rangle = \mathfrak{R}^1$); $\mathfrak{R}\langle\chi^2_N/\chi^2_D\rangle = \mathfrak{R}\langle\chi^2_D\rangle = \mathfrak{R}^1$; segue $\mathfrak{R}\langle\chi^2_N/\chi^2_D, \chi^2_D\rangle = \mathfrak{R}\langle\chi^2_N/\chi^2_D\rangle \cdot \mathfrak{R}\langle\chi^2_D\rangle = \mathfrak{R}^2$. Da: (4); $Æ\langle\nu_D/\nu_N, \chi^2_N/\chi^2_D / k,s / (5.2.2.14)\rangle$ $\mathfrak{R}\langle\mathcal{F}\rangle = \mathfrak{R}^1$ e $x \in \mathfrak{R}^1$; $Æ\langle\chi^2_N/\chi^2_D, \chi^2_N, \chi^2_D / R, S_N, S_D / (5.2.3.1)\rangle$ $\mathfrak{R}\langle\chi^2_N/\chi^2_D, \chi^2_D\rangle = \mathfrak{R}^2$ $\mathfrak{R}\langle\chi^2_N\rangle = \mathfrak{R}\langle\chi^2_D\rangle = \mathfrak{R}^1$ e $x \in \mathfrak{R}^1$; $Ð\langle\chi^2_N\rangle \equiv X\langle\nu_N\rangle$ e $Ð\langle\chi^2_D\rangle \equiv X\langle\nu_D\rangle$ (e (6.3.6)); integrazione per sostituzione basata sulla $t = t(t) \equiv 2 \cdot (x \cdot \nu_N \cdot \nu_D^{-1} + 1)^{-1} \cdot t$; $Æ\langle(\nu_N+\nu_D)/2 / \alpha / (6.3.1)\rangle$; segue IPM

$\{Ð\langle\mathcal{F}\rangle(x) = Ð\langle(\chi^2_N/\nu_N)/(\chi^2_D/\nu_D)\rangle(x) = \nu_N \cdot \nu_D^{-1} \cdot Ð\langle\chi^2_N/\chi^2_D\rangle(x \cdot \nu_N/\nu_D) = \nu_N \cdot \nu_D^{-1} \cdot \int\langle\mathfrak{R}^1\rangle(Ð\langle\chi^2_D\rangle(t) \cdot Ð\langle\chi^2_N\rangle(x \cdot \nu_N \cdot t/\nu_D) \cdot t \cdot dt) = (2^{(\nu\langle N\rangle+\nu\langle D\rangle)/2} \cdot \Gamma(\nu_D/2) \cdot \Gamma(\nu_N/2))^{-1} \cdot \nu_N^{\nu\langle N\rangle/2} \cdot \nu_D^{-\nu\langle N\rangle/2} \cdot x^{\nu\langle N\rangle/2-1} \cdot \int_{\mathfrak{R}^1}(t^{(\nu\langle N\rangle+\nu\langle D\rangle)/2-1} \cdot \exp\langle-(x \cdot \nu_N/\nu_D+1) \cdot t/2\rangle \cdot dt) = (\Gamma(\nu_N/2) \cdot \Gamma(\nu_D/2))^{-1} \cdot \nu_N^{\nu\langle N\rangle/2} \cdot \nu_D^{-\nu\langle N\rangle/2} \cdot x^{\nu\langle N\rangle/2-1} \cdot (x \cdot \nu_N \cdot \nu_D^{-1}+1)^{-(\nu\langle N\rangle+\nu\langle D\rangle)/2} \cdot \int_{\mathfrak{R}^1}(t^{(\nu\langle N\rangle+\nu\langle D\rangle)/2-1} \cdot e^{-t} \cdot dt) = (\Gamma(\nu_N/2) \cdot \Gamma(\nu_D/2))^{-1} \cdot \Gamma((\nu_N+\nu_D)/2) \cdot \nu_N^{\nu\langle N\rangle/2} \cdot \nu_D^{-\nu\langle N\rangle/2} \cdot x^{\nu\langle N\rangle/2-1} \cdot (x \cdot \nu_N \cdot \nu_D^{-1}+1)^{-(\nu\langle N\rangle+\nu\langle D\rangle)/2} = (\Gamma(\nu_N/2) \cdot \Gamma(\nu_D/2))^{-1} \cdot \Gamma((\nu_N+\nu_D)/2) \cdot \nu_N^{\nu\langle N\rangle/2} \cdot \nu_D^{\nu\langle D\rangle/2} \cdot (\nu_D+\nu_N \cdot x)^{-(\nu\langle N\rangle+\nu\langle D\rangle)/2} \cdot x^{\nu\langle N\rangle/2-1}\} \leftarrow \{x \in \mathfrak{R}^1\}$ (5)

di cui si sottintende la $F\langle ş,Ş\rangle \equiv \{Ð\langle\mathcal{F}\rangle \mid \nu_N = ş; \nu_D = Ş\}$.

7 IL TEST STATISTICO

7.1 *Le posizioni preliminari*

Si chiama $\underline{\mathcal{X}}$ (di cui la $\underline{\mathcal{X}}\equiv\{\mathcal{X}_n;n=1,\#\}\equiv\mathbf{e}\langle\mathbb{X}\rangle$) un particolare campione che è stato o sarà determinato, e le cui proprietà non sono meglio conosciute, nel senso che è identificato il contesto nel quale esso viene determinato, ma non è nota la funzione di densità di probabilità di alcuna statistica inerente $\underline{\mathbb{X}}$.

Si considera, con lo scopo di indagare $\underline{\mathcal{X}}$, l'ipotesi $\mathcal{H}_{AB}$ definita dalla

$$\mathcal{H}_{AB}\equiv\{\underline{\mathcal{X}}\equiv\underline{\mathbb{X}}_A;\underline{\mathbb{X}}_A\equiv\mathbf{r}\langle\underline{\mathbb{X}}_A\rangle\mid\mathcal{P}_{AB}\} \quad (1)$$

di cui la $\{\mathcal{P}_{AB}\}$, e la $\mathcal{P}_{AB}\equiv\{\mathfrak{P}\langle\mathbf{s}_{AB}\rangle(x)\equiv\mathfrak{D}_{AB}(x);\mathbf{s}_{AB}=\mathbf{s}_B(\underline{\mathbb{X}}_A);\underline{\mathbb{X}}_A\equiv\{\mathbb{X}_{An};n=1,\#\}\equiv\mathbf{e}\langle\underline{\mathbb{X}}_A\rangle\}$ per cui $\mathcal{P}_{AB}$ afferma la $\mathbf{s}_{AB}$ come una statistica inerente $\underline{\mathbb{X}}_A$ e definita dalla $\mathbf{s}_{AB}=\mathbf{s}_B(\underline{\mathbb{X}}_A)$ sul $\underline{\mathbb{X}}_A$ di cui la $\underline{\mathbb{X}}_A\equiv\mathbf{e}\langle\underline{\mathbb{X}}_A\rangle$.

Gli indici A e B della (1) sono generici nel senso che quanto vale per essi vale anche per ogni loro specificazione, e inerentemente tali indici è sottintesa la $\text{ş}_A\equiv\text{ş}_{AA}\equiv\{\text{ş}_{AB}\mid A\equiv B\}$.

La $\mathcal{H}_{AB}$ è detta determinata in quanto se ne ha la (1) di cui sono note le funzioni $\mathbf{s}_B(\underline{\mathbb{X}}_A)$ e $\mathfrak{D}_{AB}(x)$. Per la valutazione di una $\mathfrak{P}\langle\mathbf{s}_{AB}\rangle(x)$ non nota, può essere utile (se valida) la

$$Æ\langle\mathbf{s}_{AB},\mathbf{s}_B(\underline{\mathbb{X}}_A),\mathbf{s}_A,\mathbf{s}_A(\underline{\mathbb{X}}_A),\underline{\mathbb{X}}_A\,/\,s,s_A(\underline{x}),r,r_A(\underline{x}),\underline{x}\,/(5.2.2.11)\rangle \quad (2)$$

Da: (1); $\mathcal{P}_{AB}$ e $Æ\langle\{\underline{\mathcal{X}}\equiv\underline{\mathbb{X}}_A;\underline{\mathbb{X}}_A\equiv\mathbf{r}\langle\underline{\mathbb{X}}_A\rangle\},\mathcal{P}_{AB}\,/\,\mathcal{P}_A,\mathcal{P}_B\,/(2.1.1.7)\rangle$; segue

$$\mathcal{H}_{AB}\equiv\{\underline{\mathcal{X}}\equiv\underline{\mathbb{X}}_A;\underline{\mathbb{X}}_A\equiv\mathbf{r}\langle\underline{\mathbb{X}}_A\rangle\mid\mathcal{P}_{AB}\}\equiv\{\underline{\mathcal{X}}\equiv\underline{\mathbb{X}}_A;\underline{\mathbb{X}}_A\equiv\mathbf{r}\langle\underline{\mathbb{X}}_A\rangle\}\equiv\{\underline{\mathcal{X}}\equiv\mathbf{r}\langle\underline{\mathbb{X}}_A\rangle\} \quad (3)$$

Le (3) e $\underline{\mathcal{X}}\equiv\mathbf{e}\langle\mathbb{X}\rangle$ portano la

$$\{\mathcal{H}_{AB}\equiv\{\underline{\mathbb{X}}\equiv\underline{\mathbb{X}}_A;\underline{\mathbb{A}}\equiv\mathbf{r}\langle\mathbb{B}\rangle\}\mid\underline{\mathbb{A}}\equiv\{\underline{\mathbb{X}}_A\dot{\vee}\underline{\mathcal{X}}\},\underline{\mathbb{B}}\equiv\{\mathbb{X}_A\dot{\vee}\mathbb{X}\}\} \quad (4)$$

Si pone la $\underline{\mathbb{X}}\equiv\{\mathbb{X}_n;n=1,\#\}\equiv\mathbf{e}\langle\mathbb{X}\rangle$. Questa e la (4) portano la $\{\underline{\mathbb{X}}_A,\mathbb{X}_A\}\equiv\{\underline{\mathbb{X}},\mathbb{X}\mid\mathcal{H}_{AB}\}$.

Si pone la $\mathbf{s}_{B\mathcal{X}}\equiv\mathbf{s}_B(\underline{\mathcal{X}})$. Da: $\mathcal{P}_{AB}$ e $Æ\langle\mathcal{H}_{AB},\mathcal{P}_{AB}\,/\,\mathcal{P}_A,\mathcal{P}_B\,/(2.1.1.7),(2.1.1.9)\rangle$; (3) e (4); (2.1.1.9); segue

$$\mathcal{H}_{AB}\equiv\{\mathcal{H}_{AB}\mid\mathcal{H}_{AB},\mathcal{P}_{AB}\}\equiv\{\mathcal{H}_{AB}\mid\mathcal{H}_{AB},\{\mathfrak{P}\langle\mathbf{s}_{AB}\rangle(x)\equiv\mathfrak{D}_{AB}(x);\mathbf{s}_{AB}=\mathbf{s}_{B\mathcal{X}};\underline{\mathcal{X}}\equiv\mathbf{e}\langle\mathbb{X}\rangle\}\}\equiv$$
$$\{\mathcal{H}_{AB}\mid\mathfrak{P}\langle\mathbf{s}_{AB}\rangle(x)\equiv\mathfrak{D}_{AB}(x);\mathbf{s}_{AB}=\mathbf{s}_{B\mathcal{X}};\underline{\mathcal{X}}\equiv\mathbf{e}\langle\mathbb{X}\rangle\} \quad (5)$$

la cui $\{\mathfrak{P}\langle\mathbf{s}_{AB}\rangle(x)\equiv\mathfrak{D}_{AB}(x);\mathbf{s}_{AB}=\mathbf{s}_{B\mathcal{X}};\underline{\mathcal{X}}\equiv\mathbf{e}\langle\mathbb{X}\rangle\}$ afferma la $\mathbf{s}_{AB}$ come una statistica inerente $\underline{\mathbb{X}}$ e definita dalla $\mathbf{s}_{AB}=\mathbf{s}_{B\mathcal{X}}$ sul $\underline{\mathcal{X}}$ di cui la $\underline{\mathcal{X}}\equiv\mathbf{e}\langle\mathbb{X}\rangle$.

L'accezione $\mathcal{H}_{AB}\equiv\{\underline{\mathbb{X}}\equiv\underline{\mathbb{X}}_A;\underline{\mathcal{X}}\equiv\mathbf{r}\langle\mathbb{X}\rangle\}$ della (4) implica un $\underline{\mathcal{P}}\langle\underline{\mathcal{X}}\equiv\mathbf{r}\langle\mathbb{X}\rangle\mid\mathcal{H}_{AB}\rangle$. Questo e la $Æ\langle\mathcal{H}_{AB},\underline{\mathcal{X}}\equiv\mathbf{r}\langle\mathbb{X}\rangle\,/\,\mathcal{P}_A,\mathcal{P}_B\,/(2.1.1.1)\rangle$ portano la $\neg\{\underline{\mathcal{X}}\equiv\mathbf{r}\langle\mathbb{X}\rangle\}\underline{\rightarrow}\neg\mathcal{H}_{AB}$. La $\mathcal{H}_{AB}$ deve soddisfare, come ogni ipotesi, il requisito di non potere essere stabilita vera o falsa. Dunque la $\mathcal{H}_{AB}$ può essere proposta come ipotesi, se non è possibile stabilire la $\neg\{\underline{\mathcal{X}}\equiv\mathbf{r}\langle\mathbb{X}\rangle\}$ cioè se la $\underline{\mathcal{X}}\equiv\mathbf{r}\langle\mathbb{X}\rangle$ è certa o ipotetica, poiché viceversa la $\neg\{\underline{\mathcal{X}}\equiv\mathbf{r}\langle\mathbb{X}\rangle\}$ consentirebbe di stabilire la $\neg\{\mathcal{H}_{AB}\}$ per mezzo della $\neg\{\underline{\mathcal{X}}\equiv\mathbf{r}\langle\mathbb{X}\rangle\}\underline{\rightarrow}\neg\mathcal{H}_{AB}$.

La (3) per cui la $\mathcal{H}_{AB}$ afferma che $\underline{\mathcal{X}}$ è un $\underline{\mathbb{X}}_A$ di cui la $\underline{\mathbb{X}}_A\equiv\mathbf{r}\langle\mathbb{X}_A\rangle$, e il non essere influenzate le esistenze di $\underline{\mathbb{X}}_A$ e $\mathbb{X}_A$ dal definire delle statistiche sul primo e inerenti il secondo, portano la

$$\mathcal{H}_{AB}\underline{\leftrightarrow}\mathcal{H}_{AC} \quad (6)$$

ossia che la verità o falsità di una $\mathcal{H}_{AB}$ (e le attinenti decisioni quali le $\mathsf{f}\langle\mathcal{H}_{AB}\rangle$ $\mathsf{v}\langle\mathcal{H}_{AB}\rangle$ e $\mathsf{n}\langle\mathcal{H}_{AB}\rangle$ di cui in sez. 2.1.1) astraggono dalla contingente $\mathbf{s}_{AB}$. Peraltro la (6) è immediatamente evidente quando si considera la $\mathcal{H}_{AB}\equiv\{\underline{\mathcal{X}}\equiv\underline{\mathbb{X}}_A;\underline{\mathbb{X}}_A\equiv\mathbf{r}\langle\underline{\mathbb{X}}_A\rangle\}$ affermata dalla (3).

Si pongono, in conformità alla $\neg\{\underline{G}\in\underline{A}\}\leftrightarrow\{\underline{G}\in\neg^{\#}\underline{A}\}$ (di cui la $\neg^{\#}\underline{A}\equiv\neg\underline{A}\cap\mathfrak{R}^{\#}$) affermata dalla (3.1.17), le

$$\hat{E}_B\equiv\{\mathbf{s}_{B\mathcal{X}}\in\underline{R}_B\}\quad\neg\hat{E}_B\equiv\{\mathbf{s}_{B\mathcal{X}}\in\neg^1\underline{R}_B\}\quad\hat{\mathcal{E}}_B\equiv\{\mathbf{s}_{B\mathcal{X}}\in\underline{\mathbb{R}}_B\}\quad\hat{\mathbb{E}}_B\equiv\{\mathbf{s}_{B\mathcal{X}}\in\mathfrak{R}^1\}\quad E_{AB}\equiv\{\mathbf{s}_{AB}\in\underline{R}_B\}\quad\neg E_{AB}\equiv\{\mathbf{s}_{AB}\in\neg^1\underline{R}_B\}$$
$$\mathcal{E}_{AB}\equiv\{\mathbf{s}_{AB}\in\underline{\mathbb{R}}_B\}\quad\neg\mathcal{E}_{AB}\equiv\{\mathbf{s}_{AB}\in\neg^1\underline{\mathbb{R}}_B\}\quad\bar{E}_{AB}\equiv\{\mathbf{s}_{AB}\in\mathfrak{R}^1\} \quad (7)$$

di cui le $\neg^1\underline{R}_B\equiv\neg\underline{R}_B\cap\mathfrak{R}^1$ $\neg^1\underline{\mathbb{R}}_B\equiv\neg\underline{\mathbb{R}}_B\cap\mathfrak{R}^1$ $\underline{\mathbb{R}}_B\equiv\lim_{\Delta\to0}([\mathbf{s}_{B\mathcal{X}},\mathbf{s}_{B\mathcal{X}}+\Delta])$, e di cui si hanno (coerentemente con le (4.2.1)) le

$$\hat{\underline{E}}_B \equiv \underline{M}\langle \hat{E}_B \rangle = \{ ş \,/\, ş \in \underline{R}_B; ş = \mathbf{s}_B(\underline{\mathcal{X}}); \underline{\mathcal{X}} \equiv \mathbf{e}\langle \mathbb{X} \rangle \} \equiv \{ \underline{\mathcal{X}} \,/\, \mathbf{s}_B(\underline{\mathcal{X}}) \in \underline{R}_B; \underline{\mathcal{X}} \equiv \mathbf{e}\langle \mathbb{X} \rangle \}$$
$$\neg \hat{\underline{E}}_B \equiv \underline{M}\langle \neg \hat{E}_B \rangle = \{ ş \,/\, ş \in \neg^1 \underline{R}_B; ş = \mathbf{s}_B(\underline{\mathcal{X}}); \underline{\mathcal{X}} \equiv \mathbf{e}\langle \mathbb{X} \rangle \} \equiv \{ \underline{\mathcal{X}} \,/\, \mathbf{s}_B(\underline{\mathcal{X}}) \in \neg^1 \underline{R}_B; \underline{\mathcal{X}} \equiv \mathbf{e}\langle \mathbb{X} \rangle \}$$
$$\hat{\underline{\mathcal{E}}}_B \equiv \underline{M}\langle \hat{\mathcal{E}}_B \rangle = \{ ş \,/\, ş \in \underline{\mathcal{R}}_B; ş = \mathbf{s}_B(\underline{\mathcal{X}}); \underline{\mathcal{X}} \equiv \mathbf{e}\langle \mathbb{X} \rangle \} \equiv \{ \underline{\mathcal{X}} \,/\, \mathbf{s}_B(\underline{\mathcal{X}}) \in \underline{\mathcal{R}}_B; \underline{\mathcal{X}} \equiv \mathbf{e}\langle \mathbb{X} \rangle \}$$
$$\hat{\underline{\mathbb{E}}}_B \equiv \underline{M}\langle \hat{\mathbb{E}}_B \rangle = \{ ş \,/\, ş = \mathbf{s}_B(\underline{\mathcal{X}}); \underline{\mathcal{X}} \equiv \mathbf{e}\langle \mathbb{X} \rangle \} \equiv \{ \underline{\mathcal{X}} \,/\, \underline{\mathcal{X}} \equiv \mathbf{e}\langle \mathbb{X} \rangle \}$$
$$\underline{E}_{AB} \equiv \underline{M}\langle E_{AB} \rangle = \{ ş \,/\, ş \in \underline{R}_B; ş = \mathbf{s}_B(\underline{X}); \underline{X} \equiv \mathbf{e}\langle \underline{\mathbb{X}}_A \rangle \} \equiv \{ \underline{X} \,/\, \mathbf{s}_B(\underline{X}) \in \underline{R}_B; \underline{X} \equiv \mathbf{e}\langle \underline{\mathbb{X}}_A \rangle \}$$
$$\neg \underline{E}_{AB} \equiv \underline{M}\langle \neg E_{AB} \rangle = \{ ş \,/\, ş \in \neg^1 \underline{R}_B; ş = \mathbf{s}_B(\underline{X}); \underline{X} \equiv \mathbf{e}\langle \underline{\mathbb{X}}_A \rangle \} \equiv \{ \underline{X} \,/\, \mathbf{s}_B(\underline{X}) \in \neg^1 \underline{R}_B; \underline{X} \equiv \mathbf{e}\langle \underline{\mathbb{X}}_A \rangle \}$$
$$\underline{\mathcal{E}}_{AB} \equiv \underline{M}\langle \mathcal{E}_{AB} \rangle = \{ ş \,/\, ş \in \underline{\mathcal{R}}_B; ş = \mathbf{s}_B(\underline{X}); \underline{X} \equiv \mathbf{e}\langle \underline{\mathbb{X}}_A \rangle \} \equiv \{ \underline{X} \,/\, \mathbf{s}_B(\underline{X}) \in \underline{\mathcal{R}}_B; \underline{X} \equiv \mathbf{e}\langle \underline{\mathbb{X}}_A \rangle \}$$
$$\neg \underline{\mathcal{E}}_{AB} \equiv \underline{M}\langle \neg \mathcal{E}_{AB} \rangle = \{ ş \,/\, ş \in \neg^1 \underline{\mathcal{R}}_B; ş = \mathbf{s}_B(\underline{X}); \underline{X} \equiv \mathbf{e}\langle \underline{\mathbb{X}}_A \rangle \} \equiv \{ \underline{X} \,/\, \mathbf{s}_B(\underline{X}) \in \neg^1 \underline{\mathcal{R}}_B; \underline{X} \equiv \mathbf{e}\langle \underline{\mathbb{X}}_A \rangle \}$$
$$\bar{\underline{E}}_{AB} \equiv \underline{M}\langle \bar{E}_{AB} \rangle = \{ ş \,/\, ş = \mathbf{s}_B(\underline{X}); \underline{X} \equiv \mathbf{e}\langle \underline{\mathbb{X}}_A \rangle \} \equiv \{ \underline{X} \,/\, \underline{X} \equiv \mathbf{e}\langle \underline{\mathbb{X}}_A \rangle \} \tag{8}$$

Inoltre si considera l'evento $\hat{\mathbb{E}}_B$ di cui la

$$\hat{\underline{\mathbb{E}}}_B \equiv \underline{M}\langle \hat{\mathbb{E}}_B \rangle = \{ ş \,/\, ş = \mathbf{s}_B(\underline{\mathcal{X}}); \underline{\mathcal{X}} = \underline{\mathcal{X}}; \underline{\mathcal{X}} \equiv \mathbf{e}\langle \mathbb{X} \rangle \} \equiv \{ \underline{\mathcal{X}} \,/\, \underline{\mathcal{X}} = \underline{\mathcal{X}}; \underline{\mathcal{X}} \equiv \mathbf{e}\langle \mathbb{X} \rangle \} \tag{9}$$

che ha senso in quanto $\underline{\mathcal{X}}$ è un particolare campione che è stato o sarà determinato, e di cui si ha la $\hat{\underline{\mathbb{E}}}_B \subseteq \hat{\underline{\mathcal{E}}}_B$ dovuta a $Æ\langle \hat{\mathbb{E}}_B, \hat{\mathcal{E}}_B \,/\, \dot{\mathbb{E}}_{\underline{X}}, \dot{E}_{\underline{X}} \,/(4.2.8)\rangle$.

Le quinta sesta e ultima delle (7), portano le $Æ\langle \bar{E}_{AB}, \bar{E}_{AB} \,/\, \{ s \in \mathfrak{R} \}, \bar{E}_s \,/(4.2.19)\rangle$ e $Æ\langle \neg E_{AB}, \bar{E}_{AB} \,/\, \{ s \in \mathfrak{R} \}, \bar{E}_s \,/(4.2.19)\rangle$ che, considerando anche la $\mathfrak{D}\langle \mathbf{s}_{AB} \rangle(x) \equiv \mathfrak{D}_{AB}(x)$ dovuta a $\mathcal{P}_{AB}$, danno luogo alle rispettive

$$\rho\langle E_{AB} | \bar{E}_{AB} \rangle = \int_{\underline{R}\langle B \rangle} (\mathfrak{D}_{AB}(x) \cdot dx) \equiv \mathfrak{P}_{AB} \quad \rho\langle \neg E_{AB} | \bar{E}_{AB} \rangle = \int_{\neg^1 \underline{R}\langle B \rangle} (\mathfrak{D}_{AB}(x) \cdot dx) \equiv \mathfrak{P}^{\neg}_{AB} \tag{10}$$

di cui la $\mathfrak{P}_{AB} + \mathfrak{P}^{\neg}_{AB} = 1$ dovuta a $Æ\langle E_{AB}, \bar{E}_{AB} \,/\, A, B \,/(3.2.1.2)\rangle$.

Le quarta e ultima delle (8) portano (considerando che $\underline{\mathcal{X}}$ è un particolare campione che è stato o sarà determinato) le rispettive $Æ\langle \hat{\mathbb{E}}_B, \underline{\mathcal{X}}, \mathbb{X} \,/\, \bar{E}_{\mathbf{s}\langle \underline{X} \rangle}, X, \mathbb{X} \,/(4.2.5)\rangle$ e $Æ\langle \bar{E}_{AB}, \underline{\mathcal{X}}, \underline{\mathbb{X}}_A \,/\, \bar{E}_{\mathbf{s}\langle \underline{X} \rangle}, X, \mathbb{X} \,/(4.2.5)\rangle$ che danno rispettivamente luogo alle prime due delle

$$\hat{\mathbb{E}}_B \equiv \{ \underline{\mathcal{X}} \equiv \mathbf{e}\langle \mathbb{X} \rangle \} \leftrightarrow \hat{\mathbb{E}}_A \quad \bar{E}_{AB} \equiv \{ \underline{\mathcal{X}} \equiv \mathbf{e}\langle \underline{\mathbb{X}}_A \rangle \} \leftrightarrow \bar{E}_{AC} \quad \hat{\mathbb{E}}_B \leftrightarrow \hat{\mathcal{E}}_A \tag{11}$$

la cui ultima è deducibile dalla (9).

Da: $Æ\langle \bar{E}_{AB}, \underline{\mathcal{X}}, \underline{\mathbb{X}}_A, \underline{\mathbb{X}}_A \,/\, \bar{E}_{\mathbf{s}\langle \underline{X} \rangle}, X, \underline{X}, \mathbb{X} \,/(4.2.5)\rangle$; þ; (3); segue

$$\{ \bar{E}_{AB} \,|\, \underline{\mathbb{X}}_A \equiv \mathbf{r}\langle \underline{\mathbb{X}}_A \rangle \} \equiv \{ \underline{\mathcal{X}} \equiv \underline{\mathbb{X}}_A; \underline{\mathbb{X}}_A \equiv \mathbf{e}\langle \underline{\mathbb{X}}_A \rangle \,|\, \underline{\mathbb{X}}_A \equiv \mathbf{r}\langle \underline{\mathbb{X}}_A \rangle \} \equiv \{ \underline{\mathcal{X}} \equiv \underline{\mathbb{X}}_A; \underline{\mathbb{X}}_A \equiv \mathbf{r}\langle \underline{\mathbb{X}}_A \rangle \} \equiv \{ \mathcal{H}_{AB} \} \tag{12}$$

Le quinta e ultima delle (8) portano le rispettive $\underline{M}\langle E_{AB} \,|\, \underline{\mathbb{X}}_A \equiv \mathbf{r}\langle \underline{\mathbb{X}}_A \rangle \rangle \Leftrightarrow \underline{E}_{AB}$ e $\underline{M}\langle \bar{E}_{AB} \,|\, \underline{\mathbb{X}}_A \equiv \mathbf{r}\langle \underline{\mathbb{X}}_A \rangle \rangle \Leftrightarrow \bar{\underline{E}}_{AB}$ di cui le $\underline{M}\langle E_{AB} \,|\, \underline{\mathbb{X}}_A \equiv \mathbf{r}\langle \underline{\mathbb{X}}_A \rangle \rangle \subseteq \underline{M}\langle \bar{E}_{AB} \,|\, \underline{\mathbb{X}}_A \equiv \mathbf{r}\langle \underline{\mathbb{X}}_A \rangle \rangle$ e $\underline{E}_{AB} \subseteq \bar{\underline{E}}_{AB}$. Ciò, la $Æ\langle E_{AB} \,|\, \underline{\mathbb{X}}_A \equiv \mathbf{r}\langle \underline{\mathbb{X}}_A \rangle, E_{AB}, \bar{E}_{AB} \,|\, \underline{\mathbb{X}}_A \equiv \mathbf{r}\langle \underline{\mathbb{X}}_A \rangle, \bar{E}_{AB} \,/\, X, Y, A, B \,/(3.2.1.3)\rangle$, e la (12); portano la prima delle

$$\rho\langle E_{AB} \,|\, \underline{\mathbb{X}}_A \equiv \mathbf{r}\langle \underline{\mathbb{X}}_A \rangle | \mathcal{H}_{AB} \rangle = \rho\langle E_{AB} | \bar{E}_{AB} \rangle \quad \rho\langle \neg E_{AB} \,|\, \underline{\mathbb{X}}_A \equiv \mathbf{r}\langle \underline{\mathbb{X}}_A \rangle | \mathcal{H}_{AB} \rangle = \rho\langle \neg E_{AB} | \bar{E}_{AB} \rangle \tag{13}$$

la cui seconda segue dalla prima e dalla $Æ\langle \neg^1 \underline{R}_B \,/\, \underline{R}_B \rangle$.

Da: prima delle (7); (3); $\mathbf{s}_{B\mathcal{X}} \equiv \mathbf{s}_B(\underline{\mathcal{X}})$; $\mathbf{s}_{AB} = \mathbf{s}_B(\underline{\mathbb{X}}_A)$ e quinta delle (7); segue la prima delle

$$\{ \hat{E}_B \,|\, \mathcal{H}_{AB} \} \equiv \{ \mathbf{s}_{B\mathcal{X}} \in \underline{R}_B \,|\, \mathcal{H}_{AB} \} \leftrightarrow \{ \mathbf{s}_{B\mathcal{X}} \in \underline{R}_B \,|\, \underline{\mathcal{X}} \equiv \underline{\mathbb{X}}_A; \underline{\mathbb{X}}_A \equiv \mathbf{r}\langle \underline{\mathbb{X}}_A \rangle \} \leftrightarrow \{ \mathbf{s}_B(\underline{\mathbb{X}}_A) \in \underline{R}_B \,|\, \underline{\mathbb{X}}_A \equiv \mathbf{r}\langle \underline{\mathbb{X}}_A \rangle \} \equiv \{ E_{AB} \,|\, \underline{\mathbb{X}}_A \equiv \mathbf{r}\langle \underline{\mathbb{X}}_A \rangle \}$$
$$\{ \neg \hat{E}_B \,|\, \mathcal{H}_{AB} \} \leftrightarrow \{ \neg E_{AB} \,|\, \underline{\mathbb{X}}_A \equiv \mathbf{r}\langle \underline{\mathbb{X}}_A \rangle \} \tag{14}$$

la cui seconda segue dalla prima e dalla $Æ\langle \neg^1 \underline{R}_B \,/\, \underline{R}_B \rangle$.

La $\mathcal{H}_{AB} \equiv \{ \underline{\mathcal{X}} \equiv \mathbf{r}\langle \underline{\mathbb{X}}_A \rangle \}$ (affermata dalla (3)), la $\underline{\mathcal{X}} \equiv \mathbf{e}\langle \mathbb{X} \rangle$, e l'essere una $\underline{X} \equiv \mathbf{r}\langle \mathbb{X} \rangle$ verificata da un solo $\mathbb{X}$, portano che, tra tutte le ipotesi formulabili con le corrispondenti diversificazioni dei pedici A e B della (1), sono vere solo quelle individuate da un qualsiasi B e da un A di cui la $\underline{\mathbb{X}}_A \equiv \mathbb{X}$. Pertanto si chiama genericamente w ogni a di cui le $Æ\langle a \,/\, A \,/(1)\rangle$ e $\underline{\mathbb{X}}_a \equiv \mathbb{X}$, stabilendo così vera per definizione la $\mathbb{X} \equiv \underline{\mathbb{X}}_w$, e coerentemente con ciò si pone anche la $\underline{\mathcal{X}} \equiv \underline{\mathbb{X}}_w$. Le $\mathbb{X} \equiv \underline{\mathbb{X}}_w$ e $Æ\langle w, B \,/\, A, B \,/(3)\rangle$ portano la

$$\mathcal{H}_{wB} \underline{\leftrightarrow} \{ \underline{\mathcal{X}} \equiv \mathbf{r}\langle \mathbb{X} \rangle \} \tag{15}$$

L'introduzione delle $A \equiv w$ e $\mathbb{X} \equiv \underline{\mathbb{X}}_w$ nelle (8) mostra le $\hat{\underline{E}}_B = \underline{E}_{wB}$ $\neg \hat{\underline{E}}_B = \neg \underline{E}_{wB}$ $\hat{\underline{\mathcal{E}}}_B = \underline{\mathcal{E}}_{wB}$ e $\hat{\underline{\mathbb{E}}}_B = \bar{\underline{E}}_{wB}$ da cui seguono (in base alla (3.1.1)) le rispettive

$\hat{E}_B \leftrightarrow E_{wB}$ $\neg\hat{E}_B \leftrightarrow \neg E_{wB}$ $\hat{\mathcal{E}}_B \leftrightarrow \mathcal{E}_{wB}$ $\hat{\mathbb{E}}_B \leftrightarrow \bar{E}_{wB}$ (16)

La Æ⟨$\hat{\mathbb{E}}_B$,$\hat{\mathcal{E}}_B$ /$\bar{E}_{s\langle\mathbb{X}\rangle}$,$\hat{\mathcal{E}}_{\mathbb{X}}$ /(4.2.9),(4.2.10)⟩ porta le

{$\mathcal{P}$⟨$\mathcal{X}$,d⟩;$\mathcal{X}$≡r⟨$\mathbb{X}$⟩}↔$\mathfrak{C}_d$⟨$\hat{\mathbb{E}}_B$⟩ {$\mathcal{P}$⟨$\mathcal{X}$,p⟩;$\mathcal{X}$≡r⟨$\mathbb{X}$⟩}→$\mathfrak{C}_p$⟨$\hat{\mathcal{E}}_B$⟩ (17)

di cui le $\mathcal{P}$⟨$\mathcal{X}$,d⟩≡{$\mathcal{X}$ sarà determinato} e $\mathcal{P}$⟨$\mathcal{X}$,p⟩≡{$\mathcal{X}$ è stato determinato}.

Da: quarta delle (16); prima delle (17); $\mathcal{X}$≡$\mathbb{X}_w$ e $\mathbb{X}$≡$\mathbb{X}_w$; segue $\mathfrak{C}_d$⟨$\bar{E}_{wB}$⟩↔$\mathfrak{C}_d$⟨$\hat{\mathbb{E}}_B$⟩→{$\mathcal{X}$≡r⟨$\mathbb{X}$⟩}↔{$\mathbb{X}_w$≡r⟨$\mathbb{X}_w$⟩}. Da: questa e Æ⟨$\mathfrak{C}_d$⟨$\bar{E}_{wB}$⟩,$\mathbb{X}_w$≡r⟨$\mathbb{X}_w$⟩ /$\mathcal{P}_A$,$\mathcal{P}_B$ /(2.1.1.1)⟩; þ; Æ⟨w /A /(12)⟩; segue $\mathfrak{C}_d$⟨$\bar{E}_{wB}$⟩≡{$\mathfrak{C}_d$⟨$\bar{E}_{wB}$⟩ | $\mathbb{X}_w$≡r⟨$\mathbb{X}_w$⟩}≡$\mathfrak{C}_d$⟨$\bar{E}_{wB}$ | $\mathbb{X}_w$≡r⟨$\mathbb{X}_w$⟩⟩≡$\mathfrak{C}_d$⟨$\mathcal{H}_{wB}$⟩. Da: quarta delle (16); $\mathfrak{C}_d$⟨$\bar{E}_{wB}$⟩≡$\mathfrak{C}_d$⟨$\mathcal{H}_{wB}$⟩; Æ⟨w,w /A,C /(6)⟩; segue la prima delle

$\mathfrak{C}_d$⟨$\hat{\mathbb{E}}_B$⟩↔$\mathfrak{C}_d$⟨$\bar{E}_{wB}$⟩↔$\mathfrak{C}_d$⟨$\mathcal{H}_{wB}$⟩↔$\mathfrak{C}_d$⟨$\mathcal{H}_w$⟩ $\mathfrak{C}_p$⟨$\hat{\mathcal{E}}_B$⟩↔$\mathfrak{C}_p$⟨$\hat{\mathcal{E}}_w$⟩ (18)

la cui seconda segue dalla Æ⟨w /A /(11)⟩.

7.2 *Le ipotesi inerenti un test statistico. Le probabilità di compiere due errori notevoli detti rispettivamente di tipo I e II.*

Un test statistico (detto anche test di significatività) è attinente un insieme di ipotesi $\underline{\mathcal{H}}$ di cui le $\underline{\mathcal{H}}$≡{$\mathcal{H}_h$;h=0,ħ} $\mathcal{H}_h$≡$\mathcal{H}_{hh}$ e Æ⟨h,h /A,B /(7.1.1)⟩; in quanto si sottintende (conformemente alla (7.1.6) e alla definizione di w detta in sez. 7.1) una {h_h;h=1,ħ}⊂{h=0,ħ} di cui la {$\mathbb{X}_{h\langle h\rangle}$≡$\mathbb{X}_w$; h=1,ħ} (che implica la $\mathcal{H}_w$∈$\underline{\mathcal{H}}$), generalmente senza averne la certezza e in ogni caso senza poter conoscere alcun elemento di {h_h;h=1,ħ}.

Un test statistico ha luogo perché la $\mathcal{H}_w$ è sconosciuta, ossia perché la $\mathcal{H}_w$∈$\underline{\mathcal{H}}$ non è certa o, se è certa, perché non è noto alcuno dei {h_h;h=1,ħ} che consentirebbe di individuare la $\mathcal{H}_w$ tra le $\underline{\mathcal{H}}$.

Da: Æ⟨$\mathcal{H}_h$ /$\mathcal{H}_{AB}$ /(7.1.4)⟩; $\mathbb{X}$≡$\mathbb{X}_w$; Æ⟨$\mathcal{H}_h$ /$\mathcal{H}_{AB}$ /(7.1.4)⟩ e Æ⟨$\mathcal{H}_w$ /$\mathcal{H}_{AB}$ /(7.1.4)⟩; Æ⟨h /B /(7.1.17)⟩ e $\mathcal{P}$⟨$\mathcal{X}$,d⟩; Æ⟨h /B /(7.1.18)⟩; segue IPM

{$\mathcal{H}_h$↔{$\mathbb{X}$≡$\mathbb{X}_h$;$\mathcal{X}$≡r⟨$\mathbb{X}$⟩}↔{$\mathbb{X}_h$≡$\mathbb{X}_w$;$\mathcal{X}$≡r⟨$\mathbb{X}$⟩}↔{$\mathcal{H}_h$≡$\mathcal{H}_w$;$\mathcal{X}$≡r⟨$\mathbb{X}$⟩}↔{$\mathcal{H}_h$≡$\mathcal{H}_w$;$\mathfrak{C}_d$⟨$\hat{E}_h$⟩}↔
{$\mathcal{H}_h$≡$\mathcal{H}_w$;$\mathfrak{C}_d$⟨$\mathcal{H}_w$⟩}↔$\mathfrak{C}_d$⟨$\mathcal{H}_h$⟩}←$\mathcal{P}$⟨$\mathcal{X}$,d⟩ (1)

Si chiama $\mathfrak{P}_{Ih}$ la probabilità di respingere come falsa la $\mathcal{H}_h$ quando invece essa è vera, commettendo con tale azione un errore detto di tipo I. Si chiama $\mathfrak{P}_{IIh}$ la probabilità di accettare come vera la $\mathcal{H}_h$ quando invece essa è falsa, commettendo con tale azione un errore detto di tipo II.

Si stabilisce convenzionalmente la f⟨$\mathcal{H}_h$⟩↔$\hat{E}_h$ (di cui la Æ⟨h /B /(7.1.7)⟩). Da: definizione di $\mathfrak{P}_{Ih}$; f⟨$\mathcal{H}_h$⟩↔$\hat{E}_h$; Æ⟨$\hat{E}_h$,$\mathcal{H}_h$ /$\mathcal{P}_A$,$\mathcal{P}_B$ /(2.1.1.5)⟩; Æ⟨h,h /A,B /(7.1.14)⟩; (1) e $\mathcal{P}$⟨$\mathcal{X}$,d⟩; Æ⟨{E_h | $\mathbb{X}_h$≡r⟨$\mathbb{X}_h$⟩},{$\mathcal{H}_h$} /A,B /(3.2.2)⟩; Æ⟨h,h /A,B /(7.1.13)⟩; Æ⟨h,h /A,B /(7.1.10)⟩; segue IPM

{$\mathfrak{P}_{Ih}$≡$\mathfrak{P}$⟨f⟨$\mathcal{H}_h$⟩ | $\mathcal{H}_h$⟩=$\mathfrak{P}$⟨$\hat{E}_h$ | $\mathcal{H}_h$⟩=$\mathfrak{P}$⟨{$\hat{E}_h$ | $\mathcal{H}_h$} | $\mathcal{H}_h$⟩=$\mathfrak{P}$⟨{E_h | $\mathbb{X}_h$≡r⟨$\mathbb{X}_h$⟩} | $\mathcal{H}_h$⟩=
$\mathfrak{P}$⟨{E_h | $\mathbb{X}_h$≡r⟨$\mathbb{X}_h$⟩} | $\mathfrak{C}_d$⟨$\mathcal{H}_h$⟩⟩=ρ⟨E_h | $\mathbb{X}_h$≡r⟨$\mathbb{X}_h$⟩¦$\mathcal{H}_h$⟩=ρ⟨E_h¦$\bar{E}_h$⟩=$\int_{\mathbb{R}\langle h\rangle}(\mathfrak{D}_h(x)\cdot dx)$≡$\mathfrak{P}_h$}←$\mathcal{P}$⟨$\mathcal{X}$,d⟩ (2)

Da: Æ⟨h /B /(7.1.15)⟩ e Æ⟨h,h /A,B /(7.1.4)⟩; ¬{$\mathbb{X}$≡$\mathbb{X}_h$;$\mathcal{X}$≡r⟨$\mathbb{X}$⟩}≡{¬{$\mathbb{X}$≡$\mathbb{X}_h$}∘∨∘¬{$\mathcal{X}$≡r⟨$\mathbb{X}$⟩}∘∨∘{¬{$\mathbb{X}$≡$\mathbb{X}_h$};¬{$\mathcal{X}$≡r⟨$\mathbb{X}$⟩}}}; $\mathbb{X}$≡$\mathbb{X}_w$; Æ⟨$\mathcal{X}$≡r⟨$\mathbb{X}$⟩,w≢h /A,B /(3.1.7)⟩; segue

{$\mathcal{H}_{wh}$≡¬$\mathcal{H}_h$}↔{{$\mathcal{X}$≡r⟨$\mathbb{X}$⟩}↔¬{$\mathbb{X}$≡$\mathbb{X}_h$;$\mathcal{X}$≡r⟨$\mathbb{X}$⟩}}↔{{$\mathcal{X}$≡r⟨$\mathbb{X}$⟩}↔¬{$\mathbb{X}$≡$\mathbb{X}_h$}}↔{{$\mathcal{X}$≡r⟨$\mathbb{X}$⟩}≡{w≢h}}←
{$\mathcal{X}$≡r⟨$\mathbb{X}$⟩,w≢h} (3)

Si stabilisce convenzionalmente la v⟨$\mathcal{H}_h$⟩↔¬$\hat{E}_h$ come consente la sua compatibilità con l'anzidetta f⟨$\mathcal{H}_h$⟩↔$\hat{E}_h$. Da: definizione di $\mathfrak{P}_{IIh}$; v⟨$\mathcal{H}_h$⟩↔¬$\hat{E}_h$; (3) e {w≢h,$\mathcal{X}$≡r⟨$\mathbb{X}$⟩}; Æ⟨¬$\hat{E}_h$,$\mathcal{H}_{wh}$ /$\mathcal{P}_A$,$\mathcal{P}_B$ /(2.1.1.5)⟩; Æ⟨w,h /A,B /(7.1.14)⟩; Æ⟨w /h /(1)⟩ e $\mathcal{P}$⟨$\mathcal{X}$,d⟩; Æ⟨{¬E_{wh} | $\mathbb{X}_w$≡r⟨$\mathbb{X}_w$⟩},{$\mathcal{H}_{wh}$} /A,B /(3.2.2)⟩; Æ⟨w,h /A,B /(7.1.13)⟩; Æ⟨w,h /A,B /(7.1.10)⟩; segue IPM

{$\mathfrak{P}_{IIh}$≡$\mathfrak{P}$⟨v⟨$\mathcal{H}_h$⟩ | ¬$\mathcal{H}_h$⟩=$\mathfrak{P}$⟨¬$\hat{E}_h$ | ¬$\mathcal{H}_h$⟩=$\mathfrak{P}$⟨¬$\hat{E}_h$ | $\mathcal{H}_{wh}$⟩=$\mathfrak{P}$⟨{¬$\hat{E}_h$ | $\mathcal{H}_{wh}$} | $\mathcal{H}_{wh}$⟩=
$\mathfrak{P}$⟨{¬E_{wh} | $\mathbb{X}_w$≡r⟨$\mathbb{X}_w$⟩} | $\mathcal{H}_{wh}$⟩=$\mathfrak{P}$⟨{¬E_{wh} | $\mathbb{X}_w$≡r⟨$\mathbb{X}_w$⟩} | $\mathfrak{C}_d$⟨$\mathcal{H}_{wh}$⟩⟩=ρ⟨¬E_{wh} | $\mathbb{X}_w$≡r⟨$\mathbb{X}_w$⟩¦$\mathcal{H}_{wh}$⟩=
ρ⟨¬E_{wh}¦$\bar{E}_{wh}$⟩=$\int_{\neg 1\mathbb{R}\langle h\rangle}(\mathfrak{D}_{wh}(x)\cdot dx)$≡$\mathfrak{P}^{\neg}_{wh}$}←{w≢h,$\mathcal{X}$≡r⟨$\mathbb{X}$⟩,$\mathcal{P}$⟨$\mathcal{X}$,d⟩} (4)

L'essere la $\mathcal{P}\langle \underline{\mathcal{X}},\mathbb{d}\rangle$ una delle condizioni sufficienti per le (2) e (4), ne assicura il significato delle $\mathfrak{P}_{\mathrm{Ih}}$ e $\mathfrak{P}_{\mathrm{IIh}}$, in quanto favorisce l'impossibilità di determinare arbitrariamente l'accadere di $\mathsf{f}\langle \mathcal{H}_h\rangle$ o $\vee\langle \mathcal{H}_h\rangle$ scegliendo $\underline{\mathbb{R}}_h$ rispettivamente tale da verificare la $\mathbf{s}_{h\measuredangle}\in\underline{\mathbb{R}}_h$ o la $\mathbf{s}_{h\measuredangle}\in\neg^1\underline{\mathbb{R}}_h$.

Le (2) e (4) portano, segnatamente per il ruolo che vi hanno le $\underline{\mathbb{R}}_h$ e $\neg^1\underline{\mathbb{R}}_h=\mathfrak{R}^1-\underline{\mathbb{R}}_h$, che $\mathfrak{P}_{\mathrm{Ih}}$ diminuisce tendenzialmente con l'aumentare di $\mathfrak{P}_{\mathrm{IIh}}$, e che $\mathfrak{P}_{\mathrm{IIh}}$ diminuisce tendenzialmente con l'aumentare di $\mathfrak{P}_{\mathrm{Ih}}$.

La sola (4) non consente di conoscere $\mathfrak{P}_{\mathrm{IIh}}$, perché l'essere la $\mathcal{H}_w$ come detto sconosciuta ne rende impossibile un tale uso, anche quando fossero note tutte le $\{\mathfrak{P}^{\neg}{}_{hh};h=0,\hbar;\mathrm{h}=0,\hbar\}$. Tuttavia la (4) porta la

$$\{\underline{\mathcal{X}}\equiv\mathbf{r}\langle\mathbb{X}\rangle,\mathcal{P}\langle\underline{\mathcal{X}},\mathbb{d}\rangle,\mathcal{H}_w\in\underline{\mathcal{H}}\}\underline{\to}\{\mathsf{min}\langle\mathfrak{P}^{\neg}{}_{hh};h\neq\mathrm{h};h=0,\hbar\rangle\leq\mathfrak{P}_{\mathrm{IIh}}\leq\mathsf{max}\langle\mathfrak{P}^{\neg}{}_{hh};h\neq\mathrm{h};h=0,\hbar\rangle\} \quad (5)$$

avendo disponibile l'eventuale utilizzabilità della Æ⟨h,h /A,B /(7.1.2),(7.1.10) ⟩ per la valutazione di ogni suo $\mathfrak{P}^{\neg}{}_{h\mathrm{h}}$ incognito.

7.3 *L'esecuzione di un test statistico*

Per l'esecuzione di un test statistico (che è inerente un $\underline{\mathcal{H}}$ come detto in sez. 7.2) deve essere determinata almeno la $\mathcal{H}_0$, che ne è detta l'ipotesi nulla e che ne è l'oggetto precipuo in quanto è quella tra le $\underline{\mathcal{H}}$ che a seguito di tale esecuzione viene direttamente sottoposta a decisioni.

L'esecuzione in argomento avviene essenzialmente con la successione dei seguenti passi: si stabiliscono convenzionalmente le $\hat{\mathrm{E}}_0\leftrightarrow\mathsf{f}\langle\mathcal{H}_0\rangle$ e $\{\neg\hat{\mathrm{E}}_0\leftrightarrow\vee\langle\mathcal{H}_0\rangle\}.\dot{\vee}.\{\neg\hat{\mathrm{E}}_0\leftrightarrow\sqcap\langle\mathcal{H}_0\rangle\}$ (di cui la Æ⟨$\hat{\mathrm{E}}_0$ /$\hat{\mathrm{E}}_B$ / (7.1.7)); si sceglie arbitrariamente, quando vale la $\mathcal{P}\langle\underline{\mathcal{X}},\mathbb{d}\rangle$, la $\underline{\mathbb{R}}_0$ (detta regione critica) che consente di conoscere (per mezzo della Æ⟨0,0 /A,B /(7.1.10)) il $\mathfrak{P}_0$ (detto livello di significatività) di cui la $\mathfrak{P}_{\mathrm{I0}}=\mathfrak{P}_0$ affermata dalla Æ⟨0 /h /(7.2.2)⟩; solo adesso si determina $\underline{\mathcal{X}}$ che, rendendo noto il valore di $\mathbf{s}_0(\underline{\mathcal{X}})$, consente di accertare l'accadere di $\hat{\mathrm{E}}_0$ o di $\neg\hat{\mathrm{E}}_0$; se accade $\hat{\mathrm{E}}_0$ il test, in base alla $\hat{\mathrm{E}}_0\leftrightarrow\mathsf{f}\langle\mathcal{H}_0\rangle$, termina respingendo la $\mathcal{H}_0$ come falsa e conoscendo come detto $\mathfrak{P}_{\mathrm{I0}}$; se accade $\neg\hat{\mathrm{E}}_0$ il test termina con l'uno o l'altro degli eventi $\{\vee\langle\mathcal{H}_0\rangle,\sqcap\langle\mathcal{H}_0\rangle\}$ e potendo conoscere, nel caso della $\neg\hat{\mathrm{E}}_0\leftrightarrow\vee\langle\mathcal{H}_0\rangle$, delle limitazioni di $\mathfrak{P}_{\mathrm{II0}}$ nella misura in cui la Æ⟨0 /h /(7.2.5)⟩ è usabile per questo scopo.

In tale esecuzione la $\underline{\mathbb{R}}_0$ deve essere scelta quando vale la $\mathcal{P}\langle\underline{\mathcal{X}},\mathbb{d}\rangle$, poiché questa è una delle condizioni sufficienti per il detto uso delle (7.2.2) e (7.2.5).

Il test statistico eseguibile come testé detto è indicato $\mathsf{T}\langle\mathcal{H}_0,\mathbf{s}_0,\underline{\mathbb{R}}_0\rangle$ avendone l'evidente Æ⟨$\mathsf{T}\langle\mathcal{H}_0,\mathbf{s}_0,\underline{\mathbb{R}}_0\rangle$ /$\mathsf{T}\langle\mathcal{H}_{AB},\mathbf{s}_{AB},\underline{\mathbb{R}}_{AB}\rangle$⟩, per cui l'esecuzione del $\mathsf{T}\langle\mathcal{H}_h,\mathbf{s}_h,\underline{\mathbb{R}}_h\rangle$ è definita sostituendo il pedice "0" con il generico "h" nei detti oggetti inerenti l'esecuzione del $\mathsf{T}\langle\mathcal{H}_0,\mathbf{s}_0,\underline{\mathbb{R}}_0\rangle$. Conformemente a ciò una $\mathcal{H}_{AB}\underline{\leftrightarrow}\mathcal{H}$ porta che un $\mathsf{T}\langle\mathcal{H}_{AB},\mathbf{s}_{AB},\mathbb{R}_{AB}\rangle$ può essere inteso come un $\mathsf{T}\langle\mathcal{H},\mathbf{s}_{AB},\mathbb{R}_{AB}\rangle$.

La possibilità di conoscere $\mathfrak{P}_{\mathrm{Ih}}$, a fronte della sola possibilità di conoscere delle limitazioni di $\mathfrak{P}_{\mathrm{IIh}}$ che peraltro di solito è impedita dall'incertezza delle $\{\underline{\mathcal{X}}\equiv\mathbf{r}\langle\mathbb{X}\rangle,\mathcal{H}_w\in\underline{\mathcal{H}}\}$ che impedisce l'uso della (7.2.5); dà luogo alla finalità che si persegue con la definizione e l'esecuzione di un $\mathsf{T}\langle\mathcal{H}_h,\mathbf{s}_h,\underline{\mathbb{R}}_h\rangle$; nel senso che induce a definire tale $\mathsf{T}\langle\mathcal{H}_h,\mathbf{s}_h,\underline{\mathbb{R}}_h\rangle$ con una $\mathcal{H}_h$ indesiderata, e con una $\underline{\mathbb{R}}_h$ che consenta una cospicua speranza di respingere la $\mathcal{H}_h$ come falsa senza però compromettere l'ovvia necessità che la $\mathfrak{P}_{\mathrm{Ih}}$ sia tanto piccola da giustificare abbastanza l'esclusione in oggetto. Questa proprietà della $\underline{\mathbb{R}}_h$ si persegue scegliendola tale da minimizzare il rapporto $\mathfrak{P}_{\mathrm{Ih}}/\underline{\mathbb{R}}_h$, essendo favorevole per questo scopo una minore $\mathbb{V}^2\langle\mathbf{s}_h\rangle$.

Siccome l'esecuzione del $\mathsf{T}\langle\mathcal{H}_h,\mathbf{s}_h,\underline{\mathbb{R}}_h\rangle$ ha anche l'effetto di rendere credibile la $\mathcal{K}\langle\mathbf{s}_{h\measuredangle}\rangle$ di cui la Æ⟨$\mathbf{s}_{h\measuredangle}$ /$\mathbf{s}(\mathbb{X})$ /(4.2.15)⟩, è opportuno, allo scopo di assecondare il risultato complessivamente più desiderabile di tale esecuzione, che le $\mathbf{s}_{h\measuredangle}$ e $\underline{\mathbb{R}}_h$ portino, quando accade $\hat{\mathrm{E}}_h$, la coerenza della $\mathcal{K}\langle\mathbf{s}_{h\measuredangle}\rangle$ con $\mathsf{f}\langle\mathcal{H}_h\rangle$ e con quelle più gradite tra le $\underline{\mathcal{H}}$.

7.4 *La probabilità di essere vera per le ipotesi inerenti un test statistico*

In relazione alla H̲≡{ℋh;h=0,ħ} si pongono le E_B≡∪_{h=0,ħ}(Ē_{hB}) e E̲_B≡M̲⟨E_B⟩ (avendone la E_B⟺E_A che segue dalla Æ⟨Ē_{hB},Ē_{hA} /Ē_{AB},Ē_{AC} /(7.1.11)⟩).

La P⟨X̲,d⟩.V̇.P⟨X̲,p⟩ (dovuta alla definizione di X̲ in sez. 7.1) porta le {ℋw∈H̲}→β⟨E_h⟩ e {ℋw∉H̲}→{β⟨E_h⟩.V̇.¬β⟨E_h⟩}. La ℋw∈H̲ generalmente porta la Ê_h⊂E̲_h; questa e la Æ⟨E_h,Ê_h /A,B /(3.1.23)⟩ portano la ¬∃{ℭ⟨E_h⟩.∧.ℭ⟨Ê_h⟩}. Le Ê̲_h⊂E̲_h e Æ⟨E_h,Ê̲_h /A,B /(3.1.23)⟩ portano la ¬∃{ℭ⟨E_h⟩.∧.ℭ⟨Ê̲_h⟩}. Ciò, la P⟨X̲,p⟩.V̇.P⟨X̲,d⟩, e le (7.1.17), generalmente implicano di non poter considerare la ℭ⟨E_h⟩. Di conseguenza la problematica di un test statistico non verte sulla determinazione delle {ρ⟨ℋ_h¦E_h⟩;h=0,ħ} ma (intendendo le {Ë_h≡Ê_h se P⟨X̲,d⟩} e {Ë_h≡Ê̲_h se P⟨X̲,p⟩}) su quella delle {ρ⟨ℋ_h¦Ë_h⟩;h=0,ħ} poiché queste, e non quelle, possono consentire di conoscere le {℘⟨{ℋ_h}|Ë_h⟩; h=0,ħ} per mezzo delle (3.2.2) (7.1.17) e (7.1.18).

La definizione di B̲_B (in occasione della (7.1.7)) porta la {ş∈B̲_B}≡{ş=s_{B⁄}} il cui s_{B⁄} è un particolare numero reale come conseguenza della P⟨X̲,d⟩.V̇.P⟨X̲,p⟩. Da: introduzione della {ş∈B̲_B}≡{ş=s_{B⁄}} nella terzultima delle (7.1.8); la testé detta unicità di s_{B⁄}; segue

E̲_{AB}={ş /ş=s_{B⁄};ş=s_B(X̲);X̲≡e⟨X̲_A⟩}={s_{B⁄};i=1,𝔑⟨E̲_{AB}⟩} (1)

Si pone la Ě≡{Ê.V̇.Ê̲}. Da: Ê̲_B⊆Ê_B (detta in occasione della (7.1.9)); terza delle (7.1.16); Æ⟨w /A /(1)⟩; segue Ě_B⊆Ê_B=E̲_{wB}={s_{B⁄};i=1,𝔑⟨E̲_{wB}⟩} che porta la Ě_B={s_{B⁄};i=1,𝔑⟨Ě_B⟩}. La Æ⟨C /A /(1)⟩ porta la E̲_{CB}={s_{B⁄};i=1,𝔑⟨E̲_{CB}⟩}. Questa, la Ě_B={s_{B⁄};i=1,𝔑⟨Ě_B⟩}, e la (1); portano la Æ⟨{E̲_{CB}.V̇.Ě_B},E̲_{AB},s_{B⁄}/ A̲,B̲,K /(2.2.24),(2.2.25)⟩ che dà luogo alle

{E̲_{CB}⊆E̲_{AB}}.V̇.{E̲_{AB}⊂E̲_{CB}} {Ě_B⊆E̲_{AB}}.V̇.{E̲_{AB}⊂Ě_B} (2)

E̲_{CB}.□.E̲_{AB}={s_{B⁄};i=1,.□.⟨𝔑⟨E̲_{CB}⟩,𝔑⟨E̲_{AB}⟩⟩}={E̲_{CB}.V̇.E̲_{AB}} Ě_B.□.E̲_{AB}={s_{B⁄};i=1,.□.⟨𝔑⟨Ě_B⟩,𝔑⟨E̲_{AB}⟩⟩}={Ě_B.V̇.E̲_{AB}} (3)

di cui la {.□.,.□.}≡{{∩,min}.V̇.{∪,max}}.

Da: terzultima e penultima delle (7.1.7); Æ⟨s_{CB},s_{AB},B̲_B,¬¹B̲_B /s,r,S̲,R̲ /(4.2.17)⟩; B̲_B∩¬¹B̲_B=∅̲ (conforme alla (2.4.1.1)); segue

E̲_{CB}∩¬E̲_{AB}≡M̲⟨s_{CB}∈B̲_B⟩∩M̲⟨s_{AB}∈¬¹B̲_B⟩=M̲⟨s_{CB}∈{B̲_B∩¬¹B̲_B}⟩∩M̲⟨s_{AB}∈{B̲_B∩¬¹B̲_B}⟩=∅̲ (4)

Da: Ě_B=Ě_B∩Ê_B dovuta a Ě_B⊆Ê_B; terza delle (7.1.16); Æ⟨w /C /(4)⟩; segue

Ě_B∩¬E̲_{AB}=Ě_B∩{Ê_B∩¬E̲_{AB}}=Ě_B∩{E̲_{wB}∩¬E̲_{AB}}=Ě_B∩∅̲=∅̲ (5)

Da: {E_{AB}∪¬E_{AB}}⟺Ē_{AB} dovuta a Æ⟨E_{AB},¬E_{AB},Ē_{AB} /G̲∈ℜ^a,¬{G̲∈ℜ^a},G̲∈ℜ^a /(3.1.18)⟩; Æ⟨Ě_B,E̲_{AB},¬E̲_{AB} / A̲,B̲,C̲ /(2.2.18)⟩; (5); segue

Ě_B∩Ē_{AB}=Ě_B∩{E_{AB}∪¬E_{AB}}={Ě_B∩E̲_{AB}}∪{Ě_B∩¬E̲_{AB}}={Ě_B∩E̲_{AB}}∪∅̲=Ě_B∩E̲_{AB} (6)

Da: (3.2.1); Æ⟨h,h /A,B /(6)⟩; (3.2.1); segue

ρ⟨Ē_{hh}¦Ě_h⟩≡𝔑⟨Ē_{hh}∩Ě_h⟩/𝔑⟨Ě_h⟩=𝔑⟨E̲_{hh}∩Ě_h⟩/𝔑⟨Ě_h⟩=ρ⟨E_{hh}¦Ě_h⟩ (7)

La Æ⟨E_{AB},s_{AB},s_{B⁄} /E_x,s_X̲,x /(4.2.6)⟩ e il sottintenderne la s_{B⁄}≠min⟨ℜ⟨s_{AB}⟩⟩ portano la

𝔑⟨E̲_{AB}⟩=𝔇⟨s_{AB}⟩(s_{B⁄}) (8)

Si pongono le E_B≡∪_{h=0,ħ}(E_{hB}) e E̲_B≡M̲⟨E_B⟩. Da: ciò; Æ⟨E̲_{kh};k=0,ħ /A̲_i;i=ɨ,ɨ /(2.2.26)⟩; prima delle (3); segue

𝔑⟨E̲_h⟩=𝔑⟨∪_{k=0,ħ}(E̲_{kh})⟩=𝔑⟨E̲_{0h}∪{E̲_{1h}∪{…∪{E̲_{ħ-1,h}∪E̲_{ħh}}…}}⟩=max⟨𝔑⟨E̲_{kh}⟩;k=0,ħ⟩ (9)

Le 𝒜_{hh}≡{Ě_h⊂E̲_{hh}} e Æ⟨h,h /A,B /(2)⟩ portano le 𝒜_{hh}.V̇.¬𝒜_{hh} e ¬𝒜_{hh}≡{E̲_{hh}⊂Ě_h}. Ciò e le ℬ_{hh}≡{E̲_{hh}⊂E̲_h} 𝔥_h≡{Ě_h⊂E̲_h} portano le {𝒜_{hh},ℬ_{hh}}→𝔥_h e {¬𝒜_{hh},𝔥_h}→ℬ_{hh}.

Da: (3.2.1); 𝒜_{hh} in quanto porta la E̲_{hh}∩Ě_h=Ě_h; þ; ℬ_{hh}; segue IPM

{ρ⟨E_{hh}¦Ě_h⟩=𝔑⟨E̲_{hh}∩Ě_h⟩/𝔑⟨Ě_h⟩=𝔑⟨Ě_h⟩/𝔑⟨Ě_h⟩=1>𝔑⟨E̲_{hh}⟩/𝔑⟨E̲_h⟩}←{𝒜_{hh},ℬ_{hh}} (10)

Da: (3.2.1); $\neg\mathcal{A}_{hh}$ in quanto porta la $\underline{E}_{hh}\cap\underline{\check{E}}_{h}=\underline{E}_{hh}$; $\mathfrak{H}_{h}$; segue IPM

$$\{\rho\langle E_{hh}|\check{E}_{h}\rangle=\mathfrak{N}\langle\underline{E}_{hh}\cap\underline{\check{E}}_{h}\rangle/\mathfrak{N}\langle\underline{\check{E}}_{h}\rangle=\mathfrak{N}\langle\underline{E}_{hh}\rangle/\mathfrak{N}\langle\underline{\check{E}}_{h}\rangle>\mathfrak{N}\langle\underline{E}_{hh}\rangle/\mathfrak{N}\langle\underline{E}_{h}\rangle\}\underline{\leftarrow}\{\neg\mathcal{A}_{hh},\mathfrak{H}_{h}\} \tag{11}$$

Le $\{\mathcal{A}_{hh},\mathcal{B}_{hh}\}\underline{\rightarrow}\mathfrak{H}_{h}$ $\{\neg\mathcal{A}_{hh},\mathfrak{H}_{h}\}\underline{\rightarrow}\mathcal{B}_{hh}$ e (2.1.1.3) portano le $\{\mathcal{A}_{hh},\mathcal{B}_{hh}\}\underline{\leftrightarrow}\{\mathcal{A}_{hh},\mathcal{B}_{hh},\mathfrak{H}_{h}\}$ e $\{\neg\mathcal{A}_{hh},\mathfrak{H}_{h}\}\underline{\leftrightarrow}\{\neg\mathcal{A}_{hh},\mathcal{B}_{hh},\mathfrak{H}_{h}\}$. Queste e le (10) (11) portano le $\{\mathcal{A}_{hh},\mathcal{B}_{hh},\mathfrak{H}_{h}\}\underline{\rightarrow}\mathcal{P}_{hh}$ e $\{\neg\mathcal{A}_{hh},\mathcal{B}_{hh},\mathfrak{H}_{h}\}\underline{\rightarrow}\mathcal{P}_{hh}$ di cui la $\mathcal{P}_{hh}\equiv\{\rho\langle E_{hh}|\check{E}_{h}\rangle>\mathfrak{N}\langle\underline{E}_{hh}\rangle/\mathfrak{N}\langle\underline{E}_{h}\rangle\}$. Queste e la (2.1.1.2) portano le $\mathcal{A}_{hh}\underline{\rightarrow}\{\{\mathcal{B}_{hh},\mathfrak{H}_{h}\}\underline{\rightarrow}\mathcal{P}_{hh}\}$ e $\neg\mathcal{A}_{hh}\underline{\rightarrow}\{\{\mathcal{B}_{hh},\mathfrak{H}_{h}\}\underline{\rightarrow}\mathcal{P}_{hh}\}$. Queste e la $\mathcal{A}_{hh}\dot{\vee}\neg\mathcal{A}_{hh}$ portano la $\{\mathcal{B}_{hh},\mathfrak{H}_{h}\}\underline{\rightarrow}\mathcal{P}_{hh}$. Da: questa e (2.1.1.2); (2.1.1.1); segue $\mathfrak{H}_{h}\underline{\rightarrow}\{\mathcal{B}_{hh}\underline{\rightarrow}\mathcal{P}_{hh}\}\underline{\leftrightarrow}\{\mathcal{P}_{hh};\forall\mathcal{B}_{hh}\}$. Questa e la $\mathcal{B}_{hh}\underline{\leftrightarrow}\{\mathfrak{N}\langle\underline{E}_{hh}\rangle<\mathfrak{N}\langle\underline{E}_{h}\rangle\}$ (dovuta alle $\mathcal{B}_{hh}\equiv\{\underline{E}_{hh}\subset\underline{E}_{h}\}$ e $E_{h}\equiv\cup_{k=0,\mathbf{h}}(E_{kh})$) portano la

$$\mathfrak{H}_{h}\underline{\rightarrow}\{\rho\langle E_{hh}|\check{E}_{h}\rangle>\mathfrak{N}\langle\underline{E}_{hh}\rangle/\mathfrak{N}\langle\underline{E}_{h}\rangle;\forall\mathfrak{N}\langle\underline{E}_{hh}\rangle<\mathfrak{N}\langle\underline{E}_{h}\rangle\} \tag{12}$$

Le Æ⟨Ē$_{hh}$,Ē$_{hk}$ /Ē$_{AB}$,Ē$_{AC}$ /(7.1.11)⟩ e Æ⟨$\hat{E}_{h}$,$\hat{E}_{k}$ /$\hat{E}_{A}$,$\hat{E}_{B}$ /(7.1.11)⟩ portano le rispettive

$$\bar{E}_{hh}=\bar{E}_{hk}\quad \underline{\hat{E}}_{h}=\underline{\hat{E}}_{k} \tag{13}$$

Da: Æ⟨$\hat{E}$,k /$\check{E}$,h /(7)⟩; seconda delle (13); Æ⟨$\hat{E}$ /$\check{E}$ /(7)⟩; segue

$$\rho\langle E_{hk}|\hat{E}_{k}\rangle=\rho\langle\bar{E}_{hk}|\hat{E}_{k}\rangle=\rho\langle\bar{E}_{hh}|\hat{E}_{h}\rangle=\rho\langle E_{hh}|\hat{E}_{h}\rangle \tag{14}$$

Si pone la prima delle

$$\mathbb{h}\equiv\{a\,|\,a\in\{h=0,\mathbf{h}\};\mathfrak{N}\langle\underline{E}_{a}\rangle=\max\langle\mathfrak{N}\langle\underline{E}_{h}\rangle;h=0,\mathbf{h}\rangle\}\quad \mathbb{h}\equiv\{b\,|\,b\in\{h=0,\mathbf{h}\};\mathfrak{N}\langle\underline{E}_{\mathbb{h}}\rangle=\mathfrak{N}\langle\underline{E}_{b\mathbb{h}}\rangle\} \tag{15}$$

la cui seconda è conforme alla Æ⟨𝕙 /h /(9)⟩ implicata dalla prima.

Da: seconda delle (15); Æ⟨h,𝕙 /A,B /(8)⟩; segue $\mathfrak{N}\langle\underline{E}_{\mathbb{h}}\rangle=\mathfrak{N}\langle\underline{E}_{h\mathbb{h}}\rangle=\mathfrak{D}\langle\mathbf{s}_{h\mathbb{h}}\rangle(\mathbf{s}_{\mathbb{h}}(\mathcal{X}))$. Da: prima delle (15); (9); Æ⟨k,h /A,B /(8)⟩; $\mathfrak{N}\langle\underline{E}_{\mathbb{h}}\rangle=\mathfrak{D}\langle\mathbf{s}_{h\mathbb{h}}\rangle(\mathbf{s}_{\mathbb{h}}(\mathcal{X}))$; segue

$$\mathfrak{N}\langle\underline{E}_{\mathbb{h}}\rangle=\max\langle\mathfrak{N}\langle\underline{E}_{h}\rangle;h=0,\mathbf{h}\rangle=\max\langle\mathfrak{N}\langle\underline{E}_{kh}\rangle;k=0,\mathbf{h};h=0,\mathbf{h}\rangle=\max\langle\mathfrak{D}\langle\mathbf{s}_{kh}\rangle(\mathbf{s}_{h\mathcal{X}});k=0,\mathbf{h};h=0,\mathbf{h}\rangle=$$
$$\mathfrak{D}\langle\mathbf{s}_{h\mathbb{h}}\rangle(\mathbf{s}_{\mathbb{h}}(\mathcal{X})) \tag{16}$$

avendone disponibile l'eventuale utilizzabilità della Æ⟨k,h /A,B /(7.1.2)⟩ per la valutazione di ogni $\mathfrak{D}\langle\mathbf{s}_{kh}\rangle(\mathbf{s}_{h\mathcal{X}})$ incognito.

La $\underline{\hat{E}}_{h}=\underline{\hat{E}}_{\mathbb{h}}$ (dovuta alla seconda delle (13)) e la prima delle (15) mostrano che la $\underline{\hat{E}}_{\mathbb{h}}\subset\underline{E}_{\mathbb{h}}$ è la più credibile tra le $\{\underline{\hat{E}}_{h}\subset\underline{E}_{h};h=0,\mathbf{h}\}$. Ciò, la Æ⟨$\hat{E}$ /$\check{E}$ /(12)⟩ e la $\underline{\hat{E}}_{h}\subseteq\underline{\check{E}}_{h}$ (in quanto rende la $\underline{\hat{E}}_{h}\subset\underline{E}_{h}$ più credibile della $\underline{\check{E}}_{h}\subset\underline{E}_{h}$), la Æ⟨𝕙 /k /(14)⟩, e la Æ⟨w /k /(13)⟩, portano come più conveniente la

$$\{\underline{\hat{E}}_{\mathbb{h}}\subset\underline{E}_{\mathbb{h}}\}\underline{\rightarrow}\{\rho\langle\bar{E}_{hh}|\hat{E}_{w}\rangle>\mathfrak{N}\langle\underline{E}_{h\mathbb{h}}\rangle/\mathfrak{N}\langle\underline{E}_{\mathbb{h}}\rangle;\forall\mathfrak{N}\langle\underline{E}_{h\mathbb{h}}\rangle<\mathfrak{N}\langle\underline{E}_{\mathbb{h}}\rangle\} \tag{17}$$

Da: Æ⟨h,h /A,B /(7.1.11)⟩; $\mathcal{X}\equiv\mathbf{e}\langle\mathbb{X}\rangle$; Æ⟨$h$,h /A,B /(7.1.3)⟩; Æ⟨$h$,h,$h$ /A,B,C /(7.1.6)⟩; segue

$$\{\bar{E}_{hh}\,|\,\mathcal{X}\equiv\mathbf{r}\langle\mathbb{X}\rangle\}\equiv\{\{\mathcal{X}\equiv\mathbf{e}\langle\mathbb{X}_{h}\rangle\}\,|\,\mathcal{X}\equiv\mathbf{r}\langle\mathbb{X}\rangle\}\leftrightarrow\{\mathcal{X}\equiv\mathbf{r}\langle\mathbb{X}_{h}\rangle\}\equiv\{\mathcal{H}_{hh}\}\leftrightarrow\{\mathcal{H}_{h}\} \tag{18}$$

Da: (18); $\mathcal{X}\equiv\mathbf{r}\langle\mathbb{X}\rangle$ e Æ⟨$\mathcal{X}\equiv\mathbf{r}\langle\mathbb{X}\rangle$,Ē$_{hh}$ /$\mathcal{P}_{B}$,$\mathcal{P}_{A}$ /(2.1.1.7)⟩; Æ⟨Ē$_{hh}$,$\hat{E}_{w}$ /A,B /(3.2.4)⟩ e $\mathbb{C}_{\mathbb{p}}\langle\hat{E}_{w}\rangle$ (dovuta alle $\{\mathcal{P}\langle\mathcal{X},\mathbb{p}\rangle;\mathcal{X}\equiv\mathbf{r}\langle\mathbb{X}\rangle\}$ e Æ⟨w /B /(7.1.17)⟩); $\underline{\hat{E}}_{\mathbb{h}}\subset\underline{E}_{\mathbb{h}}$ e (17); segue IPM

$$\{\mathfrak{P}\langle\mathcal{H}_{h}\rangle=\mathfrak{P}\langle\bar{E}_{hh}\,|\,\mathcal{X}\equiv\mathbf{r}\langle\mathbb{X}\rangle\rangle=\mathfrak{P}\langle\bar{E}_{hh}\rangle=\rho\langle\bar{E}_{hh}|\hat{E}_{w}\rangle>\mathfrak{N}\langle\underline{E}_{h\mathbb{h}}\rangle/\mathfrak{N}\langle\underline{E}_{\mathbb{h}}\rangle;\forall\mathfrak{N}\langle\underline{E}_{h\mathbb{h}}\rangle<\mathfrak{N}\langle\underline{E}_{\mathbb{h}}\rangle\}\underline{\leftarrow}$$
$$\{\underline{\hat{E}}_{\mathbb{h}}\subset\underline{E}_{\mathbb{h}};\mathcal{P}\langle\mathcal{X},\mathbb{p}\rangle;\mathcal{X}\equiv\mathbf{r}\langle\mathbb{X}\rangle\} \tag{19}$$

di cui la (16) e la $\mathfrak{N}\langle\underline{E}_{h\mathbb{h}}\rangle=\mathfrak{D}\langle\mathbf{s}_{h\mathbb{h}}\rangle(\mathbf{s}_{\mathbb{h}}(\mathcal{X}))$ dovuta a (8), e che può consentire di calcolare delle limitazioni inferiori per le $\{\mathfrak{P}\langle\mathcal{H}_{h}\rangle;h\neq\mathbb{h};h=0,\mathbf{h}\}$ valide quando $\mathcal{X}$ è stato già determinato.

Si considerano gli eventi $\mathbb{E}_{AB}$ e $\{\mathbb{E}_{ABm};m=1,\mathbf{m}\}$ di cui le $\underline{\mathbb{E}}_{AB}\equiv\underline{\mathbb{M}}\langle\mathbb{E}_{AB}\rangle$ $\underline{\mathbb{E}}_{ABm}\equiv\underline{\mathbb{M}}\langle\mathbb{E}_{ABm}\rangle$ e le

$$\mathbb{E}_{AB}\equiv\{\mathbf{s}_{AB}\in\underline{\mathbb{R}}\}\ \mathbb{E}_{ABm}\equiv\{\mathbf{s}_{AB}\in\underline{\mathfrak{I}}_{m}\}\ \{\mathrm{mis}\langle\underline{\mathfrak{I}}_{m}\rangle=\Delta x_{\mathbf{m}};m=1,\mathbf{m}\}\ \underline{\mathbb{R}}=\cup_{m=1,\mathbf{m}}(\underline{\mathfrak{I}}_{m})\subset\mathbb{R}^{1}\ \{\underline{\mathfrak{I}}_{a}\cap\underline{\mathfrak{I}}_{b}=\underline{\emptyset};\forall\{a,b\}\subseteq\{m=1,\mathbf{m}\}\} \tag{20}$$

che mostrano i $\{\underline{\mathfrak{I}}_{m};m=1,\mathbf{m}\}$ come una suddivisione di $\underline{\mathbb{R}}$.

Da: þ; seconda delle (20); Æ⟨$\mathbf{s}_{AB}$,$\{\underline{\mathfrak{I}}_{a},\underline{\mathfrak{I}}_{b}\}$ /$\underline{G}$,$\{\underline{\mathfrak{R}}^{\mathbf{a}}_{m};m=1,\mathbf{m}\}$ /(3.1.14)⟩; $\{a,b\}\subseteq\{m=1,\mathbf{m}\}$ e ultima delle (20); segue IPM

$$\{\underline{\mathbb{E}}_{ABa}\cap\underline{\mathbb{E}}_{ABb}=\underline{\mathbb{M}}\langle\mathbb{E}_{ABa}\cap\mathbb{E}_{ABb}\rangle=\underline{\mathbb{M}}\langle\{\mathbf{s}_{AB}\in\underline{\mathfrak{I}}_{a}\}\cap\{\mathbf{s}_{AB}\in\underline{\mathfrak{I}}_{b}\}\rangle=\underline{\mathbb{M}}\langle\mathbf{s}_{AB}\in\{\underline{\mathfrak{I}}_{a}\cap\underline{\mathfrak{I}}_{b}\}\rangle=\underline{\emptyset}\}\underline{\leftarrow}\{\{a,b\}\subseteq\{m=1,\mathbf{m}\}\} \tag{21}$$

Da: prima e quarta delle (20); Æ⟨$\mathbf{s}_{AB}$,{$\mathfrak{J}_m$;m=1,m} /G,{$\mathfrak{R}^*_m$;m=1,m} /(3.1.14)⟩ e seconda delle (20); segue E_{AB}≡{ $\mathbf{s}_{AB}$∈$\cup_{m=1,m}$($\mathfrak{J}_m$)}≡$\cup_{m=1,m}$(E_{ABm}). Da: questa; (21) e Æ⟨E_{ABm};m=1,m /A_n;n=1,n / (2.2.37)⟩; segue

E_{AB}=$\cup_{m=1,m}$(E_{ABm})=$\Sigma_{m=1,m}$(E_{ABm}) (22)

Da: Æ⟨w,h /A,B /(22)⟩; Æ⟨E_{hh},{E_{whm};m=1,m} /C,{A_i;i=i,i} /(2.2.28)⟩; (2.2.37) e {{E_{hh}∩E_{wha}}∩{E_{hh}∩E_{whb}}=∅;∀{a,b}⊆{m=1,m}} (dovuta a (21)); (22); (2.2.28); (2.2.37) e (21); Æ⟨E_{hhm},E_{whm} / E_s,E_r /(4.2.17)⟩; ultima delle (20); segue

E_{hh}∩E_{wh}=E_{hh}∩$\cup_{m=1,m}$(E_{whm})=$\cup_{m=1,m}$(E_{hh}∩E_{whm})=$\Sigma_{m=1,m}$(E_{hh}∩E_{whm})=$\Sigma_{m=1,m}$($\cup_{m=1,m}$(E_{hhm})∩E_{whm})=
$\Sigma_{m=1,m}$($\cup_{m=1,m}$(E_{hhm}∩E_{whm}))=$\Sigma_{m=1,m}$($\Sigma_{m=1,m}$(E_{hhm}∩E_{whm}))=
$\Sigma_{m=1,m}$($\Sigma_{m=1,m}$(M⟨$\mathbf{s}_{hh}$∈{$\mathfrak{J}_m$∩$\mathfrak{J}_m$}⟩∩M⟨$\mathbf{s}_{wh}$∈{$\mathfrak{J}_m$∩$\mathfrak{J}_m$}⟩))=$\Sigma_{m=1,m}$(E_{hhm}∩E_{whm}) (23)

Si pongono le E_{ABx}≡{ $\mathbf{s}_{AB}$=x} E_{ABx}≡M⟨E_{ABx}⟩ E_{Bx}≡$\cup_{h=0,h}$(E_{hBx}) e E_{Bx}≡M⟨E_{Bx}⟩. L'introduzione nella (12) della Ě≡Ê (conforme alla Ě≡{Ê∨Ê}) e della $\hat{E}_h$≡E_{wh} (dovuta a Æ⟨h /B /(7.1.16)⟩), porta la {E_{wh}⊂E_h}→{ρ⟨E_{hh}|E_{wh}⟩>𝔑⟨E_{hh}⟩/𝔑⟨E_h⟩;∀𝔑⟨E_{hh}⟩<𝔑⟨E_h⟩}. Questa e la Æ⟨E_{whx},E_{hx},E_{hhx},x /E_{wh},E_h, E_{hh},$\mathbf{s}_{Bd}$⟩ (e le (2.1.1.1) (2.1.1.2)) portano la

{E_{whx}⊂E_{hx};F_{hh}(x)<1}→{F_{hh}(x)>F_{hh}(x)} (24)

di cui la F_{hh}(x)≡ρ⟨E_{hhx}|E_{whx}⟩ e la F_{hh}(x)≡𝔑⟨E_{hhx}⟩/𝔑⟨E_{hx}⟩=Ð⟨$\mathbf{s}_{hh}$⟩(x)/max⟨Ð⟨$\mathbf{s}_{kh}$⟩(x);k=0,h⟩ il cui ultimo membro segue dalla Æ⟨E_{hhx},E_{hx},x /E_{AB},E_h,$\mathbf{s}_{Bd}$ /(8),(9)⟩.

Si pongono le {ρ_{hhm}≡ρ⟨E_{hhm}|E_{whm}⟩;∀𝔑⟨E_{whm}⟩≠0} {ρ_{hhm}=0;∀𝔑⟨E_{whm}⟩=0} {ρ_{hh}(x)≡F_{hh}(x);∀𝔑⟨E_{whx}⟩≠0} {ρ_{hh}(x)≡0;∀𝔑⟨E_{whx}⟩=0}. Le 𝔑⟨$\bar{E}_{wh}$⟩=$\lim_{\tilde{n}\to\infty}$(ñ) (che si ha come detto in sez. 4.1) e Æ⟨Δx_m /x / (2.4.2.12)⟩ portano la 𝔑⟨$\bar{E}_{wh}$⟩·$\lim_{\Delta x\langle m\rangle\to 0}$(Δ$x_m$)=1. Da: (23); (2.2.29); {𝔑⟨E_{hhm}∩E_{whm}⟩=0}← {𝔑⟨E_{whm}⟩=0}, {𝔑⟨E_{whm}⟩≠0}≡{𝔑⟨E_{whm}⟩>1} (e (3.2.1)); l'arbitrarietà consentita nella scelta di m; (20) e conseguente $\lim_{m\to\infty}$()≡$\lim_{\Delta x\langle m\rangle\to 0}$(), e x_m∈$\mathfrak{J}_m$; 𝔑⟨$\bar{E}_{wh}$⟩·$\lim_{\Delta x\langle m\rangle\to 0}$(Δ$x_m$)=1; (2.4.4.18); segue

𝔑⟨E_{hh}∩E_{wh}⟩=𝔑⟨$\Sigma_{m=1,m}$(E_{hhm}∩E_{whm})⟩=$\Sigma_{m=1,m}$(𝔑⟨E_{hhm}∩E_{whm}⟩)≥$\Sigma_{m=1,m}$(ρ_{hhm})=$\lim_{m\to\infty}$($\Sigma_{m=1,m}$(ρ_{hhm}))=
$\lim_{\Delta x\langle m\rangle\to 0}$($\Sigma_{m=1,m}$($\rho_{hh}$($x_m$)))=𝔑⟨$\bar{E}_{wh}$⟩·$\lim_{\Delta x\langle m\rangle\to 0}$($\Sigma_{m=1,m}$($\rho_{hh}$($x_m$)·Δ$x_m$))=𝔑⟨$\bar{E}_{wh}$⟩·$\int_{\mathbb{R}}$($\rho_{hh}$(x)·dx) (25)

Si pone la C_{hh}≡{{E_{whx}=∅}∨{E_{whx}⊂E_{hx}},{F_{hh}(x)<1;∀𝔑⟨E_{whx}⟩≠0};∀x∈$\mathfrak{R}^1$}. Da: (3.2.1); (25); (24) e C_{hh}; segue IPM

{ρ⟨$\bar{E}_{hh}$|$\bar{E}_{wh}$⟩=$\lim_{\mathbb{R}\to\mathfrak{R}^1}$(𝔑⟨$E_{hh}$∩$E_{wh}$⟩/𝔑⟨$\bar{E}_{wh}$⟩)≥$\int_{\mathfrak{R}^1}$($\rho_{hh}$(x)·dx)>$\int_{\mathfrak{J}\langle h\rangle}$($\mathbb{F}_{hh}$(x)·dx)}←$C_{hh}$ (26)

di cui le $\mathfrak{J}_h$⊂$\mathfrak{R}^1$ {$\mathbb{F}_{hh}$(x)≡F_{hh}(x);∀𝔑⟨E_{whx}⟩≠0} {$\mathbb{F}_{hh}$(x)≡0;∀𝔑⟨E_{whx}⟩=0}.

Il calcolo del $\int_{\mathfrak{J}\langle h\rangle}$($\mathbb{F}_{hh}$(x)·dx) della (26), che generalmente porta una migliore limitazione di ρ⟨$\bar{E}_{hh}$|$\bar{E}_{wh}$⟩ quando se ne adotta una maggiore mis⟨$\mathfrak{J}_h$⟩, può avvenire applicando uno dei metodi numerici approssimati, di cui nei [3] e [12] (e sez. 6.2.2 ma in questo caso con minore convenienza giacché si tratta un integrale semplice), che richiedono la conoscenza di un {$\mathbb{F}_{hh}$(x_a); a=1,a} e il cui risultato generalmente migliora con un maggiore a. Per conoscere un tale $\mathbb{F}_{hh}$(x_a) è necessario sapere se ne vale o non la 𝔑⟨$E_{whx\langle a\rangle}$⟩≠0. A questo scopo si dispone della {𝔑⟨E_{whx}⟩≠0}↔ {x∈ℜ⟨$\mathbf{s}_{wh}$⟩}↔{x=$\mathbf{s}_h$(X);X≡$\mathbf{e}$⟨X⟩} i cui membri ulteriori seguono dalle rispettive E_{whx}≡{ $\mathbf{s}_{wh}$=x} e E_{whx}={ş /ş=x;ş=$\mathbf{s}_h$(X);X≡$\mathbf{e}$⟨X⟩} dovute alle Æ⟨E_{whx},x /E_{AB},$\mathbf{s}_{Bd}$ /(1)⟩ e X≡X_w. Perciò, quando non è noto alcunché della ℜ⟨$\mathbf{s}_{wh}$⟩, un $\mathbb{F}_{hh}$(x_a) può essere reso noto solo da una $\mathbb{F}_{hh}$(x_a)={F_{hh}(x_a) | x_a=$\mathbf{s}_h$(X);X≡$\mathbf{e}$⟨X⟩} e quindi dovendo determinare un inerente campione di X.

Da: (18); X≡$\mathbf{r}$⟨X⟩ e Æ⟨X≡$\mathbf{r}$⟨X⟩,$\bar{E}_{hh}$ /$\mathcal{P}_B$,$\mathcal{P}_A$ /(2.1.1.7)⟩; Æ⟨$\bar{E}_{hh}$,$\bar{E}_{wh}$ /A,B /(3.2.2)⟩, e $\mathbb{C}_d$⟨$\bar{E}_{wh}$⟩ (dovuta alle {$\mathcal{P}$⟨X,d⟩;X≡$\mathbf{r}$⟨X⟩} e Æ⟨h /B /(7.1.17),(7.1.18)⟩); segue IPM

{𝔓⟨$\mathcal{H}_h$⟩=𝔓⟨$\bar{E}_{hh}$ | X≡$\mathbf{r}$⟨X⟩⟩=𝔓⟨$\bar{E}_{hh}$⟩=ρ⟨$\bar{E}_{hh}$|$\bar{E}_{wh}$⟩}←{$\mathcal{P}$⟨X,d⟩;X≡$\mathbf{r}$⟨X⟩} (27)

Questa e la (26) portano la

{𝔓⟨$\mathcal{H}_h$⟩>max⟨$\int_{\mathfrak{J}\langle h\rangle}$($\mathbb{F}_{hh}$(x)·dx);h=0,h⟩}←{$\mathcal{P}$⟨X,d⟩;X≡$\mathbf{r}$⟨X⟩;{$C_{hh}$;h=0,h}} (28)

che può consentire di calcolare delle limitazioni inferiori per le $\{\mathbb{P}\langle \mathcal{H}_h\rangle; h=0,\hbar\}$ valide quando $\underline{\mathcal{X}}$ non è ancora stato determinato.

Da: $\underline{\mathcal{X}}\equiv\mathbf{r}\langle\mathbb{X}\rangle$ e Æ$\langle\underline{\mathcal{X}}\equiv\mathbf{r}\langle\mathbb{X}\rangle,\bar{\mathrm{E}}_{\mathrm{w}h}/\mathcal{P}_{\mathrm{B}},\mathcal{P}_{\mathrm{A}}/(2.1.1.7)\rangle$; Æ$\langle w/h/(18)\rangle$; Æ$\langle h/\mathrm{B}/(7.1.15)\rangle$; segue IPM

$\{\bar{\mathrm{E}}_{\mathrm{w}h}\equiv\{\bar{\mathrm{E}}_{\mathrm{w}h}|\underline{\mathcal{X}}\equiv\mathbf{r}\langle\mathbb{X}\rangle\}\equiv\{\mathcal{H}_{\mathrm{w}h}\}\equiv\{\underline{\mathcal{X}}\equiv\mathbf{r}\langle\mathbb{X}\rangle\}\}\underline{\leftarrow}\{\underline{\mathcal{X}}\equiv\mathbf{r}\langle\mathbb{X}\rangle\}$ (29)

Da: $\underline{\mathcal{X}}\equiv\mathbf{r}\langle\mathbb{X}\rangle$ e (29); (18); Æ$\langle\hat{\mathrm{E}}_h,\{\mathcal{H}_{hh}\}/\mathrm{A},\mathrm{B}/(3.2.1.1)\rangle$; (7.1.14); (7.1.13); (7.1.10); e segue IPM

$\{\rho\langle\hat{\mathrm{E}}_h|\bar{\mathrm{E}}_{hh}|\bar{\mathrm{E}}_{\mathrm{w}h}\rangle=\rho\langle\hat{\mathrm{E}}_h|\bar{\mathrm{E}}_{hh}|\underline{\mathcal{X}}\equiv\mathbf{r}\langle\mathbb{X}\rangle\rangle=\rho\langle\hat{\mathrm{E}}_h|\mathcal{H}_{hh}\rangle=\rho\langle\hat{\mathrm{E}}_h|\mathcal{H}_{hh}|\mathcal{H}_{hh}\rangle=\rho\langle\mathrm{E}_{hh}|\underline{\mathbb{X}}_h\equiv\mathbf{r}\langle\underline{\mathbb{X}}_h\rangle|\mathcal{H}_{hh}\rangle=$
$\rho\langle\mathrm{E}_{hh}|\bar{\mathrm{E}}_{hh}\rangle=\int_{\mathbb{R}\langle h\rangle}(\mathcal{D}_{hh}(x)\cdot dx)\}\underline{\leftarrow}\{\underline{\mathcal{X}}\equiv\mathbf{r}\langle\mathbb{X}\rangle\}$ (30)

Da: Æ$\langle\hat{\mathrm{E}}_h,\underline{\hat{\mathrm{E}}}_h/\mathrm{A},\mathrm{B}/(3.2.2)\rangle$, e $\mathbb{C}_d\langle\underline{\hat{\mathrm{E}}}_h\rangle$ (dovuta alle $\{\mathcal{P}\langle\underline{\mathcal{X}},\mathbb{d}\rangle;\underline{\mathcal{X}}\equiv\mathbf{r}\langle\mathbb{X}\rangle\}$ e Æ$\langle h/\mathrm{B}/(7.1.17)\rangle\rangle$; $\underline{\mathbb{M}}\langle\bar{\mathrm{E}}_{hh}|\underline{\hat{\mathrm{E}}}_h\rangle=$ $\bar{\mathrm{E}}_{hh}\cap\underline{\hat{\mathrm{E}}}_h\subseteq\underline{\hat{\mathrm{E}}}_h$ (dovuta a Æ$\langle\bar{\mathrm{E}}_{hh},\underline{\hat{\mathrm{E}}}_h/\mathrm{A},\mathrm{B}/(3.1.4)\rangle\rangle$ e Æ$\langle\hat{\mathrm{E}}_h,\bar{\mathrm{E}}_{hh}|\underline{\hat{\mathrm{E}}}_h,\underline{\hat{\mathrm{E}}}_h/\mathrm{A},\mathrm{B},\mathrm{C}/(3.2.1.12)\rangle$; $\underline{\hat{\mathrm{E}}}_h\leftrightarrow\bar{\mathrm{E}}_{\mathrm{w}h}$ (dovuta all'ultima delle (7.1.16)), e Æ$\langle\bar{\mathrm{E}}_{hh},\bar{\mathrm{E}}_{\mathrm{w}h}/\mathrm{A},\mathrm{B}/(3.2.1.1)\rangle$; $\underline{\mathcal{X}}\equiv\mathbf{r}\langle\mathbb{X}\rangle$ e (30); $\{\mathcal{P}\langle\underline{\mathcal{X}},\mathbb{d}\rangle;\underline{\mathcal{X}}\equiv\mathbf{r}\langle\mathbb{X}\rangle;\{C_{hh};h=0,\hbar\}\}$ (27) e (28); segue IPM

$\{\mathbb{P}\langle\hat{\mathrm{E}}_h\rangle=\rho\langle\hat{\mathrm{E}}_h|\underline{\hat{\mathrm{E}}}_h\rangle\geq\rho\langle\hat{\mathrm{E}}_h|\bar{\mathrm{E}}_{hh}|\underline{\hat{\mathrm{E}}}_h\rangle\cdot\rho\langle\bar{\mathrm{E}}_{hh}|\underline{\hat{\mathrm{E}}}_h|\underline{\hat{\mathrm{E}}}_h\rangle=\rho\langle\hat{\mathrm{E}}_h|\bar{\mathrm{E}}_{hh}|\bar{\mathrm{E}}_{\mathrm{w}h}\rangle\cdot\rho\langle\bar{\mathrm{E}}_{hh}|\bar{\mathrm{E}}_{\mathrm{w}h}\rangle=\int_{\mathbb{R}\langle h\rangle}(\mathcal{D}_{hh}(x)\cdot dx)\cdot\rho\langle\bar{\mathrm{E}}_{hh}|\bar{\mathrm{E}}_{\mathrm{w}h}\rangle>$
$\int_{\mathbb{R}\langle h\rangle}(\mathcal{D}_{hh}(x)\cdot dx)\cdot\max\langle\int_{\mathbb{X}\langle k\rangle}(\mathbb{F}_{hk}(x)\cdot dx);k=0,\hbar\rangle\}\underline{\leftarrow}\{\mathcal{P}\langle\underline{\mathcal{X}},\mathbb{d}\rangle;\underline{\mathcal{X}}\equiv\mathbf{r}\langle\mathbb{X}\rangle;\{C_{hh};h=0,\hbar\}\}$ (31)

Da: $\mathrm{E}_{\mathrm{B}}\equiv\cup_{h=0,\hbar}(\bar{\mathrm{E}}_{h\mathrm{B}})$; $\{E_{h\mathrm{B}}\cup\neg E_{h\mathrm{B}}\}\leftrightarrow\bar{\mathrm{E}}_{h\mathrm{B}}$ dovuta a Æ$\langle E_{h\mathrm{B}},\neg E_{h\mathrm{B}},\bar{\mathrm{E}}_{h\mathrm{B}}/\underline{\mathrm{G}}\in\mathfrak{R}^{a},\neg\{\underline{\mathrm{G}}\in\mathfrak{R}^{a}\},\underline{\mathrm{G}}\in\mathbb{R}^{a}/(3.1.18)\rangle$ (e Æ$\langle w/h\rangle$); þ; (2.2.12); (2.2.18); $E_{\mathrm{B}}\equiv\cup_{h=0,\hbar}(E_{h\mathrm{B}})$ e (2.2.18); Æ$\langle w,h/\mathrm{C},\mathrm{A}/(4)\rangle$; segue

$\{\bar{\mathrm{E}}_{\mathrm{wB}}\subseteq\underline{\mathrm{E}}_{\mathrm{B}}\}\equiv\{\bar{\mathrm{E}}_{\mathrm{wB}}\subseteq\cup_{h=0,\hbar}(\bar{\mathrm{E}}_{h\mathrm{B}})\}\equiv\{\{\underline{E}_{\mathrm{wB}}\cup\neg\underline{E}_{\mathrm{wB}}\}\subseteq\cup_{h=0,\hbar}(\underline{E}_{h\mathrm{B}}\cup\neg\underline{E}_{h\mathrm{B}})\}\underline{\rightarrow}\{\underline{E}_{\mathrm{wB}}\subseteq\{\cup_{h=0,\hbar}(\underline{E}_{h\mathrm{B}})\cup\cup_{h=0,\hbar}(\neg\underline{E}_{h\mathrm{B}})\}\}\equiv$
$\{\underline{E}_{\mathrm{wB}}=\underline{E}_{\mathrm{wB}}\cap\{\cup_{h=0,\hbar}(\underline{E}_{h\mathrm{B}})\cup\cup_{h=0,\hbar}(\neg\underline{E}_{h\mathrm{B}})\}\}\equiv\{\underline{E}_{\mathrm{wB}}=\{\underline{E}_{\mathrm{wB}}\cap\cup_{h=0,\hbar}(\underline{E}_{h\mathrm{B}})\}\cup\{\underline{E}_{\mathrm{wB}}\cap\cup_{h=0,\hbar}(\neg\underline{E}_{h\mathrm{B}})\}\}\equiv$
$\{\underline{E}_{\mathrm{wB}}=\{\underline{E}_{\mathrm{wB}}\cap\underline{E}_{\mathrm{B}}\}\cup\{\cup_{h=0,\hbar}(\underline{E}_{\mathrm{wB}}\cap\neg\underline{E}_{h\mathrm{B}})\}\}\equiv\{\underline{E}_{\mathrm{wB}}=\{\underline{E}_{\mathrm{wB}}\cap\underline{E}_{\mathrm{B}}\}\}\equiv\{\underline{E}_{\mathrm{wB}}\subseteq\underline{E}_{\mathrm{B}}\}$ (32)

Da: $\underline{\mathcal{H}}=\{\mathcal{H}_h;h=0,\hbar\}$; þ; $\mathrm{E}_h\equiv\cup_{h=0,\hbar}(\bar{\mathrm{E}}_{hh})$; (32); $\underline{\hat{E}}_{\mathrm{B}}\subseteq\underline{\hat{E}}_{\mathrm{B}}$ e terza delle (7.1.16); la genericità dei $\underline{\hat{E}}_h$ e E_h; segue

$\{\mathcal{H}_{\mathrm{w}}\in\underline{\mathcal{H}}\}\underline{\leftrightarrow}\{w\in\{k=0,\hbar\}\}\underline{\leftrightarrow}\{\bar{\mathrm{E}}_{\mathrm{w}h}\in\{\bar{\mathrm{E}}_{kh};k=0,\hbar\}\}\underline{\rightarrow}\{\bar{\mathrm{E}}_{\mathrm{w}h}\subseteq\underline{\mathrm{E}}_h\}\underline{\rightarrow}\{\underline{E}_{\mathrm{w}h}\subseteq\underline{E}_h\}\underline{\rightarrow}\{\underline{\hat{E}}_h\subseteq\underline{E}_h\}\underline{\rightarrow}$
$\{\{\underline{\hat{E}}_h\subseteq\underline{E}_h\},\{\underline{E}_{\mathrm{w}hx}\subseteq\underline{E}_{hx};\forall x\in\mathbb{R}^1\}\}$ (33)

Inerentemente le $\underline{\mathcal{X}}\equiv\mathbf{r}\langle\mathbb{X}\rangle$ $\underline{\hat{E}}_h\subset\underline{E}_h$ e $\{\underline{E}_{\mathrm{w}hx}\subset\underline{E}_{hx};\forall x\in\mathbb{R}^1\}$, che condizionano l'utilità applicativa delle (19) (28) e (31), si hanno le seguenti considerazioni.

L'impossibilità di stabilire la $\neg\{\underline{\mathcal{X}}\equiv\mathbf{r}\langle\mathbb{X}\rangle\}$ nonostante la migliore conoscenza del contesto nel quale viene determinato $\underline{\mathcal{X}}$, può rendere sufficientemente credibile la $\underline{\mathcal{X}}\equiv\mathbf{r}\langle\mathbb{X}\rangle$.

La (33) mostra che sia la $\mathcal{H}_{\mathrm{w}}\in\underline{\mathcal{H}}$ sia la sola $\bar{\mathrm{E}}_{\mathrm{w}h}\subseteq\underline{\mathrm{E}}_h$ rendono le $\underline{\hat{E}}_h\subseteq\underline{E}_h$ e $\{\underline{E}_{\mathrm{w}hx}\subseteq\underline{E}_{hx};\forall x\in\mathbb{R}^1\}$ certe. Pertanto le $\underline{\hat{E}}_h\subset\underline{E}_h$ e $\{\underline{E}_{\mathrm{w}hx}\subset\underline{E}_{hx};\forall x\in\mathbb{R}^1\}$ possono essere ammesse con sufficiente credibilità, se le ipotesi che costituiscono $\underline{\mathcal{H}}$ sono scelte abbastanza numerose e diversificate con lo scopo di conseguire la $\bar{\mathrm{E}}_{\mathrm{w}h}\subseteq\underline{\mathrm{E}}_h$ (che è una condizione rilevantemente meno restrittiva della $\mathcal{H}_{\mathrm{w}}\in\underline{\mathcal{H}}$). I $\underline{\mathrm{E}}_h$ $\{\bar{\mathrm{E}}_{hh};h=0,\hbar\}$ $\underline{E}_{\mathrm{B}}$ $\{\underline{E}_{hh};h=0,\hbar\}$ $\{\underline{E}_{hhx};h=0,\hbar\}$ e $\underline{E}_{hx}$ possono essere visualizzati in un piano cartesiano dove si rappresenti ogni $\underline{E}_{hhx}$ come l'insieme di punti che costituiscono il segmento rettilineo di estremi $\{x,0\}$ e $\{x,\mathcal{D}\langle\mathbf{s}_{hh}\rangle(x)\}$.

8 La regione di fiducia per una incognita

Un'incognita X può essere o non una variabile casuale, e nel primo caso è un valore incognito di una certa variabile casuale di cui sono noti o non alcuni altri valori.

In relazione a una tale X è definibile un evento E_X di cui le $\mathrm{E}_X\equiv\{X\in\underline{\mathfrak{R}}_X\}$ e $\underline{\mathfrak{R}}_X\subseteq\mathbb{R}^1$, il quale è casuale come conseguenza dell'essere la X un'incognita, e la cui $\underline{\mathfrak{R}}_X$ è una regione di fiducia (detta anche di confidenza) $\mathbb{P}\langle\mathrm{E}_X\rangle$ per la X.

Se X è (con riferimento alla (4.2.14)) il parametro $\mathbb{s}_{\underline{X}}$ stimato da una statistica $\mathbf{s}_{\underline{X}}$, e se la $\mathbf{s}_{\underline{X}}$ è corretta cioè è $\mathbb{s}_{\underline{X}}=\mathbb{E}\langle\mathbf{s}_{\underline{X}}\rangle$, e se la $\mathcal{D}\langle\mathbf{s}_{\underline{X}}\rangle(x)$ è nota; la $\mathbb{P}\langle\mathrm{E}_X\rangle$ di una $\underline{\mathfrak{R}}_X$ non ha importanza giacché è possibile conoscere X per mezzo della $X\equiv\mathbb{s}_{\underline{X}}=\mathbb{E}\langle\mathbf{s}_{\underline{X}}\rangle=\int_{\mathbb{R}\langle\mathbf{s}\langle\underline{X}\rangle\rangle}(x\cdot\mathcal{D}_{\mathbf{s}\langle\underline{X}\rangle}(x)\cdot dx)$ conforme alla (4.2.12).

Allo scopo di indagare la $\mathbb{P}\langle E_X\rangle$ di una $\mathfrak{R}_X$, si considerano le variabili casuali $\underline{i}$ di cui la $\underline{i}\equiv\{i_n;n=1,ň\}$ e tali da valerne le

$\{E_{i\langle n\rangle}\leftrightarrow E_{Xn};n=1,ň\}\ \{E_{i\langle n\rangle}\leftrightarrow E_{Xn};n=1,ň\}$ (1)

di cui le $E_{i\langle n\rangle}\equiv\{i_n\in\mathfrak{R}_n\}$ $E_{Xn}\equiv\{X\in\mathfrak{R}_{Xn}\}$ $E_{i\langle n\rangle}\equiv\{i_n\in\mathcal{R}_n\}$ $E_{Xn}\equiv\{X\in\mathcal{R}_{Xn}\}$ $\cup_{n=1,ň}(\mathfrak{R}_{Xn})=\mathfrak{R}_X$ e $\cup_{n=1,ň}(\mathcal{R}_{Xn})=\mathbb{R}^1-\mathfrak{R}_X$.
Si pongono le $A_n\equiv\{a_n=X-\Delta_{An}\}$ $B_n\equiv\{b_n=X+\Delta_{Bn}\}$ $A_n\equiv\{a_n=i_n-\Delta_{Bn}\}$ $B_n\equiv\{b_n=i_n+\Delta_{An}\}$. Da: $\mathfrak{R}_n=[a_n,b_n]$; A_n B_n A_n B_n e $Æ\langle a_n,i_n,b_n,a_n,X,b_n,\Delta_{An},\Delta_{Bn}/s_A,s,s_B,r_A,r,r_B,\Delta_A,\Delta_B/(3.1.20)\rangle$; $\mathfrak{R}_{Xn}=[a_n,b_n]$; segue IPM $\{E_{i\langle n\rangle}\equiv\{a_n\leq i_n\leq b_n\}\leftrightarrow\{a_n\leq X\leq b_n\}\equiv E_{Xn}\}\leftarrow\{\mathfrak{R}_n=[a_n,b_n],\mathfrak{R}_{Xn}=[a_n,b_n],A_n,B_n,A_n,B_n\}$ la quale mostra un modo di avere una $E_{i\langle n\rangle}\leftrightarrow E_{Xn}$ delle (1) (e analogamente una $E_{i\langle n\rangle}\leftrightarrow E_{Xn}$).
Si pone la $E_{\underline{i}\vee}\equiv\vee_{n=1,ň}(E_{i\langle n\rangle})$. Da: $E_X\equiv\{X\in\mathfrak{R}_X\}$ e $\cup_{n=1,ň}(\mathfrak{R}_{Xn})=\mathfrak{R}_X$; $Æ\langle X,\{\mathfrak{R}_{Xn};n=1,ň\}/G,\{\mathfrak{R}_m;m=1,m̌\}/(3.1.21)\rangle$; $E_{Xn}\equiv\{X\in\mathfrak{R}_{Xn}\}$; prima delle (1); segue

$E_X\leftrightarrow\{X\in\cup_{n=1,ň}(\mathfrak{R}_{Xn})\}\rightarrow\vee_{n=1,ň}(X\in\mathfrak{R}_{Xn})\equiv\vee_{n=1,ň}(E_{Xn})\leftrightarrow E_{\underline{i}\vee}$ (2)

Si pone la $E_{\underline{i}\vee}\equiv\vee_{n=1,ň}(E_{i\langle n\rangle})$. Da: $E_X\equiv\{X\in\mathfrak{R}_X\}$; $Æ\langle X,\mathfrak{R}_X,\mathbb{R}^1/G,\mathfrak{R}^ň,\mathbb{R}^ň/(3.1.19)\rangle$; $\cup_{n=1,ň}(\mathcal{R}_{Xn})=\mathbb{R}^1-\mathfrak{R}_X$; $Æ\langle X,\{\mathcal{R}_{Xn};n=1,ň\}/G,\{\mathfrak{R}_m;m=1,m̌\}/(3.1.21)\rangle$; $E_{Xn}\equiv\{X\in\mathcal{R}_{Xn}\}$; seconda delle (1); segue

$\neg E_X\equiv\neg\{X\in\mathfrak{R}_X\}\leftrightarrow\{X\in\mathbb{R}^1-\mathfrak{R}_X\}\leftrightarrow\{X\in\cup_{n=1,ň}(\mathcal{R}_{Xn})\}\rightarrow\vee_{n=1,ň}(X\in\mathcal{R}_{Xn})\leftrightarrow\vee_{n=1,ň}(E_{Xn})\leftrightarrow E_{\underline{i}\vee}$ (3)

Si pone la $\bar{E}_{\underline{i}}\equiv\{\underline{i}\in\mathbb{R}\langle\underline{i}\rangle\}\equiv\wedge_{n=1,ň}(\bar{E}_{i\langle n\rangle})$ di cui la $\bar{E}_{i\langle n\rangle}\equiv\{i_n\in\mathbb{R}\langle i_n\rangle\}$. La $E_X\rightarrow E_{\underline{i}\vee}$ (affermata dalla (2)) e la $Æ\langle E_X,E_{\underline{i}\vee},\bar{E}_{\underline{i}}/A,B,C/(3.2.1.4)\rangle$ portano la $\rho\langle E_X|\bar{E}_{\underline{i}}\rangle\leq\rho\langle E_{\underline{i}\vee}|\bar{E}_{\underline{i}}\rangle$. Da: $\neg E_X\rightarrow E_{\underline{i}\vee}$ (affermata dalla (3)), e $Æ\langle\neg E_X,E_{\underline{i}\vee},\bar{E}_{\underline{i}}/A,B,C/(3.2.1.4)\rangle$; $Æ\langle E_X,\bar{E}_{\underline{i}}/A,B/(3.2.1.2)\rangle$; segue $\rho\langle E_{\underline{i}\vee}|\bar{E}_{\underline{i}}\rangle\geq\rho\langle\neg E_X|\bar{E}_{\underline{i}}\rangle=1-\rho\langle E_X|\bar{E}_{\underline{i}}\rangle$ da cui la $\rho\langle E_X|\bar{E}_{\underline{i}}\rangle\geq1-\rho\langle E_{\underline{i}\vee}|\bar{E}_{\underline{i}}\rangle$. Pertanto si ha la

$1-\rho\langle E_{\underline{i}\vee}|\bar{E}_{\underline{i}}\rangle\leq\rho\langle E_X|\bar{E}_{\underline{i}}\rangle\leq\rho\langle E_{\underline{i}\vee}|\bar{E}_{\underline{i}}\rangle$ (4)

Da: $Æ\langle\bar{E}_{\underline{i}},\{\bar{E}_{i\langle n\rangle};n=1,ň\}/E_{\underline{s}},\{E_{s\langle n\rangle};n=1,ň\}/(5.1.4)\rangle$; (4), $Æ\langle E_X,\bar{E}_{\underline{i}}/A,B/(3.2.4)\rangle$, $Æ\langle E_{\underline{i}\vee},\bar{E}_{\underline{i}}/\vee_{n=1,ň}(E_{s\langle n\rangle}),\bar{E}_{\underline{s}}/(5.1.15)\rangle$ e $Æ\langle E_{\underline{i}\vee},\bar{E}_{\underline{i}}/\vee_{n=1,ň}(E_{s\langle n\rangle}),\bar{E}_{\underline{s}}/(5.1.15)\rangle$; segue

$\{\wedge_{n=1,ň}(\mathbb{C}\langle\bar{E}_{i\langle n\rangle}\rangle),\mathbb{I}\langle\underline{i}\rangle\}\leftrightarrow\{\mathbb{C}\langle\bar{E}_{\underline{i}}\rangle,\mathbb{I}\langle\underline{i}\rangle\}\rightarrow\{1-\rho\langle E_{\underline{i}\vee}|\bar{E}_{\underline{i}}\rangle\leq\mathbb{P}\langle E_X\rangle\leq\rho\langle E_{\underline{i}\vee}|\bar{E}_{\underline{i}}\rangle\}$ (5)

di cui le $\rho\langle\acute{E}_{\underline{i}\vee}|\bar{E}_{\underline{i}}\rangle=\Sigma_{c=1,ň}((-1)^{c+1}\cdot\Sigma_{b=1,Б\langle ň,c\rangle}(\Pi_{a=1,c}(\rho\langle\acute{E}_{i\langle\underline{n}\langle c,b,a\rangle\rangle}|\bar{E}_{i\langle\underline{n}\langle c,b,a\rangle\rangle}\rangle)))$ $\rho\langle\acute{E}_{i\langle n\rangle}|\bar{E}_{i\langle n\rangle}\rangle=\int_{\underline{\acute{R}}\langle n\rangle}(\mathfrak{D}_{i\langle n\rangle}(x)\cdot dx)$ $\{\acute{E},\underline{\acute{R}}\}\equiv\{E,\mathfrak{R}\}\circ\mathbb{V}\circ\{E,\mathcal{R}\}$

La prima di queste e la $Æ\langle\rho\langle\acute{E}_{i\langle n\rangle}|\bar{E}_{i\langle n\rangle}\rangle;n=1,ň/G_n;n=1,N/(2.1.2.7)\rangle$ portano la $\{\rho\langle\acute{E}_{i\langle n\rangle}|\bar{E}_{i\langle n\rangle}\rangle\leq G_n\leq1;n=1,ň\}\rightarrow\{\rho\langle\acute{E}_{\underline{i}\vee}|\bar{E}_{\underline{i}}\rangle\leq\Sigma_{c=1,ň}((-1)^{c+1}\cdot\Sigma_{b=1,Б\langle ň,c\rangle}(\Pi_{a=1,c}(G_{\underline{n}\langle c,b,a\rangle})))\}$. Questa e la (5) portano la

$\{\mathbb{C}\langle\bar{E}_{\underline{i}}\rangle,\mathbb{I}\langle\underline{i}\rangle,\{\rho\langle E_{i\langle n\rangle}|\bar{E}_{i\langle n\rangle}\rangle\leq K_n\leq1,\rho\langle E_{i\langle n\rangle}|\bar{E}_{i\langle n\rangle}\rangle\leq K_n\leq1;n=1,ň\}\}\rightarrow\{1-K\leq\mathbb{P}\langle E_X\rangle\leq K\}$

di cui le $K\equiv\Sigma_{c=1,ň}((-1)^{c+1}\cdot\Sigma_{b=1,Б\langle ň,c\rangle}(\Pi_{a=1,c}(K_{\underline{n}\langle c,b,a\rangle})))$ e $K\equiv\Sigma_{c=1,ň}((-1)^{c+1}\cdot\Sigma_{b=1,Б\langle ň,c\rangle}(\Pi_{a=1,c}(K_{\underline{n}\langle c,b,a\rangle})))$, e dove per stabilire una $\rho\langle E_{i\langle n\rangle}|\bar{E}_{i\langle n\rangle}\rangle\leq K_n\leq1$ o una $\rho\langle E_{i\langle n\rangle}|\bar{E}_{i\langle n\rangle}\rangle\leq K_n\leq1$ potrebbero essere utili la $\{\rho\langle\acute{E}_{i\langle n\rangle}|\bar{E}_{i\langle n\rangle}\rangle\leq G_n\}\equiv\{\rho\langle\neg\acute{E}_{i\langle n\rangle}|\bar{E}_{i\langle n\rangle}\rangle\geq1-G_n\}$ (dovuta a $Æ\langle\acute{E}_{i\langle n\rangle},\bar{E}_{i\langle n\rangle}/A,B/(3.2.1.2)\rangle$) e la $Æ\langle\neg\acute{E}_{i\langle n\rangle},\bar{E}_{i\langle n\rangle}/\bar{E}_h,\bar{\bar{E}}_h/(7.4.31)\rangle$.

Un maggiore $ň$ tende, per la $Æ\langle\rho\langle\acute{E}_{i\langle n\rangle}|\bar{E}_{i\langle n\rangle}\rangle;n=1,ň/G_n;n=1,N/(2.1.2.8)\rangle$, a peggiorare le limitazioni della (5), ma ha anche un effetto opposto perché consente maggiori possibilità nella scelta delle $\{\mathfrak{R}_{Xn},\mathcal{R}_{Xn};n=1,ň\}$.

Per le variabili casuali $\underline{i}$ di cui la $\underline{i}\subset\underline{i}$, vale la $Æ\langle\underline{i}/\underline{i}/(5)\rangle$ che porta la

$\{\mathbb{C}\langle\bar{E}_{\underline{i}}\rangle,\mathbb{I}\langle\underline{i}\rangle\}\rightarrow\{1-\rho\langle E_{\underline{i}\vee}|\bar{E}_{\underline{i}}\rangle\leq\mathbb{P}\langle E_X\rangle\leq\rho\langle E_{\underline{i}\vee}|\bar{E}_{\underline{i}}\rangle\}$ (6)

i cui argomenti sono definiti dalle evidenti specificazioni dei rispettivi della (5).

Le limitazioni della $\mathbb{P}\langle E_X\rangle$ ottenibili dalle (5) e (6) sono diverse giacché, in conformità con il ruolo della (3.2.4) nella precedente deduzione della (5), in una è $E_X\equiv\{E_X|\bar{E}_{\underline{i}}\}$ e nell'altra è $E_X\equiv\{E_X|\bar{E}_{\underline{i}}\}$. Tuttavia, a fronte della $\{\mathbb{C}\langle\bar{E}_{\underline{i}}\rangle,\mathbb{I}_{\underline{i}}\}\rightarrow\{\mathbb{C}\langle\bar{E}_{\underline{i}}\rangle,\mathbb{I}_{\underline{i}}\}$ (dovuta alle $\{\wedge_{n=1,ň}(\mathbb{C}\langle\bar{E}_{i\langle n\rangle}\rangle),\mathbb{I}_{\underline{i}}\}\leftrightarrow\{\mathbb{C}\langle\bar{E}_{\underline{i}}\rangle,\mathbb{I}_{\underline{i}}\}$ e $\underline{i}\subset\underline{i}$), la (5) è preferibile alla (6) perché afferma delle limitazioni che risultano da una maggiore informazione sull'incognita X.

Si considera la $\bar{E}_{\underline{i}}\equiv\wedge_{n=1,n}(\bar{E}_{i\langle n\rangle})$ di cui la $\bar{E}_{i\langle n\rangle}\equiv\{i_n\in\lim_{\Delta\to 0}([i_n,i_n+\Delta])\}$. Con riferimento alle (3.1.22): se l'insieme $\underline{i}$ non è noto si ha la $\neg\mathbb{a}\langle\bar{E}_{\underline{i}}\rangle$ che porta la $\neg\mathbb{C}\langle\bar{E}_{\underline{i}}\rangle$; se il $\underline{i}$ è noto si ha la $\neg\mathbb{V}\langle\bar{E}_{\underline{i}}\rangle$ che porta la $\neg\mathbb{C}\langle\bar{E}_{\underline{i}}\rangle$. Dunque, in base alla (3.2.4), nel primo caso può valere la $\mathbb{C}\langle\bar{E}_{\underline{i}}\rangle$ che rende valida la $\mathbb{P}\langle E_X\rangle=\rho\langle E_X|\bar{E}_{\underline{i}}\rangle$ ma non può valere la $\mathbb{C}\langle\bar{E}_{\underline{i}}\rangle$ che rende valida $\mathbb{P}\langle E_X\rangle=\rho\langle E_X|\bar{E}_{\underline{i}}\rangle$, e viceversa nel secondo caso. La $\mathbb{C}\langle\bar{E}_{\underline{i}}\rangle$ è inerente il solo contesto nel quale viene reso noto il corrispondente $\underline{i}$, essendo questo contesto unico e irripetibile in quanto è tale l'insieme casuale di numeri reali che costituisce un tale $\underline{i}$ noto. Invece la $\mathbb{C}\langle\bar{E}_{\underline{i}}\rangle$ è inerente un contesto di carattere assolutamente generico, poiché la sua validità è ottenibile con la sola decisione di rendere noto un $\underline{i}$ (per mezzo di un $\bar{E}_{\underline{i}}$ che verifica la $\mathbb{V}\langle\bar{E}_{\underline{i}}\rangle$) in una non meglio precisata circostanza futura.

La (5) (in quanto è basata sulla $\mathbb{P}\langle E_X\rangle=\rho\langle E_X|\bar{E}_{\underline{i}}\rangle$ e nonostante che sia utilizzabile quando $\underline{i}$ è noto) è avvalorata da queste considerazioni e dalla $Æ\langle E_X,\bar{E}_{\underline{i}F},E_X,\bar{E}_{\underline{i}P}\,/X,Y,A,B\,/(3.2.5)\rangle\rangle$ i cui $\bar{E}_{\underline{i}F}$ e $\bar{E}_{\underline{i}P}$ indicano rispettivamente un $\bar{E}_{\underline{i}}$ futuro e passato che (come detto in sez. 3.1) hanno nomi diversi poiché accadono con due diverse modalità dell'evento certo $\neg E_\varnothing$.

8.1 *La regione di fiducia di quattro incognite notevoli inerenti funzioni di densità di probabilità normale*

8.1.1 *Il valore medio di una variabile casuale*

Quando è incognito il valore medio E_g della variabile casuale g di cui la $\mathfrak{D}\langle g\rangle\equiv G\langle E_g,V^2{}_g\rangle$, è possibile stabilire come segue delle limitazioni di una $\mathbb{P}\langle E_g\in\underline{\mathcal{R}}_{E\langle g\rangle}\rangle$ di cui la $Æ\langle E_g,\underline{\mathcal{R}}_{E\langle g\rangle}\,/X,\mathcal{R}_X\,/\text{sez.}8\rangle$.

Si considerano i p e q insiemi $\{\underline{g}_p;p=1,p\}$ e $\{\underline{\acute{g}}_q;q=1,q\}$ di cui le $\{\mathbb{I}\langle\underline{g}_p\rangle;p=1,p\}$ $\{\mathbb{I}\langle\underline{\acute{g}}_q\rangle;q=1,q\}$ e $\underline{g}_p\equiv\{g_{pp};p=1,p_p\}$ $\{\mathfrak{D}\langle g_{pp}\rangle\equiv G\langle E_g,V^2{}_g\rangle;p=1,p_p;p=1,p\}$ $\underline{\acute{g}}_q\equiv\{\acute{g}_{qq};q=1,q_q\}$ $\{\mathfrak{D}\langle\acute{g}_{qq}\rangle\equiv G\langle E_{\acute{g}},V^2{}_g\rangle;q=1,q_q;q=1,q\}$ (1)

Le prime due delle (1) portano la $Æ\langle\underline{g}_p\,/\underline{g}\,/(6.3.13)\rangle$. Questa e la $\mathbb{I}\langle\underline{g}_p\rangle$ portano la

$$\{\mathfrak{D}\langle z_p\rangle=Z;z_p\equiv p_p^{0.5}\cdot(m\langle\underline{g}_p\rangle-E_g)/V_g\} \tag{2}$$

che dà luogo alla $Æ\langle z_p\,/Z\,/(6.2.7)\rangle$ e quindi alla

$$\{x\in\mathfrak{R}^1\}\underline{\to}\{\mathfrak{D}\langle z^2{}_p\rangle(x)=Z(x^{0.5})/x^{0.5}\} \tag{3}$$

Le ultime due delle (1) portano la $Æ\langle\underline{\acute{g}}_q\,/\underline{g}\,/(6.3.26)\rangle$. Questa e la $\mathbb{I}\langle\underline{\acute{g}}_q\rangle$ portano la

$$\mathfrak{D}\langle Đ^2\langle\underline{\acute{g}}_q,\underline{G}_q\rangle/V^2{}_g\rangle\equiv X\langle\check{n}_q\rangle \tag{4}$$

dove: $Đ^2\langle\underline{\acute{g}}_q,\underline{G}_q\rangle\equiv\{d^2\langle\underline{\acute{g}}_q\rangle\dot{\vee}\mathbf{D}^2\langle\underline{\acute{g}}_q,\underline{G}_q\rangle\dot{\vee}\mathbb{D}^2\langle\underline{\acute{g}}_q,\underline{G}_q\rangle\}$; $\underline{G}_q$ è la suddivisione di $\underline{\acute{g}}_q$ definita dalle $\underline{G}_q\equiv\{\underline{G}_{qh};h=1,h_q\}$ $\underline{G}_{qh}\equiv\{\acute{g}_{n\langle q,h,k\rangle};k=1,k_{qh}\}$ $\{n_{qhk};k=1,k_{qh};h=1,h_q\}=\{q=1,q_q\}$; $\check{n}_q\equiv q_q-1$ se $Đ^2\langle\underline{\acute{g}}_q,\underline{G}_q\rangle\equiv d^2\langle\underline{\acute{g}}_q\rangle$; $\check{n}_q\equiv\check{N}\langle\underline{\acute{g}}_q,\underline{G}_q\rangle$ se $Đ^2\langle\underline{\acute{g}}_q,\underline{G}_q\rangle\equiv\mathbf{D}^2\langle\underline{\acute{g}}_q,\underline{G}_q\rangle$; $\check{n}_q\equiv h_q-1$ se $Đ^2\langle\underline{\acute{g}}_q,\underline{G}_q\rangle\equiv\mathbb{D}^2\langle\underline{\acute{g}}_q,\underline{G}_q\rangle$; $\check{N}\langle\underline{\acute{g}}_q,\underline{G}_q\rangle\equiv\Sigma_{h=1,h\langle q\rangle}(\mathfrak{N}\langle\underline{G}_{qh}\rangle-1)$ $\{\underline{G}_{qh};h=1,h_q\}=\{\underline{G}_{qh}\,/\,\mathfrak{N}\langle\underline{G}_{qh}\rangle\geq 2;\underline{G}_{qh}\in\underline{G}_q\}$.

Le $Æ\langle\underline{g}_p\,/\underline{g}\,/(6.3.27)\rangle$ e $z_p\equiv p_p^{0.5}\cdot(m\langle\underline{g}_p\rangle-E_g)/V_g$ portano la $\mathbb{I}\langle\underline{g}_p\rangle\underline{\to}\mathbb{I}\langle z_p,Đ^2\langle\underline{g}_p,\underline{G}_p\rangle\rangle$ la cui $Đ^2\langle\underline{g}_p,\underline{G}_p\rangle$ è l'evidente specificazione di $Đ^2\langle\underline{g},\underline{G}\rangle$. Ciò e la conservatività del non sussistere necessariamente la $\underline{g}_p\equiv\underline{\acute{g}}_q$ portano la $\{\mathbb{I}\langle\underline{g}_p\rangle,\mathbb{I}\langle\underline{\acute{g}}_q\rangle\}\underline{\to}\mathbb{I}\langle z_p,Đ^2\langle\underline{\acute{g}}_q,\underline{G}_q\rangle/V^2{}_g\rangle$. Questa e le (2) (4) portano la $\{\mathbb{I}\langle\underline{g}_p\rangle,\mathbb{I}\langle\underline{\acute{g}}_q\rangle\}\underline{\to}Æ\langle z_p,Đ^2\langle\underline{\acute{g}}_q,\underline{G}_q\rangle/V^2{}_g,\check{n}_q\,/Z,\chi^2,v\,/(6.4.1),(6.4.3)\rangle$. Questa e le $\mathbb{I}\langle\underline{g}_p\rangle$ $\mathbb{I}\langle\underline{\acute{g}}_q\rangle$ portano la

$$\{\mathfrak{D}\langle t_{pq}\rangle\equiv T\langle\check{n}_q\rangle;t_{pq}\equiv(m\langle\underline{g}_p\rangle-E_g)/(Đ^2\langle\underline{\acute{g}}_q,\underline{G}_q\rangle/(p_p\cdot\check{n}_q))^{0.5}\} \tag{5}$$

Si considera l'insieme $\underline{r}$ di cui la $\underline{r}\equiv\{r_p;p=1,p\}$ e tale che ogni suo elemento r_p è una specificazione di $z_p\dot{\vee}t_{pq\langle p\rangle}$ se V_g è noto e di $t_{pq\langle p\rangle}$ se V_g non è noto, essendo $\{q_p;p=1,p\}$ una qualsiasi delle q^p disposizioni con ripetizione e di classe p dei $\{q=1,q\}$. Da ciò seguono le

$$\{r_p=(m\langle\underline{g}_p\rangle-E_g)/w_p;p=1,p\} \tag{6}$$

le cui $\{\mathfrak{D}\langle r_p\rangle(x);p=1,p\}$ sono rese note dalle (2) e (5), e i cui $\{m\langle\underline{g}_p\rangle,w_p;p=1,p\}$ sono noti se sono tali i $\{\underline{g}_p;p=1,p\}$ e $\{\underline{\acute{g}}_q;p=1,q\}$.

Introducendo le (6) nelle $\{A_p \le r_p \le B_p; p=1,p\}$ (e considerandone le $\{w_p \ge 0; p=1,p\}$), si deducono le $\{m\langle g_p\rangle - B_p \cdot w_p \le E_g \le m\langle g_p\rangle - A_p \cdot w_p; p=1,p\}$ essendo possibili le deduzioni inverse. Ciò e l'essere l'arbitrarietà dei $\{A_p, B_p; p=1,p\}$ limitata dalle sole $\{A_p < B_p; p=1,p\}$ consentono di stabilire le $\{E_{r\langle p\rangle} \Leftrightarrow E_{E\langle g\rangle p}, E_{r\langle p\rangle} \Leftrightarrow E_{E\langle g\rangle p}; p=1,p\}$ di cui le

$E_{r\langle p\rangle} \equiv \{ r_p \in I_p \}$ $I_p \equiv [A_p, B_p]$ $E_{E\langle g\rangle p} \equiv \{ \alpha_p \le E_g \le \beta_p \}$ $\alpha_p \equiv m\langle g_p\rangle - B_p \cdot w_p$ $\beta_p \equiv m\langle g_p\rangle - A_p \cdot w_p$ $E_{r\langle p\rangle} \equiv \{ r_p \in I_p \}$ $I_p \equiv [A_p, B_p]$
$E_{E\langle g\rangle p} \equiv \{ \alpha_p \le E_g \le \beta_p \}$ $\alpha_p \equiv m\langle g_p\rangle - B_p \cdot w_p$ $\beta_p \equiv m\langle g_p\rangle - A_p \cdot w_p$ $\cup_{p=1,p}([\alpha_p, \beta_p]) = \mathfrak{R}_{E\langle g\rangle}$ $\cup_{p=1,p}([\alpha_p, \beta_p]) = \mathfrak{R}^1 - \mathfrak{R}_{E\langle g\rangle}$ (7)

Ciò porta la $Æ\langle E_g, \{E_g \in \mathfrak{R}_{E\langle g\rangle}\}, \underline{r}, \{E_{r\langle p\rangle}, I_p, E_{E\langle g\rangle p}, [\alpha_p, \beta_p], E_{r\langle p\rangle}, I_p, E_{E\langle g\rangle p}, [\alpha_p, \beta_p]; p=1,p\} / X, E_X, \underline{i}, \{E_{i\langle n\rangle}, \mathfrak{R}_n, E_{Xn}, \mathfrak{R}_{Xn}, E_{i\langle n\rangle}, \mathfrak{R}_n, E_{Xn}, \mathfrak{R}_{Xn}; n=1,n\} / (8.5)\rangle$ e quindi la

$\{C\langle \underline{r} \in \mathfrak{R}\langle \underline{r}\rangle\rangle, I\langle \underline{r}\rangle\} \rightarrow \{1 - \Sigma_{c=1,p}((-1)^{c+1} \cdot \Sigma_{b=1,Б\langle p,c\rangle}(\Pi_{a=1,c}(\int_{I\langle p\langle c,b,a\rangle\rangle}(\mathcal{D}_{r\langle p\langle c,b,a\rangle\rangle}(x) \cdot dx)))) \le \mathcal{P}\langle E_g \in \mathfrak{R}_{E\langle g\rangle}\rangle \le$
$\Sigma_{c=1,p}((-1)^{c+1} \cdot \Sigma_{b=1,Б\langle p,c\rangle}(\Pi_{a=1,c}(\int_{I\langle p\langle c,b,a\rangle\rangle}(\mathcal{D}_{r\langle p\langle c,b,a\rangle\rangle}(x) \cdot dx))))\}$

i cui $\{I_p, I_p; p=1,p\}$ sono arbitrari subordinatamente alle (7) e all'arbitraria $\mathfrak{R}_{E\langle g\rangle}$, e di cui si ha la $\{\exists I\langle g_{ap} | g_b\rangle; \forall \{a,b\} \subseteq \{p=1,p\}\} \rightarrow I\langle \underline{r}\rangle$ in base alla $\{\mathfrak{R}\langle g_{pp}\rangle = \mathfrak{R}^1; p=1,p_p; p=1,p\}$.

8.1.2 *La varianza di una variabile casuale*

Quando è incognita la varianza $V^2{}_g$ della g di cui la $\mathcal{D}\langle g\rangle \equiv G\langle E_g, V^2{}_g\rangle$, è possibile stabilire come segue delle limitazioni di una $\mathcal{P}\langle V^2{}_g \in \mathfrak{R}_{V^2\langle g\rangle}\rangle$ di cui la $Æ\langle V^2{}_g, \mathfrak{R}_{V^2\langle g\rangle} / X, \mathfrak{R}_X / \text{sez.}8\rangle$.

Si considerano i $\{g_p; p=1,p\}$ e $\{\dot g_q; q=1,q\}$ della sez. 8.1.1, avendone perciò le $\{I\langle g_p\rangle; p=1,p\}$ e $\{I\langle \dot g_q\rangle; q=1,q\}$ che nel seguito sono sottintese.

Si pone la $\{a,b\} \subseteq \{p=1,p\}$. Le prime due delle (8.1.1.1) portano la $Æ\langle g_a, g_b, E_g, E_g, V^2{}_g, V^2{}_g, p_a, p_b / g, g, E_g, E_g, V^2{}_g, V^2{}_g, n, n / (6.2.29)\rangle$ che dà luogo alla $I\langle m\langle g_a\rangle, m\langle g_b\rangle\rangle \rightarrow \{\mathcal{D}\langle z_{ab}\rangle = Z; z_{ab} \equiv (p_a{}^{-1} + p_b{}^{-1})^{-0.5} \cdot (m\langle g_a\rangle - m\langle g_b\rangle)/V_g\}$. Questa porta la $I\langle m\langle g_a\rangle, m\langle g_b\rangle\rangle \rightarrow Æ\langle z_{ab} / Z / (6.2.7)\rangle$ e quindi la

$\{I\langle m\langle g_a\rangle, m\langle g_b\rangle\rangle, x \in \mathfrak{R}^1\} \rightarrow \{\mathcal{D}\langle z^2{}_{ab}\rangle(x) = Z(x^{0.5})/x^{0.5}\}$ (1)

Si pongono le $\{a,b\} \subseteq \{q=1,q\}$ e $z_q \equiv q_q{}^{0.5} \cdot (m\langle \dot g_q\rangle - E_{\dot g})/V_g$. Le $Æ\langle \dot g_a, \dot g_b / g_a, g_b / (1)\rangle$ $Æ\langle g_p / \dot g_q / (8.1.1.4)\rangle$ e $Æ\langle \dot g_q / g_p / (8.1.1.3)\rangle$ portano le rispettive

$I\langle m\langle \dot g_a\rangle, m\langle \dot g_b\rangle\rangle \rightarrow \{\mathcal{D}\langle \acute z^2{}_{ab}\rangle(x) = Z(x^{0.5})/x^{0.5}\}$ $\mathcal{D}\langle Đ^2\langle g_p, G_p\rangle / V^2{}_g\rangle \equiv X\langle \check n_p\rangle$ $\mathcal{D}\langle z^2{}_q\rangle(x) = Z(x^{0.5})/x^{0.5}$ (2)

di cui le $x \in \mathfrak{R}^1$ e $\acute z_{ab} \equiv (q_a{}^{-1} + q_b{}^{-1})^{-0.5} \cdot (m\langle \dot g_a\rangle - m\langle \dot g_b\rangle)/V_g$, e i cui $Đ^2\langle g_p, G_p\rangle$ e $\check n_p$ sono l'evidente specificazione dei $Đ^2\langle \dot g_q, G_q\rangle$ e $\check n_q$ della (8.1.1.4).

Si considera l'insieme $\underline{r}$ di cui le $\underline{r} \equiv \{r_m; m=1,m\}$ $r_m \equiv \{z^2{}_{ab} \dot\vee \acute z^2{}_{ab} \dot\vee Đ^2\langle g_p, G_p\rangle / V^2{}_g \dot\vee Đ^2\langle \dot g_q, G_q\rangle / V^2{}_g \dot\vee \{z^2{}_p | E_g \text{ è noto}\} \dot\vee \{z^2{}_q | E_{\dot g} \text{ è noto}\}\}$ e $\neg\exists\{r_a \equiv r_b | \{a,b\} \subseteq \{m=1,m\}\}$. Da ciò seguono le

$\{r_m = K_m / V^2{}_g; m=1,m\}$ (3)

le cui $\{\mathcal{D}\langle r_m\rangle(x); m=1,m\}$ sono rese note dalle (1) (8.1.1.3) (8.1.1.4) e (2) (avendone le $\{\exists I\langle g_{ap} | g_b\rangle\} \rightarrow I\langle m\langle g_a\rangle, m\langle g_b\rangle\rangle$ e $\{\exists I\langle \dot g_{aq} | \dot g_b\rangle\} \rightarrow I\langle m\langle \dot g_a\rangle, m\langle \dot g_b\rangle\rangle$), e i cui $\{K_m; m=1,m\}$ sono noti se sono tali i $\{g_p; p=1,p\}$ e $\{\dot g_q; p=1,q\}$.

Introducendo le (3) nelle $\{A_m \le r_m \le B_m; m=1,m\}$ di cui le $\{A_m \ge 0, B_m \ge 0; m=1,m\}$, si deducono le $\{K_m/B_m \le V^2{}_g \le K_m/A_m; m=1,m\}$ essendo possibili le deduzioni inverse. Ciò e l'essere l'arbitrarietà dei $\{A_m, B_m; m=1,m\}$ limitata dalle sole $\{0 \le A_m < B_m; m=1,m\}$ consentono di stabilire le $\{E_{r\langle m\rangle} \Leftrightarrow E_{V^2\langle g\rangle m}, E_{r\langle m\rangle} \Leftrightarrow E_{V^2\langle g\rangle m}; m=1,m\}$ di cui le

$E_{r\langle m\rangle} \equiv \{ r_m \in I_m \}$ $I_m \equiv [A_m, B_m]$ $E_{V^2\langle g\rangle m} \equiv \{ \alpha_m \le V^2{}_g \le \beta_m \}$ $\alpha_m \equiv K_m/B_m$ $\beta_m \equiv K_m/A_m$ $E_{r\langle m\rangle} \equiv \{ r_m \in I_m \}$ $I_m \equiv [A_m, B_m]$
$E_{V^2\langle g\rangle m} \equiv \{ \alpha_m \le V^2{}_g \le \beta_m \}$ $\alpha_m \equiv K_m/B_m$ $\beta_m \equiv K_m/A_m$ $\cup_{m=1,m}([\alpha_m, \beta_m]) = \mathfrak{R}_{V^2\langle g\rangle}$ $\cup_{m=1,m}([\alpha_m, \beta_m]) = \mathfrak{R}^1 - \mathfrak{R}_{V^2\langle g\rangle}$ (4)

Ciò porta la $Æ\langle V^2{}_g, \{V^2{}_g \in \mathfrak{R}_{V^2\langle g\rangle}\}, \underline{r}, \{E_{r\langle m\rangle}, I_m, E_{V^2\langle g\rangle m}, [\alpha_m, \beta_m], E_{r\langle m\rangle}, I_m, E_{V^2\langle g\rangle m}, [\alpha_m, \beta_m]; m=1,m\} / X, E_X, \underline{i}, \{E_{i\langle n\rangle}, \mathfrak{R}_n, E_{Xn}, \mathfrak{R}_{Xn}, E_{i\langle n\rangle}, \mathfrak{R}_n, E_{Xn}, \mathfrak{R}_{Xn}; n=1,n\} / (8.5)\rangle$ e quindi la

$\{C\langle \underline{r} \in \mathfrak{R}\langle \underline{r}\rangle\rangle, I\langle \underline{r}\rangle\} \rightarrow \{1 - \Sigma_{c=1,m}((-1)^{c+1} \cdot \Sigma_{b=1,Б\langle m,c\rangle}(\Pi_{a=1,c}(\int_{I\langle m\langle c,b,a\rangle\rangle}(\mathcal{D}_{r\langle m\langle c,b,a\rangle\rangle}(x) \cdot dx)))) \le \mathcal{P}\langle V^2{}_g \in \mathfrak{R}_{V^2\langle g\rangle}\rangle \le$
$\Sigma_{c=1,m}((-1)^{c+1} \cdot \Sigma_{b=1,Б\langle m,c\rangle}(\Pi_{a=1,c}(\int_{I\langle m\langle c,b,a\rangle\rangle}(\mathcal{D}_{r\langle m\langle c,b,a\rangle\rangle}(x) \cdot dx))))\}$

i cui {Im,*I*m;m=1,ɱ} sono arbitrari subordinatamente alle (4) e all'arbitraria $\mathfrak{R}_{v^2\langle g\rangle}$, e di cui si ha la {{∃Ï⟨g$_{ap}$¦g$_b$⟩;∀{a,b}⊆{p=1,ᵽ}},{∃Ï⟨ġ$_{aq}$¦ġ$_b$⟩;∀{a,b}⊆{q=1,ꝗ}},{Ï⟨g$_{pp}$,ġ$_{qq}$⟩;*p*=1,ᵽ$_p$;*q*=1,ꝗ$_q$;p=1,ᵽ;q=1,ꝗ}}→Ï⟨r⟩.

8.1.3 *Il valore medio di un insieme di variabili casuali*

Quando è incognito il m⟨g⟩ di cui le g≡{g$_n$;n=1,ꞥ} (6.2.22) e {{Ï⟨g$_n$¦G⟩;∀G};n=1,ꞥ} (e ciò accade quando è incognito almeno uno dei ꞥ valori g), si hanno IPM (6.2.24) e la Æ⟨m$_g$,$\mathfrak{R}_{m\langle g\rangle}$ /X,$\mathfrak{R}_X$ /sez.8⟩, e una 𝒫⟨E$_{m\langle g\rangle}$⟩ (di cui le E$_{m\langle g\rangle}$≡{ m$_g$∈$\mathfrak{R}_{m\langle g\rangle}$ } e Ē$_{m\langle g\rangle}$≡{ m$_g$∈ℜ⟨m$_g$⟩ }) può essere indagata come segue.
Da: Æ⟨E$_{m\langle g\rangle}$,Ē$_{m\langle g\rangle}$ /A,B /(3.2.4)⟩ e ℭ⟨Ē$_{m\langle g\rangle}$⟩; Æ⟨m$_g$,$\mathfrak{R}_{m\langle g\rangle}$,Ē$_{m\langle g\rangle}$ /S,ℜ,Ē$_S$ /(4.2.19)⟩; IPM (6.2.24); segue IPM
{𝒫⟨E$_{m\langle g\rangle}$⟩=ρ⟨E$_{m\langle g\rangle}$¦Ē$_{m\langle g\rangle}$⟩=∫⟨$\mathfrak{R}_{m\langle g\rangle}$⟩(Đ⟨m$_g$⟩(x)·dx)=∫⟨$\mathfrak{R}_{m\langle g\rangle}$⟩(*G*⟨E$_g$,$V^2{}_g$/ꞥ⟩(x)·dx)}←ℭ⟨Ē$_{m\langle g\rangle}$⟩
che può essere usata per conoscere 𝒫⟨E$_{m\langle g\rangle}$⟩ se sono noti entrambi i E$_g$ e $V^2{}_g$.
Se invece è incognito il {E$_g$∘V∘$V^2{}_g$}, delle limitazioni della 𝒫⟨E$_{m\langle g\rangle}$⟩ possono essere stabilite come segue, sottintendendo le condizioni di indipendenza tra variabili che si deducono dalle {{Ï⟨g$_n$¦G⟩;∀G};n=1,ꞥ} e {ℜ⟨g$_n$⟩=$ℜ^1$;n=1,ꞥ} (dovuta a (6.2.22)).
La Æ⟨g /g$_p$ /(8.1.1.5)⟩ porta la
{Đ⟨t$_{Mq}$⟩≡*T*⟨ꞥ̆$_q$⟩;t$_{Mq}$≡(m⟨g⟩−E$_g$)/(Đ^2⟨ġ$_q$,Ģ$_q$⟩/(ꞥ·ꞥ̆$_q$))$^{0.5}$} (1)
Le prime due delle (8.1.1.1) portano la Æ⟨g$_p$,E$_g$,$V^2{}_g$,ᵽ$_p$ /g,E$_g$,$V^2{}_g$,ꞥ /(6.2.29)⟩ che dà luogo alla Đ⟨*z*$_{Mp}$⟩=*Z* di cui la *z*$_{Mp}$≡(ꞥ$^{-1}$+ᵽ$_p{}^{-1}$)$^{-0.5}$·(m⟨g⟩−m⟨g$_p$⟩)/V$_g$. Ciò, la (8.1.1.4), e la Ï⟨*z*$_{Mp}$,Đ^2⟨ġ$_q$,Ģ$_q$⟩⟩, portano la Æ⟨*z*$_{Mp}$,Đ^2⟨ġ$_q$,Ģ$_q$⟩/$V^2{}_g$,ꞥ̆$_q$ /*z*,χ^2,ν /(6.4.1),(6.4.3)⟩ e quindi la
{Đ⟨*t*$_{Mpq}$⟩≡*T*⟨ꞥ̆$_q$⟩;*t*$_{Mpq}$≡(m⟨g⟩−m⟨g$_p$⟩)/((ꞥ$^{-1}$+ᵽ$_p{}^{-1}$)·Đ^2⟨ġ$_q$,Ģ$_q$⟩/ꞥ̆$_q$)$^{0.5}$} (2)
Si considerano i ŧ insiemi {ĝ$_t$;t=1,ŧ} di cui le {Ï⟨ĝ$_t$⟩;t=1,ŧ} ĝ$_t$≡{ĝ$_{tt}$;*t*=1,ŧ$_t$} e {Đ⟨ĝ$_{tt}$⟩≡*G*⟨E$_g$,$V^2{}_{ĝt}$⟩; *t*=1,ŧ$_t$;t=1,ŧ}. Ciò porta la Æ⟨ĝ$_t$,E$_g$,$V^2{}_{ĝt}$,ŧ$_t$ /g,E$_g$,$V^2{}_g$,ꞥ /(6.2.29)⟩ che dà luogo alla
{Đ⟨z$_{Mt}$⟩=*Z*;z$_{Mt}$≡(m⟨g⟩−m⟨ĝ$_t$⟩)/($V^2{}_g$/ꞥ+$V^2{}_{ĝt}$/ŧ$_t$)$^{0.5}$} (3)
Si considera l'insieme r di cui le r≡{r$_m$;m=1,ɱ} r$_m$≡{*t*$_{Mpq}$∘V∘{t$_{Mq}$ | E$_g$ è noto}∘V∘{z$_{Mt}$ | $V^2{}_g$ e $V^2{}_{ĝt}$ sono noti}} e ¬∃{r$_a$≡r$_b$ | {*a*,*b*}⊆{m=1,ɱ}}. Da ciò seguono le
{r$_m$=(m⟨g⟩−P$_m$)/Q$_m$;m=1,ɱ} (4)
le cui {Đ⟨r$_m$⟩(x);m=1,ɱ} sono rese note dalle (1) (2) e (3), e i cui {P$_m$,Q$_m$;m=1,ɱ} sono noti se sono tali i {g$_p$;p=1,ᵽ} {ġ$_q$;p=1,ꝗ} e {ĝ$_t$;t=1,ŧ}.
Introducendo le (4) nelle {A$_m$≤r$_m$≤B$_m$;m=1,ɱ} (e considerandone le {Q$_m$≥0;m=1,ɱ}), si deducono le {A$_m$·Q$_m$+P$_m$≤m$_g$≤B$_m$·Q$_m$+P$_m$;m=1,ɱ} essendo possibili le deduzioni inverse. Ciò e l'arbitrarietà dei {A$_m$,B$_m$;m=1,ɱ} consentono di stabilire le {E$_{r\langle m\rangle}$↔E$_{m\langle g\rangle m}$,*E*$_{r\langle m\rangle}$↔*E*$_{m\langle g\rangle m}$;m=1,ɱ} di cui le E$_{r\langle m\rangle}$≡{ r$_m$∈I$_m$ } I$_m$≡[A$_m$,B$_m$] E$_{m\langle g\rangle m}$≡{ α$_m$≤m$_g$≤β$_m$ } α$_m$≡A$_m$·Q$_m$+P$_m$ β$_m$≡B$_m$·Q$_m$+P$_m$ *E*$_{r\langle m\rangle}$≡{ r$_m$∈*I*$_m$ } *I*$_m$≡[*A*$_m$,*B*$_m$] *E*$_{m\langle g\rangle m}$≡{ *α*$_m$≤m$_g$≤*β*$_m$ } *α*$_m$≡*A*$_m$·Q$_m$+P$_m$ *β*$_m$≡*B*$_m$·Q$_m$+P$_m$ ∪$_{m=1,ɱ}$([α$_m$,β$_m$])=$\mathfrak{R}_{m\langle g\rangle}$ ∪$_{m=1,ɱ}$([*α*$_m$,*β*$_m$])=$ℜ^1$−$\mathfrak{R}_{m\langle g\rangle}$. Ciò porta la Æ⟨m⟨g⟩,E$_{m\langle g\rangle}$,r,{E$_{r\langle m\rangle}$,I$_m$,E$_{m\langle g\rangle m}$,[α$_m$,β$_m$],*E*$_{r\langle m\rangle}$,*I*$_m$,*E*$_{m\langle g\rangle m}$,[*α*$_m$,*β*$_m$];m=1,ɱ} /X,E$_X$,i,{E$_{i\langle n\rangle}$,ℜ$_n$,E$_{Xn}$,ℜ$_{Xn}$,*E*$_{i\langle n\rangle}$,*ℜ*$_n$,*E*$_{Xn}$,*ℜ*$_{Xn}$;n=1,ꞥ} /(8.5)⟩ e quindi consente di ottenere le inerenti limitazioni della 𝒫⟨E$_{m\langle g\rangle}$⟩.

8.1.4 *La varianza di un insieme di variabili casuali*

Quando è incognita la v^2⟨g⟩ del g di cui in sez. 8.1.3 (e ciò accade quando è incognito almeno uno dei ꞥ valori g), si ha la Æ⟨v$^2{}_g$,$\mathfrak{R}_{v2\langle g\rangle}$ /X,$\mathfrak{R}_X$ /sez.8⟩, e una 𝒫⟨E$_{v2\langle g\rangle}$⟩ (di cui le E$_{v2\langle g\rangle}$≡{ v$^2{}_g$∈$\mathfrak{R}_{v2\langle g\rangle}$ } e Ē$_{v2\langle g\rangle}$≡{ v$^2{}_g$∈ℜ⟨v$^2{}_g$⟩ }) può essere indagata come segue.
Le (6.3.17) e v$^2{}_g$≡d^2⟨g⟩/ꞥ (dovuta a Æ⟨g /A /(2.2.1)⟩) portano la
Đ⟨ꞥ·v$^2{}_g$/$V^2{}_g$⟩≡*X*⟨ꞥ−1⟩ (1)

Da: Æ⟨$Ev2_{\langle g\rangle}$,$\bar{E}v2_{\langle g\rangle}$ /A,B /(3.2.4)⟩ e ℭ⟨$\bar{E}v2_{\langle g\rangle}$⟩; Æ⟨$V^2{}_{g}$,$\mathfrak{R}v2_{\langle g\rangle}$,$\bar{E}v2_{\langle g\rangle}$ /s,𝔑,$\bar{E}_s$ /(4.2.19)⟩; Æ⟨$V^2{}_{g}$,ꞥ·$V^2{}_{g}$/$V^2{}_g$ / u,v /(5.2.2.12)⟩; (1); segue IPM

{𝒫⟨$Ev2_{\langle g\rangle}$⟩=ρ⟨$Ev2_{\langle g\rangle}$|$\bar{E}v2_{\langle g\rangle}$⟩=∫⟨$\mathfrak{R}v2_{\langle g\rangle}$⟩(Ɗ⟨$V^2{}_{g}$⟩(x)·dx)=ꞥ·$V^{-2}{}_{g}$·∫⟨$\mathfrak{R}v2_{\langle g\rangle}$⟩(Ɗ⟨ꞥ·$V^2{}_{g}$/$V^2{}_g$⟩(ꞥ·x/$V^2{}_g$)·dx)= ꞥ·$V^{-2}{}_{g}$·∫⟨$\mathfrak{R}v2_{\langle g\rangle}$⟩(Χ⟨ꞥ−1⟩(ꞥ·x/$V^2{}_g$)·dx)}←ℭ⟨$\bar{E}v2_{\langle g\rangle}$⟩

che può essere usata per conoscere 𝒫⟨$Ev2_{\langle g\rangle}$⟩ se è nota $V^2{}_g$. Se invece $V^2{}_g$ è incognita, delle limitazioni della 𝒫⟨$Ev2_{\langle g\rangle}$⟩ possono essere stabilite come segue.

Le (1) e (8.1.1.4), e la deduzione della 𝕀⟨$V^2{}_{g}$,$Đ^2$⟨$\dot{g}_q$,$\c{g}_q$⟩⟩ dalla {{Ï⟨g_n|G⟩;∀G};n=1,ꞥ}, portano la Æ⟨ꞥ·$V^2{}_{g}$/$V^2{}_g$,ꞥ−1,$Đ^2$⟨$\dot{g}_q$,$\c{g}_q$⟩/$V^2{}_g$,$\check{ꞥ}_q$ /$\chi^2{}_N$,v_N,$\chi^2{}_D$,v_D /(6.4.4),(6.4.5)⟩ che dà luogo alla

{Ɗ⟨f_q⟩≡F⟨ꞥ−1,$\check{ꞥ}_q$⟩;f_q≡ꞥ·$\check{ꞥ}_q$·(ꞥ−1)$^{-1}$·$V^2{}_{g}$/$Đ^2$⟨$\dot{g}_q$,$\c{g}_q$⟩} (2)

Si considera l'insieme r di cui le r≡{r_m;m=1,ꬺ} r_m≡f_q e ¬∃{r_a≡r_b | {a,b}⊆{m=1,ꬺ}}. Da ciò seguono le

{r_m=H_m·$V^2{}_{g}$;m=1,ꬺ} (3)

le cui {Ɗ⟨r_m⟩(x);m=1,ꬺ} sono rese note dalla (2), e i cui {H_m;m=1,ꬺ} sono noti se sono tali i {$\dot{g}_q$;p=1,ꝗ}.

Introducendo le (3) nelle {A_m≤r_m≤B_m;m=1,ꬺ} (e considerandone le {H_m≥0;m=1,ꬺ}), si deducono le {A_m/H_m≤$V^2{}_{g}$≤B_m/H_m;m=1,ꬺ} essendo possibili le deduzioni inverse. Ciò e l'arbitrarietà dei {A_m,B_m;m=1,ꬺ} consentono di stabilire le {$E_{r\langle m\rangle}$⟺$Ev2_{\langle g\rangle m}$,$E_{r\langle m\rangle}$⟺$Ev2_{\langle g\rangle m}$;m=1,ꬺ} di cui le $E_{r\langle m\rangle}$≡{r_m∈I_m} I_m≡[A_m,B_m] $Ev2_{\langle g\rangle m}$≡{α_m≤$V^2{}_{g}$≤β_m} α_m≡A_m/H_m β_m≡B_m/H_m $E_{r\langle m\rangle}$≡{r_m∈I_m} I_m≡[A_m,B_m] $Ev2_{\langle g\rangle m}$≡{α_m≤$V^2{}_{g}$≤β_m} α_m≡A_m/H_m β_m≡B_m/H_m $\cup_{m=1,ꬺ}$([α_m,β_m])=$\mathfrak{R}v2_{\langle g\rangle}$ $\cup_{m=1,ꬺ}$([α_m,β_m])=$\mathfrak{R}^1$−$\mathfrak{R}v2_{\langle g\rangle}$. Ciò porta la Æ⟨$V^2{}_{g}$,$Ev2_{\langle g\rangle}$,r,{$E_{r\langle m\rangle}$,$I_m$,$Ev2_{\langle g\rangle m}$,[$\alpha_m$,$\beta_m$],$E_{r\langle m\rangle}$,$I_m$,$Ev2_{\langle g\rangle m}$,[$\alpha_m$,$\beta_m$];m=1,ꬺ} /X,$E_X$,i,{$E_{i\langle n\rangle}$,$\mathfrak{R}_n$,$E_{Xn}$,$\mathfrak{R}_{Xn}$,$E_{i\langle n\rangle}$,$\mathfrak{R}_n$,$E_{Xn}$,$\mathfrak{R}_{Xn}$;n=1,ꞥ} /(8.5)⟩ e quindi consente di ottenere le inerenti limitazioni della 𝒫⟨$Ev2_{\langle g\rangle}$⟩.

9 L'ANALISI DELLA VARIANZA

9.1 *La struttura tabellare e i suoi significati*

Una consueta tabella T è una struttura denotata dalle

T=Ξ=R=C Ξ≡{$Ξ_{rc}$;r=1,N_R;c=1,N_C} R≡{R_r;r=1,N_R} R_r≡{$Ξ_{rc}$;c=1,N_C} C≡{C_c;c=1,N_C} C_c≡{$Ξ_{rc}$;r=1,N_R} $Ξ_{rc}$=R_r∩C_c (1)

dove: Ξ sono le N_R·N_C caselle, R sono le N_R righe, C sono le N_C colonne, e ogni casella $Ξ_{rc}$ è un insieme.

Un insieme Ч (di cui la Ч≡{$Ч_e$;e=1,ҽ}) può assumere la struttura di una T per mezzo del distribuire i suoi elementi a costituire le caselle di questa, ossia stabilendo una

Ч={T | $Ξ_{rc}$≡{$Ч_{e\langle r,c,e\rangle}$;e=1,𝒩⟨$Ξ_{rc}$⟩};r=1,$N_R$;c=1,$N_C$} (2)

definita da una {e_{rce};e=1,𝒩⟨$Ξ_{rc}$⟩;r=1,N_R;c=1,N_C}={e=1,ҽ}.

Lo scopo essenziale della (2) è quello di facilitare la visualizzazione di sottoinsiemi di Ч (chiamati classi), i quali si distinguono reciprocamente in quanto gli elementi di ognuno hanno come caratteristica comune un peculiare valore di una certa proprietà.

Questo scopo è conseguito stabilendo la (2) in modo da disporre come elementi di ogni A_a (si usano i simboli {A,a,A} nel senso della {A,a,A}≡{{R,r,R}.∨.{C,c,C}}) tutti quelli che hanno come caratteristica comune uno specifico a-esimo valore $\mathbb{V}_{A\langle a\rangle}$ di una specifica proprietà $\mathbb{P}_A$, e ottenendo così che ogni A_a è una diversa classe di Ч e che ad A risulta associata la $\mathbb{P}_A$.

Una relazione tra una grandezza G e una proprietà P, è inerente una corrispondenza biunivoca tra valori di G e valori non tutti uguali di P. La forza (o strettezza) di una tale relazione è maggiore quanto è mediamente tale la variazione tra valori di G corrispondenti a diversi valori di P. Nel caso che P è una grandezza (cioè, conformemente a quanto in sez. 2.1, quando P è la proprietà numero), oltre alla relazione tra G e P si ha anche la correlazione tra queste, la quale è anche essa inerente una $\{G\Leftrightarrow P\}\equiv\{G_a,P_{b\langle a\rangle};a=1,\mathbf{a}\}$ (conforme alla (2.2.4)) tra un $\underline{G}$ (insieme di valori di G di cui la $\underline{G}\equiv\{G_a;a=1,\mathbf{a}\}$) e un $\underline{P}$ (insieme di valori di P di cui la $\underline{P}\equiv\{P_b;b=1,\mathbf{a}\}=\{P_{b\langle a\rangle};a=1,\mathbf{a}\}$), e la cui forza è misurata da: la codevianza $cd\langle\underline{G},\underline{P}\rangle$ definita dalla $cd\langle\underline{G},\underline{P}\rangle\equiv\Sigma_{a=1,\mathbf{a}}((G_a-m\langle\underline{G}\rangle)\cdot(P_{b\langle a\rangle}-m\langle\underline{P}\rangle))$, la covarianza $cd_{\underline{G},\underline{P}}/\mathbf{a}$, e il coefficiente di correlazione $cd_{\underline{G},\underline{P}}/(d\langle\underline{G}\rangle\cdot d\langle\underline{P}\rangle)$ (di cui la (2.2.1)). Nel seguito si sottintende che i $\underline{Ч}$ sono $\mathbf{e}$ valori di una stessa grandezza $Ч$.

La visualizzazione di $\underline{Ч}$ che si ottiene con la (2), evidenzia la forza della relazione tra $Ч$ e la proprietà $\mathbb{P}_{\underline{A}}$ associata a $\underline{A}$, nel senso che consente una vista della variabilità dei valori di $Ч$ con l'appartenere a una o l'altra delle N_A classi $\underline{A}$. Questa forza: è chiamata $r_{\underline{A}}$; è causata da alcune classi tra le $\underline{A}$ che si distinguono per l'avere ognuna un valore medio notevolmente diverso da $m\langle\underline{Ч}\rangle$; è crescente con il numero e il risalto delle dette classi nonché con le loro numerosità.

La presenza in $\underline{T}$ delle $\mathbb{P}_{\underline{R}}$ e $\mathbb{P}_{\underline{C}}$, vi implica anche quella di una proprietà $\mathbb{P}_{\underline{\Xi}}$ associata a $\underline{\Xi}$, in quanto il suo (r,c)-esimo valore è il $\mathbb{V}_{\underline{\Xi}\langle r,c\rangle}$ (di cui la $\mathbb{V}_{\underline{\Xi}\langle r,c\rangle}\equiv\{\mathbb{V}_{\underline{R}\langle r\rangle},\mathbb{V}_{\underline{C}\langle c\rangle}\}$) comune a tutti gli elementi della classe $\underline{\Xi}_{rc}$.

Quindi la $\underline{T}$ in argomento evidenzia anche la forza $r_{\underline{\Xi}}$ della relazione tra $Ч$ e $\mathbb{P}_{\underline{\Xi}}$, valendo per questa $r_{\underline{\Xi}}$ considerazioni analoghe a quelle fatte per ognuna delle $r_{\underline{R}}$ e $r_{\underline{C}}$.

L'interazione $\mathbb{I}_{\underline{\Xi}}$ tra le $\mathbb{P}_{\underline{R}}$ e $\mathbb{P}_{\underline{C}}$, è una proprietà ulteriore rispetto alle $\mathbb{P}_{\underline{R}}$ $\mathbb{P}_{\underline{C}}$ e $\mathbb{P}_{\underline{\Xi}}$. La forza della relazione tra $Ч$ e $\mathbb{I}_{\underline{\Xi}}$, che si chiama $i_{\underline{\Xi}}$, è maggiore quanto la $r_{\underline{\Xi}}$ è diversa da quella che sarebbe coerente con la sola addizione delle $r_{\underline{R}}$ e $r_{\underline{C}}$. La $r_{\underline{\Xi}}$ è costituita dall'addizione delle $i_{\underline{\Xi}}$ $r_{\underline{R}}$ e $r_{\underline{C}}$, e quindi la $i_{\underline{\Xi}}$ è costituita con l'eliminare le $r_{\underline{R}}$ e $r_{\underline{C}}$ dalla $r_{\underline{\Xi}}$.

Nel caso $N_R=1$: si ha la sola $r_{\underline{C}}$ che coincide con la $r_{\underline{\Xi}}$ poiché si ha la $\underline{\Xi}_{rc}\equiv\underline{\Xi}_{1c}\equiv\underline{C}_c$, e non si ha la $\mathbb{I}_{\underline{\Xi}}$ poiché sussiste la sola $\mathbb{P}_{\underline{C}}$. Questo caso è del tutto analogo a quello della $N_C=1$.

La $\underline{T}$, che è bidimensionale nel senso che mostra le sue N_R $\underline{R}$ e N_C $\underline{C}$ nelle rispettive due dimensioni complanari e mutuamente ortogonali, è generalizzata da una tabella $\underline{\mathrm{T}}$ $\mathbf{n}$-dimensionale che è una struttura denotata, intendendo la $\underline{i}\equiv\{i_n;n=1,\mathbf{n}\}$, dalle

$$\{\underline{\mathrm{T}}=\underline{\Xi}=\underline{K}_n;n=1,\mathbf{n}\}\ \underline{\Xi}\equiv\{\underline{\Xi}_{\underline{i}};i_1=1,N_1;i_2=1,N_2;\ldots;i_{\mathbf{n}}=1,N_{\mathbf{n}}\}\ \underline{K}_n\equiv\{\underline{K}_{ni};i=1,N_n\}\ \underline{K}_{ni}\equiv\{\underline{\Xi}_{\underline{i}}\,/\,i_n=i\}\ \underline{\Xi}_{\underline{i}}=\cap_{n=1,\mathbf{n}}(\underline{K}_{ni\langle n\rangle})\quad(3)$$

dove: $\underline{\Xi}$ è l'insieme delle $\mathbb{N}$ caselle (di cui la $\mathbb{N}\equiv\Pi_{n=1,\mathbf{n}}(N_n)$); $\underline{K}_n$ è l'insieme delle N_n divisioni $\{\underline{K}_{ni};i=1,N_n\}$ nella n-esima dimensione.

La (2) inerente la $\underline{T}$ descritta dalle (1), è generalizzata, inerentemente la $\underline{\mathrm{T}}$ descritta dalle (3), dalla

$$\underline{Ч}=\{\underline{\mathrm{T}}\,|\,\underline{\Xi}_{\underline{i}}\equiv\{Ч_{e\langle\underline{i},e\rangle};e=1,\mathfrak{N}\langle\underline{\Xi}_{\underline{i}}\rangle\};i_1=1,N_1;i_2=1,N_2;\ldots;i_{\mathbf{n}}=1,N_{\mathbf{n}}\}\quad(4)$$

definita da una $\{e_{\underline{i}e};e=1,\mathfrak{N}\langle\underline{\Xi}_{\underline{i}}\rangle;i_1=1,N_1;i_2=1,N_2;\ldots;i_{\mathbf{n}}=1,N_{\mathbf{n}}\}=\{e=1,\mathbf{e}\}$.

Inoltre queste generalizzazioni per la $\underline{\mathrm{T}}$ di quanto detto della $\underline{T}$, proseguono come segue: ai $\underline{K}_n$ e $\underline{\Xi}$ sono associate le rispettive proprietà $\mathbb{P}_{\underline{K}\langle n\rangle}$ e $\mathbb{P}_{\underline{\Xi}}$; $\underline{K}_{ni}$ è la classe costituita da tutti gli elementi di $\underline{Ч}$ che hanno come caratteristica comune lo stesso i-esimo valore $\mathbb{V}_{\underline{K}\langle n,i\rangle}$ della $\mathbb{P}_{\underline{K}\langle n\rangle}$; $\underline{\Xi}_{\underline{i}}$ è la classe costituita da tutti gli elementi di $\underline{Ч}$ che hanno come caratteristica comune lo stesso $\underline{i}$-esimo valore $\mathbb{V}_{\underline{\Xi}\langle\underline{i}\rangle}$ (di cui la $\mathbb{V}_{\underline{\Xi}\langle\underline{i}\rangle}\equiv\{\mathbb{V}_{\underline{K}\langle n,i\langle n\rangle\rangle};n=1,\mathbf{n}\}$) della $\mathbb{P}_{\underline{\Xi}}$. A questo riguardo si sottintendono le

$$\mathbb{N}\geq2\ \{\mathbb{P}_{\underline{K}\langle a\rangle}\neq\mathbb{P}_{\underline{K}\langle b\rangle};\forall\{a,b\}\subseteq\{n=1,\mathbf{n}\}\}\ \{\mathbb{V}_{\underline{K}\langle n,a\rangle}\neq\mathbb{V}_{\underline{K}\langle n,b\rangle};\forall\{a,b\}\subseteq\{i_n=1,N_n\};\forall n\in\{n=1,\mathbf{n}\}\}\quad(5)$$

Il $\underline{Ч}$, di cui la (4), è suddivisibile nei suoi $\tilde{N}_{cb}$ sottoinsiemi (di cui la $\tilde{N}_{cb}\equiv\Pi_{a=1,c}(N_{\underline{n}\langle c,b,a\rangle})$) che si chiamano le $\tilde{N}_{cb}$ classi $\underline{\tilde{I}}_{cb}$ e sono definiti, intendendo la $\tilde{\underline{i}}_{cb}\equiv\{i_{\underline{n}\langle c,b,a\rangle};a=1,c\}$, dal terzo membro della

$$\underline{Ч}=\underline{\tilde{I}}_{cb}\equiv\{\underline{\tilde{I}}_{cb\tilde{\underline{i}}\langle c,b\rangle};i_{\underline{n}\langle c,b,1\rangle}=1,N_{\underline{n}\langle c,b,1\rangle};i_{\underline{n}\langle c,b,2\rangle}=1,N_{\underline{n}\langle c,b,2\rangle};\ldots;i_{\underline{n}\langle c,b,c\rangle}=1,N_{\underline{n}\langle c,b,c\rangle}\}\equiv\{\underline{\tilde{I}}_{\mathfrak{b}};\mathfrak{b}=1,\tilde{N}_{cb}\}\quad(6)$$

di cui la $\underline{\tilde{I}}_{cb\tilde{\underline{i}}\langle c,b\rangle}\equiv\cap_{a=1,c}(\underline{K}_{\underline{n}\langle c,b,a\rangle i\langle\underline{n}\langle c,b,a\rangle\rangle})$, e la cui $Æ\langle\underline{Ч},\underline{\tilde{I}}_{cb}\,/\,\underline{A},\underline{B}\,/(2.2.38)\rangle$ è mostrata con maggiore evidenza dal suo ultimo membro che segue come semplificazione consentita dalla genericità dei $\{c,b\}$

che consente di porre la $\underline{\tilde{I}}_{cb}\equiv\{\underline{\tilde{I}}_{б};б=1,\tilde{N}_{cb}\}$ nel senso che il generico elemento $\tilde{I}_{cb\tilde{I}\langle c,b\rangle}$ è indicato come $\underline{\tilde{I}}_{б}$.

Le $\underline{\tilde{I}}_{1n}\equiv\underline{K}_n$ e $\underline{\tilde{I}}_{₦1}\equiv\Xi$, che si hanno in corrispondenza delle rispettive $\{c,b\}\equiv\{1,n\}$ e $\{c,b\}\equiv\{₦,1\}$, mostrano che le $\mathbf{Б}\langle ₦\rangle$ suddivisioni di $\underline{ч}$ formulabili con la (6) comprendono le $₦+1$ precedentemente espresse dalle (3) e (4) che sono: quella nelle N_n classi $\{\underline{K}_{ni};i=1,N_n\}$ (una per ognuno dei $\{n=1,₦\}$), e quella nelle $\mathbb{N}$ classi Ξ.

A ogni $\underline{\tilde{I}}_{cb}$ è associata una proprietà $\mathbb{P}_{cb}$ che ha i $\tilde{N}_{cb}$ valori $\{\mathbb{V}_{cb\tilde{I}\langle c,b\rangle\rangle};i_{\underline{n}\langle c,b,1\rangle}=1,N_{\underline{n}\langle c,b,1\rangle};i_{\underline{n}\langle c,b,2\rangle}=1,N_{\underline{n}\langle c,b,2\rangle};\ldots;i_{\underline{n}\langle c,b,c\rangle}=1,N_{\underline{n}\langle c,b,c\rangle}\}$ il cui $\mathbb{V}_{cb\tilde{I}\langle c,b\rangle\rangle}$ è una caratteristica comune a tutti gli elementi di $\tilde{I}_{cb\tilde{I}\langle c,b\rangle}$ ed è costituito dai c valori inerenti i rispettivi $\{K_{\underline{n}\langle c,b,a\rangle i\langle \underline{n}\langle c,b,a\rangle\rangle};a=1,c\}$ ossia è $\mathbb{V}_{cb\tilde{I}\langle c,b\rangle\rangle}\equiv\{\mathbb{V}_{K\langle \underline{n}\langle c,b,a\rangle,i\langle \underline{n}\langle c,b,a\rangle\rangle\rangle};a=1,c\}$. Si hanno le $\mathbb{P}_{1n}\equiv\mathbb{P}_{\underline{K}\langle n\rangle}$ e $\mathbb{P}_{₦1}\equiv\mathbb{P}_{\Xi}$ conformi alle rispettive $\underline{\tilde{I}}_{1n}\equiv\underline{K}_n$ e $\underline{\tilde{I}}_{₦1}\equiv\Xi$.

La forza r_{cb} della relazione tra $ч$ e $\mathbb{P}_{cb}$, è evidenziata da quanto i valori di $ч$ sono influenzati dall'appartenere a una o l'altra delle $\tilde{N}_{cb}$ classi $\underline{\tilde{I}}_{cb}$. Questa forza: è causata da alcune classi tra le $\underline{\tilde{I}}_{cb}$ che si distinguono per l'avere ognuna un valore medio notevolmente diverso da $\mathsf{m}\langle\underline{ч}\rangle$; è crescente con il numero e il risalto delle dette classi nonché con le loro numerosità.

Corrispondentemente alle $\mathbf{Б}_{₦}-₦$ proprietà $\{\mathbb{P}_{cb};b=1,Б_{₦c};c=2,₦\}$, si hanno le altrettante ulteriori proprietà $\{\mathbb{I}_{cb};b=1,Б_{₦c};c=2,₦\}$, la cui $\mathbb{I}_{cb}$ è l'interazione tra le $\{\mathbb{P}_{\underline{K}\langle \underline{n}\langle c,b,a\rangle\rangle};a=1,c\}$.

L'essere l'insieme $\{\underline{n}_{\langle c,b,a\rangle};a=1,c\}-\{\underline{n}_{\langle c,b,a\rangle}\}$ una combinazione dei $\{n=1,₦\}$ come lo è la $\{\underline{n}_{\langle c,b,a\rangle};a=1,c\}$, comporta che ne sono definite la proprietà Π_{cba} analoga della $\mathbb{P}_{cb}$ e la forza r_{cba} (della relazione tra $ч$ e Π_{cba}) analoga della r_{cb}. La forza i_{cb} della relazione tra $ч$ e $\mathbb{I}_{cb}$, è maggiore quanto la r_{cb} è diversa da quella che sarebbe coerente con la sola addizione delle $\{r_{cba};a=1,c\}$. La r_{cb} è costituita dall'addizione delle i_{cb} e $\{r_{cba};a=1,c\}$, e quindi la i_{cb} è costituita con l'eliminare le $\{r_{cba};a=1,c\}$ dalla r_{cb}.

9.2 *Le statistiche, l'ipotesi, le conseguenti funzioni di densità di probabilità.*

In conformità alla $Æ\langle \underline{ч},\underline{\tilde{I}}_{cb},\{\underline{\tilde{I}}_{б};б=1,\tilde{N}_{cb}\}\ /\underline{A},\underline{B},\{\underline{B}_d;d=1,₫\}\ /(2.2.38)\rangle$ (dovuta a (9.1.6)) e alle $\underline{\tilde{I}}_{₦1}\equiv\Xi$ $\underline{\tilde{I}}_{1n}\equiv\underline{K}_n$ (dette in sez. 9.1), si pongono le

$$\mathbf{d}^2_{NScb}\equiv\mathbf{D}^2\langle\underline{ч},\underline{\tilde{I}}_{cb}\rangle\quad \mathbb{d}^2_{Scb}\equiv\mathbb{D}^2\langle\underline{ч},\underline{\tilde{I}}_{cb}\rangle\quad \mathbf{d}^2_{NS\Xi}\equiv\mathbf{d}^2_{NS₦1}\quad \mathbb{d}^2_{S\Xi}\equiv\mathbb{d}^2_{S₦1}\quad \mathbf{d}^2_{UNSn}\equiv\mathbf{d}^2_{NS1n}\quad \mathbb{d}^2_{USn}\equiv\mathbb{d}^2_{S1n} \tag{1}$$

Da: $Æ\langle\underline{ч},\underline{\tilde{I}}_{cb}\ /\underline{x},\underline{X}\ /(2.2.40)\rangle$; (1); segue

$$\mathsf{d}^2\langle\underline{ч}\rangle=\mathbf{D}^2\langle\underline{ч},\underline{\tilde{I}}_{cb}\rangle+\mathbb{D}^2\langle\underline{ч},\underline{\tilde{I}}_{cb}\rangle\equiv\mathbf{d}^2_{NScb}+\mathbb{d}^2_{Scb} \tag{2}$$

Le $Æ\langle ₦,1\ /c,b\ /(2)\rangle$ $Æ\langle 1,n\ /c,b\ /(2)\rangle$ e (1) portano le

$$\mathsf{d}^2\langle\underline{ч}\rangle=\mathbf{d}^2_{NS\Xi}+\mathbb{d}^2_{S\Xi} \tag{3}$$

$$\mathsf{d}^2\langle\underline{ч}\rangle=\mathbf{d}^2_{UNSn}+\mathbb{d}^2_{USn} \tag{4}$$

Si pone la

$$\mathbb{d}^2_{SIcb}\equiv\mathbb{d}^2_{Scb}-\Sigma_{b=1,Б\langle ₦,c-1\rangle}(\delta_{cbb}\cdot\mathbb{d}^2_{Sc-1,b}) \tag{5}$$

definita per $c\in\{n=2,₦\}$; dove: è $\delta_{cbb}=1$ se $\{\underline{n}_{\langle c-1,b,a\rangle};a=1,c-1\}\subset\{\underline{n}_{\langle c,b,a\rangle};a=1,c\}$, e è $\delta_{cbb}=0$ se $\{\underline{n}_{\langle c-1,b,a\rangle};a=1,c-1\}\not\subset\{\underline{n}_{\langle c,b,a\rangle};a=1,c\}$; e di cui si ha la $\Sigma_{b=1,Б\langle ₦,c\rangle}(\delta_{cbb})=\mathbb{N}_{₦c}$ con $\mathbb{N}_{₦c}$ il numero di combinazioni di classe c dei $\{n=1,₦\}$ nelle quali compare una stessa combinazione $\{\underline{n}_{c-1,ba};a=1,c-1\}$, valendone perciò la $\mathbb{N}_{₦c}=₦-c+1$ che segue dalla $Æ\langle n=1,₦\ /n=1,N\ /(2.1.2.6)\rangle$.

Dalla (5) segue la

$$\mathbb{d}^2_{Scb}=\mathbb{d}^2_{SIcb}+\Sigma_{b=1,Б\langle ₦,c-1\rangle}(\delta_{cbb}\cdot\mathbb{d}^2_{Sc-1,b}) \tag{6}$$

Introducendo nella (2) la (6), si ha la

$$\mathsf{d}^2\langle\underline{ч}\rangle=\mathbf{d}^2_{NScb}+\mathbb{d}^2_{SIcb}+\Sigma_{b=1,Б\langle ₦,c-1\rangle}(\delta_{cbb}\cdot\mathbb{d}^2_{Sc-1,b}) \tag{7}$$

Da: (6); $\Sigma_{b=1,Б\langle ₦,c\rangle}(\delta_{cbb})=\mathbb{N}_{₦c}$; segue

$$\Sigma_{b=1,Б\langle ₦,c\rangle}(\mathbb{d}^2_{Scb})=\Sigma_{b=1,Б\langle ₦,c\rangle}(\mathbb{d}^2_{SIcb})+\Sigma_{b=1,Б\langle ₦,c-1\rangle}(\mathbb{d}^2_{Sc-1,b}\cdot\Sigma_{b=1,Б\langle ₦,c\rangle}(\delta_{cbb}))=\Sigma_{b=1,Б\langle ₦,c\rangle}(\mathbb{d}^2_{SIcb})+\mathbb{N}_{₦c}\cdot\Sigma_{b=1,Б\langle ₦,c-1\rangle}(\mathbb{d}^2_{Sc-1,b})$$

Questa e il porre le $\mathbb{d}^2_{\Sigma Sc}\equiv\Sigma_{b=1,\text{Б}\langle\not{n},c\rangle}(\mathbb{d}^2_{Scb})$ $\mathbb{d}^2_{\Sigma SIc}\equiv\Sigma_{b=1,\text{Б}\langle\not{n},c\rangle}(\mathbb{d}^2_{SIcb})$ portano i primi due membri della

$\mathbb{d}^2_{\Sigma Sc}=\mathbb{d}^2_{\Sigma SIc}+\mathscr{N}_{\not{n}c}\cdot\mathbb{d}^2_{\Sigma S,c-1}=\mathbb{d}^2_{\Sigma SIc}+\mathscr{N}_{\not{n}c}\cdot\mathbb{d}^2_{\Sigma SI,c-1}+\mathscr{N}_{\not{n}c}\cdot\mathscr{N}_{\not{n},c-1}\cdot\mathbb{d}^2_{\Sigma S,c-2}=\ldots=$

$\mathbb{d}^2_{\Sigma SIc}+\Sigma_{a=2,c-1}(\Pi_{b=a+1,c}(\mathscr{N}_{\not{n}b})\cdot\mathbb{d}^2_{\Sigma SIa})+\Pi_{b=2,c}(\mathscr{N}_{\not{n}b})\cdot\mathbb{d}^2_{\Sigma S1}$

i cui membri ulteriori si ottengono applicando successivamente gli stessi suoi primi due membri per esprimere i rispettivi $\{\mathbb{d}^2_{\Sigma Sa};a=c-1,2\}$, e che vale per $c\in\{n=2,\not{n}\}$ coerentemente con la (5) che è intervenuta nella sua deduzione.

Introducendo, nella precedente espressione di $\mathbb{d}^2_{\Sigma Sc}$, le $\{\mathcal{N}\langle\not{n},p,q\rangle\equiv\Pi_{k=p,q}(\mathscr{N}_{\not{n}k});\forall p\leq q\}$ $\{\mathcal{N}\langle\not{n},p,q\rangle\equiv 1;\forall p>q\}$ e la $\mathbb{d}^2_{\Sigma S1}\equiv\Sigma_{n=1,\not{n}}(\mathbb{d}^2_{USn})$ (che è conforme alle $\mathbb{d}^2_{\Sigma Sc}\equiv\Sigma_{b=1,\text{Б}\langle\not{n},c\rangle}(\mathbb{d}^2_{Scb})$ e (1)), si ha la

$\mathbb{d}^2_{\Sigma Sc}=\Sigma_{a=2,c}(\mathcal{N}_{\not{n},a+1,c}\cdot\mathbb{d}^2_{\Sigma SIa})+\Sigma_{n=1,\not{n}}(\mathcal{N}_{\not{n}2c}\cdot\mathbb{d}^2_{USn})$ (8)

Da: quarta delle (1); $\text{Б}\langle\not{n},\not{n}\rangle=1$; $\text{Æ}\langle\not{n}\ /c\ /\mathbb{d}^2_{\Sigma Sc}\equiv\Sigma_{b=1,\text{Б}\langle\not{n},c\rangle}(\mathbb{d}^2_{Scb})\rangle$; $\text{Æ}\langle\not{n}\ /c\ /(8)\rangle$; $\mathbb{d}^2_{\Sigma SIc}\equiv\Sigma_{b=1,\text{Б}\langle\not{n},c\rangle}(\mathbb{d}^2_{SIcb})$; segue

$\mathbb{d}^2_{S\underline{\Xi}}\equiv\mathbb{d}^2_{S\not{n}1}=\Sigma_{b=1,\text{Б}\langle\not{n},\not{n}\rangle}(\mathbb{d}^2_{S\not{n}b})\equiv\mathbb{d}^2_{\Sigma S\not{n}}=\Sigma_{c=2,\not{n}}(\mathcal{N}_{\not{n},c+1,\not{n}}\cdot\mathbb{d}^2_{\Sigma SIc})+\Sigma_{n=1,\not{n}}(\mathcal{N}_{\not{n}2\not{n}}\cdot\mathbb{d}^2_{USn})=$

$\Sigma_{c=2,\not{n}}(\Sigma_{b=1,\text{Б}\langle\not{n},c\rangle}(\mathbb{d}^2_{SIcb}))+\Sigma_{n=1,\not{n}}(\mathbb{d}^2_{USn})$ (9)

di cui le $\mathbb{d}^2_{SIcb}\equiv\mathcal{N}_{\not{n},c+1,\not{n}}\cdot\mathbb{d}^2_{SIcb}$ $\mathbb{d}^2_{USn}\equiv\mathcal{N}_{\not{n}2\not{n}}\cdot\mathbb{d}^2_{USn}$, e che introdotta nella (3) dà luogo alla

$\mathsf{d}^2\langle\underline{\text{Ч}}\rangle=\mathbf{d}^2_{NS\underline{\Xi}}+\Sigma_{c=2,\not{n}}(\Sigma_{b=1,\text{Б}\langle\not{n},c\rangle}(\mathbb{d}^2_{SIcb}))+\Sigma_{n=1,\not{n}}(\mathbb{d}^2_{USn})$ (10)

Una grandezza A può essere scelta per misurare una grandezza B, se sussiste una A§B cioè se A è crescente o decrescente con B, e in tale caso ogni valore di A è chiamato una misura di B.

La $\mathbb{d}^2_{Scb}$ è una misura della r_{cb} poiché ne vale la $\mathbb{d}^2_{Scb}\uparrow r_{cb}$. Viceversa la $\mathbf{d}^2_{NScb}$ non ha alcuna corrispondenza certa con la r_{cb}. Dunque, in base alla (2), $\mathbb{d}^2_{Scb}$ e $\mathbf{d}^2_{NScb}$ sono due parti, della devianza totale $\mathsf{d}^2_{\underline{\text{Ч}}}$, rispettivamente spiegata (cioè interamente causata) e non dalla r_{cb}. In quanto testé, i $\{\mathbb{d}^2_{Scb},r_{cb},\mathbf{d}^2_{NScb},(2)\}$ possono essere sostituiti, in quanto li annoverano come casi particolari, dai rispettivi $\{\mathbb{d}^2_{S\underline{\Xi}},r_{\not{n}1},\mathbf{d}^2_{NS\underline{\Xi}},(3)\}$ o $\{\mathbb{d}^2_{USn},r_{1n},\mathbf{d}^2_{UNSn},(4)\}$.

La $\mathbb{d}^2_{SIcb}$ è una misura della i_{cb} poiché ne vale la $\mathbb{d}^2_{SIcb}\uparrow i_{cb}$. Dunque la (7) mostra che $\mathbb{d}^2_{SIcb}$ è una parte di $\mathsf{d}^2_{\underline{\text{Ч}}}$ spiegata dalla i_{cb}. Anche la $\mathbb{d}^2_{SIcb}$ è (come la $\mathbb{d}^2_{SIcb}$, conformemente alla $\mathbb{d}^2_{SIcb}\uparrow\mathbb{d}^2_{SIcb}$, e come ogni altra G di cui sussista una $\text{G}\uparrow\mathbb{d}^2_{SIcb}$) una misura della i_{cb}. Dunque la (10) mostra che $\mathbb{d}^2_{SIcb}$ è (come $\mathbb{d}^2_{SIcb}$) una parte di $\mathsf{d}^2_{\underline{\text{Ч}}}$ spiegata dalla i_{cb}. In quanto testé i $\{\mathbb{d}^2_{SIcb},\mathbb{d}^2_{SIcb},i_{cb},(7)\}$ possono essere sostituiti dai rispettivi $\{\mathbb{d}^2_{USn},\mathbb{d}^2_{USn},r_{1n},(4)\}$.

La considerazione ricorsiva della (6) (nell'ordine successivo indicato dal $\{c=\not{n},2\}$) e la (9), portano che ogni $\{\mathbb{d}^2_{Scb}\veebar\mathbb{d}^2_{SIcb}\veebar\mathbb{d}^2_{SIcb}\veebar\mathbb{d}^2_{USn}\}$ è una parte di $\mathbb{d}^2_{S\underline{\Xi}}$. La (3) afferma che le $\mathbf{d}^2_{NS\underline{\Xi}}$ e $\mathbb{d}^2_{S\underline{\Xi}}$ sono due parti distinte di $\mathsf{d}^2_{\underline{\text{Ч}}}$. Pertanto si conclude che $\mathbf{d}^2_{NS\underline{\Xi}}$ è una parte di $\mathsf{d}^2_{\underline{\text{Ч}}}$ che non è causata (nemmeno in parte) da alcuna delle forze che possono essere identificate per mezzo della $\underline{\text{T}}$, e quindi che è interamente causata da forze assenti (in quanto incognite o ignorate) tra tali forze inerenti la $\underline{\text{T}}$.

La (10), la testé detta proprietà della $\mathbf{d}^2_{NS\underline{\Xi}}$, l'essere ognuno dei $\mathbf{Б}_{\not{n}}$ addendi $\{\{\mathbb{d}^2_{SIcb};b=1,\text{Б}_{\not{n}c};c=2,\not{n}\},\{\mathbb{d}^2_{USn};n=1,\not{n}\}\}$ della (10) una parte di $\mathsf{d}^2_{\underline{\text{Ч}}}$ spiegata dalla corrispondente delle forze $\{\{i_{cb};b=1,\text{Б}_{\not{n}c};c=2,\not{n}\},\{r_{1n};n=1,\not{n}\}\}$; portano che ognuno di tali $\mathbf{Б}_{\not{n}}$ addendi è l'intera parte di $\mathsf{d}^2_{\underline{\text{Ч}}}$ spiegata dalla corrispondente di tali forze. Questa proprietà dei $\mathbf{Б}_{\not{n}}$ addendi in argomento induce a preferirli come misure delle corrispondenti forze.

Le (2) e (3), e l'essere $\mathbb{d}^2_{S\underline{\Xi}}$ un massimo tra le parti di $\mathsf{d}^2_{\underline{\text{Ч}}}$ che possono essere spiegate da una delle forze inerenti la $\underline{\text{T}}$, portano che $\mathbf{d}^2_{NS\underline{\Xi}}$ è un minimo tra le $\{\mathbf{d}^2_{NScb};b=1,\text{Б}_{\not{n}c};c=1,\not{n}\}$. Inoltre la (10) mostra come la $\mathbf{d}^2_{NS\underline{\Xi}}$ non aumenta (ovvero generalmente diminuisce) con l'aumentare di $\not{n}$.

Si pone la $\underline{\text{Ч}}\equiv\mathbf{e}\langle\underline{\mathbb{Ч}}\rangle$. La $\mathbb{d}^2_{Scb}$, che misura la r_{cb} esistente nel $\underline{\text{Ч}}$ e è una parte di $\mathsf{d}^2_{\underline{\text{Ч}}}$ spiegata da questa forza, è una statistica che stima (con riferimento alla (4.2.14)) il parametro $\lim_{\underline{\text{Ч}}\to\underline{\mathbb{Ч}}}(\mathbb{d}^2_{Scb}(\underline{\text{Ч}}))$ il quale misura la stessa forza che però esiste in $\underline{\mathbb{Ч}}$ e è una parte del parametro $\lim_{\underline{\text{Ч}}\to\underline{\mathbb{Ч}}}(\mathsf{d}^2_{\underline{\text{Ч}}}(\underline{\text{Ч}}))$ spiegata da questa forza. Ciò vale anche sostituendo i $\{\mathbb{d}^2_{Scb},r_{cb}\}$ con i rispettivi $\{\mathbb{d}^2_{SIcb},i_{cb}\}$ o $\{\mathbb{d}^2_{USn},r_{1n}\}$, con la differenza dovuta all'essere le $\{d^2_{SIcb}, d^2_{USn}\}$ le intere parti di $d^2_Ч$ spiegate dalle rispettive $\{r_{cb}, r_{1n}\}$.

Analogamente la $\mathbf{d}^2_{NSΞ}$, che è la parte di $d^2_Ч$ non causata da alcuna delle forze inerenti la T e che esistono in Ч, è una statistica che stima il parametro $\lim_{Ч\to Ч}(\mathbf{d}^2_{NSΞ}(Ч))$ il quale è la parte di $\lim_{Ч\to Ч}(d^2_Ч(Ч))$ non causata dalle stesse forze che però esistono in Ч.

Si considera Ч come un particolare campione che è stato o sarà determinato, e l'ipotesi $\mathcal{H}_{GЧ}$ definita dai primi due membri della

$\mathcal{H}_{GЧ}\equiv\{Ч\equiv\mathbf{r}\langle Ч\rangle, \mathcal{H}_{GЧ}\}\underline{\leftrightarrow}\{Ч\equiv Y; Y\equiv\mathbf{r}\langle Y\rangle\}$ (11)

di cui le $\mathcal{H}_{GЧ}\equiv\{Ð\langle Ч_e\rangle\equiv G\langle E\langle Y\rangle, V^2\langle Y\rangle\rangle; e=1,e\}$ $Y\equiv M\langle Y\in\mathfrak{R}\langle Y\rangle\rangle$ $Ð\langle Y\rangle\equiv G\langle E\langle Y\rangle, V^2\langle Y\rangle\rangle$.

La (11) mostra che per le $\{Ч\equiv\mathbf{r}\langle Ч\rangle, \mathcal{H}_{GЧ}\}$ vale un discorso analogo a quello detto in sez. 7.1 per le $\{X\equiv\mathbf{r}\langle X\rangle, \mathcal{H}_{AB}\}$: si sottintende che non è possibile stabilire certa la $\neg\{Ч\equiv\mathbf{r}\langle Ч\rangle\}$ giacché questa impedisce di considerare la $\mathcal{H}_{GЧ}$ come un'ipotesi.

La $\{\tilde{I}_{cb\tilde{I}\langle c,b\rangle}\subseteq Ч; \forall\{c,b\}\}$ (conforme alla (9.1.6)) porta le $\mathcal{H}_{GЧ}\underline{\leftrightarrow}\{Ð\langle x\rangle\equiv G\langle E\langle Y\rangle, V^2\langle Y\rangle\rangle; \forall x\in\tilde{I}_{cb\tilde{I}\langle c,b\rangle}; \forall\{c,b\}\}\}$ e

$\{Ч\equiv\mathbf{r}\langle Ч\rangle\}\underline{\leftrightarrow}\{\tilde{I}_{cb\tilde{I}\langle c,b\rangle}\equiv\mathbf{r}\langle Ч\rangle; \forall\{c,b\}\}$ (12)

Le (6) $d^2_{SIcb}\equiv\mathcal{N}_{n,c+1,n}\cdot d^2_{SIcb}$ e $d^2_{USn}\equiv\mathcal{N}_{n2n}\cdot d^2_{USn}$ portano la $\mathcal{K}_Ч\underline{\leftrightarrow}\mathcal{K}_Ч$ di cui le $\mathcal{K}_Ч\equiv\{\lim_{Ч\to Ч}(d^2_{Scb}(Ч))=0; \forall\{c,b\}\}$ e $\mathcal{K}_Ч\equiv\{\{\lim_{Ч\to Ч}(d^2_{SIcb}(Ч))=0; b=1,Б_{nc}; c=2,n\}, \{\lim_{Ч\to Ч}(d^2_{USn}(Ч))=0; n=1,n\}\}$.

Il secondo membro della (12) afferma: che ogni elemento di ogni $\tilde{I}_{cb\tilde{I}\langle c,b\rangle}$, pure essendo contraddistinto dall'anzidetto valore $V_{cb\tilde{I}\langle c,b\rangle\rangle}$ della proprietà P_{cb}, è individuato imparzialmente tra gli elementi di Ч; e quindi che il valore di ogni elemento di Ч non è influenzato dall'avere la proprietà costituita da un qualsiasi $V_{cb\tilde{I}\langle c,b\rangle\rangle}$; e quindi che in Ч sono nulle tutte le $\mathbf{Б}_n$ forze $\{r_{cb}; b=1,Б_{nc}; c=1,n\}\}$ inerenti la T; e quindi che ogni $d^2_{Scb}\neq0$ (come pure ogni $d^2_{SIcb}\neq0$) è causata dall'essere Ч un campione che in quanto tale non rappresenta esattamente il suo universo Ч.

Ciò e l'essere il $\lim_{Ч\to Ч}(d^2_{Scb}(Ч))$ una misura della r_{cb} in Ч, portano la $\{\tilde{I}_{cb\tilde{I}\langle c,b\rangle}\equiv\mathbf{r}\langle Ч\rangle; \forall\{c,b\}\}\underline{\to}\mathcal{K}_Ч$. Questa, la (12), e la $\mathcal{K}_Ч\underline{\leftrightarrow}\mathcal{K}_Ч$, portano la $\{Ч\equiv\mathbf{r}\langle Ч\rangle\}\underline{\to}\mathcal{K}_Ч$.

La $\{Ξ\equiv\mathbf{r}\langle Ξ_i\rangle; \forall i\}$ consentirebbe di ammettere la $\mathcal{K}_Ч\underline{\to}\{Ч\equiv\mathbf{r}\langle Ч\rangle\}$ poiché le $\{\{Ξ\equiv\mathbf{r}\langle Ξ_i\rangle; \forall i\}, \mathcal{K}_Ч\}$ escluderebbero ogni ragione di ammettere la $\neg\{Ч\equiv\mathbf{r}\langle Ч\rangle\}$, e quindi (in base alla $\{Ч\equiv\mathbf{r}\langle Ч\rangle\}\underline{\to}\mathcal{K}_Ч$) anche la $\{Ч\equiv\mathbf{r}\langle Ч\rangle\}\underline{\leftrightarrow}\mathcal{K}_Ч$. Tuttavia di solito non è possibile stabilire la $\{Ξ\equiv\mathbf{r}\langle Ξ_i\rangle; \forall i\}$, e perciò si ammette la $\{Ч\equiv\mathbf{r}\langle Ч\rangle\}\underline{\to}\mathcal{K}_Ч$ ma non la $\{Ч\equiv\mathbf{r}\langle Ч\rangle\}\underline{\leftrightarrow}\mathcal{K}_Ч$.

Da: (11) e $\{Ч\equiv\mathbf{r}\langle Ч\rangle\}\underline{\to}\mathbb{I}\langle Ч\rangle$ (dovuta a $Æ\langle Ч,Ч,1 / X_k,X_k,k / (4.1.1)\rangle\rangle$); $\mathcal{H}_{GЧ}\underline{\to}\{\mathfrak{R}\langle Ч_e\rangle=\mathfrak{R}^1; e=1,e\}$ e i criteri della sez. 2.4.3; segue $\mathcal{H}_{GЧ}\underline{\to}\{\mathbb{I}\langle Ч\rangle, \mathcal{H}_{GЧ}\}\underline{\to}\mathbb{I}\langle\{d^2_{Sc-1,b} / \delta_{cbb}=1\}\rangle$.

Si sottintendono le $\mathbf{d}^2_Ч\equiv d^2_Ч$ $\mathbf{x}^2_ş\equiv\mathbf{d}^2_ş/V^2_Y$ $x^2_ş\equiv d^2_ş/V^2_Y$ dove ş è un simbolo qualsiasi. Si pone, in conformità alla (9.1.6), la $\tilde{I}_{cb}\equiv\{I_{cbh}; h=1,h_{cb}\}=\{I_б / \mathfrak{N}\langle I_б\rangle\geq2; I_б\in\tilde{I}_{cb}\}$. Le $\mathcal{H}_{GЧ}\underline{\to}\{\mathbb{I}\langle Ч\rangle, \mathcal{H}_{GЧ}\}$ $\mathcal{H}_{GЧ}\underline{\to}$ $Æ\langle Ч,\tilde{I}_{cb} / g,G / (6.3.17),(6.3.24),(6.3.25)\rangle$ e (1) portano le

$\mathcal{H}_{GЧ}\underline{\to}\{Ð\langle\mathbf{x}^2_Ч\rangle\equiv X\langle e-1\rangle\}$ (13)

$\mathcal{H}_{GЧ}\underline{\to}\{Ð\langle\mathbf{x}^2_{NScb}\rangle\equiv X\langle M_{cb}\rangle\}$ (14)

$\mathcal{H}_{GЧ}\underline{\to}\{Ð\langle x^2_{Scb}\rangle\equiv X\langle\tilde{N}_{cb}-1\rangle\}$ (15)

di cui le $M_{cb}=\Sigma_{h=1,h\langle c,b\rangle}(\mathfrak{N}\langle I_{cbh}\rangle-1)$ e $\{M_{cb}=e-\tilde{N}_{cb}; \forall h_{cb}=\tilde{N}_{cb}\}$.

Le $\mathcal{H}_{GЧ}$ e $Æ\langle c-1,b / c,b / (15)\rangle$ portano la $\{Ð\langle x^2_{Sc-1,b}\rangle\equiv X\langle\tilde{N}_{c-1,b}-1\rangle; b=1,Б_{n,c-1}\}$ e quindi la $Æ\langle\check{D}^2_{Scb},L_{cb} / \Sigma_{X\langle Q\rangle},\Sigma_{n=1,n}(v_n) / (6.3.12)\rangle$ di cui le $\check{D}^2_{Scb}\equiv\Sigma_{b=1,Б\langle n,c-1\rangle}(\delta_{cbb}\cdot x^2_{Sc-1,b})$ $L_{cb}\equiv\Sigma_{b=1,Б\langle n,c-1\rangle}(\delta_{cbb}\cdot(\tilde{N}_{c-1,b}-1))$. Ciò, la $\mathcal{H}_{GЧ}$ e la $\mathcal{H}_{GЧ}\underline{\to}\mathbb{I}\langle\{d^2_{Sc-1,b} / \delta_{cbb}=1\}\rangle$, portano la $\mathcal{H}_{GЧ}\underline{\to}\{Ð\langle\check{D}^2_{Scb}\rangle\equiv X\langle L_{cb}\rangle\}$. Questa e la (15) portano, in base alla (6.3.8), le rispettive

$\mathcal{H}_{GЧ}\underline{\to}\{\Phi\langle\check{D}^2_{Scb}\rangle(\omega)\equiv(1-2\cdot i\cdot\omega)^{-L\langle c,b\rangle/2}\}$ $\mathcal{H}_{GЧ}\underline{\to}\{\Phi\langle x^2_{Scb}\rangle(\omega)\equiv(1-2\cdot i\cdot\omega)^{-(\tilde{N}\langle c,b\rangle-1)/2}\}$ (16)

Da: $\mathcal{H}_{GЧ}$, $\mathcal{H}_{GЧ}\underline{\to}\mathbb{I}\langle x^2_{SIcb},\check{D}^2_{Scb}\rangle$ (che si sottintende convalidata dai criteri di sez. 2.4.3), (6) (in quanto porta la Æ⟨$\mathbb{X}^2_{Scb}$,{$\mathbb{X}^2_{SIcb}$,$\breve{D}^2_{Scb}$} /Σ_S,S /(5.3.2.3),(5.3.2.2)⟩); $\mathcal{H}_{G\underline{Y}}$ e (16); segue IPM {$\Phi\langle\mathbb{X}^2_{SIcb}\rangle(\omega)=\Phi\langle\mathbb{X}^2_{Scb}\rangle(\omega)/\Phi\langle\breve{D}^2_{Scb}\rangle(\omega)=(1-2\cdot i\cdot\omega)^{-(\tilde{N}\langle c,b\rangle-L\langle c,b\rangle-1)/2}$}$\underline{\leftarrow}\mathcal{H}_{G\underline{Y}}$. Questa e la Æ⟨$\mathbb{X}^2_{SIcb}$,$\tilde{N}_{cb}-L_{cb}-1$ /S,ş /(6.3.8)⟩ portano la

$\mathcal{H}_{G\underline{Y}}\underline{\rightarrow}${$\mathfrak{D}\langle\mathbb{X}^2_{SIcb}\rangle\equiv\mathcal{X}\langle\tilde{N}_{cb}-L_{cb}-1\rangle$} (17)

9.3 *I tests statistici che costituiscono l'analisi della varianza*

Con procedimenti simili a quelli che hanno conseguito le (9.2.13) (9.2.14) (9.2.15) e (9.2.17), è generalmente possibile dedurre un'ulteriore molteplicità di risultati analoghi. Ciò e la genericità dei {c,b} implicano un insieme di densità di probabilità dello stesso tipo $\mathcal{X}$⟨ş⟩ e che hanno la $\mathcal{H}_{G\underline{Y}}$ come condizione sufficiente per la loro validità. Il p-esimo elemento di questo insieme è indicato come il $\mathfrak{D}\langle\aleph^2_p\rangle$ di cui le $\mathfrak{D}\langle\aleph^2_p\rangle\equiv\mathcal{X}\langle\acute{\upsilon}_p\rangle$ e $\aleph^2_p\equiv\mathbf{d}^2_p/V^2_Y$.

Le Æ⟨N /p /$\mathcal{X}\langle\acute{\upsilon}_p\rangle$⟩ e Æ⟨D /p /$\mathcal{X}\langle\acute{\upsilon}_p\rangle$⟩, la $\mathcal{H}_{G\underline{Y}}$ e il sottintenderne convalidata la $\mathcal{H}_{G\underline{Y}}\underline{\rightarrow}\mathbb{I}\langle\aleph^2_N,\aleph^2_D\rangle$, e la $\varphi_{ND}\equiv(\aleph^2_N/\acute{\upsilon}_N)/(\aleph^2_D/\acute{\upsilon}_D)=(\mathbf{d}^2_N/\acute{\upsilon}_N)/(\mathbf{d}^2_D/\acute{\upsilon}_D)$, portano la Æ⟨$\varphi_{ND},\aleph^2_N,\acute{\upsilon}_N,\aleph^2_D,\acute{\upsilon}_D$ /$\mathcal{F},\chi^2_N,\nu_N,\chi^2_D,\nu_D$ /(6.4.4),(6.4.5)⟩ e quindi la $\mathfrak{D}\langle\varphi_{ND}\rangle\equiv\mathcal{F}\langle\acute{\upsilon}_N,\acute{\upsilon}_D\rangle$. Ciò e la Æ⟨$\varphi_{ND}$ /S /(5.2.2.14)⟩ portano la

{$\mathfrak{D}\langle\mathbf{F}_{ND}\rangle(x)\equiv\mathcal{F}\langle\acute{\upsilon}_N,\acute{\upsilon}_D\rangle(x/k_{ND})/|k_{ND}|;\mathbf{F}_{ND}=\mathbf{F}_{ND}(\underline{Y})\equiv k_{ND}\cdot(\mathbf{d}^2_N(\underline{Y})/\acute{\upsilon}_N)/(\mathbf{d}^2_D(\underline{Y})/\acute{\upsilon}_D);\forall x\in\underline{\mathbb{R}}\langle\mathbf{F}_{ND}\rangle$}$\underline{\leftarrow}\mathcal{H}_{G\underline{Y}}$ (1)

dove k_{ND} è una costante arbitraria a meno della $k_{ND}\neq0$.

Da: (1) e Æ⟨$\mathcal{H}_{G\underline{Y}}$,IPM (1) /$\mathcal{P}_A,\mathcal{P}_B$ /(2.1.1.1)⟩; segue $\mathcal{H}_{G\underline{Y}}\equiv${$\mathcal{H}_{G\underline{Y}}$| IPM (1)}. Questa, la (9.2.11), e IPM (1), mostrano sia la Æ⟨$\mathcal{H}_{G\underline{Y}}$ /$\mathcal{H}_{AB}$ /(7.1.5)⟩ sia che la $\mathcal{H}_{G\underline{Y}}$ è determinata in quanto ne sono note le $\mathfrak{D}\langle\mathbf{F}_{ND}\rangle(x)$ e $\mathbf{F}_{ND}(\underline{Y})$. Perciò la $\mathcal{H}_{G\underline{Y}}$ può essere l'ipotesi nulla di un test statistico $T\langle\mathcal{H}_{G\underline{Y}},\mathbf{F}_{ND},\underline{\mathbb{R}}_{ND}\rangle$.

Le {$\mathbf{d}^2_N,\mathbf{d}^2_D,k_{ND}$} che consentono l'esecuzione dell'attinente $T\langle\mathcal{H}_{G\underline{Y}},\mathbf{F}_{ND},\underline{\mathbb{R}}_{ND}\rangle$, possono essere scelte senza cercarne requisiti ulteriori ai detti, poiché in ogni caso tale esecuzione è resa possibile dall'essere la $\mathcal{H}_{G\underline{Y}}$ determinata. Però un $T\langle\mathcal{H}_{G\underline{Y}},\mathbf{F}_{ND},\underline{\mathbb{R}}_{ND}\rangle$ definito in questo modo, pure se può (come ogni test statistico) consentire di respingere come falsa la $\mathcal{H}_{G\underline{Y}}$ correndo il voluto rischio di farlo quando essa è vera, ha il difetto di non poter avvalorare informazioni ulteriori e sistematiche sulle forze esistenti in $\underline{\mathbb{Y}}$ (a questo riguardo i primi due membri della (9.2.11) mostrano che si ha la $f\langle\mathcal{H}_{G\underline{Y}}\rangle\underline{\leftrightarrow}f\langle\mathcal{H}_{G\underline{Y}}\rangle$ quando la $\underline{Y}\equiv\mathbf{r}\langle\underline{\mathbb{Y}}\rangle$ è certa).

L'analisi della varianza (o AV) è l'esecuzione di un insieme di tests statistici del tipo $T\langle\mathcal{H}_{G\underline{Y}},\mathbf{F}_{ND},\underline{\mathbb{R}}_{ND}\rangle$ e definiti ognuno da una scelta delle attinenti {$\mathbf{d}^2_N,\mathbf{d}^2_D,k_{ND}$} finalizzata all'evidenziazione di ipotesi che: affermino l'essere grandi in $\underline{\mathbb{Y}}$ alcune forze, abbiano credibilità massimale, e siano reciprocamente congruenti.

A questo proposito si pongono le $H_{SIcb}\equiv${il $\lim_{\underline{Y}\to\underline{\mathbb{Y}}}(d^2_{SIcb}(\underline{Y}))$ è grande} $H_{USn}\equiv${il $\lim_{\underline{Y}\to\underline{\mathbb{Y}}}(d^2_{USn}(\underline{Y}))$ è grande} che, per la (9.2.11) e la {$\underline{Y}\equiv\mathbf{r}\langle\underline{\mathbb{Y}}\rangle$}$\underline{\rightarrow}\mathcal{K}_{\underline{\mathbb{Y}}}$ (detta in sez. 9.2), sono ambedue contrarie alla $\mathcal{H}_{G\underline{Y}}$.

Ogni $T\langle\mathcal{H}_{G\underline{Y}},\mathbf{F}_{ND},\underline{\mathbb{R}}_{ND}\rangle$ di una AV: ha un livello di significatività scelto arbitrariamente e che si chiama p_{AV} (in quanto generalmente è lo stesso per tutti i tests in oggetto), e la sua $\underline{\mathbb{R}}_{ND}$ è il $[\mathrm{F}_{ND},\infty)$ che si determina calcolandone il F_{ND} come incognita della $p_{AV}-\int_{F\langle ND\rangle,\infty}(\mathfrak{D}\langle\mathbf{F}_{ND}\rangle(x)\cdot dx)=0$.

Si usano le $T\langle\boldsymbol{d}^2_N,\boldsymbol{d}^2_D\rangle\equiv T\langle\mathcal{H}_{G\underline{Y}},\mathbf{F}_{ND},\underline{\mathbb{R}}_{ND}\rangle$ $\boldsymbol{F}\langle\boldsymbol{d}^2_N,\boldsymbol{d}^2_D\rangle\equiv\mathbf{F}_{ND}$ $F\langle\boldsymbol{d}^2_N,\boldsymbol{d}^2_D\rangle\equiv\mathrm{F}_{ND}$ $\underline{R}\langle\boldsymbol{d}^2_N,\boldsymbol{d}^2_D\rangle\equiv\underline{\mathbb{R}}_{ND}$ di cui le $\boldsymbol{d}^2_N\equiv k_N\cdot\mathbf{d}^2_N$ $\boldsymbol{d}^2_D\equiv k_D\cdot\mathbf{d}^2_D$ $(k_N/k_D)=k_{ND}$, e si usa la $H\langle\boldsymbol{d}^2_N,\boldsymbol{d}^2_D\rangle$ per indicare la $\mathcal{H}_{G\underline{Y}}$ nel suo ruolo di ipotesi nulla del $T\langle\boldsymbol{d}^2_N,\boldsymbol{d}^2_D\rangle$.

Come specificazioni di tali {$\boldsymbol{d}^2_N,\boldsymbol{d}^2_D$} si hanno le {$d^2_{SIcb},\mathbf{d}^2_{NS\underline{\Xi}}$} e {$d^2_{USn},\mathbf{d}^2_{NS\underline{\Xi}}$} di cui la (9.2.10). Il $\boldsymbol{F}\langle d^2_{SIcb},\mathbf{d}^2_{NS\underline{\Xi}}\rangle$ è il rapporto tra l'intera parte di $\mathrm{d}^2_{\underline{Y}}$ che è spiegata dalla i_{cb} e l'intera parte di $\mathrm{d}^2_{\underline{Y}}$ che non è causata da alcuna delle forze identificabili con la $\underline{T}$. Lo stesso vale sostituendo i {d^2_{SIcb},i_{cb}} con i rispettivi {d^2_{USn},r_{1n}}.

Ciò e la $\underline{\mathbb{R}}_{ND}\equiv[\mathrm{F}_{ND},\infty)$ comportano che, quando il $T\langle d^2_{SIcb},\mathbf{d}^2_{NS\underline{\Xi}}\rangle$ ha come esito l'evento $f\langle H\langle d^2_{SIcb},\mathbf{d}^2_{NS\underline{\Xi}}\rangle\rangle$, la credibilità della H_{SIcb} è maggiore quanto un minore p_{AV} e un maggiore $\boldsymbol{F}\langle d^2_{SIcb},\mathbf{d}^2_{NS\underline{\Xi}}\rangle$

inducono (conformemente alla $Æ\langle d^2_{SIcb}(\underline{Ч}),\underline{Ч},\underline{Ч},H_{SIcb}/\mathbf{s}(\underline{X}),\underline{X},\underline{X},\mathcal{H}\langle\mathbf{s}(\underline{X})\rangle/(4.2.15)\rangle)$ a ritenere maggiore il $\lim_{Ч\to Ч}(d^2_{SIcb}(\underline{Ч}))$. Lo stesso vale sostituendo i $\{d^2_{SIcb},H_{SIcb}\}$ con i $\{d^2_{USn},H_{USn}\}$. Questa credibilità delle H_{SIcb} e H_{USn}, che avviene come conseguenza dei rispettivi $\{\mathcal{T}\langle d^2_{SIcb},\mathbf{d}^2_{NS\Xi}\rangle,\mathcal{T}\langle d^2_{USn},\mathbf{d}^2_{NS\Xi}\rangle\}$ e in concomitanza con il $f\langle\mathcal{H}_{GЧ}\rangle$, è coerente con la $\neg\mathcal{K}_{Ч}\rightarrow\neg\{\underline{Ч}\equiv\mathbf{r}\langle\underline{Ч}\rangle\}$ (che segue dalla $\{\underline{Ч}\equiv\mathbf{r}\langle\underline{Ч}\rangle\}\rightarrow\mathcal{K}_{Ч})$ e la (9.2.11).

Tuttavia (considerando le $d^2_{SIcb}\equiv\mathcal{N}_{n,c+1,n}\cdot d^2_{SIcb}$ e $d^2_{USn}\equiv\mathcal{N}_{n,2,n}\cdot d^2_{USn}$) la (9.2.5) mostra che la H_{SIcb} non è compatibile con l'essere grande anche il $\lim_{Ч\to Ч}(\Sigma_{b=1,Б\langle n,c-1\rangle}(\delta_{cbb}\cdot d^2_{Sc-1,b}))$, e quindi (per la (9.2.8)) che non è compatibile nemmeno con la H_{USn}.

Sulla base di queste considerazioni si espone una versione della AV che ha lo scopo di rendere massimale la credibilità di alcune delle $\{H_{USn};n=1,n\}$ evitando l'incongruenza dell'essere al contempo massimale anche la credibilità di una delle $\{H_{SIcb};b=1,Б_{nc};c=2,n\}$.

Tale versione, se $\exists\mathfrak{N}\langle\Xi_i\rangle\geq2$, è costituita dai seguenti due passi. Nel primo passo si eseguono i $\{T\langle d^2_{USn},\mathbf{d}^2_{NS\Xi}\rangle,\{T\langle d^2_{USn},d^2_{SIcb}\rangle;b=1,Б_{nc};c=2,n\};n=1,n\}$. Nel secondo passo si attribuisce, a ogni H_{USn} di cui nel primo passo sono accaduti sia il $f\langle H\langle d^2_{USn},\mathbf{d}^2_{NS\Xi}\rangle\rangle$ sia tutti i $\{f\langle H\langle d^2_{USn},d^2_{SIcb}\rangle\rangle;b=1,Б_{nc};c=2,n\}$, una credibilità tanto maggiore quanto è minore il p_{AV} e quanto sono maggiori i $\{F\langle d^2_{USn},\mathbf{d}^2_{NS\Xi}\rangle,\{F\langle d^2_{USn},d^2_{SIcb}\rangle;b=1,Б_{nc};c=2,n\}\}$.

Questa versione della AV, se $\{\mathfrak{N}\langle\Xi_i\rangle=1;\forall i\}$, è modificata in quanto nel primo passo non si eseguono i $\{T\langle d^2_{USn},\mathbf{d}^2_{NS\Xi}\rangle;n=1,n\}$ e quindi nel secondo passo non si considerano né i $\{f\langle H\langle d^2_{USn},\mathbf{d}^2_{NS\Xi}\rangle\rangle;n=1,n\}$ né i $\{F\langle d^2_{USn},\mathbf{d}^2_{NS\Xi}\rangle;n=1,n\}$.

10 L'ANALISI DELLA REGRESSIONE

10.1 *Il polinomio dei minimi quadrati e le inerenti statistiche*

L'informazione essenziale contenuta nella tabella n-dimensionale definita dalla (9.1.4), è espressa dalla corrispondenza biunivoca indicata (conformemente alle (2.2.4) e (2.1.2.1)) dalla

$$\{\underline{\Xi}_i\Leftrightarrow\mathbb{V}_{\Xi\langle i\rangle};i_1=1,N_1;i_2=1,N_2;\ldots;i_n=1,N_n\} \quad (1)$$

di cui le $\underline{i}\equiv\{i_n;n=1,n\}$ $\underline{\Xi}_i\equiv\{Ч_{e\langle i,e\rangle};e=1,\mathfrak{N}\langle\underline{\Xi}_i\rangle\}\subset\underline{Ч}\equiv\{Ч_e;e=1,e\}$, e la $\mathbb{V}_{\Xi\langle i\rangle}\equiv\{\mathbb{V}_{K\langle n,i\langle n\rangle\rangle};n=1,n\}$ con $\mathbb{V}_{K\langle n,i\langle n\rangle\rangle}$ che è il i_n-esimo valore della n-esima proprietà $\mathbb{P}_{K\langle n\rangle}$.

Tale informazione può essere espressa anche dalla corrispondenza univoca indicata (conformemente alla (2.2.3)) dalla

$$\{Ч_e\Rightarrow\underline{X}_e;e=1,e\} \quad (2)$$

di cui la $\underline{X}_e\equiv\{X_{en};n=1,n\}$ con X_{en} il valore (che la (1) fa corrispondere univocamente al $Ч_e$) della proprietà X_n di cui le $X_n\in\underline{X}\equiv\{X_n;n=1,n\}$ $X_n\equiv\mathbb{P}_{K\langle n\rangle}$.

Inerentemente la (2), le (9.1.5) portano sia le $e\geq2$ e $\exists\underline{X}_e\neq\underline{X}_{e}$ (di cui la $e\in\{e=1,e\}$) sia che per ogni $n\neq n$ (di cui la $n\in\{n=1,n\}$) i $\{X_{en},X_{en}\}$ sono due valori di due proprietà diverse.

Nella sostituzione della (1) con la (2), sono usati i X_n e X_{en} come rispettivi nomi della n-esima proprietà e del valore di questa associato al $Ч_e$, allo scopo di specificarne le rispettive identità di una grandezza e di un valore noto di questa.

Alla (2) può corrispondere una

$$\{Ч_e\Rightarrow\underline{f}_e;e=1,e\} \quad (3)$$

di cui le $\underline{f}_e\equiv\{f_{\eta e};\eta=1,\eta\}$ $f_{\eta e}=f_\eta(\underline{X}_e)$, e che è arbitraria in quanto sono tali sia il η (a meno della $\eta\geq1$) sia le η funzioni $\underline{f}(\underline{X})$ di cui la $\underline{f}(\underline{X})\equiv\{f_\eta(\underline{X});\eta=1,\eta\}$.

Inerentemente la (3), i cui $\{\underline{f}_e;e=1,ɇ\}$ siano sufficientemente diversificati e numerosi rispetto a ꞑ, è definita la

$\mathbf{y}=\mathrm{P}(\underline{f}(\underline{x}))\equiv\Sigma_{ŋ=0,ꞑ}(\mathbf{b}_ŋ\cdot f_ŋ(\underline{x}))$ (4)

di cui la $f_0(\underline{x})\equiv1$ (che, per la $f_{ŋe}=f_ŋ(\underline{x}_e)$, porta la $\{f_{0e}=1;\forall e\}$) e dove $\mathrm{P}(\underline{f}(\underline{x}))$ è il polinomio, detto dei minimi quadrati, i cui coefficienti $\underline{\mathbf{b}}$ (di cui la $\underline{\mathbf{b}}\equiv\{\mathbf{b}_ŋ;ŋ=0,ꞑ\}$) verificano (intendendo la $\underline{b}\equiv\{b_ŋ;ŋ=0,ꞑ\}$) la

$\Omega(\underline{\mathbf{b}})=\min\langle\Omega(\underline{b})\,/\,\underline{b}\in\mathfrak{R}^{ꞑ+1}\rangle$ (5)

di cui la

$\Omega(\underline{b})\equiv\Sigma_{e=1,ɇ}((\Sigma_{ŋ=0,ꞑ}(b_ŋ\cdot f_{ŋe})-Ч_e)^2)$ (6)

che, per le note regole di derivazione, ha la

$\partial\Omega(\underline{b})/\partial b_ŋ=\Sigma_{e=1,ɇ}(2\cdot(\Sigma_{\eta=0,ꞑ}(b_\eta\cdot f_{\eta e})-Ч_e)\cdot f_{ŋe})=2\cdot(\Sigma_{\eta=0,ꞑ}(\Sigma_{e=1,ɇ}(f_{ŋe}\cdot f_{\eta e})\cdot b_\eta)-\Sigma_{e=1,ɇ}(f_{ŋe}\cdot Ч_e))=2\cdot(\Sigma_{\eta=0,ꞑ}(A_{ŋ\eta}\cdot b_\eta)-B_ŋ)$ (7)

di cui le

$A_{ŋ\eta}\equiv\Sigma_{e=1,ɇ}(f_{ŋe}\cdot f_{\eta e})$ $B_ŋ\equiv\Sigma_{e=1,ɇ}(f_{ŋe}\cdot Ч_e)$ (8)

Un punto $\underline{b}$ di cui la $\underline{b}\equiv\{b_ŋ;ŋ=0,ꞑ\}\in\mathfrak{R}^{ꞑ+1}$, può essere considerato giacente su una semiretta di $\mathfrak{R}^{ꞑ+1}$ che ha origine nel punto $\underline{b}_0$ di cui la $\underline{b}_0\equiv\{0;ŋ=0,ꞑ\}$, e perciò può essere espresso dalla $\underline{b}=\underline{b}(\rho)$ definita dalle $\underline{b}(\rho)\equiv\{b_ŋ(\rho);ŋ=0,ꞑ\}$ $\{b_ŋ(\rho)\equiv\rho\cdot\alpha_ŋ;ŋ=0,ꞑ\}$ dove i $\{\alpha_ŋ;ŋ=0,ꞑ\}$ sono i coseni direttori della semiretta e ρ (di cui la $\rho=(\Sigma_{\eta=0,ꞑ}(b_ŋ^{\,2}))^{0.5}$) è la distanza tra $\underline{b}_0$ e $\underline{b}$.

Da: Æ$\langle\underline{b}(\rho)\,/\,\underline{b}\,/(6)\rangle$ e $\{b_ŋ(\rho)\equiv\rho\cdot\alpha_ŋ;ŋ=0,ꞑ\}$; l'essere il secondo limite un infinito di ordine inferiore rispetto al primo; segue

$\lim_{\rho\to\infty}(\Omega(\underline{b}(\rho)))=\lim_{\rho\to\infty}(\rho^2\cdot\Sigma_{e=1,ɇ}((\Sigma_{ŋ=0,ꞑ}(\alpha_ŋ\cdot f_{ŋe}))^2))+\lim_{\rho\to\infty}(\Sigma_{e=1,ɇ}(Ч_e^{\,2}-2\cdot\rho\cdot Ч_e\cdot\Sigma_{ŋ=0,ꞑ}(\alpha_ŋ\cdot f_{ŋe})))=$
$\Sigma_{e=1,ɇ}((\Sigma_{ŋ=0,ꞑ}(\alpha_ŋ\cdot f_{ŋe}))^2)\cdot\lim_{\rho\to\infty}(\rho^2)=\infty$

Questa, il poterne considerare le $\underline{b}(\rho)$ (conformemente alla $\underline{b}=\underline{b}(\rho)$) come un punto di una qualsiasi semiretta di $\mathfrak{R}^{ꞑ+1}$ che ha origine nel punto $\underline{b}_0$, e la $\partial\mathfrak{R}^{ꞑ+1}=\underline{\varnothing}$; consentono di ammettere certa la $\exists\min\langle\Omega(\underline{b})\,/\,\underline{b}\in\mathfrak{R}^{ꞑ+1}\rangle$ nonostante l'illimitatezza di $\mathfrak{R}^{ꞑ+1}$.

La (7) mostra che la $\Omega(\underline{b})$ è parzialmente derivabile nell'intero $\mathfrak{R}^{ꞑ+1}$, e quindi che vale la $\underline{B}_{ND}=\underline{\varnothing}$ con $\underline{B}_{ND}$ l'insieme di ogni punto $\underline{b}$ di $\mathfrak{R}^{ꞑ+1}$ dove la $\Omega(\underline{b})$ non è parzialmente derivabile.

La $\exists\min\langle\Omega(\underline{b})\,/\,\underline{b}\in\mathfrak{R}^{ꞑ+1}\rangle$, le $\{\partial\mathfrak{R}^{ꞑ+1}=\underline{\varnothing},\underline{B}_{ND}=\underline{\varnothing}\}$, e la Æ$\langle\Omega(\underline{b}),\mathfrak{R}^{ꞑ+1}\,/\,f(\underline{x}),\mathfrak{R}_{\underline{x}}\,/(2.4.5.3),(2.4.5.4)\rangle$, portano la

$\min\langle\Omega(\underline{b})\,/\,\underline{b}\in\mathfrak{R}^{ꞑ+1}\rangle=\min\langle\Omega(\underline{b})\,/\,\underline{b}\in\underline{B}_E\rangle$ (9)

dove $\underline{B}_E$ è l'insieme dei punti estremali che la $\Omega(\underline{b})$ ha in $\mathfrak{R}^{ꞑ+1}$, ossia l'insieme delle soluzioni del sistema $\{\partial\Omega(\underline{b})/\partial b_ŋ=0;ŋ=0,ꞑ\}$ di ꞑ+1 equazioni nelle altrettante incognite $\underline{b}$.

La (7) porta che questo sistema ammette le stesse soluzioni ammesse dal sistema lineare che (usando la notazione matriciale) si scrive $\underline{\underline{A}}\circ\underline{b}=\underline{B}$ essendone $\underline{\underline{A}}$ (di cui la $\underline{\underline{A}}\equiv[\![A_{ŋ\eta};ŋ=0,ꞑ;\eta=0,ꞑ]\!]$) la matrice dei coefficienti e $\underline{B}$ (di cui la $\underline{B}\equiv\{B_ŋ;ŋ=0,ꞑ\}$) la colonna dei termini noti. Quindi se $\det\langle\underline{\underline{A}}\rangle\neq0$, come è sottinteso, e come generalmente accade quando i $\{\underline{f}_e;e=1,ɇ\}$ sono sufficientemente diversificati e numerosi rispetto a ꞑ, il $\underline{B}_E$ è costituito da un unico elemento che si esprime come il $\underline{\underline{A}}^{-1}\circ\underline{B}$ essendo $\underline{\underline{A}}^{-1}$ (di cui la $\underline{\underline{A}}^{-1}\equiv[\![A_{ŋ\eta};ŋ=0,ꞑ;\eta=0,ꞑ]\!]$) la matrice inversa di $\underline{\underline{A}}$ e avendone la $\underline{\underline{A}}^{-1}\circ\underline{B}\equiv\{\Sigma_{\eta=0,ꞑ}(A_{ŋ\eta}\cdot B_\eta);ŋ=0,ꞑ\}$.

La (9) e l'essere $\underline{\underline{A}}^{-1}\circ\underline{B}$ l'unico elemento $\underline{B}_E$ portano la $\min\langle\Omega(\underline{b})\,/\,\underline{b}\in\mathfrak{R}^{ꞑ+1}\rangle=\Omega(\underline{\underline{A}}^{-1}\circ\underline{B})$. Questa porta che la (5) può essere scritta come la $\Omega(\underline{\mathbf{b}})=\Omega(\underline{\underline{A}}^{-1}\circ\underline{B})$. Ciò e l'essere la (5) l'unica condizione che identifica i $\underline{\mathbf{b}}$ della (4) portano che tali $\underline{\mathbf{b}}$ sono espressi dalla $\underline{\mathbf{b}}=\underline{\underline{A}}^{-1}\circ\underline{B}$ cioè dalla $\{\mathbf{b}_ŋ=\Sigma_{\eta=0,ꞑ}(A_{ŋ\eta}\cdot B_\eta);ŋ=0,ꞑ\}$.

La $\underline{\underline{A}}\equiv[\![A_{ŋ\eta};\eta=0,ꞑ;ŋ=0,ꞑ]\!]$, e la prima delle (8) per cui si ha la $A_{ŋ\eta}=A_{\etaŋ}$, portano la $\underline{\underline{A}}^{T}=\underline{\underline{A}}$ che, per la Æ$\langle\underline{\underline{A}}\,/\,\underline{\underline{A}}\,/(2.3.1)\rangle$, dà luogo alla $[\![\underline{\underline{A}}^{-1}]\!]^{T}=\underline{\underline{A}}^{-1}$.

Introducendo la seconda delle (8) nella $\mathbf{b}_ŋ=\Sigma_{\eta=0,ꞑ}(A_{ŋ\eta}\cdot B_\eta)$, si ha la $\mathbf{b}_ŋ=\Sigma_{\eta=0,ꞑ}(A_{ŋ\eta}\cdot\Sigma_{e=1,ɇ}(f_{\eta e}\cdot Ч_e))$ da cui si deducono le

$\mathbf{b}_ŋ=\mathbf{b}_ŋ(\underline{ч})\equiv\Sigma_{e=1,ɇ}(β_{ŋe}\cdot ч_e)$ $β_{ŋe}\equiv\Sigma_{η=0,ɏ}(A_{ŋη}\cdot \mathsf{f}_{ηe})$ (10)

Introducendo la prima delle (10) nella (4), si ha il secondo membro della $\mathbf{Y}=\Sigma_{ŋ=0,ɏ}(\Sigma_{e=1,ɇ}(β_{ŋe}\cdot ч_e)\cdot \mathsf{f}_ŋ(\underline{\mathsf{X}}))=\Sigma_{e=1,ɇ}(\Sigma_{ŋ=0,ɏ}(β_{ŋe}\cdot \mathsf{f}_ŋ(\underline{\mathsf{X}}))\cdot ч_e)$ dalla quale si deducono le

$\mathbf{Y}=\mathbf{Y}(\underline{ч})\equiv\Sigma_{e=1,ɇ}(ψ_e\cdot ч_e)$ $ψ_e\equiv\Sigma_{ŋ=0,ɏ}(β_{ŋe}\cdot \mathsf{f}_ŋ(\underline{\mathsf{X}}))$ (11)

La $\partial\Omega(\underline{\mathbf{b}})/\partial\mathbf{b}_ŋ=2\cdot\Sigma_{e=1,ɇ}((\Sigma_{η=0,ɏ}(\mathbf{b}_η\cdot \mathsf{f}_{ηe})-ч_e)\cdot \mathsf{f}_{ŋe})$ che specifica i primi due membri della (7), e la $\partial\Omega(\underline{\mathbf{b}})/\partial\mathbf{b}_ŋ=0$ dovuta all'essere come detto i $\underline{\mathbf{b}}$ (di cui la $\underline{\mathbf{b}}=\underline{\underline{A}}^{-1}\cdot\underline{B}$) la soluzione del sistema $\{\partial\Omega(\underline{b})/\partial b_ŋ=0;ŋ=0,ɏ\}$, portano la $\Sigma_{e=1,ɇ}((\Sigma_{η=0,ɏ}(\mathbf{b}_η\cdot \mathsf{f}_{ηe})-ч_e)\cdot \mathsf{f}_{ŋe})=0$ che è scritta come la

$\Sigma_{e=1,ɇ}((\boldsymbol{Y}_e-ч_e)\cdot \mathsf{f}_{ŋe})=0$ (12)

in quanto si pone la $\boldsymbol{Y}_e\equiv\Sigma_{η=0,ɏ}(\mathbf{b}_η\cdot \mathsf{f}_{ηe})$ di cui si ha (per la (4)) la $\boldsymbol{Y}_e=\mathbb{P}(\underline{\mathsf{f}}_e)=\mathbb{P}(\underline{\mathsf{f}}(\underline{\mathsf{X}}_e))$.

Riferendo la (12) a $ŋ=0$, e quindi valendovi i primi due membri della $\mathsf{f}_{ŋe}=\mathsf{f}_{0e}=1$ il cui ultimo membro segue dalle $\mathsf{f}_{ŋe}=\mathsf{f}_ŋ(\underline{\mathsf{X}}_e)$ Æ$\langle\underline{\mathsf{X}}_e\,/\,\underline{\mathsf{X}}\rangle$ e $\mathsf{f}_0(\underline{\mathsf{X}})\equiv1$, si ha la

$\Sigma_{e=1,ɇ}(\boldsymbol{Y}_e-ч_e)=0$ (13)

Moltiplicando la (12) per $\mathbf{b}_ŋ$ e poi effettuandone la $\Sigma_{ŋ=0,ɏ}()$, si ha la $\Sigma_{ŋ=0,ɏ}(\Sigma_{e=1,ɇ}((\boldsymbol{Y}_e-ч_e)\cdot \mathsf{f}_{ŋe})\cdot\mathbf{b}_ŋ)=0$ da cui segue $\Sigma_{e=1,ɇ}((\boldsymbol{Y}_e-ч_e)\cdot\Sigma_{ŋ=0,ɏ}(\mathbf{b}_ŋ\cdot \mathsf{f}_{ŋe}))=0$ che, introducendovi la $\boldsymbol{Y}_e\equiv\Sigma_{η=0,ɏ}(\mathbf{b}_η\cdot \mathsf{f}_{ηe})$, si scrive come la

$\Sigma_{e=1,ɇ}((\boldsymbol{Y}_e-ч_e)\cdot\boldsymbol{Y}_e)=0$ (14)

Da: þ; seconda delle (10); þ; þ; prima delle (8); þ; Æ$\langle\Sigma_{ħ=0,ɏ}(A_{ŋħ}\cdot A_{ħη})\,/\,\Sigma_{n=1,ɱ}(A_{an}\cdot A_{nb})\,/\,(2.3.2)\rangle$; segue

$\Sigma_{e=1,ɇ}(β^2_{ŋe})=\Sigma_{e=1,ɇ}(β_{ŋe}\cdot β_{ŋe})=\Sigma_{e=1,ɇ}(\Sigma_{η=0,ɏ}(A_{ŋη}\cdot \mathsf{f}_{ηe})\cdot\Sigma_{ħ=0,ɏ}(A_{ŋħ}\cdot \mathsf{f}_{ħe}))=\Sigma_{e=1,ɇ}(\Sigma_{η=0,ɏ}(\Sigma_{ħ=0,ɏ}(A_{ŋη}\cdot A_{ŋħ}\cdot \mathsf{f}_{ηe}\cdot \mathsf{f}_{ħe})))=$
$\Sigma_{η=0,ɏ}(\Sigma_{ħ=0,ɏ}(A_{ŋη}\cdot A_{ŋħ}\cdot\Sigma_{e=1,ɇ}(\mathsf{f}_{ħe}\cdot \mathsf{f}_{ηe})))=\Sigma_{η=0,ɏ}(\Sigma_{ħ=0,ɏ}(A_{ŋη}\cdot A_{ŋħ}\cdot A_{ħη}))=\Sigma_{η=0,ɏ}(A_{ŋη}\cdot\Sigma_{ħ=0,ɏ}(A_{ŋħ}\cdot A_{ħη}))=\Sigma_{η=0,ɏ}(A_{ŋη}\cdot δ_{ŋη})=A_{ŋŋ}$

Introducendo la prima delle (10) nella $\boldsymbol{Y}_e=\Sigma_{η=0,ɏ}(\mathbf{b}_η\cdot \mathsf{f}_{ηe})$, si hanno i primi due membri della $\boldsymbol{Y}_e=\Sigma_{ŋ=0,ɏ}(\Sigma_{e=1,ɇ}(β_{ŋe}\cdot ч_e)\cdot \mathsf{f}_{ŋe})=\Sigma_{e=1,ɇ}(\Sigma_{ŋ=0,ɏ}(β_{ŋe}\cdot \mathsf{f}_{ŋe})\cdot ч_e)$ dalla quale seguono le

$\boldsymbol{Y}_e=\boldsymbol{Y}_e(\underline{ч})\equiv\Sigma_{e=1,ɇ}(ψ_{ee}\cdot ч_e)$ $ψ_{ee}\equiv\Sigma_{ŋ=0,ɏ}(β_{ŋe}\cdot \mathsf{f}_{ŋe})$ (15)

Da: seconda delle (15); seconda delle (10); $A_{ŋη}=A_{ηŋ}$ dovuta a $[\underline{\underline{A}}^{-1}]^T=\underline{\underline{A}}^{-1}$; seconda delle (10); seconda delle (15); segue

$ψ_{ee}=\Sigma_{ŋ=0,ɏ}(β_{ŋe}\cdot \mathsf{f}_{ŋe})=\Sigma_{η=0,ɏ}(\Sigma_{ŋ=0,ɏ}(A_{ŋη}\cdot \mathsf{f}_{ηe}\cdot \mathsf{f}_{ŋe}))=\Sigma_{η=0,ɏ}(\Sigma_{ŋ=0,ɏ}(A_{ηŋ}\cdot \mathsf{f}_{ŋe})\cdot \mathsf{f}_{ηe})=\Sigma_{ŋ=0,ɏ}(β_{ŋe}\cdot \mathsf{f}_{ŋe})=ψ_{ee}$

Da: þ; seconda delle (15); þ; seconda delle (10); þ; þ; prima delle (8); (2.3.2); þ; seconda delle (10); seconda delle (15); segue

$\Sigma_{e=1,ɇ}(ψ^2_{ee})=\Sigma_{e=1,ɇ}(ψ_{ee}\cdot ψ_{ee})=\Sigma_{e=1,ɇ}(\Sigma_{ŋ=0,ɏ}(β_{ŋe}\cdot \mathsf{f}_{ŋe})\cdot\Sigma_{ħ=0,ɏ}(β_{ħe}\cdot \mathsf{f}_{ħe}))=\Sigma_{e=1,ɇ}(\Sigma_{ħ=0,ɏ}(\Sigma_{ŋ=0,ɏ}(β_{ŋe}\cdot β_{ħe}\cdot \mathsf{f}_{ŋe}\cdot \mathsf{f}_{ħe})))=$
$\Sigma_{e=1,ɇ}(\Sigma_{ħ=0,ɏ}(\Sigma_{ŋ=0,ɏ}(\Sigma_{η=0,ɏ}(A_{ŋη}\cdot \mathsf{f}_{ηe})\cdot\Sigma_{ħ=0,ɏ}(A_{ħħ}\cdot \mathsf{f}_{ħe})\cdot \mathsf{f}_{ŋe}\cdot \mathsf{f}_{ħe})))=\Sigma_{e=1,ɇ}(\Sigma_{ħ=0,ɏ}(\Sigma_{ŋ=0,ɏ}(\Sigma_{η=0,ɏ}(\Sigma_{ħ=0,ɏ}(A_{ŋη}\cdot \mathsf{f}_{ηe}\cdot A_{ħħ}\cdot \mathsf{f}_{ħe}\cdot \mathsf{f}_{ŋe}\cdot \mathsf{f}_{ħe})))))=$
$\Sigma_{ŋ=0,ɏ}(\mathsf{f}_{ŋe}\cdot\Sigma_{ħ=0,ɏ}(\mathsf{f}_{ħe}\cdot\Sigma_{η=0,ɏ}(A_{ŋη}\cdot\Sigma_{ħ=0,ɏ}(A_{ħħ}\cdot\Sigma_{e=1,ɇ}(\mathsf{f}_{ħe}\cdot \mathsf{f}_{ηe})))))=\Sigma_{ŋ=0,ɏ}(\mathsf{f}_{ŋe}\cdot\Sigma_{ħ=0,ɏ}(\mathsf{f}_{ħe}\cdot\Sigma_{η=0,ɏ}(A_{ŋη}\cdot\Sigma_{ħ=0,ɏ}(A_{ħħ}\cdot A_{ħη}))))=$
$\Sigma_{ŋ=0,ɏ}(\mathsf{f}_{ŋe}\cdot\Sigma_{ħ=0,ɏ}(\mathsf{f}_{ħe}\cdot\Sigma_{η=0,ɏ}(A_{ŋη}\cdot δ_{ħη})))=\Sigma_{ŋ=0,ɏ}(\mathsf{f}_{ŋe}\cdot\Sigma_{ħ=0,ɏ}(\mathsf{f}_{ħe}\cdot A_{ŋħ}))=\Sigma_{ŋ=0,ɏ}(β_{ŋe}\cdot \mathsf{f}_{ŋe})=ψ_{ee}$

Da: seconda delle (15); seconda delle (10); þ; prima delle (8); (2.3.2); segue

$\Sigma_{e=1,ɇ}(ψ_{ee})=\Sigma_{e=1,ɇ}(\Sigma_{ŋ=0,ɏ}(β_{ŋe}\cdot \mathsf{f}_{ŋe}))=\Sigma_{e=1,ɇ}(\Sigma_{ŋ=0,ɏ}(\Sigma_{η=0,ɏ}(A_{ŋη}\cdot \mathsf{f}_{ηe})\cdot \mathsf{f}_{ŋe}))=\Sigma_{ŋ=0,ɏ}(\Sigma_{η=0,ɏ}(A_{ŋη}\cdot\Sigma_{e=1,ɇ}(\mathsf{f}_{ηe}\cdot \mathsf{f}_{ŋe})))=$
$\Sigma_{ŋ=0,ɏ}(\Sigma_{η=0,ɏ}(A_{ŋη}\cdot A_{ηŋ}))=\Sigma_{ŋ=0,ɏ}(δ_{ŋŋ})=ɏ+1$

I risultati di queste ultime tre deduzioni sono riassunti dalle

$ψ_{ee}=ψ_{ee}$ $\Sigma_{e=1,ɇ}(ψ^2_{ee})=ψ_{ee}$ $\Sigma_{e=1,ɇ}(ψ_{ee})=ɏ+1$ (16)

Introducendo la prima delle (15) nella (13) si ha la $\Sigma_{e=1,ɇ}(\Sigma_{e=1,ɇ}(ψ_{ee})\cdot ч_e)=\Sigma_{e=1,ɇ}(ч_e)$. Questa, e l'essere ogni $ψ_{ee}$ costante rispetto alle variabili $\underline{ч}$, consentono di ammettere la $\Sigma_{e=1,ɇ}(ψ_{ee})=1$. Questa e la prima delle (16) portano la $\Sigma_{e=1,ɇ}(ψ_{ee})=1$. Perciò si ha la

$\Sigma_{e=1,ɇ}(ψ_{ee})=\Sigma_{e=1,ɇ}(ψ_{ee})=1$ (17)

Inerentemente la (2) si chiama $\{\underline{Ж}_κ;κ=1,Ɥ\}$ un sottoinsieme di $\{\underline{\mathsf{X}}_e;e=1,ɇ\}$ che ha la maggiore numerosità ₭ compatibile con la $\{\underline{Ж}_a \neq \underline{Ж}_b;\forall\{a,b\}\subseteq\{к=1,₭\}\}$, avendone la ₭≥2 conformemente alle anzidette e≥2 e $\exists \underline{X}_e \neq \underline{X}_e$.

Per mezzo di questo $\{\underline{Ж}_к;к=1,₭\}$ è conoscibile il $\underline{\eta}$ di cui la $\underline{\eta}\equiv\{\eta_{кή};ή=1,ή_к;к=1,₭\}$ definita dalla

$\{\eta_{кή};ή=1,ή_к\}=\{e\,/\,\underline{X}_e=\underline{Ж}_к;e\in\{e=1,e\}\}$ (18)

Per mezzo di tale $\underline{\eta}$ è conoscibile il $\underline{к}$ di cui la $\underline{к}\equiv\{к_e;e=1,e\}$ e che verifica la

$\{к=к_{\eta\langle к,ή\rangle};ή=1,ή_к;к=1,₭\}$ (19)

Questi $\underline{\eta}$ e $\underline{к}$ verificano le

$\{\underline{Ж}_к=\underline{X}_{\eta\langle к,ή\rangle};ή=1,ή_к;к=1,₭\}$ (20)

$\{\underline{Ж}_{к\langle e\rangle}=\underline{X}_e;e=1,e\}$ (21)

$\{к\Leftrightarrow\{\eta_{кή};ή=1,ή_к\};к=1,₭\}$

$\{ς_{\eta\langle к,ή\rangle};ή=1,ή_к;к=1,₭\}=\{ς_e;e=1,e\}$ (22)

$\{ς_{к,\eta\langle к,ή\rangle};ή=1,ή_к;к=1,₭\}=\{ς_{к\langle e\rangle,e};e=1,e\}$ (23)

Da: (19); (22); segue

$\Sigma_{к=1,₭}(\Sigma_{ή=1,ή\langle к\rangle}(ς_к))=\Sigma_{к=1,₭}(\Sigma_{ή=1,ή\langle к\rangle}(ς_{к\langle\eta\langle к,ή\rangle\rangle}))=\Sigma_{e=1,e}(ς_{к\langle e\rangle})$ (24)

Si pone la $\{\underline{Ч}_к\equiv\{Ч_{\eta\langle к,ή\rangle};ή=1,ή_к\};к=1,₭\}$ per cui si hanno le

$\{\underline{Ч}_к\Leftrightarrow\underline{Ж}_к;к=1,₭\}$ (25)

$\{\underline{Ч}_к;к=1,₭\}=\underline{Ч}$ (26)

di cui la Æ⟨(26) /(22)⟩.

Si pongono la $M_к\equiv m\langle\underline{Ч}_к\rangle$ e la $Y_к\equiv P(\underline{f}(\underline{Ж}_к))$. Da: questa; (20); $\boldsymbol{Y}_e=P(\underline{f}(\underline{X}_e))$ (detta in occasione della (12)); segue (intendendone la $ή\in\{ή=1,ή_к\}$), la

$Y_к=P(\underline{f}(\underline{Ж}_к))=P(\underline{f}(\underline{X}_{\eta\langle к,ή\rangle}))=\boldsymbol{Y}_{\eta\langle к,ή\rangle}$ (27)

Da: $Y_к\equiv P(\underline{f}(\underline{Ж}_к))$; (21); $\boldsymbol{Y}_e=P(\underline{f}(\underline{X}_e))$; segue $Y_{к\langle e\rangle}=P(\underline{f}(\underline{Ж}_{к\langle e\rangle}))=P(\underline{f}(\underline{X}_e))=\boldsymbol{Y}_e$. Da: (27); prima delle (15); segue $Y_к=\boldsymbol{Y}_{\eta\langle к,1\rangle}=\Sigma_{e=1,e}(\psi_{\eta\langle к,1\rangle e}\cdot Ч_e)$.

Le espressioni delle variabili casuali $Ч_e$ $m\langle\underline{Ч}\rangle$ $M_к$ $\mathbf{b}_\eta$ $\mathbf{Y}$ e $\boldsymbol{Y}_e$ (di cui la $M_к\equiv m\langle\underline{Ч}_к\rangle$ e le (10) (11) (15)) sono sintetizzate dalla

$\hat{s}=\hat{s}(\underline{Ч})\equiv\Sigma_{e=1,e}(k_e\cdot Ч_e)$ (28)

in quanto si intende: $\hat{s}\equiv\{Ч_e\dot{\vee}m_{\underline{Ч}}\dot{\vee}M_к\dot{\vee}\mathbf{b}_\eta\dot{\vee}\mathbf{Y}\dot{\vee}\boldsymbol{Y}_e\}$, $k_e\equiv\delta_{ee}$ se $\hat{s}\equiv Ч_e$, $k_e\equiv e^{-1}$ se $\hat{s}\equiv m_{\underline{Ч}}$, $k_e\equiv\delta_{кк\langle e\rangle}/ή_к$ se $\hat{s}\equiv M_к$, $k_e\equiv\beta_{\eta e}$ se $\hat{s}\equiv\mathbf{b}_\eta$, $k_e\equiv\psi_e$ se $\hat{s}\equiv\mathbf{Y}$, e $k_e\equiv\psi_{ee}$ se $\hat{s}\equiv\boldsymbol{Y}_e$.

Le $\{k_e;e=1,e\}$ della (28) sono costanti rispetto le $\underline{Ч}$ (cioè ne vale la $\{ï\langle k_e|\underline{Ч}\rangle;e=1,e\}$), poiché si determinano indipendentemente da queste come è mostrato in particolare dalle precedenti espressioni delle $\beta_{\eta e}$ ψ_e e ψ_{ee}. Perciò la $\hat{s}$ espressa dalla (28) è una specificazione della variabile casuale $\check{s}$ espressa dalla

$\check{s}=\check{s}(\underline{Ч})\equiv\Sigma_{e=1,e}(k_e\cdot Ч_e)=\Sigma_{a=1,a}(k_{e\langle a\rangle}\cdot Ч_{e\langle a\rangle})$ (29)

di cui le

$\{ï\langle k_e|\underline{Ч}\rangle;e=1,e\}$ $\{k_{e\langle a\rangle}\neq 0;a=1,a\}$ $\{k_{e\langle b\rangle}=0;b=1,b\}$ $\{\{e_a;a=1,a\},\{e_b;b=1,b\}\}=\{e=1,e\}$ $a\geq 1$ $b\geq 0$ (30)

La (25) è inerente la

$\underline{Ч}=\{\underline{T}_M\,|\,\underline{Ч}_к\equiv\{Ч_{\eta\langle к,ή\rangle};ή=1,ή_к\};к=1,₭\}$ (31)

come la (1) è inerente la (9.1.4), essendo perciò $\underline{T}_M$ la tabella che: ha una sola colonna e ha ₭ righe costituite dalle altrettante caselle $\{\underline{Ч}_к;к=1,₭\}$ alle quali è associata la proprietà $\mathbb{P}_{\underline{Ж}}$ che ha i valori $\{\underline{Ж}_к;к=1,₭\}$ il cui $\underline{Ж}_к$ è una caratteristica comune agli elementi di $\underline{Ч}_к$; e evidenzia la forza

r_E della relazione tra $Ч$ e $\mathbb{P}_{\underline{Ж}}$.
Tale $Æ\langle(31),\{\underline{Ч}_κ;κ=1,ϰ\}\ /(9.1.4),\underline{Ξ}\ /(9.2.3)\rangle$ dà luogo alla

$$\mathrm{d}^2\langle\underline{Ч}\rangle=\mathbf{d}^2_{NSE}+\mathbb{d}^2_{SE} \qquad (32)$$

di cui le

$$\mathrm{d}^2_{\underline{Ч}}\equiv\Sigma_{e=1,ɐ}((Ч_e-\mathrm{m}_{\underline{Ч}})^2)=\Sigma_{κ=1,ϰ}(\Sigma_{ή=1,ή\langle κ\rangle}((Ч_{η\langle κ,ή\rangle}-\mathrm{m}_{\underline{Ч}})^2))$$

$$\mathbf{d}^2_{NSE}\equiv\Sigma_{κ=1,ϰ}(\mathrm{d}^2\langle\underline{Ч}_κ\rangle)=\Sigma_{κ=1,ϰ}(\Sigma_{ή=1,ή\langle κ\rangle}((Ч_{η\langle κ,ή\rangle}-\mathrm{M}_κ)^2))=\Sigma_{e=1,ɐ}((Ч_e-\mathrm{M}_{κ\langle e\rangle})^2) \qquad (33)$$

$$\mathbb{d}^2_{SE}\equiv\Sigma_{κ=1,ϰ}(ή_κ\cdot(\mathrm{M}_κ-\mathrm{m}_{\underline{Ч}})^2)=\Sigma_{κ=1,ϰ}(\Sigma_{ή=1,ή\langle κ\rangle}((\mathrm{M}_κ-\mathrm{m}_{\underline{Ч}})^2))=\Sigma_{e=1,ɐ}((\mathrm{M}_{κ\langle e\rangle}-\mathrm{m}_{\underline{Ч}})^2) \qquad (34)$$

seguendo gli ultimi membri di queste tre espressioni dalle rispettive (22) (23) e (24).

Conformemente alla deduzione della (32), si ha che: $\mathbb{d}^2_{SE}$ è una misura della r_E; $\mathbb{d}^2_{SE}$ e $\mathbf{d}^2_{NSE}$ sono due parti di $\mathrm{d}^2_{\underline{Ч}}$ rispettivamente spiegata e non dalla r_E.

Da: $\mathrm{d}^2_{\underline{Ч}}\equiv\Sigma_{e=1,ɐ}((Ч_e-\mathrm{m}_{\underline{Ч}})^2)$; segue

$$\mathrm{d}^2_{\underline{Ч}}=\Sigma_{e=1,ɐ}((Ч_e-\boldsymbol{Y}_e+\boldsymbol{Y}_e-\mathrm{m}_{\underline{Ч}})^2)=\Sigma_{e=1,ɐ}((Ч_e-\boldsymbol{Y}_e)^2)+\Sigma_{e=1,ɐ}((\boldsymbol{Y}_e-\mathrm{m}_{\underline{Ч}})^2)+2\cdot\Sigma_{e=1,ɐ}((Ч_e-\boldsymbol{Y}_e)\cdot\boldsymbol{Y}_e-(Ч_e-\boldsymbol{Y}_e)\cdot\mathrm{m}_{\underline{Ч}})$$

Introducendo in questa la $\Sigma_{e=1,ɐ}((Ч_e-\boldsymbol{Y}_e)\cdot\boldsymbol{Y}_e-(Ч_e-\boldsymbol{Y}_e)\cdot\mathrm{m}_{\underline{Ч}})=\Sigma_{e=1,ɐ}((Ч_e-\boldsymbol{Y}_e)\cdot\boldsymbol{Y}_e)-\mathrm{m}_{\underline{Ч}}\Sigma_{e=1,ɐ}(Ч_e-\boldsymbol{Y}_e)=0$ il cui ultimo membro segue dalle (14) e (13), si ha la

$$\mathrm{d}^2_{\underline{Ч}}=\mathbf{d}^2_{NSP}+\mathbb{d}^2_{SP} \qquad (35)$$

di cui le $\mathbf{d}^2_{NSP}\equiv\Sigma_{e=1,ɐ}((Ч_e-\boldsymbol{Y}_e)^2)$ e $\mathbb{d}^2_{SP}\equiv\Sigma_{e=1,ɐ}((\boldsymbol{Y}_e-\mathrm{m}_{\underline{Ч}})^2)$.

Da: þ; (22); (27); (23); segue

$$\mathbf{d}^2_{NSP}=\Sigma_{e=1,ɐ}((Ч_e-\boldsymbol{Y}_e)^2)=\Sigma_{κ=1,ϰ}(\Sigma_{ή=1,ή\langle κ\rangle}((Ч_{η\langle κ,ή\rangle}-\boldsymbol{Y}_{η\langle κ,ή\rangle})^2))=\Sigma_{κ=1,ϰ}(\Sigma_{ή=1,ή\langle κ\rangle}((Ч_{η\langle κ,ή\rangle}-\mathrm{Y}_κ)^2))=\Sigma_{e=1,ɐ}((Ч_e-\mathrm{Y}_{κ\langle e\rangle})^2)$$

Da: þ; (22); (27); segue

$$\mathbb{d}^2_{SP}=\Sigma_{e=1,ɐ}((\boldsymbol{Y}_e-\mathrm{m}_{\underline{Ч}})^2)=\Sigma_{κ=1,ϰ}(\Sigma_{ή=1,ή\langle κ\rangle}((\boldsymbol{Y}_{η\langle κ,ή\rangle}-\mathrm{m}_{\underline{Ч}})^2))=\Sigma_{κ=1,ϰ}(ή_κ\cdot(\mathrm{Y}_κ-\mathrm{m}_{\underline{Ч}})^2) \qquad (36)$$

La (13) porta la $\Sigma_{e=1,ɐ}(Ч_e)=\Sigma_{e=1,ɐ}(\boldsymbol{Y}_e)$. Introducendo in questa le $\Sigma_{e=1,ɐ}(Ч_e)=ɐ\cdot\mathrm{m}_{\underline{Ч}}$ e $\Sigma_{e=1,ɐ}(\boldsymbol{Y}_e)=ɐ\cdot\mathrm{m}\langle\underline{\boldsymbol{Y}}\rangle$ (di cui la $\underline{\boldsymbol{Y}}\equiv\{\boldsymbol{Y}_e;e=1,ɐ\}$) si ha la $\mathrm{m}_{\underline{Ч}}=\mathrm{m}\langle\underline{\boldsymbol{Y}}\rangle$.

Analogamente alla (31) si ha la $\underline{\boldsymbol{Y}}=\{\underline{T}_M\,|\,Ξ_{\underline{Y}κ}\equiv\{\boldsymbol{Y}_{η\langle κ,ή\rangle};ή=1,ή_κ\};κ=1,ϰ\}$ dove $\underline{T}_M$ è la tabella che: ha una sola colonna e ha ϰ righe costituite dalle altrettante caselle $\{\underline{Ξ}_{\underline{Y}κ};κ=1,ϰ\}$ alle quali è associata la proprietà $\mathbb{P}_{\underline{Ж}}$ il cui valore $\underline{Ж}_κ$ è una caratteristica comune agli elementi di $Ξ_{\underline{Y}κ}$; e evidenzia la forza r_P della relazione tra $\mathbf{Y}$ e $\mathbb{P}_{\underline{Ж}}$.

La r_P, considerando anche la $\mathrm{m}_{\underline{Ч}}=\mathrm{m}\langle\underline{\boldsymbol{Y}}\rangle$ e la $\mathrm{Y}_κ=\mathrm{m}\langle\underline{Ξ}_{\underline{Y}κ}\rangle$ (dovuta a (27)), risulta essere misurata da $\mathbb{d}^2_{SP}$ analogamente a come la r_E è misurata da $\mathbb{d}^2_{SE}$. Viceversa la $\mathbf{d}^2_{NSP}$ non ha alcuna corrispondenza con tale r_P. Dunque, in base alla (35), $\mathbb{d}^2_{SP}$ e $\mathbf{d}^2_{NSP}$ sono due parti di $\mathrm{d}^2_{\underline{Ч}}$ rispettivamente spiegata e non dalla r_P.

La $Æ\langle\underline{Ч}_κ,\mathrm{Y}_κ\ /\underline{\mathrm{X}},\mathrm{K}\ /(2.2.39)\rangle$ porta la $\Sigma_{ή=1,ή\langle κ\rangle}((Ч_{η\langle κ,ή\rangle}-\mathrm{M}_κ)^2)=\Sigma_{ή=1,ή\langle κ\rangle}((Ч_{η\langle κ,ή\rangle}-\mathrm{Y}_κ)^2)-ή_κ\cdot(\mathrm{M}_κ-\mathrm{Y}_κ)^2$ la cui $\Sigma_{κ=1,ϰ}()$ dà luogo alla

$$\mathbf{d}^2_{NSE}=\mathbf{d}^2_{NSP}-\mathbb{d}^2_{SD} \qquad (37)$$

di cui la

$$\mathbb{d}^2_{SD}\equiv\Sigma_{κ=1,ϰ}(ή_κ\cdot(\mathrm{M}_κ-\mathrm{Y}_κ)^2)=\Sigma_{κ=1,ϰ}(\Sigma_{ή=1,ή\langle κ\rangle}((\mathrm{M}_κ-\mathrm{Y}_κ)^2))=\Sigma_{e=1,ɐ}((\mathrm{M}_{κ\langle e\rangle}-\mathrm{Y}_{κ\langle e\rangle})^2) \qquad (38)$$

il cui ultimo membro segue dalla (24).

Le (32) (35) e (37) portano la

$$\mathbb{d}^2_{SE}=\mathbb{d}^2_{SP}+\mathbb{d}^2_{SD} \qquad (39)$$

La (37) mostra che $\mathbf{d}^2_{NSP}$ approssima per eccesso $\mathbf{d}^2_{NSE}$ e che tale approssimazione è tanto migliore quanto è minore $\mathbb{d}^2_{SD}$. La (39) mostra che $\mathbb{d}^2_{SP}$ approssima per difetto $\mathbb{d}^2_{SE}$ e quindi (per l'essere le

d^2_{SE} e d^2_{SP} misure delle r_E e r_P) che r_P approssima per difetto r_E, e che tali approssimazioni sono tanto migliori quanto è minore d^2_{SD}. Pertanto: $\mathbf{d}^2_{NSE}$ non può essere spiegata da alcuna r_P; d^2_{SE} è la massima che può essere spiegata da una r_P; d^2_{SD} è la parte ulteriore che potrebbe essere spiegata sostituendo l'attuale r_P con la maggiore possibile ossia sostituendo l'attuale $P(\underline{f}(\underline{X}))$ con il migliore possibile.

10.2 *Le ipotesi sul campione e le conseguenti funzioni di densità di probabilità*

Avendo i $\underline{Ч}$ l'identità di $\mathbf{e}$ valori di una stessa grandezza $Ч$, si chiama $\underline{Ч}_к$ l'universo costituito da tutti i valori di $Ч$ che hanno almeno $\underline{Ж}_к$ come caratteristica comune. Coerentemente con ciò si ha la $\{\underline{Ч}_к \Leftrightarrow \underline{Ж}_к; к=1,\mathbf{к}\}$; e anche la $\{\underline{Ч}_к \equiv \mathbf{e}\langle\underline{Ч}_к\rangle; к=1,\mathbf{к}\}$ in quanto si assume come sperimentalmente noto che ogni $\underline{Ж}_к$ è, conformemente alla (10.1.25), una caratteristica comune agli elementi del corrispondente $\underline{Ч}_к$ di cui la $\underline{Ч}_к \subset \underline{Ч}$. Le $\{\underline{Ч}_к \equiv \mathbf{e}\langle\underline{Ч}_к\rangle; к=1,\mathbf{к}\}$ (10.1.26) e la $\underline{Ч} \equiv \mathbf{e}\langle\underline{Ч}\rangle$ (posta in sez. 9) portano la $\underline{Ч} = \{\underline{Ч}_к; к=1,\mathbf{к}\}$.

Inerentemente un $\underline{Ч}_к$ si ha la variabile casuale $Ч_к$ di cui la $\underline{Ч}_к \equiv \underline{M}\langle Ч_к \in \mathfrak{R}\langle Ч_к\rangle\rangle$. Questa e la $\underline{Ч}_к \equiv \mathbf{e}\langle\underline{Ч}_к\rangle$ portano che i $\underline{Ч}_к$ sono $\mathbf{\acute{η}}_к$ valori della stessa $Ч_к$, seguendo da ciò le

$$\{Ð\langle Ч_{η\langle к,\acute{η}\rangle}\rangle \equiv Ð\langle Ч_к\rangle; \acute{η}=1,\mathbf{\acute{η}}_к; к=1,\mathbf{к}\} \quad (1)$$

$$\{E\langle Ч_{η\langle к,\acute{η}\rangle}\rangle \equiv E\langle Ч_к\rangle; \acute{η}=1,\mathbf{\acute{η}}_к; к=1,\mathbf{к}\} \quad (2)$$

$$\{V^2\langle Ч_{η\langle к,\acute{η}\rangle}\rangle \equiv V^2\langle Ч_к\rangle; \acute{η}=1,\mathbf{\acute{η}}_к; к=1,\mathbf{к}\} \quad (3)$$

Si pone la $\{к_К; К=1,\mathbf{К}\} = \{к \,/\, \mathfrak{N}\langle\underline{Ч}_к\rangle \geq 2; к \in \{к=1,\mathbf{к}\}\}$. La $\mathfrak{H}_Ч$, definita dalla $\mathfrak{H}_Ч \equiv \{\underline{Ч} \equiv \mathbf{r}\langle\underline{Ч}\rangle\}$ la cui $\underline{Ч} \equiv \mathbf{e}\langle\underline{Ч}\rangle$ è come detto vera, è considerata un'ipotesi o è ammessa come una proposizione vera poiché è stabilita tale sulla base di evidenze sperimentali. Da: $\mathfrak{H}_Ч \equiv \{\{\underline{Ч}_к; к=1,\mathbf{к}\} \equiv \mathbf{r}\langle\underline{Ч}_к; к=1,\mathbf{к}\rangle\}$ (dovuta a (10.1.26) e $\underline{Ч} = \{\underline{Ч}_к; к=1,\mathbf{к}\}$), e $Æ\langle\underline{Ч}_к, \underline{Ч}_к; к=1,\mathbf{к} \,/\, \underline{X}_k, \underline{X}_k; k=1,\mathbf{k} \,/\, (4.1.1)\rangle$; (10.1.26); $\{Æ\langle\underline{Ч}, \underline{Ч}_{к\langle К\rangle} \,/\, \underline{X},\underline{X} \,/\, (2.4.3.4)\rangle; К=1,\mathbf{К}\}$; segue

$$\mathfrak{H}_Ч \underline{\rightarrow} \mathbb{I}\langle\underline{Ч}_к; к=1,\mathbf{к}\rangle \underline{\leftrightarrow} \mathbb{I}\langle\underline{Ч}\rangle \underline{\rightarrow} \{\mathbb{I}\langle\underline{Ч}_{к\langle К\rangle}\rangle; К=1,\mathbf{К}\} \quad (4)$$

Da: (4); $Æ\langle\underline{Ч}, \{Ч_{e\langle a\rangle}; a=1,\mathbf{a}\} \,/\, \underline{X},\underline{X} \,/\, (2.4.3.4)\rangle$ dovuta alle (10.1.30); $Æ\langle\{Ч_{e\langle a\rangle}; a=1,\mathbf{a}\}, \{k_{e\langle a\rangle} \cdot Ч_{e\langle a\rangle}; a=1,\mathbf{a}\} \,/\, \underline{a},\underline{b} \,/\, (2.4.6.7)\rangle$; segue

$$\mathfrak{H}_Ч \underline{\rightarrow} \mathbb{I}\langle\underline{Ч}\rangle \underline{\rightarrow} \mathbb{I}\langle Ч_{e\langle a\rangle}; a=1,\mathbf{a}\rangle \underline{\leftrightarrow} \mathbb{I}\langle k_{e\langle a\rangle} \cdot Ч_{e\langle a\rangle}; a=1,\mathbf{a}\rangle \quad (5)$$

Da: (10.1.29); (5.3.6); $Æ\langle k_{e\langle a\rangle}, Ч_{e\langle a\rangle}, Ч_{e\langle a\rangle} \,/\, k, f(\underline{s}), \underline{s} \,/\, (5.3.5)\rangle$ e $\ddot{I}\langle k_{e\langle a\rangle} | \underline{Ч}\rangle$; (10.1.30); (10.1.22); (2); (10.1.23); (10.1.30); segue

$$E\langle\check{s}\rangle = E\langle\Sigma_{a=1,\mathbf{a}}(k_{e\langle a\rangle} \cdot Ч_{e\langle a\rangle})\rangle = \Sigma_{a=1,\mathbf{a}}(E\langle k_{e\langle a\rangle} \cdot Ч_{e\langle a\rangle}\rangle) = \Sigma_{a=1,\mathbf{a}}(k_{e\langle a\rangle} \cdot E\langle Ч_{e\langle a\rangle}\rangle) = \Sigma_{e=1,\mathbf{e}}(k_e \cdot E\langle Ч_e\rangle) =$$
$$\Sigma_{к=1,\mathbf{к}}(\Sigma_{\acute{η}=1,\mathbf{\acute{η}}\langle к\rangle}(k_{η\langle к,\acute{η}\rangle} \cdot E\langle Ч_{η\langle к,\acute{η}\rangle}\rangle)) = \Sigma_{к=1,\mathbf{к}}(\Sigma_{\acute{η}=1,\mathbf{\acute{η}}\langle к\rangle}(k_{η\langle к,\acute{η}\rangle} \cdot E\langle Ч_к\rangle)) = \Sigma_{e=1,\mathbf{e}}(k_e \cdot E\langle Ч_{к\langle e\rangle}\rangle) = \Sigma_{a=1,\mathbf{a}}(k_{e\langle a\rangle} \cdot E\langle Ч_{к\langle e\langle a\rangle\rangle}\rangle) \quad (6)$$

Da: (10.1.29); $\mathbb{I}\langle k_{e\langle a\rangle} \cdot Ч_{e\langle a\rangle}; a=1,\mathbf{a}\rangle$ e (5.3.13); (5.3.10) e $\ddot{I}\langle k_{e\langle a\rangle} | \underline{Ч}\rangle$; (10.1.30); (10.1.22); (3); (10.1.23); (10.1.30); segue IPM

$$\{V^2\langle\check{s}\rangle = V^2\langle\Sigma_{a=1,\mathbf{a}}(k_{e\langle a\rangle} \cdot Ч_{e\langle a\rangle})\rangle = \Sigma_{a=1,\mathbf{a}}(V^2\langle k_{e\langle a\rangle} \cdot Ч_{e\langle a\rangle}\rangle) = \Sigma_{a=1,\mathbf{a}}(k^2{}_{e\langle a\rangle} \cdot V^2\langle Ч_{e\langle a\rangle}\rangle) = \Sigma_{e=1,\mathbf{e}}(k^2{}_e \cdot V^2\langle Ч_e\rangle) =$$
$$\Sigma_{к=1,\mathbf{к}}(\Sigma_{\acute{η}=1,\mathbf{\acute{η}}\langle к\rangle}(k^2{}_{η\langle к,\acute{η}\rangle} \cdot V^2\langle Ч_{η\langle к,\acute{η}\rangle}\rangle)) = \Sigma_{к=1,\mathbf{к}}(\Sigma_{\acute{η}=1,\mathbf{\acute{η}}\langle к\rangle}(k^2{}_{η\langle к,\acute{η}\rangle} \cdot V^2\langle Ч_к\rangle)) = \Sigma_{e=1,\mathbf{e}}(k^2{}_e \cdot V^2\langle Ч_{к\langle e\rangle}\rangle) =$$
$$\Sigma_{a=1,\mathbf{a}}(k^2{}_{e\langle a\rangle} \cdot V^2\langle Ч_{к\langle e\langle a\rangle\rangle}\rangle)\} \underline{\leftarrow} \mathbb{I}\langle k_{e\langle a\rangle} \cdot Ч_{e\langle a\rangle}; a=1,\mathbf{a}\rangle \underline{\leftarrow} \mathfrak{H}_Ч \quad (7)$$

il cui ultimo membro segue dalla (5).

Si considera l'ipotesi $\mathcal{H}_{GЧ}$ di cui la $\mathcal{H}_{GЧ} \equiv \{Ð\langle Ч_к\rangle \equiv G\langle E_{Ч\langle к\rangle}, V^2{}_{Ч\langle к\rangle}\rangle; к=1,\mathbf{к}\}$. Le $\mathcal{H}_{GЧ}$ e (1) portano IPM

$$\{Ð\langle Ч_{η\langle к,\acute{η}\rangle}\rangle \equiv G\langle E_{Ч\langle к\rangle}, V^2{}_{Ч\langle к\rangle}\rangle; \acute{η}=1,\mathbf{\acute{η}}_к; к=1,\mathbf{к}\} \underline{\leftrightarrow} \{Ð\langle Ч_e\rangle \equiv G\langle E\langle Ч_{к\langle e\rangle}\rangle, V^2\langle Ч_{к\langle e\rangle}\rangle\rangle; e=1,\mathbf{e}\} \underline{\leftarrow} \mathcal{H}_{GЧ} \quad (8)$$

il cui secondo membro segue dalla (10.1.23).

Si pone la $\underline{T} \equiv \{d^2\langle\underline{Ч}_{к\langle К\rangle}\rangle / V^2{}_{Ч\langle к\langle К\rangle\rangle}; К=1,\mathbf{К}\}$. Da: þ; $\mathcal{H}_{GЧ} \underline{\rightarrow} \{Æ\langle\underline{Ч}_{к\langle К\rangle} \,/\, \underline{g} \,/\, (6.3.17)\rangle; К=1,\mathbf{К}\}$ dovuta alle (8) e $\underline{Ч}_к \equiv \{Ч_{η\langle к,\acute{η}\rangle}; \acute{η}=1,\mathbf{\acute{η}}_к\}$; (4); segue

$$Æ\langle\underline{T} \,/\, \underline{X}_Q \,/\, (6.3.12)\rangle \underline{\leftarrow} \{Ð\langle d^2\langle\underline{Ч}_{к\langle К\rangle}\rangle / V^2{}_{Ч\langle к\langle К\rangle\rangle}\rangle \equiv X\langle\mathbf{\acute{η}}_{к\langle К\rangle} - 1\rangle; К=1,\mathbf{К}\} \underline{\leftarrow} \{\mathcal{H}_{GЧ}, \{\mathbb{I}\langle\underline{Ч}_{к\langle К\rangle}\rangle; К=1,\mathbf{К}\}\} \underline{\leftarrow} \{\mathfrak{H}_Ч, \mathcal{H}_{GЧ}\} \quad (9)$$

Da: (5); Æ⟨T,Ч /y,x /(2.4.3.12)⟩; segue 𝔥Ч→◻⟨Ч⟩→◻⟨T⟩. Questa e la (9) (e la {d^2_A=0;∀𝔐A=1}) portano la

{Ꝑ⟨ξ^2_{NSE}⟩≡X⟨e−K⟩; ξ^2_{NSE}≡$\Sigma_{K=1,K}$($d^2_{Ч⟨K⟩}$/$V^2_{Ч⟨K⟩}$);e≡$\Sigma_{K=1,K}$(ή$_{K⟨K⟩}$)}←{𝔥Ч,ℋ𝒢Ч} (10)

Si pone (con riferimento alla (10.1.29)) la ž≡(š−E$_š$)/V$_š$. Da: (8); (10.1.30); segue ℋ𝒢Ч→{Æ⟨Ч$_e$, E⟨Ч$_{K⟨e⟩}$⟩,V^2⟨Ч$_{K⟨e⟩}$⟩ /𝒢,E$_𝒢$,V$^2_𝒢$ /(6.2.15)⟩;e=1,e}→{Ꝑ⟨k$_{e⟨a⟩}$·Ч$_{e⟨a⟩}$⟩=𝒢⟨k$_{e⟨a⟩}$·E⟨Ч$_{K⟨e⟨a⟩⟩}$⟩,k$^2_{e⟨a⟩}$·V^2⟨Ч$_{K⟨e⟨a⟩⟩}$⟩⟩; a=1,a}→Æ⟨k$_{e⟨a⟩}$·Ч$_{e⟨a⟩}$;a=1,a /g /(6.2.20)⟩. Da: questa e (5); (10.1.29); segue

{𝔥Ч,ℋ𝒢Ч}→{Ꝑ⟨$\Sigma_{a=1,a}$(k$_{e⟨a⟩}$·Ч$_{e⟨a⟩}$)⟩≡𝒢⟨E⟨$\Sigma_{a=1,a}$(k$_{e⟨a⟩}$·Ч$_{e⟨a⟩}$)⟩,V^2⟨$\Sigma_{a=1,a}$(k$_{e⟨a⟩}$·Ч$_{e⟨a⟩}$)⟩⟩}↔
{Ꝑ⟨š⟩≡𝒢⟨E⟨š⟩,V^2⟨š⟩⟩}↔Æ⟨š,ž /𝒢,𝒵 /(6.2.13)⟩↔{Ꝑ⟨ž⟩≡𝒵} (11)

di cui le (6) e (7).

Si considera la š≡{š$_i$;i=1,i} di cui la {Æ⟨š$_i$ /š /(10.1.29),(11)⟩;i=1,i}. Ciò porta le

{Æ⟨ž$_i$ /ž /(11)⟩;i=1,i} ž$_i$≡(š$_i$−E⟨š$_i$⟩)/V⟨š$_i$⟩ š$_i$=$\Sigma_{e=1,e}$(k$_{ie}$·Ч$_e$) (12)

di cui si intendono le ž≡{ž$_i$;i=1,i} ž$_Q$≡{ž^2_i;i=1,i}, e le cui {k$_{ie}$;e=1,e} sono arbitrarie a meno della {Æ⟨k$_{ie}$;e=1,e /k$_e$;e=1,e /(10.1.30)⟩;i=1,i}.

Le (12) e {𝔥Ч,ℋ𝒢Ч} portano la {Ꝑ⟨ž$_i$⟩≡𝒵;i=1,i} e quindi le Æ⟨ž /g /(6.2.23)⟩ e Æ⟨ž$_Q$ /z$_Q$ /(6.3.11)⟩ che danno luogo alle rispettive

{Ꝑ⟨ζ⟩≡𝒢⟨0,i⟩; ζ≡$\Sigma_{i=1,i}$(ž$_i$)} (13)

{Ꝑ⟨ξ^2⟩≡X⟨i⟩; ξ^2≡$\Sigma_{i=1,i}$(ž^2_i)} (14)

di cui la ℬЧ definita dalla ℬЧ≡{{𝔥Ч,ℋ𝒢Ч,◻⟨ž⟩}→{(13),(14)}}.

Si pongono le 𝒜Ч≡{{𝔥Ч,ℋ𝒢Ч}→◻⟨ž⟩} e ℜЧ≡{{𝔥Ч,ℋ𝒢Ч}→{(13),(14)}}. Le ℬЧ e Æ⟨𝒜Ч,ℬЧ /𝒫$_A$,𝒫$_B$ / (2.1.1.7)⟩, e la Æ⟨{𝔥Ч,ℋ𝒢Ч},◻⟨ž⟩,{(13),(14)} /𝒫$_A$,𝒫$_B$,𝒫 /(2.1.1.6)⟩, portano le rispettive 𝒜Ч→ℬЧ e 𝒜Ч→{ℬЧ↔ℜЧ} che danno luogo alla 𝒜Ч→ℜЧ.

La Æ⟨ž,š /a,b /(2.4.6.7)⟩ (dovuta alla seconda delle (12) e all'essere le {E⟨š$_i$⟩,V⟨š$_i$⟩;i=1,i} delle costanti), e la terza delle (12), portano le rispettive

◻⟨ž⟩↔◻⟨š⟩ Æ⟨š,Ч /y,x /(2.4.3.14),(2.4.3.17)⟩ (15)

che rendono possibile la definizione di un procedimento che (considerando anche la 𝔥Ч→◻⟨Ч⟩ affermata dalla (5)) consente di stabilire se la 𝒜Ч è vera o falsa.

Questo procedimento che, in base alla 𝒜Ч→ℜЧ, mira a accertare la 𝒜Ч allo scopo di validare la ℜЧ, può essere sostituito dal seguente che ha lo stesso scopo e lo comprende come caso particolare essendo generalmente più efficace.

Si chiama {i$_d$;d=1,d} una suddivisione del {i=1,i} definita dalla i$_d$≡{i$_{dj}$;j=1,j$_d$}, e si pongono le š$_d$≡{š$_{i⟨d,j⟩}$;j=1,j$_d$} ž$_d$≡{ž$_{i⟨d,j⟩}$;j=1,j$_d$} ž$_{Qd}$≡{ž$^2_{i⟨d,j⟩}$;j=1,j$_d$} per cui si ha la Æ⟨ž$_d$,š$_d$ /ž,š /(15)⟩ che porta la ◻⟨ž$_d$⟩↔◻⟨š$_d$⟩. Dalle ζ≡$\Sigma_{i=1,i}$(ž$_i$) e ξ^2≡$\Sigma_{i=1,i}$(ž$_i^2$) (presenti nelle (13) e (14)) seguono le

ζ=$\Sigma_{d=1,d}$(ζ$_d$) ζ$_d$≡$\Sigma_{j=1,j⟨d⟩}$(ž$_{i⟨d,j⟩}$) (16)

ξ^2=$\Sigma_{d=1,d}$(ξ^2_d) ξ^2_d≡$\Sigma_{j=1,j⟨d⟩}$(ž$^2_{i⟨d,j⟩}$) (17)

di cui si ottengono, rispettivamente per mezzo delle Æ⟨ζ$_d$,ž$_d$ /ζ,ž /(13)⟩ e Æ⟨ξ^2_d,ž$_{Qd}$ /ξ^2,ž$_Q$ /(14)⟩, le

{Ꝑ⟨ζ$_d$⟩≡𝒢⟨0,j$_d$⟩;d=1,d}←𝒞Ч (18)

{Ꝑ⟨ξ^2_d⟩≡X⟨j$_d$⟩;d=1,d}←𝒞Ч (19)

di cui la 𝒞Ч≡{𝔥Ч,ℋ𝒢Ч,{◻⟨š$_d$⟩;d=1,d}} dove è posto ◻⟨š$_d$⟩ invece di ◻⟨ž$_d$⟩ come consente la ◻⟨ž$_d$⟩↔◻⟨š$_d$⟩.

Si pongono le ζ≡{ζ$_d$;d=1,d} e ξ$_Q$≡{ξ^2_d;d=1,d}. La Æ⟨ζ /s /(5.3.6),(5.3.13)⟩ porta le

E⟨Σ⟨ζ⟩⟩=$\Sigma_{d=1,d}$(E⟨ζ$_d$⟩) ◻⟨ζ⟩→{V^2⟨Σ⟨ζ⟩⟩=$\Sigma_{d=1,d}$(V^2⟨ζ$_d$⟩)} (20)

La prima delle (16) e IPM (18), e la prima delle (17) e IPM (19), portano rispettivamente le Æ⟨ζ,ζ /Σ$_g$,g / (6.2.20)⟩ e Æ⟨ξ^2,ξ$_Q$ /Σ$_{X⟨Q⟩}$,X$_Q$ /(6.3.12)⟩. Ciò e le (20) portano le {𝒞Ч,◻⟨ζ⟩}→(13) {𝒞Ч,◻⟨ξ$_Q$⟩}→(14).

Le ζd≡Σj=1,ɉ⟨d⟩(ži⟨d,j⟩) e ži≡(ši−E⟨ši⟩)/V⟨ši⟩ (presenti nelle (16) e (12)) portano la ζd=Ad+Kd di cui le Ad≡Σj=1,ɉ⟨d⟩(ši⟨d,j⟩/V⟨ši⟨d,j⟩⟩) Kd≡−Σj=1,ɉ⟨d⟩(E⟨ši⟨d,j⟩⟩/V⟨ši⟨d,j⟩⟩). Si pongono le A≡{Ad;d=1,ɖ} K≡{Kd;d=1,ɖ} e σ≡{σd;d=1,ɖ} di cui la σd≡Σj=1,ɉ⟨d⟩(ši⟨d,j⟩). Da: Æ⟨σ,A /Γ,ΓK /(2.4.3.9)⟩; Æ⟨ζ,A,K /E,ε,η /(2.4.3.10)⟩ e {Ï⟨Kd|Ad⟩;d=1,ɖ;d=1,ɖ}; Æ⟨ζ, ξQ /Γ,ΓQ /(2.4.3.8)⟩; segue IPM

{𝕀⟨σ⟩↔𝕀⟨A⟩→𝕀⟨ζ⟩→𝕀⟨ξQ⟩}←𝓗G℩←Cɥ (21)

il cui secondo membro segue da {IPM (21)} e Æ⟨𝓗G℩,IPM (21) /𝓟A,𝓟B /(2.1.1.7)⟩.

Le Cɥ→{𝕀⟨σ⟩→𝕀⟨ζ⟩} (dovuta a (21)) e Æ⟨Cɥ,𝕀⟨σ⟩,𝕀⟨ζ⟩ /𝓟A,𝓟B,𝓟 /(2.1.1.2)⟩ portano la {Cɥ,𝕀⟨σ⟩}→ 𝕀⟨ζ⟩. Da: questa e Æ⟨{Cɥ,𝕀⟨σ⟩},𝕀⟨ζ⟩ /𝓟A,𝓟B /(2.1.1.3)⟩; {Cɥ,𝕀⟨ζ⟩}→(13); segue {Cɥ,𝕀⟨σ⟩}↔ {Cɥ,𝕀⟨σ⟩,𝕀⟨ζ⟩}→(13). Questa deduzione vale anche se si sostituiscono i 𝕀⟨ζ⟩ e (13) con i rispettivi 𝕀⟨ξQ⟩ e (14), e perciò si ha la {Cɥ,𝕀⟨σ⟩}→{(13),(14)}. Questa e l'averne la Æ⟨{{𝕳ɥ,𝓗G℩}, {{𝕀⟨šd⟩;d=1,ɖ},𝕀⟨σ⟩},{(13),(14)} /𝓟A,𝓟B,𝓟 /(2.1.1.6)⟩ portano la

{{𝕳ɥ,𝓗G℩}→{{𝕀⟨šd⟩;d=1,ɖ},𝕀⟨σ⟩}}→𝕽ɥ (22)

La σd≡Σj=1,ɉ⟨d⟩(ši⟨d,j⟩) e l'ultima delle (12) portano, intendendo la Kde≡Σj=1,ɉ⟨d⟩(ki⟨d,j⟩e), la σd= Σe=1,ɇ(Kde·ɥe). Questa e l'ultima delle (12) portano le rispettive Æ⟨σ,ɥ /y,x /(2.4.3.14),(2.4.3.17)⟩ e {Æ⟨šd,ɥ /y,x /(2.4.3.14),(2.4.3.17)⟩;d=1,ɖ}.

Queste e la (22) portano che lo scopo di validare la 𝕽ɥ è perseguibile con il seguente procedimento che mira a stabilire la {𝕳ɥ,𝓗G℩}→{{𝕀⟨šd⟩;d=1,ɖ},𝕀⟨σ⟩}.

Si sceglie un naturale ₦IT sufficientemente grande, si pone k=0, e si intraprende (sottintendendo che le 𝕀⟨ɥ⟩ e {ℜ⟨ɥe⟩=ℜ[1];e=1,ɇ} sono certe in quanto sono tali le rispettive {𝕳ɥ,(5)} e {𝓗G℩,(8)}) l'esecuzione dei seguenti passi:

1) Si incrementa k di un'unità, e se k>₦IT l'esecuzione termina con un insuccesso.

2) Si sceglie arbitrariamente (ovvero casualmente) un {id;d=1,ɖ}.

3) si intraprende, per ogni d∈{d=1,ɖ}, l'esecuzione successiva del passo 3.1.

3.1) si usa la Æ⟨šd,ɥ /y,x /(2.4.3.14),(2.4.3.17)⟩ per stabilire la 𝕀⟨šd⟩ o la ¬𝕀⟨šd⟩, e se viene stabilita la ¬𝕀⟨šd⟩ si torna al passo 1.

4) si usa la Æ⟨σ,ɥ /y,x /(2.4.3.14),(2.4.3.17)⟩ per stabilire la 𝕀⟨σ⟩ o la ¬𝕀⟨σ⟩, e se viene stabilita la ¬𝕀⟨σ⟩ si torna al passo 1.

5) la {𝕳ɥ,𝓗G℩}→{{𝕀⟨šd⟩;d=1,ɖ},𝕀⟨σ⟩} è stabilita certa e l'esecuzione termina.

Si pone la σ≡Σi=1,ɨ(ši)=Σe=1,ɇ(Ke·ɥe) con Ke≡Σi=1,ɨ(kie) e il cui ultimo membro segue dall'ultima delle (12). Da: 𝓗G℩ e Æ⟨{š,σ},{ž^2,ξ^2} /σ,ξQ /(21)⟩; Æ⟨{ž^2,ξ^2},{ž,ξ^2} /α,β /(2.4.3.6)⟩; segue IPM {𝕀⟨š,σ⟩→𝕀⟨ž^2,ξ^2⟩↔𝕀⟨ž,ξ^2⟩}←𝓗G℩. Questa e la Æ⟨𝓗G℩,𝕀⟨š,σ⟩,𝕀⟨ž,ξ^2⟩ /𝓟A,𝓟B,𝓟 /(2.1.1.2)⟩ portano la {𝓗G℩,𝕀⟨š,σ⟩}→𝕀⟨ž,ξ^2⟩. Il secondo membro di questa, l'ultimo membro della (11), e la (14), portano la Æ⟨ž,ξ^2,ɨ /Z,χ^2,ν /(6.4.1),(6.4.3)⟩. Ciò e il sottintendere (come nel seguito) la 𝕽ɥ vera portano la

{Ɗ⟨T⟩≡𝓣⟨ɨ⟩;T≡ž/(ξ^2/ɨ)$^{0.5}$} (23)

di cui la {𝕳ɥ,𝓗G℩,𝕀⟨š,σ⟩}→(23). Questa e la Æ⟨{𝕳ɥ,𝓗G℩},𝕀⟨š,σ⟩,(23) /𝓟A,𝓟B,𝓟 /(2.1.1.6)⟩ portano la {{𝕳ɥ,𝓗G℩}→𝕀⟨š,σ⟩}→𝕽Tɥ di cui la 𝕽Tɥ≡{{𝕳ɥ,𝓗G℩}→(23)} e la cui {𝕳ɥ,𝓗G℩}→𝕀⟨š,σ⟩ è accertabile per mezzo della Æ⟨{š,σ},ɥ /y,x /(2.4.3.14),(2.4.3.17)⟩. Nel seguito la 𝕽Tɥ è sottintesa vera.

Si pongono le Æ⟨ξ^2_N,ɨN /ξ^2,ɨ /(14)⟩ Æ⟨ξ^2_D,ɨD /ξ^2,ɨ /(14)⟩ e Æ⟨{ξ^2_N,ξ^2_D},{σN,σD} /ξQ,σ /(21)⟩. Queste portano: sia la {𝕀⟨σN,σD⟩→𝕀⟨ξ^2_N,ξ^2_D⟩}←𝓗G℩ da cui segue (per la Æ⟨𝓗G℩,𝕀⟨σN,σD⟩,𝕀⟨ξ^2_N,ξ^2_D⟩ / 𝓟A,𝓟B,𝓟 /(2.1.1.2)⟩) la {𝓗G℩,𝕀⟨σN,σD⟩}→𝕀⟨ξ^2_N,ξ^2_D⟩, sia (per il sottintendere la 𝕽ɥ) la {𝕳ɥ,𝓗G℩}→ {Ɗ⟨ξ^2_N⟩≡𝒳⟨ɨN⟩,Ɗ⟨ξ^2_D⟩≡𝒳⟨ɨD⟩}. I secondi membri di queste portano la Æ⟨ξ^2_N,ɨN,ξ^2_D,ɨD /χ^2_N,νN,χ^2_D,νD / (6.4.4),(6.4.5)⟩, e perciò si ha la

{Ɗ⟨Φ⟩≡𝓕⟨ɨN,ɨD⟩;Φ≡(ξ^2_N/ɨN)/(ξ^2_D/ɨD)} (24)

di cui la {𝔥ч,$\mathcal{H}_{G}$ч,𝕀⟨σN,σD⟩}→(24). Questa e la Æ⟨{𝔥ч,$\mathcal{H}_{G}$ч},𝕀⟨σN,σD⟩,(24) /$\mathcal{P}_A$,$\mathcal{P}_B$,$\mathcal{P}$ /(2.1.1.6)⟩ portano la {{𝔥ч,$\mathcal{H}_{G}$ч}→𝕀⟨σN,σD⟩}→ℜΦч di cui la ℜΦч≡{{𝔥ч,$\mathcal{H}_{G}$ч}→(24)} e la cui {𝔥ч,$\mathcal{H}_{G}$ч}→ 𝕀⟨σN,σD⟩ è accertabile per mezzo della Æ⟨{σN,σD},ч /y,x /(2.4.3.14),(2.4.3.17)⟩. Nel seguito la ℜΦч è sottintesa vera.

Pertanto in definitiva il sottintendere le ℜч ℜTч e ℜΦч (in quanto accertate come detto) porta la

{𝔥ч,$\mathcal{H}_{G}$ч}→{(13),(14),(23),(24)} (25)

La (14) ha le seguenti due specificazioni notevoli.

Si pone la šSPK≡ή$_K^{0.5}$·(YK−mч). Da: questa; (10.1.27); (10.1.28); segue

šSPK=ή$_K^{0.5}$·(YK−mч)=ή$_K^{0.5}$·(Yη⟨K,ή⟩−mч)=Σe=1,e(kSPKe·ч$_e$) (26)

di cui la kSPKe≡ή$_K^{0.5}$·(ψη⟨K,ή⟩e−e^{-1}) e che mostra la Æ⟨šSPK;K=1,ж /š /(14),(25)⟩ che dà luogo alla

{Ð⟨ξ$^2_{SP}$⟩≡X⟨ж⟩; ξ$^2_{SP}$=ΣK=1,ж((šSPK−E⟨šSPK⟩)^2/V^2⟨šSPK⟩)}←{𝔥ч,$\mathcal{H}_{G}$ч} (27)

di cui la Æ⟨IPM (27) /(14)⟩ e le E⟨šSPK⟩=Σe=1,e(kSPKe·E⟨ЧK⟨e⟩⟩) 𝔥ч→{V^2⟨šSPK⟩=Σe=1,e(k$^2_{SPKe}$·V^2⟨ЧK⟨e⟩⟩)} dovute a Æ⟨šSPK /š /(6),(7)⟩.

Si pone la šSDK≡ή$_K^{0.5}$·(MK−YK). Da: questa; (10.1.27); (10.1.28); segue

šSDK=ή$_K^{0.5}$·(MK−YK)=ή$_K^{0.5}$·(MK−Yη⟨K,ή⟩)=Σe=1,e(kSDKe·ч$_e$) (28)

di cui la kSDKe≡δKK⟨e⟩/ή$_K^{0.5}$−ή$_K^{0.5}$·ψη⟨K,ή⟩e e che mostra la Æ⟨šSDK;K=1,ж /š /(14),(25)⟩ che dà luogo alla

{Ð⟨ξ$^2_{SD}$⟩≡X⟨ж⟩; ξ$^2_{SD}$=ΣK=1,ж((šSDK−E⟨šSDK⟩)^2/V^2⟨šSDK⟩)}←{𝔥ч,$\mathcal{H}_{G}$ч} (29)

di cui la Æ⟨IPM (29) /(14)⟩ e le E⟨šSDK⟩=Σe=1,e(kSDKe·E⟨ЧK⟨e⟩⟩) 𝔥ч→{V^2⟨šSDK⟩=Σe=1,e(k$^2_{SDKe}$·V^2⟨ЧK⟨e⟩⟩)} dovute a Æ⟨šSDK /š /(6),(7)⟩.

Da: (13); seconda delle (12); ultima delle (12); segue

ζ=Σi=1,i(ži)=Σi=1,i((ši−Eš⟨i⟩)/Vš⟨i⟩)=Σe=1,e(Ae·ч$_e$)−B= ζ−B (30)

di cui le Ae≡Σi=1,i(kie/Vš⟨i⟩) B≡Σi=1,i(Eš⟨i⟩/Vš⟨i⟩) ζ≡Σe=1,e(Ae·ч$_e$).

Da: ζ≡Σe=1,e(Ae·ч$_e$), in quanto porta la Æ⟨ ζ /š /(6)⟩; Ae≡Σi=1,i(kie/Vš⟨i⟩); terza delle (12), in quanto porta la Æ⟨ši /š /(6)⟩; segue E⟨ ζ⟩=Σe=1,e(Ae·E⟨ЧK⟨e⟩⟩)=Σi=1,i(Σe=1,e(kie·E⟨ЧK⟨e⟩⟩)/Vš⟨i⟩)=Σi=1,i(E⟨ši⟩/Vš⟨i⟩)=B.

Da: (14); seconda delle (12); þ; ultima delle (12); segue

ξ^2=Σi=1,i(ž$_i^2$)=Σi=1,i(((ši−Eš⟨i⟩)/Vš⟨i⟩)^2)=Σi=1,i(š$_i^2$/V^{2}š⟨i⟩)−2·Σi=1,i(ši·Eš⟨i⟩/V^{2}š⟨i⟩)+C^2=
Σe=1,e(Σe=1,e(Eee·ч$_e$·ч$_e$))−Σe=1,e(De·ч$_e$)+C^2 (31)

di cui le Eee≡Σi=1,i(kie·kie/V^{2}š⟨i⟩) De≡2·Σi=1,i(kie·Eš⟨i⟩/V^{2}š⟨i⟩) C^2≡Σi=1,i(E^{2}š⟨i⟩/V^{2}š⟨i⟩).

La Æ⟨Σe=1,e(Σe=1,e(Eee·ч$_e$·ч$_e$)),ч /q(x),x /(2.4.7.6)⟩ porta la

Σe=1,e(Σe=1,e(Eee·ч$_e$·ч$_e$))=Eϱϱ·ч$_ϱ^2$+Fϱ(ч^ϱ)·ч$_ϱ$+Gϱ(ч^ϱ) (32)

di cui le ϱ∈{e=1,e} Fϱ(ч^ϱ)≡Σe=1,e;e≠ϱ((Eeϱ+Eϱe)·ч$_e$) Gϱ(ч^ϱ)≡Σe=1,e;e≠ϱ(Σe=1,e;e≠ϱ(Eee·ч$_e$·ч$_e$)).

Introducendo nella (31) la (32) e la Σe=1,e(De·ч$_e$)=Σe=1,e((1−δϱe)·De·ч$_e$)+Dϱ·ч$_ϱ$, si ha la

ξ^2=Eϱϱ·ч$_ϱ^2$+Mϱ(ч^ϱ)·ч$_ϱ$+Nϱ(ч^ϱ) (33)

di cui le Mϱ(ч^ϱ)≡Fϱ(ч^ϱ)−Dϱ Nϱ(ч^ϱ)≡Gϱ(ч^ϱ)+Σe=1,e((δϱe−1)·De·ч$_e$)+C^2.

10.3 *L'equazione di regressione, le altre ipotesi relative essa e il campione, i tests statistici.*

Si sottintende che per ogni x, inteso come una particolare n-pla di valori delle {ℙK⟨n⟩;n=1,n} (di cui in sez. 10.1) alla quale è riferibile la (10.1.4), esiste un universo 𝕐 costituito da tutti i valori di ч (essendo ч la grandezza di cui i ч ne sono e valori) che hanno come caratteristica comune almeno il detto x.

Di conseguenza una coppia {𝕐,x} è il generico elemento della 𝕐⇔x che generalizza la {ЧK⇔ЖK;

κ=1,ҝ} (detta in sez. 10.2) giacché ne vale la

{𝕐⇔X̲}⊃{ч̲κ⇔Ж̲κ;κ=1,ҝ} (1)

La 𝕐⇔X̲ porta che, nell'universo 𝒴T costituito come l'insieme di ogni 𝕐, esiste una relazione tra la Ч e le ҥ grandezze X̲, che è chiamata regressione della variabile Ч nelle variabili X̲ e è esprimibile dall'omonima equazione

𝔼⟨𝕐⟩=ℙ(𝕗̲(X̲))≡Σŋ=0,ҥ(𝕓ŋ·𝕗ŋ(X̲)) (2)

di cui le 𝕐̲≡𝕄̲⟨𝕐∈ℜ⟨𝕐⟩⟩ e 𝕗0(X̲)≡1, i cui 𝕓̲ (di cui la 𝕓̲≡{𝕓ŋ;ŋ=0,ҥ}) sono ҥ+1 coefficienti costanti, e di cui si pone la 𝕗̲(X̲)≡{𝕗ŋ(X̲);ŋ=1,ҥ}. La (2) è chiamata anche modello di regressione.

Lo scopo della trattazione della (10.1.4) è quello di ottenere informazioni sull'equazione di regressione e su 𝒴T.

Le (2) e (1) portano (avendone la ч̲κ≡𝕄̲⟨чκ∈ℜ̲⟨чκ⟩⟩ detta in sez. 10.2) la

𝔼⟨чκ⟩=ℙ(𝕗̲(Ж̲κ))≡Σŋ=0,ҥ(𝕓ŋ·𝕗ŋ(Ж̲κ)) (3)

La **b**ŋ(Ч̲) (espressa dalla prima delle (10.1.10)) e la Ï⟨fŋ(X̲)¦Ч̲⟩ portano la Ï⟨fŋ(X̲)¦**b**ŋ⟩. Da: (10.1.4); (10.1.4); (5.3.6); Ï⟨fŋ(X̲)¦**b**ŋ⟩ e (5.3.5); segue

𝔼⟨**Y**⟩=𝔼⟨P(f̲(X̲))⟩=𝔼⟨Σŋ=0,ҥ(**b**ŋ·fŋ(X̲))⟩=Σŋ=0,ҥ(𝔼⟨**b**ŋ·fŋ(X̲)⟩)=Σŋ=0,ҥ(𝔼⟨**b**ŋ⟩·fŋ(X̲)) (4)

Da: (10.1.27); (4); segue

𝔼⟨Yκ⟩=𝔼⟨P(f̲(Ж̲κ))⟩=Σŋ=0,ҥ(𝔼⟨**b**ŋ⟩·fŋ(Ж̲κ)) (5)

Da: (10.1.27); i membri primo e settimo della (10.2.6) riferita (conformemente alle (10.1.29) (10.1.28) e (10.1.18)) alla š≡***Y***η⟨κ,ή⟩; 𝔼⟨чκ⟩=Σκ=1,ҝ(δκκ·𝔼⟨чκ⟩); **k**κκ≡Σή=1,ή⟨κ⟩(ψη⟨κ,ή⟩η⟨κ,ή⟩); segue

𝔼⟨Yκ⟩−𝔼⟨чκ⟩=𝔼⟨***Y***η⟨κ,ή⟩⟩−𝔼⟨чκ⟩=Σκ=1,ҝ(𝔼⟨чκ⟩·Σή=1,ή⟨κ⟩(ψη⟨κ,ή⟩η⟨κ,ή⟩))−𝔼⟨чκ⟩=
Σκ=1,ҝ(𝔼⟨чκ⟩·(Σή=1,ή⟨κ⟩(ψη⟨κ,ή⟩η⟨κ,ή⟩)−δκκ))=Σκ=1,ҝ(𝔼⟨чκ⟩·(**k**κκ−δκκ)) (6)

Da: **k**κκ≡Σή=1,ή⟨κ⟩(ψη⟨κ,ή⟩η⟨κ,ή⟩); (10.1.22); Æ⟨ηκή /e /(10.1.17)⟩ dovuta a (10.1.18); segue

Σκ=1,ҝ(**k**κκ)=Σκ=1,ҝ(Σή=1,ή⟨κ⟩(ψη⟨κ,ή⟩η⟨κ,ή⟩))=Σe=1,ɵ(ψη⟨κ,ή⟩e)=1 (7)

Da: þ; (7); segue

Σκ=1,ҝ(𝕂·(**k**κκ−δκκ))=𝕂·(Σκ=1,ҝ(**k**κκ)−1)=0 (8)

Da: (10.1.27); i membri primo e settimo di IPM (10.2.7) riferita (conformemente alle (10.1.29) (10.1.28) e (10.1.18)) alla š≡***Y***η⟨κ,ή⟩; 𝕍²⟨чκ⟩=Σκ=1,ҝ(δκκ·𝕍²⟨чκ⟩); **ĸ**²κκ≡Σή=1,ή⟨κ⟩(ψ²η⟨κ,ή⟩η⟨κ,ή⟩); segue IPM

{𝕍²⟨Yκ⟩−𝕍²⟨чκ⟩=𝕍²⟨***Y***η⟨κ,ή⟩⟩−𝕍²⟨чκ⟩=Σκ=1,ҝ(Σή=1,ή⟨κ⟩(ψ²η⟨κ,ή⟩η⟨κ,ή⟩·𝕍²⟨чκ⟩))−𝕍²⟨чκ⟩=
Σκ=1,ҝ(𝕍²⟨чκ⟩·(Σή=1,ή⟨κ⟩(ψ²η⟨κ,ή⟩η⟨κ,ή⟩)−δκκ))=Σκ=1,ҝ(𝕍²⟨чκ⟩·(**ĸ**²κκ−δκκ))}⇐̲ 𝕙Ч̲ (9)

Da: **ĸ**²κκ≡Σή=1,ή⟨κ⟩(ψ²η⟨κ,ή⟩η⟨κ,ή⟩); (10.1.22); seconda delle (10.1.16); segue

Σκ=1,ҝ(**ĸ**²κκ)=Σκ=1,ҝ(Σή=1,ή⟨κ⟩(ψ²η⟨κ,ή⟩η⟨κ,ή⟩))=Σe=1,ɵ(ψ²η⟨κ,ή⟩e)=ψη⟨κ,ή⟩η⟨κ,ή⟩ (10)

Si considerano le ipotesi ℋ𝕓0 e 𝓗𝕓0 definite dalle ℋ𝕓0≡{𝕓ŋ=0;ŋ=1,ҥ} e 𝓗𝕓0≡{𝔼⟨чκ⟩=𝕓0;κ=1,ҝ}.
Da: (2); (1) (e conformemente alla (3)); segue

ℋ𝕓0→̲{𝔼⟨𝕐⟩=𝕓0;∀𝕐}→̲𝓗𝕓0 (11)

Le (10.2.6) e 𝓗𝕓0 portano IPM

{𝔼⟨š⟩=𝕓0·Σe=1,ɵ(ke)}⇐̲𝓗𝕓0 (12)

La proponibilità delle ℋ𝕓0 e 𝓗𝕓0 come due ipotesi, che peraltro è intuitiva per le loro stesse espressioni, è basata sull'impossibilità di stabilirne la verità o la falsità. L'impossibilità di accertare alcuna delle ¬ℋ𝕓0 e ¬𝓗𝕓0 è coerente con il fallimento del seguente tentativo. Da: Æ⟨***Y***e / š /(12)⟩ (conforme alle (10.1.28) e (10.1.29)) e (10.1.17); (10.1.22); (10.1.27); 𝓗𝕓0 e (6); segue 𝓗𝕓0→̲{𝔼⟨***Y***e⟩=𝕓0;e=1,ɵ}={𝔼⟨***Y***η⟨κ,ή⟩⟩=𝕓0;ή=1,ήκ;κ=1,ҝ}⇔̲{𝔼⟨Yκ⟩=𝕓0;κ=1,ҝ}→̲𝒽𝕓0 la cui 𝒽𝕓0 è vera come conseguenza delle $ℏ_{b0}$≡{$Σ_{κ=1,ж}$(b_0·($k_{κκ}$–$δ_{κκ}$))=0} e Æ⟨b_0 /K /(8)⟩. Questa certezza della $ℏ_{b0}$ impedisce di ammettere la ¬$ℏ_{b0}$ e quindi impedisce anche di usare le $\mathcal{H}_{b0}$→$ℏ_{b0}$ e Æ⟨$\mathcal{H}_{b0}$,$ℏ_{b0}$ / $\mathcal{P}_A$,$\mathcal{P}_B$ /(2.1.1.1)⟩ per stabilire la ¬$\mathcal{H}_{b0}$. Questa impossibilità di stabilire la ¬$\mathcal{H}_{b0}$ rende impossibile anche lo stabilire la ¬$\mathcal{H}_{b0}$ per mezzo delle (11) e Æ⟨$\mathcal{H}_{b0}$,$\mathcal{H}_{b0}$ /$\mathcal{P}_A$,$\mathcal{P}_B$ /(2.1.1.1)⟩.

Da: $\mathcal{H}_{b0}$ e Æ⟨$\check{s}_{SPκ}$,$k_{SPκe}$ /š,k_e /(12)⟩ (dovuta a (10.2.26)); $k_{SPκe}$≡$ή_κ^{0.5}$·($ψ_{η⟨κ,ή⟩e}$–e^{-1}); þ; (10.1.17); segue IPM

$$\{E⟨\check{s}_{SPκ}⟩=b_0·Σ_{e=1,e}(k_{SPκe})=b_0·ή_κ^{0.5}·Σ_{e=1,e}(ψ_{η⟨κ,ή⟩e}–e^{-1})=b_0·ή_κ^{0.5}·(Σ_{e=1,e}(ψ_{η⟨κ,ή⟩e})–1)=0\}⟵\mathcal{H}_{b0} \quad (13)$$

Da: $\mathcal{H}_{b0}$ e Æ⟨$\check{s}_{SDκ}$,$k_{SDκe}$ /š,k_e /(12)⟩ (dovuta a (10.2.28)); $k_{SDκe}$≡$δ_{κκ⟨e⟩}$/$ή_κ^{0.5}$–$ή_κ^{0.5}$·$ψ_{η⟨κ,ή⟩e}$; þ; (10.1.17); segue IPM

$$\{E⟨\check{s}_{SDκ}⟩=b_0·Σ_{e=1,e}(k_{SDκe})=b_0·Σ_{e=1,e}(δ_{κκ⟨e⟩}/ή_κ^{0.5}–ή_κ^{0.5}·ψ_{η⟨κ,ή⟩e})=b_0·ή_κ^{0.5}·(1–Σ_{e=1,e}(ψ_{η⟨κ,ή⟩e}))=0\}⟵\mathcal{H}_{b0} \quad (14)$$

Si considerano le ipotesi $\mathcal{H}_f$ e $\mathcal{H}_b$ definite dalle $\mathcal{H}_f$≡{f(X)≡f(X)} e $\mathcal{H}_b$≡{E⟨$b_ŋ$⟩=$b_ŋ$;ŋ=0,ŋ}. Da: (3); $\mathcal{H}_f$; (10.1.21) e $f_{ŋe}$=$f_ŋ$(X_e); segue IPM {E⟨$Ч_{κ⟨e⟩}$⟩=$Σ_{η=0,ŋ}$($b_η$·$f_η$($Ж_{κ⟨e⟩}$))=$Σ_{η=0,ŋ}$($b_η$·$f_η$($Ж_{κ⟨e⟩}$))=$Σ_{η=0,ŋ}$($b_η$·$f_{ηe}$)}⟵ $\mathcal{H}_f$. Da: Æ⟨$b_ŋ$ /ŝ /(10.1.28)⟩ e Æ⟨ŝ /š /(10.2.6)⟩; $\mathcal{H}_f$ e $\mathcal{H}_f$→{E⟨$Ч_{κ⟨e⟩}$⟩=$Σ_{η=0,ŋ}$($b_η$·$f_{ηe}$)}; seconda delle (10.1.10); prima delle (10.1.8); $Σ_{ђ=0,ŋ}$($A_{ŋђ}$·$A_{ђη}$)=$δ_{ŋη}$ (conforme alla (2.3.2)); segue IPM {E⟨$b_ŋ$⟩= $Σ_{e=1,e}$(E⟨$Ч_{κ⟨e⟩}$⟩·$β_{ŋe}$)=$Σ_{η=0,ŋ}$($b_η$·$Σ_{e=1,e}$($f_{ηe}$·$β_{ŋe}$))=$Σ_{η=0,ŋ}$($b_η$·$Σ_{ђ=0,ŋ}$($A_{ŋђ}$·$Σ_{e=1,e}$($f_{ђe}$·$f_{ηe}$)))=$Σ_{η=0,ŋ}$($b_η$·$Σ_{ђ=0,ŋ}$($A_{ŋђ}$·$A_{ђη}$))= $Σ_{η=0,ŋ}$($b_η$·$δ_{ŋη}$)=$b_ŋ$}⟵$\mathcal{H}_f$ che porta la $\mathcal{H}_f$→$\mathcal{H}_b$.

Si considera l'ipotesi $\mathcal{H}_Y$ definita dalla $\mathcal{H}_Y$≡{E⟨Y⟩=E⟨Y⟩;E⟨Y⟩=P(f(X));Y=P(f(X));∀X}. Da: (4); $\mathcal{H}_f$ e $\mathcal{H}_b$; (2); segue IPM {E⟨Y⟩=$Σ_{ŋ=0,ŋ}$(E⟨$b_ŋ$⟩·$f_ŋ$(X))=$Σ_{ŋ=0,ŋ}$($b_ŋ$·$f_ŋ$(X))=E⟨Y⟩}⟵{$\mathcal{H}_f$,$\mathcal{H}_b$} che mostra la {$\mathcal{H}_f$,$\mathcal{H}_b$}→$\mathcal{H}_Y$.

Le (2) e (4) portano la

$$\mathcal{H}_Y⟷\{Σ_{ŋ=0,ŋ}(b_ŋ·f_ŋ(X))=Σ_{ŋ=0,ŋ}(E⟨b_ŋ⟩·f_ŋ(X));∀X\} \quad (15)$$

che induce ad ammettere la $\mathcal{H}_Y$→{$\mathcal{H}_f$,$\mathcal{H}_b$}. Da: questa e {$\mathcal{H}_f$,$\mathcal{H}_b$}→$\mathcal{H}_Y$; $\mathcal{H}_f$→$\mathcal{H}_b$; segue

$$\mathcal{H}_Y⟷\{\mathcal{H}_f,\mathcal{H}_b\}⟷\mathcal{H}_f \quad (16)$$

Si considera l'ipotesi $\mathcal{H}_Ч$ definita dalla $\mathcal{H}_Ч$≡{E⟨$Y_κ$⟩=E⟨$Ч_κ$⟩;κ=1,ж}. Da: (16); {Æ⟨$Ж_κ$ /X /(15)⟩;κ=1,ж}; (3) e (5); segue

$$\mathcal{H}_f⟷\mathcal{H}_Y→\{Σ_{ŋ=0,ŋ}(b_ŋ·f_ŋ(Ж_κ))=Σ_{ŋ=0,ŋ}(E⟨b_ŋ⟩·f_ŋ(Ж_κ));κ=1,ж\}⟷\mathcal{H}_Ч \quad (17)$$

Si chiama $\Im$ un dominio rettangolare che ha misura minima compatibilmente con la {$Ж_κ$;κ=1,ж}⊂ $\Im$⊂$\mathfrak{R}^{ŋ}$. La (17) mostra che, a fronte della $\mathcal{H}_f$→$\mathcal{H}_Ч$, non esiste alcun $\mathcal{P}$⟨$\mathcal{H}_f$|$\mathcal{H}_Ч$⟩, poiché il suo terzo membro può rendere la $\mathcal{H}_Y$ (e quindi la $\mathcal{H}_f$) tanto più credibile quanto più ж è grande rispetto alla misura di $\Im$ e quanto più i {$Ж_κ$;κ=1,ж} sono equispaziati, ma non può mai consentire di considerarla come una proposizione vera.

La proponibilità delle $\mathcal{H}_f$ e $\mathcal{H}_Ч$ come due ipotesi è basata sull'impossibilità di stabilirne la verità o la falsità. L'impossibilità di accertare alcuna delle ¬$\mathcal{H}_f$ e ¬$\mathcal{H}_Ч$ è coerente con il fallimento del seguente tentativo.

La (6) porta la $\mathcal{H}_Ч$⟷$ℏ_Ч$ di cui le $ℏ_Ч$≡{A·E=$0_ж$} A≡[$A_{κκ}$;κ=1,ж;κ=1,ж] $A_{κκ}$≡$k_{κκ}$–$δ_{κκ}$ E≡{E⟨$Ч_κ$⟩;κ=1,ж}, essendo il A·E=$0_ж$ un sistema lineare omogeneo di ж equazioni nelle altrettante incognite E e la cui matrice dei coefficienti è la A.

Da: $A_{κκ}$=$k_{κκ}$–$δ_{κκ}$; þ; $Σ_{c=1,ж}$($δ_{κc}$·$δ_{κc}$)=$δ_{κκ}$; (7); segue

$$Σ_{c=1,ж;c≠κ}(–A_{κc})=Σ_{c=1,ж}((1–δ_{κc})·(δ_{κc}–k_{κc}))=Σ_{c=1,ж}(δ_{κc})–Σ_{c=1,ж}(k_{κc})–Σ_{c=1,ж}(δ_{κc}·δ_{κc})+Σ_{c=1,ж}(δ_{κc}·k_{κc})= 1–Σ_{κ=1,ж}(k_{κκ})–δ_{κκ}+k_{κκ}=k_{κκ}–δ_{κκ}=A_{κκ} \quad (18)$$

La det⟨A⟩=0 vale se una colonna (o riga) di A è ottenibile come una combinazione lineare di altre sue colonne (o righe). Perciò la (18) afferma la det⟨A⟩=0, poiché mostra che la κ–esima colonna di A è ottenibile come una combinazione lineare delle restanti colonne della stessa A.

Un sistema lineare omogeneo di tante equazioni in altrettante incognite e che ha A̲ come matrice dei coefficienti, ammette: in ogni caso la soluzione nulla (è chiamata la soluzione nulla di un sistema di equazioni quella costituita da tutti valori nulli), la sola soluzione nulla se è det⟨A̲⟩≠0, e un'infinità di soluzioni arbitrarie se è det⟨A̲⟩=0.

Dunque il A̲∘E̲=0̲ ammette un'infinità di soluzioni arbitrarie poiché è det⟨A̲⟩=0. Tale infinità di soluzioni impedisce di ammettere la ¬ℏ e quindi impedisce, per la ℋ↔ℏ, anche di stabilire la ¬ℋ. Questa impossibilità di stabilire la ¬ℋ rende impossibile anche lo stabilire la ¬ℋ per mezzo delle (17) e Æ⟨ℋ,ℋ /𝒫A,𝒫B /(2.1.1.1)⟩.

La Æ⟨ℏ /A̲∘X̲=B̲ /(2.3.4)⟩ porta, intendendo che i $\{\nu_n;n=1,\varkappa\}$ e $\{\mu_m;m=1,\varkappa\}$ sono due permutazioni dei {κ=1,ж} che verificano la $\mathrm{det}\langle A_{\mu\langle m\rangle,\nu\langle n\rangle};m=1,Я\langle A\rangle;n=1,Я_A\rangle\neq 0$, la

$$\{E\langle Ч_{\nu\langle n\rangle}\rangle;n=1,Я_A\}=[A_{\mu\langle m\rangle,\nu\langle n\rangle};m=1,Я_A;n=1,Я_A]^{-1}\circ\{-\Sigma_{n=Я\langle A\rangle+1,ж}(A_{\mu\langle m\rangle,\nu\langle n\rangle}\cdot E\langle Ч_{\nu\langle n\rangle}\rangle);m=1,Я_A\} \quad (19)$$

di cui la $Я_A<ж$ (che segue dalla $\mathrm{det}_A=0$) e la ℋ↔ℏ↔(19).

Introducendo nella (19) dei valori arbitrari dei $\{E\langle Ч_{\nu\langle n\rangle}\rangle;n=Я_A+1,ж\}$ è possibile calcolare i corrispondenti valori dei $\{E\langle Ч_{\nu\langle n\rangle}\rangle;n=1,Я_A\}$, essendo una tale ж–pla di valori un elemento dell'insieme costituito dall'infinità di soluzioni arbitrarie ammesse dal A̲∘E̲=0̲.

Da: (10.2.28); (5.3.5) e (5.3.6); $Æ\langle M_K,Ч_K\ /m_S,S\ /(5.3.7)\rangle$ e (10.2.2); ℋ; segue IPM

$$\{E\langle \check{s}_{SDK}\rangle=E\langle ἡ_K^{0.5}\cdot(M_K-Y_K)\rangle=ἡ_K^{0.5}\cdot(E\langle M_K\rangle-E\langle Y_K\rangle)=ἡ_K^{0.5}\cdot(E\langle Ч_K\rangle-E\langle Y_K\rangle)=0\}\leftarrow ℋ \quad (20)$$

Analogamente alla ℋ, è possibile considerare l'ipotesi $ℋ_V$ definita dalla $ℋ_V\equiv\{V^2\langle Y_K\rangle=V^2\langle Ч_K\rangle;K=1,ж\}$. Le (9) e 𝔥 portano la $ℋ_V\leftrightarrow ℏ_V$ di cui le $ℏ_V\equiv\{A\circ E=0_ж\}$ $A\equiv[A_{K\kappa};K=1,ж;\kappa=1,ж]$ $A_{K\kappa}\equiv K^2_{K\kappa}-\delta_{K\kappa}$ $E\equiv\{V^2\langle Ч_K\rangle;K=1,ж\}$, essendo A∘E=0ж un sistema lineare omogeneo di ж equazioni nelle altrettante incognite E e la cui matrice dei coefficienti è la A. La det⟨A⟩≠0 e le anzidette proprietà dei sistemi lineari omogenei portano che il sistema A∘E=0ж ammette la sola soluzione espressa dalla E=0ж che, in quanto è evidentemente inaccettabile e per la $Æ\langle ℏ_V,E=0_ж\ /𝒫_A,𝒫_B\ /(2.1.1.1)\rangle$, dà luogo alla $¬ℏ_V$ e quindi, per la $ℋ_V\leftrightarrow ℏ_V$, alla $¬ℋ_V$. Tale dedursi la $¬ℋ_V$ dalla det⟨A⟩≠0 e l'essere questa (con riferimento alla (10)) generalmente valida portano che, quando vale la 𝔥, generalmente vale anche la $¬ℋ_V$ per cui la $ℋ_V$ non è proponibile come un'ipotesi.

Si considera l'ipotesi $ℋ_\mathfrak{v}$ definita dalla $ℋ_\mathfrak{v}\equiv\{V^2\langle Ч_a\rangle=V^2\langle Ч_b\rangle;\forall\{a,b\}\subseteq\{K=1,ж\}\}$ per cui le $\{V^2_{Ч\langle K\rangle};K=1,ж\}$ hanno tutte un medesimo valore incognito, e avendone quindi la $ℋ_\mathfrak{v}\leftrightarrow\{V^2_{Ч\langle K\rangle}=V^2\langle Ч_\mathbb{K}\rangle;K=1,ж\}$ con $\mathbb{K}\in\{K=1,ж\}$ e $V^2_{Ч\langle\mathbb{K}\rangle}$ incognita.

Le $ℋ_\mathfrak{v}$ (10.2.7) e 𝔥 portano IPM

$$\{V^2\langle\check{s}\rangle=V^2\langle Ч_\mathbb{K}\rangle\cdot\Sigma_{e=1,\bullet}(k^2{}_e)\}\leftarrow\{𝔥,ℋ_\mathfrak{v}\} \quad (21)$$

La $ℋ_\mathfrak{v}$ porta che IPM (10.2.10) può essere scritto come IPM

$$\{𝔇\langle\xi^2{}_{NSE}\rangle\equiv X\langle\bullet-ж\rangle;\xi^2{}_{NSE}\equiv d^2{}_{NSE}/V^2\langle Ч_\mathbb{K}\rangle\}\leftarrow\{𝔥,ℋ_{GЧ},ℋ_\mathfrak{v}\} \quad (22)$$

la cui $d^2{}_{NSE}$ ha l'espressione (10.1.33).

Da: (10.2.26) (in quanto porta le $Æ\langle\check{s}_{SPK},k_{SPKe}\ /\check{s},k_e\ /(21)\rangle$ e $k_{SPKe}\equiv ἡ_K^{0.5}\cdot(\psi_{\eta\langle K,ή\rangle e}-\bullet^{-1})$), 𝔥 e $ℋ_\mathfrak{v}$; þ; (10.1.17) e seconda delle (10.1.16); segue IPM

$$\{V^2\langle\check{s}_{SPK}\rangle=V^2\langle Ч_\mathbb{K}\rangle\cdot ἡ_K\cdot\Sigma_{e=1,\bullet}(\psi^2{}_{\eta\langle K,ή\rangle e}+\bullet^{-2}-2\cdot\psi_{\eta\langle K,ή\rangle e}\cdot\bullet^{-1})=$$
$$V^2\langle Ч_\mathbb{K}\rangle\cdot ἡ_K\cdot(\Sigma_{e=1,\bullet}(\psi^2{}_{\eta\langle K,ή\rangle e})+\Sigma_{e=1,\bullet}(\bullet^{-2})-2\cdot\bullet^{-1}\cdot\Sigma_{e=1,\bullet}(\psi_{\eta\langle K,ή\rangle e}))=V^2\langle Ч_\mathbb{K}\rangle\cdot ἡ_K\cdot(\psi_{\eta\langle K,ή\rangle,\eta\langle K,ή\rangle}-\bullet^{-1})\}\leftarrow\{𝔥,ℋ_\mathfrak{v}\} \quad (23)$$

Da: (10.1.23); $k_{K\kappa}\equiv\Sigma_{ή=1,ἡ\langle\kappa\rangle}(\psi_{\eta\langle K,ή\rangle\eta\langle\kappa,ή\rangle})$; segue $\Sigma_{e=1,\bullet}(\delta_{K\kappa\langle e\rangle}\cdot\psi_{\eta\langle K,ή\rangle e})=\Sigma_{\kappa=1,ж}(\delta_{K\kappa}\cdot\Sigma_{ή=1,ἡ\langle\kappa\rangle}(\psi_{\eta\langle K,ή\rangle,\eta\langle\kappa,ή\rangle}))=\Sigma_{\kappa=1,ж}(\delta_{K\kappa}\cdot k_{K\kappa})=k_{KK}$. Da: (10.2.28) (in quanto porta le $Æ\langle\check{s}_{SDK},k_{SDKe}\ /\check{s},k_e\ /(21)\rangle$ e $k_{SDKe}\equiv\delta_{KK\langle e\rangle}/ἡ_K^{0.5}-ἡ_K^{0.5}\cdot\psi_{\eta\langle K,ή\rangle e}$), 𝔥 e $ℋ_\mathfrak{v}$; þ; $\Sigma_{e=1,\bullet}(\delta^2{}_{KK\langle e\rangle})=ἡ_K$ (dovuta a (10.1.24)), seconda delle (10.1.16), e $\Sigma_{e=1,\bullet}(\delta_{KK\langle e\rangle}\cdot\psi_{\eta\langle K,ή\rangle e})=k_{KK}$; segue IPM

$\{\mathrm{V}^2\langle \check{s}_{SDK}\rangle = \mathrm{V}^2\langle Ч_K\rangle \cdot \Sigma_{e=1,\mathrm{e}}(\delta^2_{KK\langle e\rangle}/\acute{n}_K + \acute{n}_K \cdot \psi^2_{\eta\langle K,\acute{\eta}\rangle e} - 2\cdot\delta_{KK\langle e\rangle}\cdot\psi_{\eta\langle K,\acute{\eta}\rangle e}) =$
$\mathrm{V}^2\langle Ч_K\rangle \cdot (\Sigma_{e=1,\mathrm{e}}(\delta^2_{KK\langle e\rangle})/\acute{n}_K + \acute{n}_K \cdot \Sigma_{e=1,\mathrm{e}}(\psi^2_{\eta\langle K,\acute{\eta}\rangle e}) - 2\cdot\Sigma_{e=1,\mathrm{e}}(\delta_{KK\langle e\rangle}\cdot\psi_{\eta\langle K,\acute{\eta}\rangle e})) =$
$\mathrm{V}^2\langle Ч_K\rangle \cdot (1 + \acute{n}_K \cdot \psi_{\eta\langle K,\acute{\eta}\rangle\eta\langle K,\acute{\eta}\rangle} - 2\cdot \mathbf{k}_{KK})\} \underline{\leftarrow} \{\mathfrak{H}_У, \mathcal{H}_\mathfrak{v}\}$ (24)

Si pone la $\mathcal{H}_{УGbv} \equiv \{\mathfrak{H}_У, \mathcal{H}_{GЧ}, \mathcal{H}_{b0}, \mathcal{H}_\mathfrak{v}\}$. Le (10.2.27) (10.2.26) (13) e (23) portano la

$\{\mathfrak{D}\langle \xi^2_{SP}\rangle \equiv X\langle \mathrm{k}\rangle; \xi^2_{SP} \equiv \boldsymbol{d}^2_{SP}/\mathrm{V}^2\langle Ч_K\rangle\} \underline{\leftarrow} \mathcal{H}_{УGbv}$ (25)

di cui le $\boldsymbol{d}^2_{SP} \equiv \Sigma_{K=1,\mathrm{k}}((\mathrm{Y}_K - \mathrm{m}_У)^2/\hat{c}_K) = \Sigma_{K=1,\mathrm{k}}(\acute{n}_K\cdot(\mathrm{Y}_K - \mathrm{m}_У)^2\cdot(\acute{n}_K\cdot\hat{c}_K)^{-1})$ e $\hat{c}_K \equiv \psi_{\eta\langle K,\acute{\eta}\rangle,\eta\langle K,\acute{\eta}\rangle} - \mathrm{e}^{-1}$. Questa espressione di $\boldsymbol{d}^2_{SP}$, la Æ$\langle(\acute{n}_K\cdot\hat{c}_K)^{-1}, \acute{n}_K\cdot(\mathrm{Y}_K - \mathrm{m}_У)^2 / \mathcal{A}_n, \mathcal{B}_n /(2.4.7.7)\rangle$, e la (10.1.36), portano la

$\min\langle(\acute{n}_K\cdot\hat{c}_K)^{-1}; K=1,\mathrm{k}\rangle \cdot \mathbb{d}^2_{SP} \le \boldsymbol{d}^2_{SP} \le \max\langle(\acute{n}_K\cdot\hat{c}_K)^{-1}; K=1,\mathrm{k}\rangle \cdot \mathbb{d}^2_{SP}$ (26)

Si pone la $\mathcal{H}_{УGEv} \equiv \{\mathfrak{H}_У, \mathcal{H}_{GЧ}, \mathcal{H}_Ч, \mathcal{H}_\mathfrak{v}\}$. Le (10.2.29) (10.2.28) (14) (20) e (24) portano la

$\{\mathfrak{D}\langle \xi^2_{SD}\rangle \equiv X\langle \mathrm{k}\rangle; \xi^2_{SD} \equiv \boldsymbol{d}^2_{SD}/\mathrm{V}^2\langle Ч_K\rangle\} \underline{\leftarrow} \{\mathcal{H}_{УGbv} \dot{\vee} \mathcal{H}_{УGEv}\}$ (27)

di cui le $\boldsymbol{d}^2_{SD} \equiv \Sigma_{K=1,\mathrm{k}}((\mathrm{M}_K - \mathrm{Y}_K)^2/\check{c}_K) = \Sigma_{K=1,\mathrm{k}}(\acute{n}_K\cdot(\mathrm{M}_K - \mathrm{Y}_K)^2\cdot(\acute{n}_K\cdot\check{c}_K)^{-1})$ e $\check{c}_K \equiv (\acute{n}_K^{-1} + \psi_{\eta\langle K,\acute{\eta}\rangle\eta\langle K,\acute{\eta}\rangle} - 2\cdot\mathbf{k}_{KK}\cdot\acute{n}_K^{-1})$. Questa espressione di $\boldsymbol{d}^2_{SD}$, la Æ$\langle(\acute{n}_K\cdot\check{c}_K)^{-1}, \acute{n}_K\cdot(\mathrm{M}_K - \mathrm{Y}_K)^2 / \mathcal{A}_n, \mathcal{B}_n /(2.4.7.7)\rangle$, e la (10.1.38), portano la

$\min\langle(\acute{n}_K\cdot\check{c}_K)^{-1}; K=1,\mathrm{k}\rangle \cdot \mathbb{d}^2_{SD} \le \boldsymbol{d}^2_{SD} \le \max\langle(\acute{n}_K\cdot\check{c}_K)^{-1}; K=1,\mathrm{k}\rangle \cdot \mathbb{d}^2_{SD}$ (28)

Si considerano le ξ^2_{PD} e ξ^2_{PD} definite dalle $\xi^2_{PD} \equiv \{\xi^2_{SP} \dot{\vee} \xi^2_{SD}\}$ $\xi^2_{PD} \equiv \{\xi^2_{SP} \dot{\vee} \xi^2_{SD}\}$ $\{\xi^2_{PD} \equiv \xi^2_{SD}; \forall \xi^2_{PD} \equiv \xi^2_{SP}\}$ $\{\xi^2_{PD} \equiv \xi^2_{SP}; \forall \xi^2_{PD} \equiv \xi^2_{SD}\}$. È sottinteso che, per mezzo di criteri quali quelli di sez. 2.4.3, è validata la

$\{\mathbb{I}\langle \xi^2_{SP}, \xi^2_{NSE}\rangle, \mathbb{I}\langle \xi^2_{SD}, \xi^2_{NSE}\rangle, \mathbb{I}\langle \xi^2_{PD}, \xi^2_{NSE} + \xi^2_{PD}\rangle\} \underline{\leftarrow} \{\mathfrak{H}_У, \mathcal{H}_{GЧ}\}$ (29)

Le (22) (25) e (27) portano la $\mathcal{H}_{УGbv} \underline{\rightarrow}$ Æ$\langle \xi^2_{NSE}, \xi^2_{PD} / \underline{X}_Q /(6.3.12)\rangle$. Questa e la (29) portano la $\mathcal{H}_{УGbv} \underline{\rightarrow} \{\mathfrak{D}\langle \xi^2_{NSE} + \xi^2_{PD}\rangle \equiv X\langle \mathrm{e} + \mathrm{k} - \mathrm{k}\rangle\}$. Questa e le (25) (27) e (29) portano la $\mathcal{H}_{УGbv} \underline{\rightarrow}$ Æ$\langle \xi^2_{PD}, \mathrm{k}, \xi^2_{NSE} + \xi^2_{PD}, \mathrm{e} + \mathrm{k} - \mathrm{k} / \chi^2_N, \nu_N, \chi^2_D, \nu_D /(6.4.4),(6.4.5)\rangle$. Perciò si hanno le

$\{\mathfrak{D}\langle \Phi_{SPSD}\rangle \equiv \mathcal{F}\langle \mathrm{k}, \mathrm{e} + \mathrm{k} - \mathrm{k}\rangle; \Phi_{SPSD} = \Phi_{SPSD}(\underline{У}) \equiv \mathrm{k}^{-1}\cdot(\mathrm{e} + \mathrm{k} - \mathrm{k})\cdot \boldsymbol{d}^2_{SP}(\underline{У})/(\mathbf{d}^2_{NSE}(\underline{У}) + \boldsymbol{d}^2_{SD}(\underline{У}))\} \underline{\leftarrow} \mathcal{H}_{УGbv}$ (30)

$\{\mathfrak{D}\langle \Phi_{SDSP}\rangle \equiv \mathcal{F}\langle \mathrm{k}, \mathrm{e} + \mathrm{k} - \mathrm{k}\rangle; \Phi_{SDSP} = \Phi_{SDSP}(\underline{У}) \equiv \mathrm{k}^{-1}\cdot(\mathrm{e} + \mathrm{k} - \mathrm{k})\cdot \boldsymbol{d}^2_{SD}(\underline{У})/(\mathbf{d}^2_{NSE}(\underline{У}) + \boldsymbol{d}^2_{SP}(\underline{У}))\} \underline{\leftarrow} \mathcal{H}_{УGbv}$ (31)

Le (22) (27) e (29) portano la $\mathcal{H}_{УGEv} \underline{\rightarrow}$ Æ$\langle \xi^2_{SD}, \mathrm{k}, \xi^2_{NSE}, \mathrm{e} - \mathrm{k} / \chi^2_N, \nu_N, \chi^2_D, \nu_D /(6.4.4),(6.4.5)\rangle$ che dà luogo alla

$\{\mathfrak{D}\langle \Phi_{SDNSE}\rangle \equiv \mathcal{F}\langle \mathrm{k}, \mathrm{e} - \mathrm{k}\rangle; \Phi_{SDNSE} = \Phi_{SDNSE}(\underline{У}) \equiv \mathrm{k}^{-1}\cdot(\mathrm{e} - \mathrm{k})\cdot \boldsymbol{d}^2_{SD}(\underline{У})/\mathbf{d}^2_{NSE}(\underline{У})\} \underline{\leftarrow} \mathcal{H}_{УGEv}$ (32)

La Æ$\langle(10.1.32), \mathbf{d}^2_{NSE}, \mathbb{d}^2_{SE}, \mathrm{k} /(9.2.2), \mathbf{d}^2_{NScb}, \mathbb{d}^2_{Scb}, \tilde{N}_{cb} /(9.2.14),(9.2.15)\rangle$ porta la

$\{\mathfrak{D}\langle \varkappa^2_{NSE}\rangle \equiv X\langle \mathrm{e} - \mathrm{k}\rangle; \varkappa^2_{NSE} \equiv \mathbf{d}^2_{NSE}/\mathrm{V}^2_Y; \mathfrak{D}\langle \varkappa^2_{SE}\rangle \equiv X\langle \mathrm{k} - 1\rangle; \varkappa^2_{SE} \equiv \mathbb{d}^2_{SE}/\mathrm{V}^2_Y\} \underline{\leftarrow} \mathcal{H}_{GУ}$ (33)

le cui $\mathbf{d}^2_{NSE}$ e $\mathbb{d}^2_{SE}$ sono espresse dalle (10.1.33) e (10.1.34).

La $\mathbb{I}\langle \varkappa^2_{SE}, \varkappa^2_{NSE}\rangle$ (di cui è sottinteso che la $\mathcal{H}_{GУ} \underline{\rightarrow} \mathbb{I}\langle \varkappa^2_{SE}, \varkappa^2_{NSE}\rangle$ è validata per mezzo delle (9.2.11) e (4.1.1), e di criteri quali quelli di sez. 2.4.3) e IPM (33) portano la Æ$\langle \varkappa^2_{SE}, \mathrm{k} - 1, \varkappa^2_{NSE}, \mathrm{e} - \mathrm{k} / \chi^2_N, \nu_N, \chi^2_D, \nu_D / (6.4.4),(6.4.5)\rangle$. Perciò si ha la

$\{\mathfrak{D}\langle \Phi_{SENSE}\rangle \equiv \mathcal{F}\langle \mathrm{k} - 1, \mathrm{e} - \mathrm{k}\rangle; \Phi_{SENSE} = \Phi_{SENSE}(\underline{У}) \equiv (\mathrm{e} - \mathrm{k})\cdot(\mathrm{k} - 1)^{-1}\cdot \mathbb{d}^2_{SE}(\underline{У})/\mathbf{d}^2_{NSE}(\underline{У})\} \underline{\leftarrow} \mathcal{H}_{GУ}$ (34)

Da: (34) e Æ$\langle \mathcal{H}_{GУ}$, IPM (34) $/ \mathcal{P}_A, \mathcal{P}_B /(2.1.1.1)\rangle$; (9.2.11); segue

$\mathcal{H}_{GУ} \equiv \{\mathcal{H}_{GУ} \mid$ IPM (34)$\} \underline{\leftrightarrow} \{\underline{У} \equiv \underline{Y}; \underline{Y} \equiv \mathbf{r}\langle \underline{Y}\rangle \mid$ IPM (34)$\}$ (35)

Questa mostra sia la Æ$\langle \mathcal{H}_{GУ} / \mathcal{H}_{AB} /(7.1.5)\rangle$ sia che la $\mathcal{H}_{GУ}$ è determinata in quanto IPM (34) ne rende note le $\mathfrak{D}\langle \Phi_{SENSE}\rangle(x)$ e $\Phi_{SENSE}(\underline{Y})$. Perciò la $\mathcal{H}_{GУ}$ può essere l'ipotesi nulla di un test statistico $\mathrm{T}\langle \mathcal{H}_{GУ}, \Phi_{SENSE}, \underline{R}_{SENSE}\rangle$ intendendone la $\underline{R}_{SENSE} \equiv [\varphi_{SENSE}, \infty) \subset \mathfrak{R}^1$ che nel perseguire la $\mathrm{f}\langle \mathcal{H}_{GУ}\rangle$ è resa conveniente dalle peculiarità della $\mathcal{F}\langle \mathrm{k} - 1, \mathrm{e} - \mathrm{k}\rangle(x)$.

Da: le definizioni delle $\mathcal{H}_{GУ}$ $\mathcal{H}_{УGbv}$ $\mathfrak{H}_У$ $\mathcal{H}_{GЧ}$ $\mathcal{H}_{b0}$ e $\mathcal{H}_\mathfrak{v}$; Æ$\langle \mathcal{H}_{GУ}, \{\mathrm{E}_Y = \mathrm{b}_0, \mathrm{V}^2_Y = \mathrm{V}^2\langle Ч_K\rangle\} / \mathcal{P}_A, \mathcal{P}_B /(2.1.1.7)\rangle$ e il potere considerare la $\{\mathrm{E}_Y = \mathrm{b}_0, \mathrm{V}^2_Y = \mathrm{V}^2\langle Ч_K\rangle\}$ sempre vera (giacché non è stato posto alcun vincolo che potrebbe contraddirla); segue

$\mathcal{H}_{\underline{ч}G\mathbb{b}\mathfrak{v}}\leftrightarrow\{\mathcal{H}_{G\underline{ч}}\mid E\langle Y\rangle=\mathbb{b}_0;V^2\langle Y\rangle=V^2\langle ч_K\rangle\}\leftrightarrow\mathcal{H}_{G\underline{ч}}$ (36)

che consente di intendere il T⟨$\mathcal{H}_{G\underline{ч}}$,Φ$_{SENSE}$,$\underline{R}_{SENSE}$⟩ come il T⟨$\mathcal{H}_{\underline{ч}G\mathbb{b}\mathfrak{v}}$,Φ$_{SENSE}$,$\underline{R}_{SENSE}$⟩.

Si pone la $\mathcal{H}_{\underline{ч}G\mathbb{b}\mathfrak{v}}\equiv\{\mathfrak{h}_{ч},\mathcal{H}_{Gч},\mathcal{H}_{\mathbb{b}0},\mathcal{H}_{\mathfrak{v}}\}$. La (11) porta la $\mathcal{H}_{\underline{ч}G\mathbb{b}\mathfrak{v}}\rightarrow\mathcal{H}_{\underline{ч}G\mathbb{b}\mathfrak{v}}$. Questa e la Æ⟨$\mathcal{H}_{\underline{ч}G\mathbb{b}\mathfrak{v}}$,$\mathcal{H}_{\underline{ч}G\mathbb{b}\mathfrak{v}}$ / $\mathcal{P}_A,\mathcal{P}_B$ /(2.1.1.1)⟩ portano la $\neg\mathcal{H}_{\underline{ч}G\mathbb{b}\mathfrak{v}}\rightarrow\neg\mathcal{H}_{\underline{ч}G\mathbb{b}\mathfrak{v}}$ da cui segue la f⟨$\mathcal{H}_{\underline{ч}G\mathbb{b}\mathfrak{v}}$⟩→f⟨$\mathcal{H}_{\underline{ч}G\mathbb{b}\mathfrak{v}}$⟩ che mostra la ragione per cui nel perseguire la f⟨$\mathcal{H}_{\underline{ч}G\mathbb{b}\mathfrak{v}}$⟩ come finalità del T⟨$\mathcal{H}_{\underline{ч}G\mathbb{b}\mathfrak{v}}$,Φ$_{SENSE}$,$\underline{R}_{SENSE}$⟩ è perseguita come tale anche la f⟨$\mathcal{H}_{\underline{ч}G\mathbb{b}\mathfrak{v}}$⟩.

Se l'esecuzione del T⟨$\mathcal{H}_{\underline{ч}G\mathbb{b}\mathfrak{v}}$,Φ$_{SENSE}$,$\underline{R}_{SENSE}$⟩ produce l'evento f⟨$\mathcal{H}_{\underline{ч}G\mathbb{b}\mathfrak{v}}$⟩ essendo stato scelto un grande φ_{SENSE} (e perciò un piccolo livello di significatività $\int_{\varphi\langle SENSE\rangle,\infty}(\mathcal{F}\langle ж-1,е-ж\rangle(x)\cdot dx)$), ciò (in base alla Φ$_{SENSE}$($\underline{ч}$) espressa dalla (34)) accade insieme a un grande $\mathbb{d}^2_{SE}(\underline{ч})/\mathbf{d}^2_{NSE}(\underline{ч})$, e quindi (essendo $\underline{ч}\equiv$e⟨ч⟩) viene accreditata l'ipotesi (del tipo (4.2.15)) che il $\lim_{\underline{ч}\to ч}(\mathbb{d}^2_{SE}(\underline{ч})/\mathbf{d}^2_{NSE}(\underline{ч}))$ è grande e perciò, conformemente all'essere (come detto in sez. 10.1) le $\mathbb{d}^2_{SE}$ e $\mathbf{d}^2_{NSE}$ due parti di $\mathbf{d}^2_{\underline{ч}}$ rispettivamente spiegata e non dalla r_E, che è grande il $\lim_{\underline{ч}\to ч}(r_E)$ misurato dal $\lim_{\underline{ч}\to ч}(\mathbb{d}^2_{SE}(\underline{ч}))$.

Il T⟨$\mathcal{H}_{\underline{ч}G\mathbb{b}\mathfrak{v}}$,Φ$_{SENSE}$,$\underline{R}_{SENSE}$⟩ può essere particolarmente utile nella fase iniziale dell'analisi di un dato $\underline{ч}$, poiché il conseguimento per mezzo della sua esecuzione di un f⟨$\mathcal{H}_{\underline{ч}G\mathbb{b}\mathfrak{v}}$⟩ (che induca come detto a ritenere grande il $\lim_{\underline{ч}\to ч}(r_E)$), dà motivo di proseguire l'analisi di un tale $\underline{ч}$ allo scopo di ottenere ulteriori informazioni sull'inerente relazione.

Da: (30) e Æ⟨$\mathcal{H}_{\underline{ч}G\mathbb{b}\mathfrak{v}}$,IPM (30) / $\mathcal{P}_A,\mathcal{P}_B$ /(2.1.1.1)⟩; (36) e (9.2.11); segue $\mathcal{H}_{\underline{ч}G\mathbb{b}\mathfrak{v}}\equiv\{\mathcal{H}_{\underline{ч}G\mathbb{b}\mathfrak{v}}\mid$ IPM (30)$\}\leftrightarrow$ $\{\underline{ч}\equiv\underline{Y};\underline{Y}\equiv$r⟨Y⟩ | IPM (30)}. Questa porta, analogamente a come la (35) ha portato il T⟨$\mathcal{H}_{G\underline{ч}}$,Φ$_{SENSE}$, $\underline{R}_{SENSE}$⟩, un T⟨$\mathcal{H}_{\underline{ч}G\mathbb{b}\mathfrak{v}}$,Φ$_{SPSD}$,$\underline{R}_{SPSD}$⟩ di cui la $\underline{R}_{SPSD}\equiv[\varphi_{SPSD},\infty)\subset\mathfrak{R}^1$.

Il T⟨$\mathcal{H}_{\underline{ч}G\mathbb{b}\mathfrak{v}}$,Φ$_{SPSD}$,$\underline{R}_{SPSD}$⟩ può consentire gli stessi esiti del T⟨$\mathcal{H}_{\underline{ч}G\mathbb{b}\mathfrak{v}}$,Φ$_{SENSE}$,$\underline{R}_{SENSE}$⟩, con la differenza che il primo può accreditare un'ipotesi diversa dall'anzidetta accreditabile dal secondo. Infatti se l'esecuzione del T⟨$\mathcal{H}_{\underline{ч}G\mathbb{b}\mathfrak{v}}$,Φ$_{SPSD}$,$\underline{R}_{SPSD}$⟩ produce l'evento f⟨$\mathcal{H}_{\underline{ч}G\mathbb{b}\mathfrak{v}}$⟩ essendo stato scelto un grande φ_{SPSD}, ciò (in base alle (30) (26) (28) e alla $\mathbf{d}^2_{NSP}=\mathbf{d}^2_{NSE}+\mathbb{d}^2_{SD}$ dovuta a (10.1.37)) accade insieme a un grande $\mathbb{d}^2_{SP}(\underline{ч})/\mathbf{d}^2_{NSP}(\underline{ч})$, e quindi viene accreditata l'ipotesi (del tipo (4.2.15)) che il $\lim_{\underline{ч}\to ч}(\mathbb{d}^2_{SP}(\underline{ч})/\mathbf{d}^2_{NSP}(\underline{ч}))$ è grande e perciò, conformemente all'essere (come detto in sez. 10.1) le $\mathbb{d}^2_{SP}$ e $\mathbf{d}^2_{NSP}$ due parti di $\mathbf{d}^2_{\underline{ч}}$ rispettivamente spiegata e non dalla r_P, che è grande il $\lim_{\underline{ч}\to ч}(r_P)$ misurato dal $\lim_{\underline{ч}\to ч}(\mathbb{d}^2_{SP}(\underline{ч}))$, seguendo in definitiva da ciò accreditata l'opinione che l'attuale P(f($\underline{X}$)) è una buona approssimazione del ℙ(𝕗($\underline{X}$)).

Analogamente a come la (30) ha portato il T⟨$\mathcal{H}_{\underline{ч}G\mathbb{b}\mathfrak{v}}$,Φ$_{SPSD}$,$\underline{R}_{SPSD}$⟩, la (31) porta un T⟨$\mathcal{H}_{\underline{ч}G\mathbb{b}\mathfrak{v}}$,Φ$_{SDSP}$,$\underline{R}_{SDSP}$⟩ di cui la $\underline{R}_{SDSP}\equiv[\varphi_{SDSP},\infty)\subset\mathfrak{R}^1$.

Il T⟨$\mathcal{H}_{\underline{ч}G\mathbb{b}\mathfrak{v}}$,Φ$_{SDSP}$,$\underline{R}_{SDSP}$⟩ può consentire gli stessi esiti del T⟨$\mathcal{H}_{\underline{ч}G\mathbb{b}\mathfrak{v}}$,Φ$_{SENSE}$,$\underline{R}_{SENSE}$⟩, con la differenza che il primo può accreditare un'ipotesi diversa dall'anzidetta accreditabile dal secondo. Infatti se l'esecuzione del T⟨$\mathcal{H}_{\underline{ч}G\mathbb{b}\mathfrak{v}}$,Φ$_{SDSP}$,$\underline{R}_{SDSP}$⟩ produce l'evento f⟨$\mathcal{H}_{\underline{ч}G\mathbb{b}\mathfrak{v}}$⟩ essendo stato scelto un grande φ_{SDSP}, ciò (in base alle (31) (26) e (28)) accade insieme a un grande $\mathbb{d}^2_{SD}(\underline{ч})/(\mathbf{d}^2_{NSE}(\underline{ч})+\mathbb{d}^2_{SP}(\underline{ч}))$, e quindi viene accreditata l'ipotesi (del tipo (4.2.15)) che il $\lim_{\underline{ч}\to ч}(\mathbb{d}^2_{SD}(\underline{ч})/(\mathbf{d}^2_{NSE}(\underline{ч})+\mathbb{d}^2_{SP}(\underline{ч})))$ è grande e perciò, conformemente alle identità di $\mathbb{d}^2_{SD}$ $\mathbf{d}^2_{NSE}$ e $\mathbb{d}^2_{SP}$ (dette in sez. 10.1), che è piccolo il $\lim_{\underline{ч}\to ч}(r_P)$ misurato dal $\lim_{\underline{ч}\to ч}(\mathbb{d}^2_{SP}(\underline{ч}))$, e in definitiva che l'attuale P(f($\underline{X}$)) deve essere sostituito giacché non è una buona approssimazione del ℙ(𝕗($\underline{X}$)).

Si pone la $\mathcal{H}_{\underline{ч}GE\mathfrak{v}}\equiv\{\mathfrak{h}_{ч},\mathcal{H}_{Gч},\mathcal{H}_{\mathfrak{f}},\mathcal{H}_{\mathfrak{v}}\}$. La (17) porta la $\mathcal{H}_{\underline{ч}GE\mathfrak{v}}\rightarrow\mathcal{H}_{\underline{ч}GE\mathfrak{v}}$. Questa e la Æ⟨$\mathcal{H}_{\underline{ч}GE\mathfrak{v}}$,$\mathcal{H}_{\underline{ч}GE\mathfrak{v}}$ / $\mathcal{P}_A,\mathcal{P}_B$ /(2.1.1.1)⟩ portano la $\neg\mathcal{H}_{\underline{ч}GE\mathfrak{v}}\rightarrow\neg\mathcal{H}_{\underline{ч}GE\mathfrak{v}}$ da cui segue la f⟨$\mathcal{H}_{\underline{ч}GE\mathfrak{v}}$⟩→f⟨$\mathcal{H}_{\underline{ч}GE\mathfrak{v}}$⟩. Da: la suddetta $\mathcal{H}_{\mathbb{b}0}\rightarrow\{E\langle Y_K\rangle=\mathbb{b}_0;K=1,ж\}$, e la Æ⟨$\mathcal{H}_{\mathbb{b}0}$,{E⟨$Y_K$⟩=$\mathbb{b}_0$;K=1,ж} / $\mathcal{P}_A,\mathcal{P}_B$ /(2.1.1.3)⟩; segue $\mathcal{H}_{\mathbb{b}0}\rightarrow\{\mathcal{H}_{\mathbb{b}0}\wedge$ $\{E\langle Y_K\rangle=\mathbb{b}_0;K=1,ж\}\}\rightarrow\mathcal{H}_{ч}$ che porta la $\mathcal{H}_{\underline{ч}G\mathbb{b}\mathfrak{v}}\rightarrow\mathcal{H}_{\underline{ч}GE\mathfrak{v}}$. Questa e la Æ⟨$\mathcal{H}_{\underline{ч}G\mathbb{b}\mathfrak{v}}$,$\mathcal{H}_{\underline{ч}GE\mathfrak{v}}$ / $\mathcal{P}_A,\mathcal{P}_B$ / (2.1.1.1)⟩ portano la $\neg\mathcal{H}_{\underline{ч}GE\mathfrak{v}}\rightarrow\neg\mathcal{H}_{\underline{ч}G\mathbb{b}\mathfrak{v}}$ da cui segue la f⟨$\mathcal{H}_{\underline{ч}GE\mathfrak{v}}$⟩→f⟨$\mathcal{H}_{\underline{ч}G\mathbb{b}\mathfrak{v}}$⟩. Pertanto si ha la f⟨$\mathcal{H}_{\underline{ч}GE\mathfrak{v}}$⟩→{f⟨$\mathcal{H}_{\underline{ч}GE\mathfrak{v}}$⟩,f⟨$\mathcal{H}_{\underline{ч}G\mathbb{b}\mathfrak{v}}$⟩}.

Analogamente a come la (34) ha portato il T⟨$\mathcal{H}_{GЧ}$,Φ$_{SENSE}$,$\underline{R}_{SENSE}$⟩, la (32) dà luogo a un T⟨$\mathcal{H}_{ЧGEv}$, Φ$_{SDNSE}$,$\underline{R}_{SDNSE}$⟩ di cui la $\underline{R}_{SDNSE}$≡[φ$_{SDNSE}$,∞)⊂ℜ[1]. La f⟨$\mathcal{H}_{ЧGEv}$⟩→{f⟨$\mathcal{H}_{ЧGEv}$⟩,f⟨$\mathcal{H}_{ЧGbv}$⟩} mostra la ragione per cui nel perseguire la f⟨$\mathcal{H}_{ЧGEv}$⟩ come finalità del T⟨$\mathcal{H}_{ЧGEv}$,Φ$_{SDNSE}$,$\underline{R}_{SDNSE}$⟩ sono perseguite come tali anche le f⟨$\mathcal{H}_{ЧGEv}$⟩ e f⟨$\mathcal{H}_{ЧGbv}$⟩.

Se l'esecuzione del T⟨$\mathcal{H}_{ЧGEv}$,Φ$_{SDNSE}$,$\underline{R}_{SDNSE}$⟩ produce l'evento f⟨$\mathcal{H}_{ЧGEv}$⟩ essendo stato scelto un grande φ$_{SDNSE}$, ciò (in base alle (32) (28) (10.1.39) e (10.1.37)) accade insieme a un piccolo d^2_{SP}($\underline{Ч}$)/d^2_{NSP}($\underline{Ч}$), e quindi viene accreditata l'ipotesi (del tipo (4.2.15)) che il lim$_{Ч\to Ч}$(d^2_{SP}($\underline{Ч}$)/ d^2_{NSP}($\underline{Ч}$)) è piccolo e perciò (conformemente a quanto detto inerentemente il T⟨$\mathcal{H}_{ЧGbv}$,Φ$_{SPSD}$,$\underline{R}_{SPSD}$⟩) che è piccolo il lim$_{Ч\to Ч}$(r_P) misurato dal lim$_{Ч\to Ч}$(d^2_{SP}($\underline{Ч}$)), seguendo in definitiva da ciò accreditata l'opinione che l'attuale P($\underline{f}$($\underline{X}$)) deve essere sostituito giacché non è una buona approssimazione del ℙ($\underline{f}$($\underline{X}$)).

Si considerano le ipotesi $\mathcal{H}_E$ e $\mathcal{H}_V$ definite dalle $\mathcal{H}_E$≡{E⟨Ч$_K$⟩=E$_K$;K=1,Ꙃ} $\mathcal{H}_V$≡{V^2⟨Ч$_K$⟩=V^2_K;K=1,Ꙃ} i cui {E$_K$,V^2_K;K=1,Ꙃ} sono valori noti. Si pone la Æ⟨ζ,ξ^2,T,Φ /ζ,ξ^2,T,Φ /(10.2.13),(10.2.14),(10.2.23), (10.2.24),(10.2.30),(10.2.25)⟩ che porta la

{℗⟨ζ⟩≡G⟨0,a⟩;ζ=ζ($\underline{Ч}$);℗⟨ξ^2⟩≡X⟨b⟩;ξ^2=ξ^2($\underline{Ч}$);℗⟨T⟩≡T⟨c⟩;T=T($\underline{Ч}$);℗⟨Φ⟩≡F⟨d,g⟩;Φ=Φ($\underline{Ч}$)}←H (37)

di cui la H≡{$\mathcal{H}_Ч$,$\mathcal{H}_{GЧ}$,$\mathcal{H}_E$,$\mathcal{H}_V$} e le

ζ($\underline{Ч}$)≡Σ$_{e=1,e}$(A$_e$·Ч$_e$)−B A$_e$≡Σ$_{a=1,a}$(h$_{ae}$/V$_a$) B≡Σ$_{a=1,a}$(E$_a$/V$_a$) V^2_a≡Σ$_{e=1,e}$(h$^2_{ae}$·V$^2_{K⟨e⟩}$) E$_a$≡Σ$_{e=1,e}$(h$_{ae}$·E$_{K⟨e⟩}$)

ξ^2($\underline{Ч}$)≡Σ$_{b=1,b}$(ž^2_b($\underline{Ч}$)) ž$_b$($\underline{Ч}$)≡(š$_b$($\underline{Ч}$)−E$_b$)/V$_b$ š$_b$($\underline{Ч}$)≡Σ$_{e=1,e}$(k$_{be}$·Ч$_e$) E$_b$≡Σ$_{e=1,e}$(k$_{be}$·E$_{K⟨e⟩}$) V^2_b≡Σ$_{e=1,e}$(k$^2_{be}$·V$^2_{K⟨e⟩}$)

T($\underline{Ч}$)≡ž($\underline{Ч}$)/(ξ^2($\underline{Ч}$)/c)$^{0.5}$ ž($\underline{Ч}$)≡(š($\underline{Ч}$)−E)/V š($\underline{Ч}$)≡Σ$_{e=1,e}$(h$_e$·Ч$_e$) V^2≡Σ$_{e=1,e}$(h^2_e·V$^2_{K⟨e⟩}$) E≡Σ$_{e=1,e}$(h$_e$·E$_{K⟨e⟩}$)

ξ^2($\underline{Ч}$)≡Σ$_{c=1,c}$(ž^2_c($\underline{Ч}$)) ž$_c$($\underline{Ч}$)≡(š$_c$($\underline{Ч}$)−E$_c$)/V$_c$ š$_c$($\underline{Ч}$)≡Σ$_{e=1,e}$(k$_{ce}$·Ч$_e$) E$_c$≡Σ$_{e=1,e}$(k$_{ce}$·E$_{K⟨e⟩}$) V^2_c≡Σ$_{e=1,e}$(k$^2_{ce}$·V$^2_{K⟨e⟩}$)

Φ($\underline{Ч}$)≡(ξ^2_N($\underline{Ч}$)/d)/(ξ^2_D($\underline{Ч}$)/g) ξ^2_N($\underline{Ч}$)≡Σ$_{d=1,d}$(ž$^2_{Nd}$($\underline{Ч}$)) ž$_{Nd}$($\underline{Ч}$)≡(š$_{Nd}$($\underline{Ч}$)−E$_{Nd}$)/V$_{Nd}$ š$_{Nd}$($\underline{Ч}$)≡Σ$_{e=1,e}$(k$_{Nde}$·Ч$_e$) E$_{Nd}$≡Σ$_{e=1,e}$(k$_{Nde}$·E$_{K⟨e⟩}$) V$^2_{Nd}$≡Σ$_{e=1,e}$(k$^2_{Nde}$·V$^2_{K⟨e⟩}$) ξ^2_D($\underline{Ч}$)≡Σ$_{g=1,g}$(ž$^2_{Dg}$($\underline{Ч}$)) ž$_{Dg}$($\underline{Ч}$)≡(š$_{Dg}$($\underline{Ч}$)−E$_{Dg}$)/V$_{Dg}$ š$_{Dg}$($\underline{Ч}$)≡ Σ$_{e=1,e}$(k$_{Dge}$·Ч$_e$) E$_{Dg}$≡Σ$_{e=1,e}$(k$_{Dge}$·E$_{K⟨e⟩}$) V$^2_{Dg}$≡Σ$_{e=1,e}$(k$^2_{Dge}$·V$^2_{K⟨e⟩}$)

le cui {{h$_{ae}$;a=1,a},{k$_{be}$;b=1,b},h$_e$,{k$_{ce}$;c=1,c},{k$_{Nde}$;d=1,d},{k$_{Dge}$;g=1,g};e=1,e} sono delle costanti arbitrarie (a meno del doversi conservare i requisiti che rendono valida la (37)).

La $\mathcal{H}_Ч$↔(19) porta che la $\mathcal{H}_Ч$ consente di scegliere arbitrariamente non tutti i {E⟨Ч$_K$⟩;K=1,Ꙃ} ma i soli {E⟨Ч$_{V⟨n⟩}$⟩;n=Я$_Δ$+1,Ꙃ} dovendo calcolare per mezzo della (19) i restanti {E⟨Ч$_{V⟨n⟩}$⟩;n=1,Я$_Δ$}. Dunque la $\mathcal{H}_Ч$ porta che i {E$_K$;K=1,Ꙃ} della $\mathcal{H}_E$ devono essere determinati conformemente a questo vincolo. Si considera l'ipotesi H di cui la H≡{{H,$\mathcal{H}_Ч$}.V.H}, sottintendendo che nel caso della H≡{H,$\mathcal{H}_Ч$} i {E$_K$;K=1,Ꙃ} (che si stabiliscono come valori noti dei rispettivi {E⟨Ч$_K$⟩;K=1,Ꙃ}) sono arbitrari a meno del vincolo espresso dalla (19).

Si usano i nomi Ÿ e Ÿ (di cui la Ÿ≡e⟨Ÿ⟩) per riferire i $\underline{Ч}$ e Ч (di cui la $\underline{Ч}$≡e⟨Ч⟩) che hanno le proprietà affermate dalla H, ovvero si pone la {Ÿ,Ÿ}≡{$\underline{Ч}$,Ч|H}. Ciò e l'essere H interamente una specificazione delle proprietà dei {$\underline{Ч}$,Ч} portano la H↔{$\underline{Ч}$≡Ÿ;Ÿ≡r⟨Ÿ⟩}.

Da: H→{IPM (37)} (dovuta alle H≡{{H,$\mathcal{H}_Ч$}.V.H} e (37)), e Æ⟨H,IPM (37) /$\mathcal{P}_A$,$\mathcal{P}_B$ /(2.1.1.1)⟩; H↔{$\underline{Ч}$≡Ÿ;Ÿ≡r⟨Ÿ⟩} e IPM (37); segue

H≡{H| IPM (37)}↔{$\underline{Ч}$≡Ÿ;Ÿ≡r⟨Ÿ⟩}|℗⟨f⟩(x)≡D(x);f=f($\underline{Ч}$)} (38)

dove si intende: f≡{ζ.V.ξ^2.V.T.V.Φ}, D≡G⟨0,a⟩ se f≡ζ, D≡X⟨b⟩ se f≡ξ^2, D≡T⟨c⟩ se f≡T, D≡ F⟨d,g⟩ se f≡Φ.

La (38) mostra sia la Æ⟨H /$\mathcal{H}_{AB}$ /(7.1.5)⟩ sia che la H è determinata in quanto ne sono note le ℗$_f$(x) e f($\underline{Ч}$). Perciò la H può essere l'ipotesi nulla di un test statistico che si indica T⟨H,f,$\underline{R}_f$⟩.

Si pone la H≡{H,$\mathcal{H}_Ч$}. La (17) porta la H→{H,$\mathcal{H}_Ч$}. Questa e la Æ⟨H,{H,$\mathcal{H}_Ч$} /$\mathcal{P}_A$,$\mathcal{P}_B$ /(2.1.1.1)⟩ portano la ¬{H,$\mathcal{H}_Ч$}→¬H da cui segue la f⟨H,$\mathcal{H}_Ч$⟩→f⟨H⟩ che mostra la ragione per cui nel perseguire la f⟨H,$\mathcal{H}_Ч$⟩ come finalità del T⟨{H,$\mathcal{H}_Ч$},f,$\underline{R}_f$⟩ è perseguita come tale anche la f⟨H⟩.

La *H* è una specificazione dei {Ч,Ч} più dettagliata rispetto le altre anzidette ipotesi, e perciò si dice che essa è un'ipotesi di tipo specifico su campione e universo.

10.4 *Gli ulteriori risultati dell'analisi della regressione*

10.4.1 *La probabilità di un'ipotesi di tipo specifico su campione e universo*

Si sottintende che i Ч e {Жк;к=1,ҝ} sono i dati non modificabili di un attuale contesto sperimentale da essi individuato.

Nelle precedenti sezioni è stata ottenuta la definizione dell'ipotesi *H* per mezzo delle: *H*≡ {{*H*,$\mathcal{H}$Ч}∘V∘*H*} e *H*≡{$\mathfrak{H}$Ч,$\mathcal{H}_{G}$Ч,$\mathcal{H}_{E}$,$\mathcal{H}_{V}$} poste in sez. 10.3; $\mathfrak{H}$Ч≡{Ч≡r⟨Ч⟩} e $\mathcal{H}_{G}$Ч≡{Đ⟨Чк⟩≡G⟨EЧ⟨к⟩, V^2Ч⟨к⟩⟩;к=1,ҝ} poste in sez. 10.2; $\mathcal{H}$Ч≡{E⟨Yк⟩=E⟨Чк⟩;к=1,ҝ} posta in sez. 10.3 e il cui P(f(X)) è definito dalla (10.1.4); $\mathcal{H}_{E}$≡{E⟨Чк⟩=Eк;к=1,ҝ} e $\mathcal{H}_{V}$≡{V^2⟨Чк⟩=V^2к;к=1,ҝ} poste in sez. 10.3 e i cui {Eк,V^2к; к=1,ҝ} sono valori noti.

Pertanto la *H* può essere individuata scegliendone: nel caso *H*≡*H* i soli {Eк,V^2к;к=1,ҝ} e del tutto arbitrariamente; nel caso *H*≡{*H*,$\mathcal{H}$Ч} sia il ŋ e le altrettante funzioni f(X) sia i {Eк,V^2к;к=1,ҝ}, arbitrariamente a meno del doverne risultare definita la (10.1.4) e a meno del vincolo (10.3.19) che in questo caso è imposto sui {Eк;к=1,ҝ} della $\mathcal{H}_{E}$.

Inoltre la (10.3.38) può avere un numero illimitato di specificazioni, giacché se ne ha la **f**≡{ζ∘V∘ ξ^2∘V∘τ∘V∘Φ} le cui Đ**f**(x) e **f**(Ч) sono rese note (conformemente alla (10.3.37)) dalla scelta di costanti che sono arbitrarie come detto.

Dunque inerentemente i dati Ч e {Жк;к=1,ҝ} è possibile stabilire un insieme di ipotesi *H*, di cui la *H*≡{*H*h;h=0,ħ}, il cui ħ è arbitrariamente grande, e di cui vale la {Æ⟨*H*h /*H*⟩;h=0,ħ}.

Questa consente di intendere ogni simbolo precedentemente implicato dalla *H*, come equivalentemente implicato dalla *H*h, per mezzo dell'aggiungervi a pedice il simbolo "h": nel seguito ogni simbolo Ş inerente la *H* è reso equivalentemente inerente la *H*h indicandolo Şh.

La Æ⟨*H*h /*H* /(10.3.38)⟩ porta la

*H*h≡{Ч≡Ÿh;Ÿh≡r⟨Ÿh⟩ | Đ⟨**f**h⟩(x)≡Dh(x);**f**h=**f**h(Ч)} (1)

le cui funzioni **f**h(Ч) e Dh(x) sono sottintese note conformemente alla

Æ⟨**f**h(Ч),Dh(x) /**f**(Ч),D(x) /(10.3.38),(10.3.37)⟩ (2)

La (1) porta la Æ⟨*H* /*H* /sezioni 7.2, 7.3, 7.4⟩ in quanto mostra che ogni elemento di *H* ha una formulazione del tipo (7.1.5) e che tutti gli elementi di *H* sono inerenti lo stesso Ч come un particolare campione che è stato o sarà determinato, e avendo perciò anche la {Æ⟨*H*h /$\mathcal{H}_{AB}$ /(7.1.1)⟩;h=0,ħ}.

Si chiama Đ*h*h(x) (di cui la *h*∈{h=0,ħ}) la funzione di densità di probabilità della statistica **f***h*h inerente Ÿ*h* e definita dalla **f***h*h=**f**h(Ÿ*h*) sul Ÿ*h* di cui la Ÿ*h*≡e⟨Ÿ*h*⟩. Da: definizione di Đ*h*h(x); **f***h*h= **f**h(Ÿ*h*); {Ÿ*h*,Ÿ*h*}≡{Ч,Ч | *H*h} (dovuta alla {Ÿ,Ÿ}≡{Ч,Ч | *H*} di sez. 10.3); **f**h=**f**h(Ч); segue

Đ*h*h≡Đ⟨**f***h*h⟩≡Đ⟨**f**h(Ÿ*h*)⟩≡{Đ⟨**f**h(Ч)⟩ | *H*h}≡{Đ⟨**f**h⟩ | *H*h} (3)

Da: (3); *H*h≡*H*h; (1); segue IPM

{Đ*h*h≡{Đ⟨**f**h⟩ | *H*h}≡{Đ⟨**f**h⟩ | *H*h}≡Dh}⟵{*H*h≡*H*h}⟵{*h*≡h} (4)

di cui la {*H*h≡*H*h}⟷{Æ⟨*H*h,*H*h /$\mathcal{H}_{AB}$,$\mathcal{H}_{AC}$ /(7.1.6)⟩} dovuta a Æ⟨*H*h /$\mathcal{H}_{AB}$ /sez.7⟩.

La Æ⟨*H* /*H* /(7.4.19),(7.4.28)⟩ porta, introducendo anche le **f**h=**f**h(Ч) e Đ*h*h≡Đ⟨**f***h*h⟩, le

{$\mathfrak{P}$⟨*H*h⟩>Ᵽh;∀Ᵽh<1}⟵{P⟨Ч,p⟩;Ч≡r⟨Ч⟩} {$\mathfrak{P}$⟨*H*h⟩>Ᵽh}⟵{P⟨Ч,d⟩;Ч≡r⟨Ч⟩} (5)

di cui le Ᵽh≡Đhh(**f**h)/max⟨đk(**f**k);k=0,ħ⟩ h≡{*a* | *a*∈{k=0,ħ};đ*a*(**f***a*)=max⟨đk(**f**k);k=0,ħ⟩} đk(x)≡ max⟨Đ*k*k(x);*k*=0,ħ⟩ Ᵽh≡max⟨∫$\mathfrak{I}$⟨k⟩(Fhk(x)·dx);k=0,ħ⟩ $\mathfrak{I}_k\subset\mathfrak{R}^1$ {F*h*h(x)≡F*h*h(x);∀$\mathfrak{A}$⟨Ewhx⟩≠0} {F*h*h(x)≡0;

$\forall \mathfrak{N}\langle E_{whx}\rangle=0\}$ $\{F_{hk}(x)=D_{hk}(x)/\mathfrak{a}_k(x);\forall D_{hk}(x)/\mathfrak{a}_k(x)<1\}$ $E_{whx}\equiv\mathbb{M}\langle \mathbf{f}_h=x\rangle$ $P\langle \underline{Ч},\mathbb{p}\rangle\equiv\{\underline{Ч}$ è stato determinato$\}$ $P\langle \underline{Ч},\mathbb{d}\rangle\equiv\{\underline{Ч}$ sarà determinato$\}$; i cui $\{\int_{\mathfrak{X}\langle k\rangle}(\mathbb{F}_{hk}(x)\cdot dx);k=0,\mathfrak{h}\}$ sono calcolabili ognuno analogamente al $\int_{\mathfrak{X}\langle h\rangle}(\mathbb{F}_{hh}(x)\cdot dx)$ della (7.4.26); e che sono sottintese valide in quanto (come detto in sez. 7.4 in base alla (7.4.33)) le ipotesi che costituiscono $\underline{H}$ sono scelte abbastanza numerose e diversificate con lo scopo di conseguire la $\mathbb{M}\langle \mathbf{f}_h\in\mathbb{R}^1\rangle\subseteq\mathbb{M}\langle\cup_{h=0,\mathfrak{h}}(\mathbf{f}_{hh}\in\mathbb{R}^1)\rangle$.

L'uso delle limitazioni di $\mathbb{P}\langle H_h\rangle$ espresse dalle (5) richiede; essendo come detto già note le $\mathbf{f}_h(\underline{Ч})$ e $D_h(x)$ che, per mezzo delle $\mathbf{f}_h=\mathbf{f}_h(\underline{Ч})$ e $D_{hh}\equiv D_h$ (dovuta a (4)), rendono tali anche la $D_{hh}(x)$ e il $D_{hh}(\mathbf{f}_h)$; di conoscere le $\mathfrak{h}$ funzioni $\{D_{hh}(x);h\neq h;h=0,\mathfrak{h}\}$ e gli altrettanti valori $\{D_{hh}(\mathbf{f}_h);h\neq h;h=0,\mathfrak{h}\}$.

La conoscenza di una funzione $D_{hh}(x)$ e di un valore $D_{hh}(\mathbf{f}_h)$ (di cui non sia possibile ammettere la $D_{hh}\equiv D_h$ per mezzo della (4)) può avvenire in base alle (3) (2) e $\mathbf{f}_h\equiv\{\boldsymbol{\zeta}_h\dot{\vee}\boldsymbol{\xi}^2{}_h\dot{\vee}T_h\dot{\vee}\boldsymbol{\Phi}_h\}$.

Nel caso della $\mathbf{f}_h\equiv\boldsymbol{\zeta}_h$ i $D_{hh}(x)$ e $D_{hh}(\mathbf{f}_h)$ possono essere conosciuti come segue. La Æ$\langle\boldsymbol{\zeta}_h/\boldsymbol{\zeta}/$(10.3.37)$\rangle$ porta le $\boldsymbol{\zeta}_h=\boldsymbol{\zeta}_h-B_h$ $\boldsymbol{\zeta}_h(\underline{Ч})\equiv\Sigma_{e=1,\mathfrak{e}}(A_{eh}\cdot Ч_e)$ $B_h\equiv\Sigma_{a=1,\mathfrak{a}\langle h\rangle}(E_{ah}/V_{ah})$ $E_{ah}\equiv\Sigma_{e=1,\mathfrak{e}}(h_{aeh}\cdot E_{K\langle e\rangle h})$ $V^2{}_{ah}\equiv\Sigma_{e=1,\mathfrak{e}}(h^2{}_{aeh}\cdot V^2{}_{K\langle e\rangle h})$ $A_{eh}\equiv\Sigma_{a=1,\mathfrak{a}\langle h\rangle}(h_{aeh}/V_{ah})$ e Ï$\langle -B_h\,\vert\,\boldsymbol{\zeta}_h\rangle$. La $\boldsymbol{\zeta}_h=\boldsymbol{\zeta}_h-B_h$ porta la Æ$\langle\boldsymbol{\zeta}_h,\boldsymbol{\zeta}_h,-B_h/s+k,s,k/$(5.2.2.13)$\rangle$. Questa e la Ï$\langle -B_h\,\vert\,\boldsymbol{\zeta}_h\rangle$ portano la

$$\{\mathfrak{D}\langle\boldsymbol{\zeta}_h\rangle(x)=\mathfrak{D}\langle\boldsymbol{\zeta}_h\rangle(x+B_h);\forall x\in\mathbb{R}\langle\boldsymbol{\zeta}_h\rangle\} \tag{6}$$

La $\boldsymbol{\zeta}_h(\underline{Ч})\equiv\Sigma_{e=1,\mathfrak{e}}(A_{eh}\cdot Ч_e)$ porta la Æ$\langle\boldsymbol{\zeta}_h/\check{s}/$(10.2.11),(10.2.6),(10.2.7)$\rangle$ che dà luogo alle $\{\mathfrak{H}_Ч,\mathcal{H}_{GЧ}\}\underline{\rightarrow}$ $\{\mathfrak{D}\langle\boldsymbol{\zeta}_h\rangle\equiv G\langle E\langle\boldsymbol{\zeta}_h\rangle,V^2\langle\boldsymbol{\zeta}_h\rangle\rangle\}$ $E\langle\boldsymbol{\zeta}_h\rangle=\Sigma_{e=1,\mathfrak{e}}(A_{eh}\cdot E\langle Ч_{K\langle e\rangle}\rangle)$ e $\mathfrak{H}_Ч\underline{\rightarrow}\{V^2\langle\boldsymbol{\zeta}_h\rangle=\Sigma_{e=1,\mathfrak{e}}(A^2{}_{eh}\cdot V^2\langle Ч_{K\langle e\rangle}\rangle)\}$, da cui segue la $\{\mathfrak{H}_Ч,\mathcal{H}_{GЧ}\}\underline{\rightarrow}\{\mathfrak{D}\langle\boldsymbol{\zeta}_h\rangle\equiv G\langle\Sigma_{e=1,\mathfrak{e}}(A_{eh}\cdot E\langle Ч_{K\langle e\rangle}\rangle),\Sigma_{e=1,\mathfrak{e}}(A^2{}_{eh}\cdot V^2\langle Ч_{K\langle e\rangle}\rangle)\rangle\}$. Questa e la $H_h\equiv\{\mathfrak{H}_Ч,\mathcal{H}_{GЧ},\mathcal{H}_{Eh},\mathcal{H}_{Vh}\}$ portano la $H_h\underline{\rightarrow}\{\mathfrak{D}\langle\boldsymbol{\zeta}_h\rangle\equiv G_{hh}\}$ di cui la $G_{hh}\equiv G\langle\Sigma_{e=1,\mathfrak{e}}(A_{eh}\cdot E_{K\langle e\rangle h}),\Sigma_{e=1,\mathfrak{e}}(A^2{}_{eh}\cdot V^2{}_{K\langle e\rangle h})\rangle$. Da: ciò e la $H_h\equiv\{\{H_h,\mathcal{H}_{Чh}\}\dot{\vee}H_h\}$; þ; $\boldsymbol{\zeta}_h=\boldsymbol{\zeta}_h-B_h$, e l'essere B_h (in conformità alla Ï$\langle -B_h\,\vert\,\boldsymbol{\zeta}_h\rangle$) una costante rispetto le $\boldsymbol{\zeta}_h$ e $\boldsymbol{\zeta}_h$; segue

$$H_h\underline{\rightarrow}\{\mathfrak{D}\langle\boldsymbol{\zeta}_h\rangle\equiv G_{hh}\}\underline{\rightarrow}\{\mathbb{R}\langle\boldsymbol{\zeta}_h\rangle=\mathbb{R}^1\}\underline{\leftrightarrow}\{\mathbb{R}\langle\boldsymbol{\zeta}_h\rangle=\mathbb{R}^1\} \tag{7}$$

La $H_h\underline{\rightarrow}\{\mathfrak{D}\langle\boldsymbol{\zeta}_h\rangle\equiv G_{hh}\}$ (affermata dalla (7)) e la Æ$\langle H_h,\mathfrak{D}\langle\boldsymbol{\zeta}_h\rangle\equiv G_{hh}/P_A,P_B/$(2.1.1.3)$\rangle$ portano la $H_h\equiv H_h\dot{\wedge}\{\mathfrak{D}\langle\boldsymbol{\zeta}_h\rangle\equiv G_{hh}\}$. Allo stesso modo dalla (7) si deduce la $H_h\equiv H_h\dot{\wedge}\{\mathbb{R}\langle\boldsymbol{\zeta}_h\rangle=\mathbb{R}^1\}$. Da: questa; (6); $H_h\equiv H_h\dot{\wedge}\{\mathfrak{D}\langle\boldsymbol{\zeta}_h\rangle\equiv G_{hh}\}$; segue

$$\{\mathfrak{D}\langle\boldsymbol{\zeta}_h\rangle(x)\,\vert\,H_h\}=\{\mathfrak{D}\langle\boldsymbol{\zeta}_h\rangle(x)\,\vert\,H_h,\mathbb{R}\langle\boldsymbol{\zeta}_h\rangle=\mathbb{R}^1\}=\{\mathfrak{D}\langle\boldsymbol{\zeta}_h\rangle(x+B_h)\,\vert\,H_h\}=\{G_{hh}(x+B_h)\,\vert\,H_h\}=G_{hh}(x+B_h) \tag{8}$$

Da: (3) e $\mathbf{f}_h\equiv\boldsymbol{\zeta}_h$; (8); segue IPM $\{D_{hh}(x)\equiv\{\mathfrak{D}\langle\boldsymbol{\zeta}_h\rangle(x)\,\vert\,H_h\}=G_{hh}(x+B_h)\}\underline{\leftarrow}\{\mathbf{f}_h\equiv\boldsymbol{\zeta}_h\}$. Da IPM di questa; $\mathbf{f}_h\equiv\boldsymbol{\zeta}_h$ e $\boldsymbol{\zeta}_h=\boldsymbol{\zeta}_h-B_h$; segue IPM $\{D_{hh}(\mathbf{f}_h)=G_{hh}(\mathbf{f}_h+B_h)=G_{hh}(\boldsymbol{\zeta}_h)\}\underline{\leftarrow}\{\mathbf{f}_h\equiv\boldsymbol{\zeta}_h\}$. Perciò si ha la cercata

$$\{\mathbf{f}_h\equiv\boldsymbol{\zeta}_h\}\underline{\rightarrow}\{D_{hh}(x)=G_{hh}(x+B_h),D_{hh}(\mathbf{f}_h)=G_{hh}(\boldsymbol{\zeta}_h)\} \tag{9}$$

Nel caso della $\mathbf{f}_h\equiv\boldsymbol{\xi}^2{}_h$ la $D_{hh}(x)$ (e quindi anche il $D_{hh}(\mathbf{f}_h)$) può essere conosciuta come segue. La Æ$\langle\boldsymbol{\xi}^2{}_h/\boldsymbol{\xi}^2/$(10.3.37)$\rangle$ porta sia la $\boldsymbol{\xi}^2{}_h=\Sigma\langle\underline{\check{z}}_{Qh}\rangle$ di cui le $\underline{\check{z}}_{Qh}\equiv\{\check{z}^2{}_{bh};b=1,\mathfrak{b}_h\}$ $\check{z}_{bh}\equiv(\check{s}_{bh}-E_{bh})/V_{bh}$ $\check{s}_{bh}\equiv\Sigma_{e=1,\mathfrak{e}}(k_{beh}\cdot Ч_e)$ $E_{bh}\equiv\Sigma_{e=1,\mathfrak{e}}(k_{beh}\cdot E_{K\langle e\rangle h})$ $V^2{}_{bh}\equiv\Sigma_{e=1,\mathfrak{e}}(k^2{}_{beh}\cdot V^2{}_{K\langle e\rangle h})$ sia la Æ$\langle\boldsymbol{\xi}^2{}_h,\{\check{s}_{bh},E_{bh},V^2{}_{bh},k_{beh};b=1,\mathfrak{b}_h\}/$ $\xi^2,\{\check{s}_i,E_{\check{s}\langle i\rangle},V^2{}_{\check{s}\langle i\rangle},k_{ie};i=1,\mathfrak{i}\}/$(10.2.33)$\rangle$ che dà luogo alla

$$\boldsymbol{\xi}^2{}_h=E_{\varrho\varrho h}\cdot Ч_\varrho{}^2+M_{\varrho h}(\underline{Ч}^\varrho)\cdot Ч_\varrho+N_{\varrho h}(\underline{Ч}^\varrho) \tag{10}$$

i cui $E_{\varrho\varrho h}$ $M_{\varrho h}$ e $N_{\varrho h}$ sono le evidenti specificazioni dei rispettivi $E_{\varrho\varrho}$ M_ϱ e N_ϱ della (10.2.33).

Le (10) $\mathbb{I}\langle\underline{Ч}\rangle$ e $E_{\varrho\varrho h}\neq 0$ portano la Æ$\langle\boldsymbol{\xi}^2{}_h,E_{\varrho\varrho h},M_{\varrho h},N_{\varrho h},\underline{Ч},\varrho/Y,a_n,b_n,c_n,\underline{x},n/$(5.2.4.1),(5.2.4.13)$\rangle$, seguendo da ciò i primi due membri della

$$\{\mathfrak{D}\langle\boldsymbol{\xi}^2{}_h\rangle(x)=\int_{\mathfrak{R}\langle h\rangle}(\Pi_{e=1,\mathfrak{e};e\neq\varrho}(\mathfrak{D}\langle Ч_e\rangle(ч_e))\cdot\Delta_{\varrho h}{}^{-0.5}(x,\underline{ч}^\varrho)\cdot(\mathfrak{D}\langle Ч_\varrho\rangle(Ч_{P\varrho h}(x,\underline{ч}^\varrho))+\mathfrak{D}\langle Ч_\varrho\rangle(Ч_{N\varrho h}(x,\underline{ч}^\varrho)))\cdot d\underline{ч}^\varrho)\}\underline{\leftarrow}$$
$$\{\mathbb{I}\langle\underline{Ч}\rangle,\mathcal{A}_h\}\underline{\leftarrow}\{\mathfrak{H}_Ч,\mathcal{A}_h\}\underline{\leftarrow}\{H_h,\mathcal{A}_h\} \tag{11}$$

di cui le $\mathfrak{R}_h=\mathbb{R}^{\mathfrak{e}-1}-\mathfrak{I}_h$ $\mathfrak{I}_h\equiv\{\underline{ч}^\varrho/\Delta_{\varrho h}(x,\underline{ч}^\varrho)=0;\underline{ч}^\varrho\in\mathbb{R}^{\mathfrak{e}-1}\}$ $\Delta_{\varrho h}(x,\underline{ч}^\varrho)\equiv M^2{}_{\varrho h}(\underline{ч}^\varrho)-4\cdot E_{\varrho\varrho h}\cdot(N_{\varrho h}(\underline{ч}^\varrho)-x)$ $Ч_{P\varrho h}(x,\underline{ч}^\varrho)\equiv(\Delta_{\varrho h}{}^{0.5}(x,\underline{ч}^\varrho)-M_{\varrho h}(\underline{ч}^\varrho))/(2\cdot E_{\varrho\varrho h})$ $Ч_{N\varrho h}(x,\underline{ч}^\varrho)\equiv-(\Delta_{\varrho h}{}^{0.5}(x,\underline{ч}^\varrho)+M_{\varrho h}(\underline{ч}^\varrho))/(2\cdot E_{\varrho\varrho h})$ $\underline{ч}\equiv\{ч_e;e=1,\mathfrak{e}\}$ $\mathcal{A}_h\equiv\{E_{\varrho\varrho h}\neq 0,$ $x\in\mathbb{R}\langle\boldsymbol{\xi}^2{}_h\rangle,\mathfrak{b}_h>1\}$, di cui sono sottintese le $\partial\mathfrak{I}_h\subseteq\mathfrak{I}_h$ e $\mathrm{mis}\langle\mathfrak{I}_h\rangle=0$, il cui penultimo membro è dovuto a (10.2.4), e il cui ultimo membro è dovuto alle $H_h\equiv\{\{H_h,\mathcal{H}_{Чh}\}\dot{\vee}H_h\}$ $H_h\equiv\{\mathfrak{H}_Ч,\mathcal{H}_{GЧ},\mathcal{H}_{Eh},\mathcal{H}_{Vh}\}$.

Da: Æ⟨$\mathcal{A}_h$,H_h /$\mathcal{P}_A$,$\mathcal{P}_B$ /(2.1.1.7)⟩; segue H_h→{$\mathcal{A}_h$≡{$\mathcal{A}_h$ | H_h}}↔{$\mathcal{A}_h$≡$\mathbb{B}_{hh}$} di cui la $\mathbb{B}_{hh}$≡{$E_{\varrho\varrho h}$≠0,x∈ {$\mathfrak{R}$⟨ξ^2_h⟩ | H_h},$\eth_h$>1}. Da: (10.2.8) e $\mathcal{H}_{G\text{ч}}$; $\mathcal{H}_{Eh}$ e $\mathcal{H}_{Vh}$; segue IPM {$\mathfrak{D}$⟨ч_e⟩≡$\mathcal{G}$⟨E⟨$\text{ч}_{K\langle e\rangle}$⟩,$V^2$⟨$\text{ч}_{K\langle e\rangle}$⟩⟩= $G_{\text{ч}eh}$}←{$\mathcal{H}_{G\text{ч}}$,$\mathcal{H}_{Eh}$,$\mathcal{H}_{Vh}$}←H_h di cui la $G_{\text{ч}eh}$≡$\mathcal{G}$⟨$E_{K\langle e\rangle h}$,$V^2_{K\langle e\rangle h}$⟩. Ciò e la (11) portano la {H_h,$\mathcal{A}_h$}→ {$\mathfrak{D}$⟨ξ^2_h⟩(x)=$\mathbb{D}_{hh}$(x)} di cui la $\mathbb{D}_{hh}(x)\equiv\int_{\mathfrak{R}\langle h\rangle}(\Pi_{e=1,e;e\neq\varrho}(G_{\text{ч}eh}(\text{ч}_e))\cdot\Delta_{\varrho h}^{-0.5}(x,\underline{\text{ч}}^{\varrho})\cdot(G_{\text{ч}\varrho h}(\text{ч}_{P\varrho h}(x,\underline{\text{ч}}^{\varrho}))+$ $G_{\text{ч}\varrho h}(\text{ч}_{N\varrho h}(x,\underline{\text{ч}}^{\varrho})))\cdot d\underline{\text{ч}}^{\varrho})$ e quindi, per la (2.1.1.2), la H_h→{$\mathcal{A}_h$→{$\mathfrak{D}$⟨ξ^2_h⟩(x)=$\mathbb{D}_{hh}$(x)}}. Da: questa e H_h→{$\mathcal{A}_h$≡$\mathbb{B}_{hh}$}; segue H_h→{$\mathcal{A}_h$→{$\mathfrak{D}$⟨ξ^2_h⟩(x)=$\mathbb{D}_{hh}$(x)},$\mathcal{A}_h$≡$\mathbb{B}_{hh}$}→{$\mathbb{B}_{hh}$→{$\mathfrak{D}$⟨ξ^2_h⟩(x)=$\mathbb{D}_{hh}$(x)}} e quindi, per le (2.1.1.2) e (2.1.1.1), la {H_h→{$\mathfrak{D}$⟨ξ^2_h⟩(x)=$\mathbb{D}_{hh}$(x)};∀$\mathbb{B}_{hh}$}. Ciò e la Æ⟨H_h,$\mathfrak{D}$⟨ξ^2_h⟩(x)= $\mathbb{D}_{hh}$(x) /$\mathcal{P}_A$,$\mathcal{P}_B$ /(2.1.1.3)⟩ portano la {H_h≡{H_h,$\mathfrak{D}$⟨ξ^2_h⟩(x)=$\mathbb{D}_{hh}$(x)};∀$\mathbb{B}_{hh}$}. Da : questa e $\mathbb{B}_{hh}$; segue IPM

{{$\mathfrak{D}$⟨ξ^2_h⟩(x) | H_h}={$\mathfrak{D}$⟨ξ^2_h⟩(x) | H_h,$\mathfrak{D}$⟨ξ^2_h⟩(x)=$\mathbb{D}_{hh}$(x)}=$\mathbb{D}_{hh}$(x)}←$\mathbb{B}_{hh}$ (12)

La Æ⟨$\check{z}_{bh}$ /$\check{z}_b$ /(10.3.37)⟩ porta la $\check{z}_{bh}$=ζ_{bh}−B_{bh} di cui le $\zeta_{bh}(\underline{\text{ч}})\equiv\Sigma_{e=1,e}(A_{beh}\cdot\text{ч}_e)$ A_{beh}≡k_{beh}/V_{bh} B_{bh}≡ E_{bh}/V_{bh} Ï⟨−B_{bh}¦ζ_{bh}⟩, e che perciò mostra la Æ⟨$\check{z}_{bh}$,ζ_{bh},A_{beh},B_{bh} /ζ_h, ζ_h,A_{eh},B_h /(7),(8)⟩. Questa porta le

H_h→{$\mathfrak{R}$⟨$\check{z}_{bh}$⟩=$\mathfrak{R}^1$} {$\mathfrak{D}$⟨$\check{z}_{bh}$⟩(x) | H_h}=G_{bhh}(x+B_{bh}) (13)

di cui la G_{bhh}≡$\mathcal{G}$⟨$\Sigma_{e=1,e}(A_{beh}\cdot E_{K\langle e\rangle h})$,$\Sigma_{e=1,e}(A^2_{beh}\cdot V^2_{K\langle e\rangle h})$⟩.

Da: ξ^2_h=Σ⟨$\check{z}_{Qh}$⟩ e $\eth_h$=1; Æ⟨$\check{z}_{1h}$ /S /(5.2.3.2)⟩ e x∈$\mathfrak{R}^1$; seconda delle (13); segue IPM

{{$\mathfrak{D}$⟨ξ^2_h⟩(x) | H_h}={$\mathfrak{D}$⟨$\check{z}^2_{1h}$⟩(x) | H_h}=2^{-1}·({$\mathfrak{D}$⟨$\check{z}_{1h}$⟩(−$x^{0.5}$) | H_h}+{$\mathfrak{D}$⟨$\check{z}_{1h}$⟩($x^{0.5}$) | H_h})/$x^{0.5}$}=D_{1hh}(x)}←$\mathcal{B}_h$ (14)

di cui le $D_{1hh}(x)\equiv2^{-1}\cdot(G_{1hh}(B_{1h}-x^{0.5})+G_{1hh}(B_{1h}+x^{0.5}))/x^{0.5}$ e $\mathcal{B}_h$≡{x∈$\mathfrak{R}^1$,$\eth_h$=1}.

Da: (3) e f_h≡ξ^2_h; (12) e $\mathbb{B}_{hh}$; segue IPM {D_{hh}(x)≡{$\mathfrak{D}$⟨ξ^2_h⟩(x) | H_h}=$\mathbb{D}_{hh}$(x)}←{f_h≡ξ^2_h,$\mathbb{B}_{hh}$}. Da: (3) e f_h≡ ξ^2_h; (14) e $\mathcal{B}_h$; segue IPM {D_{hh}(x)≡{$\mathfrak{D}$⟨ξ^2_h⟩(x) | H_h}=D_{1hh}(x)}←{f_h≡ξ^2_h,$\mathcal{B}_h$}. Da ciò segue la cercata

{D_{hh}(x)=$\mathscr{D}_{hh}$(x);∀C_{hh}}←{f_h≡ξ^2_h} (15)

di cui le C_{hh}≡{$\mathbb{B}_{hh}$◦V◦$\mathcal{B}_h$} {$\mathscr{D}_{hh}$≡$\mathbb{D}_{hh}$;∀C_{hh}≡$\mathbb{B}_{hh}$} {$\mathscr{D}_{hh}$≡D_{1hh};∀C_{hh}≡$\mathcal{B}_h$}, e il cui {$\mathfrak{R}$⟨ξ^2_h⟩ | H_h} della $\mathbb{B}_{hh}$ è conoscibile per mezzo delle (10) e H_h→{$\mathfrak{D}$⟨ч_e⟩=$G_{\text{ч}eh}$}→{$\mathfrak{R}$⟨ч_e⟩=$\mathfrak{R}^1$}.

Nel caso della f_h≡T_h la D_{hh}(x) può essere conosciuta come segue. La Æ⟨T_h /T /(10.3.37)⟩ porta la T_h=$\epsilon_h^{0.5}$·R_h di cui le R_h≡$\check{z}_h$/(ξ^2_h)$^{0.5}$ ϵ_h>0 Ï⟨ϵ_h¦R_h⟩. La Æ⟨$\check{z}_h$ /$\check{z}_{bh}$ /(13)⟩ porta le

H_h→{$\mathfrak{R}$⟨$\check{z}_h$⟩=$\mathfrak{R}^1$} {$\mathfrak{D}$⟨$\check{z}_h$⟩(x) | H_h}=G_{hh}(x+B_h) (16)

i cui G_{hh} e B_h sono le evidenti specificazioni dei rispettivi G_{bhh} e B_{bh} della (13).

La Æ⟨ξ^2_h /ξ^2_h /(15)⟩ e la (3) portano la

{{$\mathfrak{D}$⟨ξ^2_h⟩(x) | H_h}=$\mathscr{D}_{hh}$(x)}←{C_h,x∈{$\mathfrak{R}$⟨ξ^2_h⟩ | H_h}} (17)

di cui le C_h≡{C_{Ah}◦V◦C_{Bh}} C_{Ah}≡{$E_{\varrho\varrho h}$≠0,ϵ_h>1} C_{Bh}≡{ϵ_h=1} {$\mathscr{D}_{hh}$≡$\mathbb{D}_{hh}$;∀C_h≡C_{Ah}} {$\mathscr{D}_{hh}$≡D_{1hh};∀C_h≡C_{Bh}} e i cui argomenti sono resi noti dall'evidente specificazione dei corrispondenti della (15).

Si pongono le $\mathfrak{R}_h$≡$\mathfrak{R}$⟨(ξ^2_h)$^{0.5}$⟩ e $\mathscr{R}_{hh}$≡{$\mathfrak{R}_h$ | H_h}. Da: Æ⟨ξ^2_h /S /(5.2.2.15)⟩ e x∈$\mathscr{R}_{hh}$; (17) C_h e x^2∈ {$\mathfrak{R}$⟨ξ^2_h⟩ | H_h} (dovuta alle x∈$\mathscr{R}_{hh}$ e {x∈$\mathscr{R}_{hh}$}≡{x^2∈{$\mathfrak{R}$⟨ξ^2_h⟩ | H_h}}); segue IPM

{{$\mathfrak{D}$⟨(ξ^2_h)$^{0.5}$⟩(x) | H_h}=2·{$\mathfrak{D}$⟨ξ^2_h⟩(x^2) | H_h}·x=2·$\mathscr{D}_{hh}$(x^2)·x}←{C_h,x∈$\mathscr{R}_{hh}$} (18)

La Æ⟨R_h,$\check{z}_h$,(ξ^2_h)$^{0.5}$ /R,S_N,S_D /(5.2.3.1)⟩ porta la $\mathcal{P}_h$→$\mathcal{Q}_h$ di cui le $\mathcal{P}_h$≡{Ï⟨R_h¦(ξ^2_h)$^{0.5}$⟩,x∈$\mathfrak{R}$⟨R_h⟩, {Ï⟨$\check{z}_h$(x,t)¦t⟩;∀$\mathfrak{R}$⟨t⟩=$\underline{\mathcal{C}}_h$}} $\mathcal{Q}_h$≡{$\mathfrak{D}$⟨R_h⟩(x)=$\int_{\mathfrak{R}\langle h\rangle}$($\mathfrak{D}$⟨($\xi^2_h$)$^{0.5}$⟩(t)·$\mathfrak{D}$⟨$\check{z}_h$⟩(x·t)·t·dt)} $\underline{\mathcal{C}}_h$≡$\mathfrak{R}_h$−∂$\underline{\mathfrak{R}}_h$ $\check{z}_h$(x,t)≡x·t.

Si pone la $\ddot{I}_{hh}$≡{Ï⟨$\check{z}_h$¦(ξ^2_h)$^{0.5}$⟩ | H_h}. La prima delle (16) porta la

H_h→{Ï⟨$\check{z}_h$¦(ξ^2_h)$^{0.5}$⟩→{$\mathfrak{R}$⟨R_h⟩=$\mathfrak{R}$⟨T_h⟩=$\mathfrak{R}^1$,Ï⟨R_h¦(ξ^2_h)$^{0.5}$⟩},{Ï⟨$\check{z}_h$(x,t)¦t⟩;∀$\mathfrak{R}$⟨t⟩=$\underline{\mathcal{C}}_h$}≡{x∈$\mathfrak{R}^1$}} (19)

che, considerandone anche la H_h→{Ï⟨$\check{z}_h$¦(ξ^2_h)$^{0.5}$⟩≡$\ddot{I}_{hh}$} dovuta a Æ⟨Ï⟨$\check{z}_h$¦(ξ^2_h)$^{0.5}$⟩,H_h /$\mathcal{P}_A$,$\mathcal{P}_B$ /(2.1.1.7)⟩, dà luogo alla {H_h,$\ddot{I}_{hh}$}→$\mathcal{P}_h$ e quindi alla {H_h→$\mathcal{P}_h$;∀$\ddot{I}_{hh}$}.

Questa e la $\mathcal{P}_h$→$\mathcal{Q}_h$ portano la {H_h→$\mathcal{Q}_h$;∀$\ddot{I}_{hh}$}. Questa e la H_h→{$\mathcal{Q}_h$≡{$\mathcal{Q}_h$ | H_h}} (dovuta a (2.1.1.7)) portano la {H_h→{$\mathcal{Q}_h$ | H_h};∀$\ddot{I}_{hh}$}. Da: questa e le $\ddot{I}_{hh}$ H_h; (18) C_h e seconda delle (16); segue IPM {{$\mathfrak{D}$⟨R_h⟩(x) | H_h}=$\int_{\mathscr{R}\langle h,h\rangle}$({$\mathfrak{D}$⟨($\xi^2_h$)$^{0.5}$⟩(t) | H_h}·{$\mathfrak{D}$⟨$\check{z}_h$⟩(x·t) | H_h}·t·dt)=$D_{R\langle h,h\rangle}$(x)}←{$\ddot{I}_{hh}$,H_h,C_h} di cui la $D_{R\langle h,h\rangle}(x)\equiv2\cdot\int_{\mathscr{R}\langle h,h\rangle}(\mathscr{D}_{hh}(t^2)\cdot G_{hh}(x\cdot t+B_h)\cdot t^2\cdot dt)$ e quindi la {H_h→{{$\mathfrak{D}$⟨R_h⟩(x) | H_h}=$D_{R\langle h,h\rangle}$(x)};

$\forall\{\ddot{I}_{hh}, C_h\}\}$ che, per la (2.1.1.3), porta la

$$\{H_h \equiv \{H_h, \{\mathfrak{P}\langle R_h\rangle(x) \mid H_h\} = D_{R\langle h,h\rangle}(x)\}; \forall\{\ddot{I}_{hh}, C_h\}\} \quad (20)$$

La $H_h \underline{\to} \{\ddot{I}_{hh} \underline{\to} \{\mathbb{R}\langle T_h\rangle = \mathbb{R}^1\}\}$ (affermata dalle (19) e $H_h \underline{\to} \{\ddot{\imath}\langle \check{z}_h \mid (\xi^2_h)^{0.5}\rangle \equiv \ddot{I}_{hh}\}$) può essere scritta come la $\{H_h \underline{\to} \{\mathbb{R}\langle T_h\rangle = \mathbb{R}^1\}; \forall \ddot{I}_{hh}\}$ che mostra la $\{\{\mathbb{R}\langle T_h\rangle \mid H_h\} = \mathbb{R}^1; \forall \ddot{I}_{hh}\}$. Da: $T_h = €_h^{0.5} \cdot R_h$; $Æ\langle €_h^{0.5}, R_h / k,s /(5.2.2.14)\rangle$ $x \in \mathbb{R}\langle T_h\rangle$ $\ddot{\imath}\langle €_h \mid R_h\rangle$ $€_h > 0$; segue IPM $\{\mathfrak{P}\langle T_h\rangle(x) = \mathfrak{P}\langle €_h^{0.5} \cdot R_h\rangle(x) = €_h^{-0.5} \cdot \mathfrak{P}\langle R_h\rangle(x/€_h^{0.5})\} \underline{\leftarrow} \{x \in \mathbb{R}\langle T_h\rangle\}$. Da: questa, $\{\{\mathbb{R}\langle T_h\rangle \mid H_h\} = \mathbb{R}^1; \forall \ddot{I}_{hh}\}$ e $\ddot{I}_{hh}$; (20) $\ddot{I}_{hh}$ e C_h; segue IPM

$$\{\{\mathfrak{P}\langle T_h\rangle(x) \mid H_h\} = €_h^{-0.5} \cdot \{\mathfrak{P}\langle R_h\rangle(x/€_h^{0.5}) \mid H_h\} = €_h^{-0.5} \cdot \{\mathfrak{P}\langle R_h\rangle(x/€_h^{0.5}) \mid H_h, \{\mathfrak{P}\langle R_h\rangle(x) \mid H_h\} = D_{R\langle h,h\rangle}(x)\} = €_h^{-0.5} \cdot \{\{\mathfrak{P}\langle R_h\rangle(x/€_h^{0.5}) \mid H_h\} \mid \{\mathfrak{P}\langle R_h\rangle(x) \mid H_h\} = D_{R\langle h,h\rangle}(x)\} = €_h^{-0.5} \cdot D_{R\langle h,h\rangle}(x/€_h^{0.5})\} \underline{\leftarrow} \{\ddot{I}_{hh}, C_h\}$$

Questa e la $\{f_h \equiv T_h\} \underline{\to} \{D_{hh}(x) \equiv \{\mathfrak{P}\langle T_h\rangle(x) \mid H_h\}\}$ (dovuta a (3)) portano la cercata

$$\{D_{hh}(x) \equiv €_h^{-0.5} \cdot D_{R\langle h,h\rangle}(x/€_h^{0.5}); \forall\{\ddot{I}_{hh}, C_h\}\} \underline{\leftarrow} \{f_h \equiv T_h\} \quad (21)$$

Nel caso della $f_h \equiv \Phi_h$ la $D_{hh}(x)$ può essere conosciuta come segue. La $Æ\langle \Phi_h / \Phi /(10.3.37)\rangle$ porta la $\Phi_h \equiv k_h \cdot \mathbb{R}_h$ di cui le $\mathbb{R}_h \equiv \xi^2_{Nh} / \xi^2_{Dh}$ $k_h \equiv g_h / €_h > 0$ $\ddot{\imath}\langle k_h \mid \mathbb{R}_h\rangle$.

Si pongono le $\mathfrak{R}_{Nh} \equiv \mathbb{R}\langle \xi^2_{Nh}\rangle$ $\mathscr{R}_{Nhh} \equiv \{\mathfrak{R}_{Nh} \mid H_h\}$ $\mathfrak{R}_{Dh} \equiv \mathbb{R}\langle \xi^2_{Dh}\rangle$ $\mathscr{R}_{Dhh} \equiv \{\mathfrak{R}_{Dh} \mid H_h\}$. Le $Æ\langle \xi^2_{Nh} / \xi^2_h /(17)\rangle$ e $Æ\langle \xi^2_{Dh} / \xi^2_h /(17)\rangle$ portano le rispettive

$$\{\{\mathfrak{P}\langle \xi^2_{Nh}\rangle(x) \mid H_h\} = \mathscr{D}_{Nhh}(x)\} \underline{\leftarrow} \{C_{Nh}, x \in \mathscr{R}_{Nhh}\} \quad \{\{\mathfrak{P}\langle \xi^2_{Dh}\rangle(x) \mid H_h\} = \mathscr{D}_{Dhh}(x)\} \underline{\leftarrow} \{C_{Dh}, x \in \mathscr{R}_{Dhh}\} \quad (22)$$

i cui argomenti sono resi noti dall'evidente specificazione dei corrispondenti della (17).

La $Æ\langle \mathbb{R}_h, \xi^2_{Nh}, \xi^2_{Dh} / R, S_N, S_D /(5.2.3.1)\rangle$ porta la $\mathcal{P}_h \underline{\to} \mathcal{Q}_h$ di cui le $\mathcal{P}_h \equiv \{\ddot{\imath}\langle \mathbb{R}_h \mid \xi^2_{Dh}\rangle, x \in \mathbb{R}\langle \mathbb{R}_h\rangle, \{\ddot{\imath}\langle \xi^2_{Nh}(x,t) \mid t\rangle; \forall \mathbb{R}\langle t\rangle = \mathfrak{C}_{Dh}\}\}$ $\mathcal{Q}_h \equiv \{\mathfrak{P}\langle \mathbb{R}_h\rangle(x) = \int_{\mathfrak{R}\langle D,h\rangle}(\mathfrak{P}\langle \xi^2_{Dh}\rangle(t) \cdot \mathfrak{P}\langle \xi^2_{Nh}\rangle(x \cdot t) \cdot t \cdot dt)\}$ $\mathfrak{C}_{Dh} \equiv \mathfrak{R}_{Dh} - \partial\mathfrak{R}_{Dh}$ $\xi^2_{Nh}(x,t) \equiv x \cdot t$.

In base alla $H_h \underline{\to} \{\mathcal{P} \equiv \{\mathcal{P} \mid H_h\}\}$ (dovuta a (2.1.1.7)) si ha la

$$\{H_h, \mathscr{R}_{Nhh} = \mathfrak{R}^1\} \underline{\to} \{\ddot{\imath}\langle \xi^2_{Nh} \mid \xi^2_{Dh}\rangle \underline{\to} \{\mathbb{R}\langle \mathbb{R}_h\rangle = \mathbb{R}\langle \Phi_h\rangle = \mathfrak{R}^1, \ddot{\imath}\langle \mathbb{R}_h \mid \xi^2_{Dh}\rangle\}, \{\ddot{\imath}\langle \xi^2_{Nh}(x,t) \mid t\rangle; \forall \mathbb{R}\langle t\rangle = \mathfrak{C}_{Dh}\} \equiv \{x \in \mathfrak{R}^1\}\} \quad (23)$$

di cui (in particolare) la $\ddot{\imath}\langle \xi^2_{Nh} \mid \xi^2_{Dh}\rangle \equiv \{\ddot{\imath}\langle \xi^2_{Nh} \mid \xi^2_{Dh}\rangle \mid H_h\}$, e che dà luogo alla $\{H_h, \ddot{I}_{hh}\} \underline{\to} \mathcal{P}_h$ di cui la $\ddot{I}_{hh} \equiv \{\mathscr{R}_{Nhh} = \mathfrak{R}^1, \{\ddot{\imath}\langle \xi^2_{Nh} \mid \xi^2_{Dh}\rangle \mid H_h\}, x \in \mathfrak{R}^1\}$ e quindi alla $\{H_h \underline{\to} \mathcal{P}_h; \forall \ddot{I}_{hh}\}$. Questa e la $\mathcal{P}_h \underline{\to} \mathcal{Q}_h$ portano la $\{H_h \underline{\to} \mathcal{Q}_h; \forall \ddot{I}_{hh}\}$. Questa e la $H_h \underline{\to} \{\mathcal{Q}_h \equiv \{\mathcal{Q}_h \mid H_h\}\}$ portano la $\{H_h \underline{\to} \{\mathcal{Q}_h \mid H_h\}; \forall \ddot{I}_{hh}\}$. Da: questa e le $\ddot{I}_{hh}$ H_h; (22) C_{Dh} C_{Nh} e $x \cdot t \in \mathscr{R}_{Nhh}$; segue IPM

$$\{\{\mathfrak{P}\langle \mathbb{R}_h\rangle(x) \mid H_h\} = \int_{\mathscr{R}\langle D,h,h\rangle}(\{\mathfrak{P}\langle \xi^2_{Dh}\rangle(t) \mid H_h\} \cdot \{\mathfrak{P}\langle \xi^2_{Nh}\rangle(x \cdot t) \mid H_h\} \cdot t \cdot dt) = D_{\mathbb{R}\langle h,h\rangle}(x)\} \underline{\leftarrow} \{\ddot{I}_{hh}, H_h, C_h\}$$

di cui le $D_{\mathbb{R}\langle h,h\rangle}(x) \equiv \int_{\mathscr{R}\langle D,h,h\rangle}(\mathscr{D}_{Dhh}(t) \cdot \mathscr{D}_{Nhh}(x \cdot t) \cdot t \cdot dt)$ $C_h \equiv \{C_{Dh}, C_{Nh}\}$, e quindi si ha la $\{H_h \underline{\to} \{\mathfrak{P}\langle \mathbb{R}_h\rangle(x) \mid H_h\} = D_{\mathbb{R}\langle h,h\rangle}(x); \forall\{\ddot{I}_{hh}, C_h\}\}$ che porta (in base alla (2.1.1.3)) la

$$\{H_h \equiv \{H_h, \{\mathfrak{P}\langle \mathbb{R}_h\rangle(x) \mid H_h\} = D_{\mathbb{R}\langle h,h\rangle}(x)\}; \forall\{\ddot{I}_{hh}, C_h\}\} \quad (24)$$

Dalla $\{H_h, \mathscr{R}_{Nhh} = \mathfrak{R}^1\} \underline{\to} \{\{\ddot{\imath}\langle \xi^2_{Nh} \mid \xi^2_{Dh}\rangle \mid H_h\} \underline{\to} \{\mathbb{R}\langle \Phi_h\rangle = \mathfrak{R}^1\}\}$ (affermata dalla (23)) si deduce, in base alla (2.1.1.2), la $\{H_h, \mathscr{R}_{Nhh} = \mathfrak{R}^1, \{\ddot{\imath}\langle \xi^2_{Nh} \mid \xi^2_{Dh}\rangle \mid H_h\}\} \underline{\to} \{\mathbb{R}\langle \Phi_h\rangle = \mathfrak{R}^1\}$ e quindi la $\{H_h, \ddot{I}_{hh}\} \underline{\to} \{\mathbb{R}\langle \Phi_h\rangle = \mathfrak{R}^1\}$. Questa e la $\ddot{I}_{hh} \underline{\to} \{x \in \mathfrak{R}^1\}$ portano la $\{H_h, \ddot{I}_{hh}\} \underline{\to} \{x \in \mathbb{R}\langle \Phi_h\rangle\}$ e quindi la $\{H_h \underline{\to} \{x \in \mathbb{R}\langle \Phi_h\rangle\}; \forall \ddot{I}_{hh}\}$ che mostra la $\{x \in \{\mathbb{R}\langle \Phi_h\rangle \mid H_h\}; \forall \ddot{I}_{hh}\}$. Da: $\Phi_h \equiv k_h \cdot \mathbb{R}_h$; $Æ\langle k_h, \mathbb{R}_h / k,s /(5.2.2.14)\rangle$ $\ddot{\imath}\langle k_h \mid \mathbb{R}_h\rangle$ $k_h > 0$ e $x \in \mathbb{R}\langle \Phi_h\rangle$; segue IPM $\{\mathfrak{P}\langle \Phi_h\rangle(x) = \mathfrak{P}\langle k_h \cdot \mathbb{R}_h\rangle(x) = k_h^{-1} \cdot \mathfrak{P}\langle \mathbb{R}_h\rangle(x/k_h)\} \underline{\leftarrow} \{x \in \mathbb{R}\langle \Phi_h\rangle\}$. Da: questa, $\{x \in \{\mathbb{R}\langle \Phi_h\rangle \mid H_h\}; \forall \ddot{I}_{hh}\}$ e $\ddot{I}_{hh}$; (24) $\ddot{I}_{hh}$ e C_h; segue IPM

$$\{\{\mathfrak{P}\langle \Phi_h\rangle(x) \mid H_h\} = k_h^{-1} \cdot \{\mathfrak{P}\langle \mathbb{R}_h\rangle(x/k_h) \mid H_h\} = k_h^{-1} \cdot \{\mathfrak{P}\langle \mathbb{R}_h\rangle(x/k_h) \mid H_h, \{\mathfrak{P}\langle \mathbb{R}_h\rangle(x) \mid H_h\} = D_{\mathbb{R}\langle h,h\rangle}(x)\} = k_h^{-1} \cdot \{\{\mathfrak{P}\langle \mathbb{R}_h\rangle(x/k_h) \mid H_h\} \mid \{\mathfrak{P}\langle \mathbb{R}_h\rangle(x) \mid H_h\} = D_{\mathbb{R}\langle h,h\rangle}(x)\} = k_h^{-1} \cdot D_{\mathbb{R}\langle h,h\rangle}(x/k_h)\} \underline{\leftarrow} \{\ddot{I}_{hh}, C_h\}$$

Questa e la $\{D_{hh} \equiv \{\mathfrak{P}\langle \Phi_h\rangle \mid H_h\}\} \underline{\leftarrow} \{f_h \equiv \Phi_h\}$ (dovuta a (3)) portano la cercata

$$\{D_{hh}(x) = k_h^{-1} \cdot D_{\mathbb{R}\langle h,h\rangle}(x/k_h); \forall\{\ddot{I}_{hh}, C_h\}\} \underline{\leftarrow} \{f_h \equiv \Phi_h\} \quad (25)$$

La conoscenza di un $D_{hh}(x)$ per mezzo della $\{(15) \vee (21) \vee (25)\}$ richiede generalmente, a differenza di quella per mezzo della (9), il calcolo un integrale multiplo che avviene tanto convenientemente con il metodo Montecarlo (di cui in sez. 6.2.2) quanto è maggiore il numero di dimensioni dell'insieme di integrazione.

Pure considerando che la f$_h$≡{ ζ$_h$.V̇.ξ^2_h.V̇.τ$_h$.V̇.Φ$_h$} potrebbe consentire di ottenere (come detto per mezzo delle (5) e {(9).V̇.(15).V̇.(17).V̇.(21)}) delle limitazioni della 𝔓⟨H$_h$⟩ maggiori di quelle ottenibili con la sola f$_h$≡ζ$_h$, queste sono rilevantemente meno onerose delle altre poiché possono essere ottenute per mezzo delle (5) e (9) che richiedono di calcolare i soli {∫$_{\mathfrak{X}(k)}$(𝔽$_{hk}$(x)·dx); k=0,ħ} nel caso P⟨Y,d⟩ e nessun integrale nel caso P⟨Y,p⟩.

10.4.2 *Le regioni di fiducia per alcune grandezze di maggiore rilievo e altre probabilità notevoli*

Quando è incognita la variabile f$_h$ di cui le (10.4.1.1) e H≡{H$_h$;h=0,ħ}, si hanno la Æ⟨{ f$_h$∈ℝ$_h$ }, f$_h$,ℝ$_h$ /E$_X$,X,ℛ$_X$ /sez.8⟩ e la Æ⟨H,{ f$_h$∈ℝ$_h$ },f$_h$,ℝ$_h$ /H,Ê$_h$,s$_{h\epsilon}$,ℝ$_h$ /(7.4.31)⟩ che porta la

{𝔓⟨f$_h$∈ℝ$_h$⟩>max⟨∫$_{ℝ(h)}$(Ð$_{hh}$(x)·dx)·P$_h$;h=0,ħ⟩}⟵{P⟨Y,d⟩;Y≡r⟨Y⟩} (1)

i cui Ð$_{hh}$ e P$_h$ sono gli stessi della (10.4.1.5), e che è sottintesa valida in quanto le ipotesi che costituiscono H sono scelte abbastanza numerose e diversificate come detto in occasione della (10.4.1.5).

Si considera l'ipotesi H$_š$ che si ottiene dalla H di sez. 10.3 sostituendone i {E$_κ$,V$^2_κ$;κ=1,ӿ} con i rispettivi {E$_{κš}$,V$^2_{κš}$;κ=1,ӿ}, e avendone perciò le Æ⟨H$_š$ /H⟩ e Æ⟨H$_š$ /H$_h$ /sez.10.4.1⟩. Ciò e la š= š(Y)≡Σ$_{e=1,e}$(k$_e$·Y$_e$) della (10.1.29), portano le Æ⟨š,k$_e$,E$_{κš}$,V$^2_{κš}$,H$_š$ /ζ$_h$,A$_{eh}$,E$_{κh}$,V$^2_{κh}$,H$_h$ /(10.4.1.7)⟩ e Æ⟨š,k$_e$ /ζ$_h$,A$_{eh}$ /(10.4.1.7)⟩ che danno luogo alle rispettive H$_š$⟶{Ð⟨š⟩≡G$_š$} e H$_h$⟶{Ð$_š$≡G$_{hš}$} di cui le G$_š$≡G⟨Σ$_{e=1,e}$(k$_e$·E$_{κ⟨e⟩š}$),Σ$_{e=1,e}$(k^2_e·V$^2_{κ⟨e⟩š}$)⟩ e G$_{hš}$≡G⟨Σ$_{e=1,e}$(k$_e$·E$_{κ⟨e⟩h}$),Σ$_{e=1,e}$(k^2_e·V$^2_{κ⟨e⟩h}$)⟩.

Si pone la {Y$_š$,Y$_š$}≡{Y,Y | H$_š$}. Da: H$_š$⟶{Ð$_š$≡G$_š$} e Æ⟨H$_š$,{Ð$_š$≡G$_š$} /P$_A$,P$_B$ /(2.1.1.1)⟩; H$_š$⟷{Y≡Y$_š$; Y$_š$≡r⟨Y$_š$⟩} dovuta a Æ⟨Y$_š$,Y$_š$,H$_š$ /Y,Y,H /sez.10.3⟩; segue H$_š$≡{H | Ð$_š$≡G$_š$}⟷{Y≡Y$_š$;Y$_š$≡r⟨Y$_š$⟩ | Ð$_š$≡G$_š$}.

Questa mostra che la H$_š$ ha una formulazione del tipo (7.1.5) e è inerente lo stesso Y delle H, e quindi consente di stabilire le H$_h$≡H$_š$ f$_h$≡š e ℝ$_h$≡ℝ$_š$.

Da: (10.4.1.3) e f$_h$≡š; H$_h$≡{H$_h$,Ð$_š$≡G$_{hš}$} dovuta alle H$_h$⟶{Ð$_š$≡G$_{hš}$} e Æ⟨H$_h$,Ð$_š$≡G$_{hš}$ /P$_A$,P$_B$ /(2.1.1.3)⟩; segue IPM {Ð$_{hh}$(x)≡{Ð$_š$(x) | H$_h$}≡{Ð$_š$(x) | H$_h$,Ð$_š$≡G$_{hš}$}≡{G$_{hš}$(x) | H$_h$}=G$_{hš}$(x)}⟵{f$_h$≡š}. Da: (10.4.1.3) e f$_h$≡š; H$_h$≡H$_š$; H$_š$≡{H$_š$,Ð$_š$≡G$_š$} dovuta a H$_š$⟶{Ð$_š$≡G$_š$}; segue IPM {Ð$_{hh}$(x)≡{Ð$_š$(x) | H$_h$}≡{Ð$_š$(x) | H$_š$}≡{Ð$_š$(x) | H$_š$,Ð$_š$≡G$_š$}≡{G$_š$(x) | H$_š$}=G$_š$(x)}⟵{f$_h$≡š,H$_h$≡H$_š$}. Perciò si ha la

{Ð$_{hh}$(x)=𝔾$_{šhh}$(x)}⟵{f$_h$≡š,H$_h$≡H$_š$} (2)

di cui le {𝔾$_{šhh}$≡G$_{hš}$;∀h≢h} e {𝔾$_{šhh}$≡G$_š$;∀h≡h}.

Da: f$_h$≡š e ℝ$_h$≡ℝ$_š$; (1) P⟨Y,d⟩ Y≡r⟨Y⟩ (2) f$_h$≡š H$_h$≡H$_š$; segue IPM

{𝔓⟨š∈ℝ$_š$⟩≡𝔓⟨f$_h$∈ℝ$_h$⟩>max⟨∫$_{ℝ(h)}$(𝔾$_{šhh}$(x)·dx)·P$_h$;h=0,ħ⟩}⟵{f$_h$≡š;ℝ$_h$≡ℝ$_š$;H$_h$≡H$_š$;P⟨Y,d⟩;Y≡r⟨Y⟩}

dove ogni P$_h$ è conoscibile per mezzo della (2), e che (in base alle (10.1.28) e Æ⟨ŝ /š⟩) è utilizzabile anche nel senso della š≡{Y$_e$.V̇.m$_Y$.V̇.M$_κ$.V̇.b$_ŋ$.V̇.Y.V̇.Y$_e$}.

Si considera l'ipotesi H$_v$ che si ottiene dalla H di sez. 10.3 sostituendone i {E$_κ$,V$^2_κ$;κ=1,ӿ} con i rispettivi {E$_{κv}$,V$^2_{κv}$;κ=1,ӿ}. Si pone la Κ≡{κ | ή$_κ$≥2;κ∈{κ=1,ӿ}}. La (10.2.9) porta le

H$_v$⟶{Ð⟨d^2⟨Y$_κ$⟩/V$^2_{κv}$⟩≡X⟨ή$_κ$−1⟩} H$_h$⟶{Ð⟨d^2⟨Y$_κ$⟩/V$^2_{κh}$⟩≡X⟨ή$_κ$−1⟩} (3)

Da: v^2⟨Y$_κ$⟩≡d$^2_{Y⟨κ⟩}$/ή$_κ$ (dovuta a Æ⟨Y$_κ$,ή$_κ$ /A,𝔐$_A$ /(2.2.1)⟩); Æ⟨ή$_κ^{-1}$,d$^2_{Y⟨κ⟩}$ /k,s /(5.2.2.14)⟩, ï⟨ή$_κ^{-1}$|d$^2_{Y⟨κ⟩}$⟩ ή$_κ^{-1}$>0 x∈ℜ^1 e ℜ⟨d$^2_{Y⟨κ⟩}$/ή$_κ$⟩=ℜ^1 (dovuta a H$_v$); Æ⟨V$^{-2}_{κv}$,d$^2_{Y⟨κ⟩}$ /k,s /(5.2.2.14)⟩, ï⟨V$^{-2}_{κv}$|d$^2_{Y⟨κ⟩}$⟩ V$^{-2}_{κv}$>0 x∈ℜ^1 ℜ⟨d$^2_{Y⟨κ⟩}$/V$^2_{κv}$⟩=ℜ^1 (dovuta a H$_v$); H$_v$ e prima delle (3); segue IPM

{Ð⟨v$^2_{Y⟨κ⟩}$⟩(x)≡Ð⟨d$^2_{Y⟨κ⟩}$/ή$_κ$⟩(x)=ή$_κ$·Ð⟨d$^2_{Y⟨κ⟩}$⟩(ή$_κ$·x)=ή$_κ$·V$^{-2}_{κv}$·Ð⟨d$^2_{Y⟨κ⟩}$/V$^2_{κv}$⟩(ή$_κ$·x/V$^2_{κv}$)=$f_{vκ}$(x)}⟵H$_v$ (4)

di cui la $f_{vκ}$(x)≡ή$_κ$·V$^{-2}_{κv}$·X⟨ή$_κ$−1⟩(ή$_κ$·x/V$^2_{κv}$) e il sottintendere la x∈ℜ^1.

Come la prima delle (3) ha portato la (4), la seconda delle (3) porta la H$_h$⟶{Ð⟨v$^2_{Y⟨κ⟩}$⟩(x)=$f_{κh}$(x)} di cui la $f_{κh}$(x)≡ή$_κ$·V$^{-2}_{κh}$·X⟨ή$_κ$−1⟩(ή$_κ$·x/V$^2_{κh}$).

La (4) porta, come la H$_š$⟶{Ð$_š$≡G$_š$} ha portato la H$_š$≡{Y≡Y$_š$;Y$_š$≡r⟨Y$_š$⟩ | Ð$_š$≡G$_š$}, la H$_v$≡{Y≡Y$_v$;Y$_v$≡ r⟨Y$_v$⟩ | Ð⟨v$^2_{Y⟨κ⟩}$⟩(x)≡$f_{vκ}$(x)} che consente di stabilire le H$_h$≡H$_v$ f$_h$≡v$^2_{Y⟨κ⟩}$ e ℝ$_h$≡ℝ$_v$.

Da: (10.4.1.3) e $\mathbf{f}_h \equiv \mathbf{v}^2_{\underline{y}\langle \kappa \rangle}$; $H_h \equiv \{H_h, \mathcal{D}\langle \mathbf{v}^2_{\underline{y}\langle \kappa \rangle}\rangle(\mathbf{x}) = f_{\kappa h}(\mathbf{x})\}$ dovuta alle $H_h \rightarrow \{\mathcal{D}\langle \mathbf{v}^2_{\underline{y}\langle \kappa \rangle}\rangle(\mathbf{x}) = f_{\kappa h}(\mathbf{x})\}$ e (2.1.1.3); segue IPM $\{\mathcal{D}_{hh}(\mathbf{x}) = \{\mathcal{D}\langle \mathbf{v}^2_{\underline{y}\langle \kappa \rangle}\rangle(\mathbf{x}) \mid H_h\} \equiv \{\mathcal{D}\langle \mathbf{v}^2_{\underline{y}\langle \kappa \rangle}\rangle(\mathbf{x}) \mid H_h, \mathcal{D}\langle \mathbf{v}^2_{\underline{y}\langle \kappa \rangle}\rangle(\mathbf{x}) = f_{\kappa h}(\mathbf{x})\} \equiv \{f_{\kappa h}(\mathbf{x}) \mid H_h\} = f_{\kappa h}(\mathbf{x})\} \leftarrow$ $\{\mathbf{f}_h \equiv \mathbf{v}^2_{\underline{y}\langle \kappa \rangle}\}$. Da: (10.4.1.3) e $\mathbf{f}_h \equiv \mathbf{v}^2_{\underline{y}\langle \kappa \rangle}$; $H_h \equiv H_v$; $H_v \equiv \{H_v, \mathcal{D}\langle \mathbf{v}^2_{\underline{y}\langle \kappa \rangle}\rangle(\mathbf{x}) = f_{v\kappa}(\mathbf{x})\}$ dovuta a (4); segue IPM $\{\mathcal{D}_{hh}(\mathbf{x}) \equiv \{\mathcal{D}\langle \mathbf{v}^2_{\underline{y}\langle \kappa \rangle}\rangle(\mathbf{x}) \mid H_h\} \equiv \{\mathcal{D}\langle \mathbf{v}^2_{\underline{y}\langle \kappa \rangle}\rangle(\mathbf{x}) \mid H_v\} \equiv \{\mathcal{D}\langle \mathbf{v}^2_{\underline{y}\langle \kappa \rangle}\rangle(\mathbf{x}) \mid H_v, \mathcal{D}\langle \mathbf{v}^2_{\underline{y}\langle \kappa \rangle}\rangle(\mathbf{x}) = f_{v\kappa}(\mathbf{x})\} \equiv \{f_{v\kappa}(\mathbf{x}) \mid H_v\} = f_{v\kappa}(\mathbf{x})\} \leftarrow \{\mathbf{f}_h \equiv \mathbf{v}^2_{\underline{y}\langle \kappa \rangle}, H_h \equiv H_v\}$. Perciò si ha la

$$\{\mathcal{D}_{hh}(\mathbf{x}) = f_{\kappa h h}(\mathbf{x})\} \leftarrow \{\mathbf{f}_h \equiv \mathbf{v}^2_{\underline{y}\langle \kappa \rangle}, H_h \equiv H_v\} \tag{5}$$

di cui le $\{f_{\kappa h h} \equiv f_{\kappa h}; \forall h \not\equiv h\}$ e $\{f_{\kappa h h} \equiv f_{v\kappa}; \forall h \equiv h\}$.

Da: $\mathbf{f}_h \equiv \mathbf{v}^2_{\underline{y}\langle \kappa \rangle}$ e $\underline{R}_h \equiv \underline{R}_v$; (1) $\mathcal{P}\langle \underline{y}, \mathbb{d} \rangle$ $\underline{y} \equiv \mathbf{r}\langle \underline{y} \rangle$ (5) $\mathbf{f}_h \equiv \mathbf{v}^2_{\underline{y}\langle \kappa \rangle}$ $H_h \equiv H_v$; segue IPM

$$\{\mathbb{P}\langle \mathbf{v}^2_{\underline{y}\langle \kappa \rangle} \in \underline{R}_v \rangle \equiv \mathbb{P}\langle \mathbf{f}_h \in \underline{R}_h \rangle > \max\langle \int_{\underline{R}\langle h \rangle}(f_{\kappa h h}(\mathbf{x}) \cdot d\mathbf{x}) \cdot \mathbf{P}_h; h = 0, h\}\} \leftarrow \{\mathbf{f}_h \equiv \mathbf{v}^2_{\underline{y}\langle \kappa \rangle}; \underline{R}_h \equiv \underline{R}_v; H_h \equiv H_v; \mathcal{P}\langle \underline{y}, \mathbb{d} \rangle; \underline{y} \equiv \mathbf{r}\langle \underline{y} \rangle\}$$

dove ogni $\mathbf{P}_h$ è conoscibile per mezzo della (5).

Da: $\mathcal{E}\langle \mathbf{b}_\eta, \beta_{\eta e} / \hat{s}, k_e / (10.1.28)\rangle$ e $\mathcal{E}\langle \hat{s}, k_e / \check{s}, k_e / (10.1.29), (10.2.6)\rangle$; $\mathcal{H}$ della sez. 10.3; segue IPM $\{\mathbb{E}\langle \mathbf{b}_\eta \rangle = \Sigma_{e=1, \bullet}(\beta_{\eta e} \cdot \mathbb{E}\langle \underline{u}_{\kappa\langle e\rangle}\rangle) = \mathbb{b}_\eta\} \leftarrow \mathcal{H}$ il cui $\mathbb{b}_\eta$ è reso noto dalla $\mathbb{b}_\eta \equiv \Sigma_{e=1, \bullet}(\beta_{\eta e} \cdot \mathbb{E}_{\kappa\langle e\rangle})$. Ciò e la (10.3.17) portano la $\{\mathcal{H}, \mathcal{H}_{\underline{u}}\} \rightarrow \mathcal{A}$ di cui la $\mathcal{A} \equiv \{\Sigma_{\eta=0, \bullet}(\mathbb{b}_\eta \cdot f_\eta(\underline{\mathbb{K}}_\kappa)) = \Sigma_{\eta=0, \bullet}(\mathbb{b}_\eta \cdot f_\eta(\underline{\mathbb{K}}_\kappa)); \kappa = 1, \mathbf{k}\}$. Ciò, la $\mathcal{E}\langle \{\mathcal{H}, \mathcal{H}_{\underline{u}}\}, \{\mathcal{A}\} / \mathsf{A}, \mathsf{B} / (3.2.1.5)\rangle$, e il sottintendere (come nel seguito) le $\{\mathcal{H}, \mathcal{H}_{\underline{u}}\} \equiv \{\mathcal{H}, \mathcal{H}_{\underline{u}} \mid \mathsf{c}\}$ $\mathcal{A} \equiv \{\mathcal{A} \mid \mathsf{c}\}$ e $\mathbb{C}\langle \mathsf{c}\rangle$, portano la $\mathbb{P}\langle \mathcal{A}\rangle \geq \mathbb{P}\langle \mathcal{H}, \mathcal{H}_{\underline{u}}\rangle$. Questa e la $\mathcal{E}\langle \mathcal{H}, \mathcal{H}_{\underline{u}} / \mathcal{H}_h / (10.4.1.5)\rangle$ consentono di ottenere delle limitazioni inferiori della $\mathbb{P}\langle \mathcal{A}\rangle$ e quindi della probabilità che per l'equazione di regressione (10.3.2) vale la $\{\mathbb{E}\langle \mathcal{Y}\rangle = \Sigma_{\eta=0, \bullet}(\mathbb{b}_\eta \cdot f_\eta(\underline{\mathbf{X}})); \forall \underline{\mathbf{X}} \in \{\underline{\mathbb{K}}_\kappa; \kappa = 1, \mathbf{k}\}\}$.

Da: (10.3.2); (10.3.15) $\mathcal{H}_{\mathcal{P}} \leftrightarrow \mathcal{H}_{\underline{u}}$ e $\mathcal{H}_{\underline{u}}$; $\mathcal{H} \rightarrow \{\mathbb{E}\langle \mathbf{b}_\eta \rangle = \mathbb{b}_\eta\}$ e $\mathcal{H}$; segue IPM $\{\mathbb{E}\langle \mathcal{Y}\rangle = \Sigma_{\eta=0, \bullet}(\mathbb{b}_\eta \cdot f_\eta(\underline{\mathbf{X}})) = \Sigma_{\eta=0, \bullet}(\mathbb{E}\langle \mathbf{b}_\eta \rangle \cdot f_\eta(\underline{\mathbf{X}})) = \Sigma_{\eta=0, \bullet}(\mathbb{b}_\eta \cdot f_\eta(\underline{\mathbf{X}}))\} \leftarrow \{\mathcal{H}_{\mathcal{P}} \leftrightarrow \mathcal{H}_{\underline{u}}, \mathcal{H}, \mathcal{H}_{\underline{u}}\}$ e quindi la $\{\{\mathcal{H}, \mathcal{H}_{\underline{u}}\} \rightarrow \mathcal{A}; \forall \mathcal{H}_{\mathcal{P}} \leftrightarrow \mathcal{H}_{\underline{u}}\}$ di cui la $\mathcal{A} \equiv \{\mathbb{E}\langle \mathcal{Y}\rangle = \Sigma_{\eta=0, \bullet}(\mathbb{b}_\eta \cdot f_\eta(\underline{\mathbf{X}}))\}$. Da: (10.3.16); $\mathcal{H}_{\mathcal{P}} \leftrightarrow \mathcal{H}_{\underline{u}}$; segue IPM $\{\{\mathcal{H}_{\mathcal{P}}, \mathcal{H}_{\mathcal{b}}\} \leftrightarrow \mathcal{H}_{\mathcal{P}} \leftrightarrow \mathcal{H}_{\underline{u}} \leftarrow \{\mathcal{H}, \mathcal{H}_{\underline{u}}\}\} \leftarrow \{\mathcal{H}_{\mathcal{P}} \leftrightarrow \mathcal{H}_{\underline{u}}\}$. Queste deduzioni, la (3.2.1.5), e il sottintendere le $\mathcal{A} \equiv \{\mathcal{A} \mid \mathsf{c}\}$ e $\mathbb{C}\langle \mathsf{c}\rangle$, portano la $\{\mathbb{P}\langle \mathcal{A}\rangle \geq \mathbb{P}\langle \mathcal{H}, \mathcal{H}_{\underline{u}}\rangle, \mathbb{P}\langle \mathcal{H}_{\mathcal{P}}, \mathcal{H}_{\mathcal{b}}\rangle = \mathbb{P}\langle \mathcal{H}_{\mathcal{P}}\rangle \geq \mathbb{P}\langle \mathcal{H}, \mathcal{H}_{\underline{u}}\rangle; \forall \mathcal{H}_{\mathcal{P}} \leftrightarrow \mathcal{H}_{\underline{u}}\}$. Questa, la $\mathcal{H}_{\mathcal{P}} \leftrightarrow \mathcal{H}_{\underline{u}}$, e la $\mathcal{E}\langle \mathcal{H}, \mathcal{H}_{\underline{u}} / \mathcal{H}_h / (10.4.1.5)\rangle$, consentirebbero di ottenere delle limitazioni inferiori sia per le $\mathbb{P}\langle \mathcal{H}_{\mathcal{P}}, \mathcal{H}_{\mathcal{b}}\rangle$ e $\mathbb{P}\langle \mathcal{H}_{\mathcal{P}}\rangle$ sia per la $\mathbb{P}\langle \mathcal{A}\rangle$ (cioè per la probabilità che la (10.3.2) abbia la forma $\mathbb{E}\langle \mathcal{Y}\rangle = \Sigma_{\eta=0, \bullet}(\mathbb{b}_\eta \cdot f_\eta(\underline{\mathbf{X}}))$), ma ciò è impedito dal non potere ammettere la $\mathcal{H}_{\mathcal{P}} \leftrightarrow \mathcal{H}_{\underline{u}}$, coerentemente con l'avere potuto stabilire la sola $\mathcal{H}_{\mathcal{P}} \rightarrow \mathcal{H}_{\underline{u}}$ mostrata dalla (10.3.17). Tuttavia, come detto in occasione della (10.3.17) stessa, la $\mathcal{H}_{\mathcal{P}} \leftrightarrow \mathcal{H}_{\underline{u}}$ è tanto più credibile quanto più l'inerente dominio $\mathfrak{I}$ è meglio rappresentato dai $\{\underline{\mathbb{K}}_\kappa; \kappa = 1, \mathbf{k}\}$ cioè quanto più questi sono numerosi e omogeneamente distribuiti in tale dominio.

CONCLUSIONI

Con la precedente esposizione si ritiene di avere conseguito in misura soddisfacente la finalità di circostanziare e stabilire i fondamenti concettuali di aspetti notevoli della probabilità e statistica e in particolare delle inerenti procedure di elaborazione numerica. Inoltre si spera che questo lavoro sia apprezzato e utilizzato da chi tratta la probabilità e statistica in se stessa o la applica nelle scienze sperimentali. Opinioni commenti e segnalazioni, riguardanti questo scritto, possono essere inviati all'indirizzo arganprobstat@giacomo.lorenzoni.name dell'autore.

Bibliografia

[1] Giacomo Lorenzoni, *The solution of a combinatorial problem*, http://www.giacomo.lorenzoni.name/solprobcombengl/, 18/09/2003.

[2] AA. VV., *Caso, probabilità e statistica (a cura di Domenico Costantini)*, Le Scienze quaderni n.98, 1997, Milano.

[3] Roberto Bevilacqua, Dario Bini, Milvio Capovani, Ornella Menchi, *Metodi Numerici*, Zanichelli, 1997, Bologna.

[4] Dario Bini, Milvio Capovani, Ornella Menchi, *Metodi numerici per l'algebra lineare*, Zanichelli, 1993, Bologna.

[5] V. I. Smirnov, *Corso di matematica superiore II*, Editori Riuniti, 1992, Roma.

[6] Giuseppe Vaccaro, *Lezioni di geometria con elementi di algebra lineare*, Editoriale Veschi, 1991, Milano.

[7] AA. VV., *Manuale di informatica (a cura di Giacomo Cioffi e Vincenzo Falzone)*, Edizioni Calderini, 1987, Bologna.

[8] V. Alexéev, E. Galéev, V. Tikhomirov, *Recueil de problèmes d'optimisation*, Editions Mir, 1987, Moscou.

[9] Michail L. Krasnov, Grigorij I. Makarenko, Aleksandr I. Kiselev, *Calcolo delle variazioni*, Edizioni Mir, 1984, Mosca.

[10] I. M. Sobol, *The Monte Carlo method*, Mir Publishers, 1984, Moscow.

[11] V. I. Smirnov, *Corso di matematica superiore I*, Editori Riuniti, 1983, Roma.

[12] B. P. Demidovic, I.A. Maron, *Fondamenti di calcolo numerico,* M.I.R., 1981, Mosca.

[13] Thomas H. Wonnacot, Ronald J. Wonnacot, *Introduzione alla statistica*, Franco Angeli Editore, 1980, Milano.

[14] Murray R. Spiegel, *Probabilità e statistica*, Etas Libri, 1979, Milano.

[15] Seymour Lipschutz, *Calcolo delle probabilità*, Etas Libri, 1975, Milano.

[16] Aldo Ghizzetti, Francesco Rosati, *Lezioni di analisi matematica*, vol. II, Veschi, 1973, Roma.

[17] Aldo Ghizzetti, *Lezioni di analisi matematica*, vol. I, Veschi, 1972, Roma.

[18] Hubert M. Blalock jr., *Statistica per la ricerca sociale*, il Mulino, 1969, Bologna.

[19] N. R. Drapper, H. Smith, *Applied Regression analysis*, John Wiley & Sons, 1966, New York.

[20] Paolo Dore, *Introduzione al calcolo delle probabilità e alle sue applicazioni ingegneristiche*, Pàtron, 1964, Bologna.

www.ingramcontent.com/pod-product-compliance
Lightning Source LLC
Chambersburg PA
CBHW081056170526
45166CB00006B/2084
* 9 7 8 1 4 7 1 0 9 9 9 5 3 *